用于国家职业技能鉴定
国家职业资格培训教程
GUOJIA ZHIYE ZIGE PEIXUN JIAOCHENG
YONGYU GUOJIA ZHIYE JINENG JIANDING

维修电工

（高级）

第2版

编审委员会

主　任　刘　康
副主任　张亚男
委　员　仇朝东　顾卫东　孙兴旺　陈　蕾　张　伟

编审人员

主　编　王照清
编　者　陈　梅　仲葆文　张　霓　沈倪勇
主　审　张玉龙

中国劳动社会保障出版社

图书在版编目(CIP)数据

维修电工:高级/中国就业培训技术指导中心组织编写. —2版. —北京:中国劳动社会保障出版社,2013
国家职业资格培训教程
ISBN 978-7-5167-0399-1

Ⅰ.①维… Ⅱ.①中… Ⅲ.①电工-维修-技术培训-教材 Ⅳ.①TM07

中国版本图书馆 CIP 数据核字(2013)第 181314 号

中国劳动社会保障出版社出版发行

(北京市惠新东街1号 邮政编码:100029)

*

北京市白帆印务有限公司印刷装订 新华书店经销
787 毫米×1092 毫米 16 开本 28 印张 486 千字
2013 年 11 月第 2 版 2022 年 6 月第 14 次印刷
定价: **52.00 元**

读者服务部电话:(010)64929211/84209101/64921644
营销中心电话:(010)64962347
出版社网址: http://www.class.com.cn

版权专有 侵权必究
如有印装差错,请与本社联系调换:(010)81211666
我社将与版权执法机关配合,大力打击盗印、销售和使用盗版
图书活动,敬请广大读者协助举报,经查实将给予举报者奖励。
举报电话:(010)64954652

前　言

为推动维修电工职业培训和职业技能鉴定工作的开展，在维修电工从业人员中推行国家职业资格证书制度，中国就业培训技术指导中心在完成《国家职业技能标准·维修电工》（2009年修订）（以下简称《标准》）制定工作的基础上，组织参加《标准》编写和审定的专家及其他有关专家，编写了维修电工国家职业资格培训系列教程（第2版）。

维修电工国家职业资格培训系列教程（第2版）紧贴《标准》要求，内容上体现"以职业活动为导向、以职业能力为核心"的指导思想，突出职业资格培训特色；结构上针对维修电工职业活动领域，按照职业功能模块分级别编写。

维修电工国家职业资格培训系列教程（第2版）共包括《维修电工（基础知识）（第2版）》《维修电工（初级）（第2版）》《维修电工（中级）（第2版）》《维修电工（高级）（第2版）》《维修电工（技师 高级技师）（第2版）（上册）》《维修电工（技师 高级技师）（第2版）（下册）》6本。《维修电工（基础知识）》内容涵盖《标准》的"基本要求"，是各级别维修电工均需掌握的基础知识；其他各级别教程的章对应于《标准》的"职业功能"，节对应于《标准》的"工作内容"，节中阐述的内容对应于《标准》的"技能要求"和"相关知识"。

本书是维修电工国家职业资格培训系列教程（第2版）中的一本，适用于对高级维修电工的职业资格培训，是国家职业技能鉴定推荐辅导用书，也是高级维修电工职业技能鉴定国家题库命题的直接依据。

本教材由王照清担任主编。参加本教材编写的具体分工为：第一章由陈梅编写，第二章由仲葆文编写，第三章由王照清编写，第四章由张霓编写，第五章由沈倪勇编写。

本书在编写过程中得到上海市职业技能鉴定中心、上海电气自动化设计研究所有限公司等单位的大力支持与协助，在此一并表示衷心的感谢。

中国就业培训技术指导中心

目录

CONTENTS 国家职业资格培训教程

第1章 继电控制电路装调维修 …………………………………… (1)
 第1节 继电器、接触器控制电路分析和测绘 …………………… (1)
 第2节 机床电气控制电路维修 ………………………………… (29)

第2章 可编程控制系统装调维修 …………………………………… (59)
 第1节 三菱可编程控制器控制系统读图分析与程序编制 …… (59)
 第2节 三菱可编程控制器控制系统调试 ……………………… (95)
 第3节 松下可编程控制器控制系统读图分析与程序编制 …… (116)
 第4节 松下可编程控制器控制系统调试 ……………………… (140)

第3章 交直流传动系统装调维修 …………………………………… (161)
 第1节 直流传动系统分析与装调维修 ………………………… (161)
 第2节 交流传动系统分析 ……………………………………… (214)
 第3节 交流传动系统装调与维修 ……………………………… (244)
 第4节 步进电动机及步进电动机驱动器 ……………………… (295)

第4章 电子电路装调维修 …………………………………………… (309)
 第1节 电子线路板测绘、分析 ………………………………… (309)
 第2节 方波—三角波发生器电路装调维修 …………………… (316)
 第3节 脉冲顺序控制器电路装调维修 ………………………… (335)

第5章 电力电子电路装调维修 ……………………………………… (356)
 第1节 电力电子线路读图、测绘、分析 ……………………… (356)
 第2节 电力电子线路装调维修 ………………………………… (417)

第1章 继电控制电路装调维修

第1节 继电器、接触器控制电路分析和测绘

学习单元1 三相异步电动机控制方案分析与选择

 **学习目标**

1. 熟悉三相异步电动机控制方案。
2. 掌握三相异步电动机控制的必备方案。

 知识要求

一、三相异步电动机控制方案

1. 电动机控制的一般原则

生产机械的电气控制线路都是根据生产工艺过程的控制要求设计的,而生产工

艺过程必然伴随着一些物理量的变化，如行程、时间、速度、电流等。这就需要电器能准确地测量和反映这些物理量的变化，并根据这些量的变化对电动机实现自动控制。

电动机控制的一般原则有行程控制原则、时间控制原则、速度控制原则和电流控制原则 4 种。

(1) 行程控制原则

根据生产机械运动部件的行程或位置，利用位置开关或位置传感器来控制电动机的工作状态称为行程控制原则。行程控制原则是生产机械电气自动化中应用最多和作用原理最简单的一种方式。如工作台自动往返行程控制线路就是按行程原则来控制的。

(2) 时间控制原则

利用时间继电器按一定时间间隔来控制电动机的工作状态称为时间控制原则，如电动机的减压启动、制动及变速过程中，利用时间继电器按一定的时间间隔改变线路的接线方式，以自动完成电动机的各种控制要求。在这里，换接时间的控制信号由时间继电器发出，换接时间的长短则根据生产工艺要求或者电动机的启动、制动和变速过程的持续时间，来整定时间继电器的动作时间。如 Y－△减压启动控制线路就是按时间原则来控制的。

(3) 速度控制原则

根据电动机的速度变化，利用速度继电器等电器来控制电动机的工作状态称为速度控制原则。反映速度变化的电器有多种。直接测量速度的电器有速度继电器、小型测速发电机。间接测量电动机速度分两类：对于直流电动机用其感应电动势来反映，通过电压继电器来控制；对于交流绕线转子异步电动机可用转子频率来反映，通过频率继电器来控制。反接制动控制线路就是利用速度继电器来进行速度控制的。

(4) 电流控制原则

根据电动机主回路电流的大小，利用电流继电器来控制电动机的工作状态称为电流控制原则。如机床横梁夹紧机构的自动控制线路就是按行程控制原则和电流控制原则来控制的。

2. 电动机的保护

电动机在运行的过程中，除按生产机械的工艺要求完成各种正常运转外，还必须在线路出现短路、过载、过电流、欠压、失压及失磁等故障时，能自动切断电源，停止运转，以防止和避免电气设备损坏和机械设备损坏，并保证操作人员的人身安全。为此，在生产机械的电气控制线路中，采取了对电动机的各种保护措施。常用的电动机的保护有短路保护、过载保护、过电流保护、欠压保护、失压保护及失磁保护等。

（1）短路保护

当电动机绕组和导线的绝缘损坏时，或者控制电器及线路损坏发生故障时，线路将出现短路现象，产生很大的短路电流，使电动机、电器、导线等电气设备严重损坏。因此，在发生短路故障时，保护电器必须立即动作，迅速将电源切断。

常用的短路保护电器是熔断器和断路器。熔断器的熔体与被保护的电路串联，当电路正常工作时，熔断器的熔体不起作用，相当于一根导线，其上面的压降很小，可忽略不计。当电路短路时，很大的短路电流流过熔体，使熔体立即熔断，切断电动机电源，电动机停止运转。同样，若电路中接入断路器，当出现短路时，断路器的保护装置会立即动作，切断电源，使电动机停止运转。

（2）过载保护

当电动机负载过大，启动操作频繁或缺相运行时，会使电动机的工作电流长时间超过其额定电流，电动机绕组过热，温升超过其允许值，导致电动机的绝缘材料变脆，寿命缩短，严重时会使电动机损坏。因此，当电动机过载时，保护电器应动作切断电源，使电动机停转，避免电动机在过载下运行。

常用的过载保护电器是热继电器。当电动机的工作电流等于额定电流时，热继电器不动作，电动机正常工作；当电动机短时过载或过载电流较小时，热继电器不动作，或经过较长时间才动作；当电动机过载电流较大时，串接在主电路中的双金属片热元件会在较短时间内发热、弯曲，使串接在控制电路中的常闭触点断开，先后切断控制电路和主电路的电源，使电动机停止运转。

（3）欠压保护

当电网电压降低时，电动机便在欠压下运行。由于电动机载荷没有改变，所以欠压下电动机转速下降，定子绕组中的电流增加。因为电流增加的幅度尚不足以使熔断器和热继电器动作，所以这两种电器起不到保护作用。如不采取保护措施，时间一长将会使电动机过热损坏。另外，欠压将引起一些电器释放，使电路不能正常工作，也可能导致人身伤害和设备损坏事故。因此，应避免电动机欠压下运行。

实现欠压保护的电器是接触器和电磁式电压继电器。在机床电气控制线路中，只有少数线路专门装设了电磁式电压继电器起欠压保护作用；而大多数控制线路，由于接触器已兼有欠压保护功能,所以不必再加设欠压保护电器。一般当电网电压降低到额定电压的 85% 以下时,接触器(或电压继电器)线圈产生的电磁吸力减小到小于复位弹簧的拉力,动铁心被迫释放,其主触点和自锁触点同时断开,切断主电路和控制电路电源,使电动机停止运转。

(4) 失压保护(零压保护)

生产机械在工作时,由于某种原因而发生电网突然停电,这时电源电压下降为零,电动机停止运转,生产机械的运动部件也随之停止运转。一般情况下,操作人员不可能及时拉开电源开关,如不采取措施,当电源电压恢复正常时,电动机便会自行启动运转,很可能造成人身伤害和设备损坏事故,并引起电网过电流和瞬间网络电压下降。因此,必须采取失压保护措施。

在电气控制线路中,起失压保护作用的电器是接触器和中间继电器。当电网停电时,接触器和中间继电器线圈中的电流消失,电磁吸力减小为零,动铁心释放,触点复位,切断了主电路和控制电路电源。当电网恢复供电时,若不重新按下启动按钮,则电动机就不会自行启动,实现了失压保护。

(5) 过流保护

为了限制电动机的启动或制动电流,在直流电动机的电枢绕组中或在交流绕线转子异步电动机的转子绕组中需要串入附加的限流电阻。如果在启动或制动时,附加电阻被短接,将会造成很大的启动或制动电流,使电动机或机械设备损坏。因此,对直流电动机或绕线转子异步电动机常常采用过流保护。

过流保护常用电磁式过电流继电器来实现。当电动机过流值达到电流继电器的动作值时,继电器动作,使串接在控制电路中的常闭触点断开切断控制电路,电动机随之脱离电源停转,达到了过流保护的目的。

(6) 失磁保护

直流电动机必须在磁场有一定励磁电流时,才能正常启动运转。若在启动时,电动机的励磁电流太小,产生的磁场太弱,将会使电动机的启动电流很大;若电动机在正常运转过程中,磁场突然减弱或消失,电动机的转速将会迅速升高,甚至发生"飞车"。因此,在直流电动机的电气控制线路中要采取失磁保护。失磁保护是通过在电动机励磁回路中串入失磁继电器(即欠电流继电器)来实现的。在电动机启动运行过程中,当励磁电流值达到失磁继电器的动作值时,继电器就吸合,使串接在控制电路中的常开触点闭合,允许电动机启动并维持正常运转;但当励磁电流减小很多或消失时,失磁继电器就释放,其常开触点断开,切断控制电路,接触器线圈失电,电动机断电停止运转。

3. 电动机的选择

电动机是电气传动系统的核心部分，为使电气传动系统安全、可靠、经济、合理地运行，首要的就是正确选用电动机。电动机的选择包括额定功率的选择、额定转速的选择、额定电压的选择、种类的选择和型式的选择等，其中额定功率的选择最为重要。

(1) 电动机额定功率的选择

正确选择电动机额定功率的原则是在电动机能够胜任生产机械负载要求的前提下，最经济、最合理地决定电动机的额定功率。也就是说，电动机的额定功率选择得既不能过大，也不能过小。如果功率选得过大，会使电动机的效率和功率因数（交流电动机）降低，造成电力浪费，增加投资。反之，若功率选得过小，会使电动机过载而缩短寿命甚至被烧毁；或者在保证电动机不过热的情况下，只能降低负载使用。因此，正确选择电动机的额定功率，具有重要的意义。

电动机的运行方式有 3 种，即连续运行、短时运行和断续、重复运行。下面分别简单介绍在不同工作方式下，电动机额定功率的选择。

1) 连续工作方式电动机额定功率的选择。电动机连续工作，其运转时间很长，电动机的温升可达到规定的稳定值。连续工作制电动机的负载可分为两类，即恒定负载与变化负载（大多数情况属周期性变化负载）。下面分别介绍。

① 恒定负载下电动机功率的选择。若电动机的负载是常值，在已知负载功率 P_Z 的前提下，选择电动机的额定功率 P_N 等于或略大于 P_Z 即可，即

$$P_N \geqslant P_Z \tag{1—1}$$

若电动机周围环境温度与标准值 40℃ 相差较大，则为充分利用电动机，其输出功率可与 P_N 不同。从发热的观点易见，当环境温度高于 40℃ 时，电动机需降低功率使用；反之，则可提高功率运行。其原则就是不使电动机在工作过程中的温升超过允许规定的稳定温升。

周围环境温度不同时，电动机功率可粗略地按表 1—1 所示的数值相应增减。

表 1—1　　　　　　　环境温度与电动机功率选择

环境温度（℃）	30	35	40	45	50	55
功率增减的百分数（%）	+8	+5	0	−5	−12.5	−25

环境温度低于 30℃ 时，一般电动机也只增加 8% 的功率。

② 变化负载下电动机功率的选择。图 1—1 所示为一周期性变动负载的生产机械负载记录图，当电动机驱动这一机械工作时，因为输出功率周期性地变化，其温

升也必然做周期性的波动。温升波动的最大值将低于对应最大负载时的稳定温升。

在此情况下，按最大负载选择电动机功率将是不经济的；而按最小负载选择，电动机的温升又将超过允许温升。所以，电动机的功率可在最大负载与最小负载之间适当选择，以使电动机得到充分的利用，而又不致过载。问题的关键就是首先必须将变化的负载等效成相应的等效负载 P_{Pj}，然后预选电动机，并进行发热过载能力等校验。

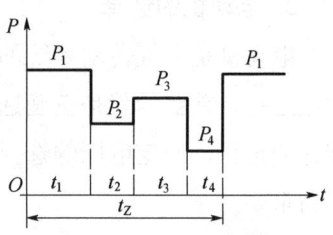

图 1—1 变动的负载记录图

2）短时工作方式电动机额定功率的选择。对于短时工作方式，可选用专为短时工作方式而设计的电动机，也可选用为连续工作方式而设计的电动机。

①专为短时工作方式而设计的电动机额定功率的选择。短时工作方式的电动机，工作时间较短，温升达不到稳定值，而停歇后，温升可降为零。对于我国短时工作方式的电动机，标准工作时间规定有 15 min，30 min，60 min，90 min 共 4 种。

若短时工作方式的电动机，实际工作时间 t_v 与标准工作时间 t_n 一致时，则可按下式选择电动机的额定功率 P_N。

$$P_N \geqslant P_Z \tag{1—2}$$

若短时工作方式的电动机，实际工作时间 t_v 与标准工作时间 t_n 不一致时，则应把实际工作时间下的负载功率折算到标准工作时间下的功率。所以，选择电动机的额定功率时，应按下式选择。

$$P_N \geqslant P_Z \sqrt{\frac{t_v}{t_n}} \tag{1—3}$$

式中　P_N——电动机的额定功率；

　　　P_Z——实际工作时间下的负载功率；

　　　t_v——实际工作时间；

　　　t_n——标准工作时间。

②为连续工作方式而设计的电动机额定功率的选择。

$$P_N \geqslant \frac{P_{Zmax}}{\lambda} \tag{1—4}$$

式中　P_{Zmax}——电动机的最大负载功率；

　　　λ——电动机的过载系数。

3) 断续、重复工作方式的电动机的额定功率选择。周期性断续、重复工作方式的电动机，工作与停歇交替进行，工作时间 t_w 与停歇时间 t_o 都较短。在工作时间 t_w 内，电动机的温升达不到稳定值；在停歇时间 t_o 内，温升也来不及降为零。每个周期内工作时间占的百分数叫做负载持续率，也叫暂载率，用 $FS\%$ 表示，即

$$FS\% = \frac{t_w}{t_w + t_o} \times 100\% \tag{1—5}$$

我国规定的标准负载持续率有 15%、25%、40% 和 60% 共 4 种。一个周期的时间规定为 $t_w + t_o \leqslant 10$ min。

断续、重复工作方式的电动机功率选择的方法与连续工作方式变化负载下的功率选择相似，这里不再叙述了。

(2) 电动机额定转速的选择

电动机的额定转速选择得是否合理，对电气传动系统的技术指标和经济指标有较大的影响。额定功率相同的电动机，转速越高，其额定转矩就越小，体积、质量也越小，造价越低。因此，选用转速高的电动机，比较经济。但转速高，构造复杂。因此，当选择电动机的额定转速时，必须全面考虑，力求电能损耗少，设备投资少，维护费用少。通常额定转速选在 750~1 500 r/min 比较合适。

(3) 电动机额定电压的选择

选择电动机的额定电压等级要与电网电压相符。若选择的额定电压低于电网电压，电动机将由于电流过大而被烧毁；若选择的额定电压高于电网电压，电动机有可能不能启动或因电流过大而减小其使用寿命甚至被烧毁。

一般情况下，中小型交流电动机的额定电压为 380 V，大型交流电动机的额定电压为 3 kV 和 6 kV 等；直流电动机的额定电压有 110 V、220 V 和 400 V 等。

(4) 电动机种类的选择

选择电动机的种类时，首先考虑电动机的性能必须满足生产机械的要求；其次，尽量优先选用结构简单、价格便宜、运行可靠、维护方便的电动机。

由于三相笼形异步电动机具有结构简单、价格便宜、运行可靠、维护方便等优点，而且它的动力电源是很普遍的三相交流电源，但它的启动和调速性能较差，所以在生产机械要求不高的场合，如机床、水泵、通风机等，应优先选用三相笼形异步电动机；在启动转矩要求较大的场合，如空气压缩机、带式运输机等，普遍选用启动转矩较大的三相笼形异步电动机，如斜槽式、深槽式或双笼形等异步电动机；在要求有有级调速的场合，应选用双速、三速或四速等笼形异步电动机；在启动、

制动频繁且启动、制动转矩较大及有一定调速要求的场合，如桥式起重机、矿井提升机、电梯等，则往往优先选用三相绕线转子异步电动机。

在要求启动转矩较大、启动性能较好、调速平滑性较好、调速范围较大、调速精度高且准确的场合，如高精度的数控机床、龙门刨床、可逆轧钢机、造纸机、矿井卷扬机等生产机械，可选用他励直流电动机来驱动；在要求启动转矩较大、机械特性较软的场合，如电车、重型起重机等，则常选用串励直流电动机。

随着交流变频调速技术的发展及应用，交流电动机的调速性能也将与直流电动机调速性能相媲美。

（5）电动机型式的选择

电动机按工作方式分类，可分为连续、短时、断续重复3种工作制。至于选用哪种工作方式的电动机，可以按生产机械的工作方式的要求来选择，也可以选用连续工作方式的电动机来代替。

电动机按安装位置不同，可分为卧式和立式两种。由于立式电动机价格昂贵，所以一般优先选用卧式电动机，只有为简化传动装置时，如深井水泵、钻床等，才选用立式电动机。

电动机按轴伸数分类，可分为单轴伸和双轴伸两种。一般情况下，选用单轴伸电动机；特殊情况下，才选用双轴伸电动机，如当一边需要安装测速发电机，另一边需要驱动生产机械时，则必须选用双轴伸电动机。

电动机按防护型式分类，可分为开启式、防护式、封闭式和防爆式4种。在干燥、清洁的环境中，可选用开启式电动机；在清洁、灰尘不多且没有腐蚀性气体的环境中，可选用防护式电动机；在潮湿、灰尘较多、多腐蚀性气体和易受风雨侵蚀及易引起火灾等恶劣环境中，应选用自扇冷式或他扇冷式封闭式电动机；若需要浸在液体中使用的电动机（如潜水泵），则应选用密封式电动机；在易燃、易爆的环境中，应选用防爆式电动机。

总之，选择电动机时，要以额定功率、额定转速、额定电压以及电动机的种类和型式等各方面全面考虑，经济合理地选择。

二、三相异步电动机控制的必备方案

1. 笼形转子异步电动机的控制电路

（1）笼形转子异步电动机的正、反转控制电路

正转控制线路只能使电动机朝一个方向旋转，带动生产机械的运动部件朝一个

方向运动。而正、反转控制线路是改变通入电动机定子绕组的三相电源相序，即把接入电动机三相电源进线中的任意两根接线对调，电动机就可以进行正、反方向旋转，以实现生产机械的运动部件朝正、反两个方向运动。

图1—2所示为按钮、接触器双重联锁的正、反转控制线路。这种线路操作方便，工作安全可靠。因此，在电气传动系统中被广泛采用。如X62W型万能铣床的主轴反接制动控制，均采用这种控制线路。

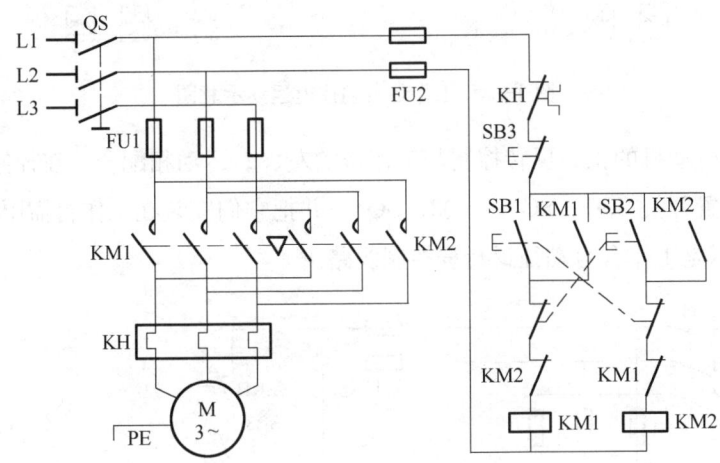

图1—2 双重联锁的正反转控制线路

先合上电源开关QS，正转控制、反转控制和停止的工作原理如下：

1）正转控制。按下SB1→SB1常闭触点先分断，对KM2联锁（切断反转控制电路）；SB1常开触点后闭合→KM1线圈通电→KM1主触点闭合→电动机M启动连续正转；KM1联锁动断触点分断，对KM2联锁（切断反转控制电路）。

2）反转控制。按下SB2→SB2常闭触点先分断→KM1线圈断电→KM1主触点分断→电动机M断电；SB2常开触点后闭合→KM2线圈通电→KM2主触点闭合→电动机M启动连续反转；KM2联锁动断触点分断，对KM1联锁（切断正转控制电路）。

3）停止。按下SB3，整个控制电路断电，主触点分断，电动机M断电停转。

(2) 笼形异步电动机的位置控制与自动往返控制线路

在生产过程中，常遇到一些生产机械运动部件的行程或位置要受到限制，或者需要其运动部件在一定范围内自动往返循环等。如在万能铣床、镗床、桥式起重机及各种自动或半自动控制机床设备中，就经常遇到这种控制要求，而实现这种控制要求所依靠的主要电器是位置开关（又称限位开关）。图1—3所示为由位置开关控制的工作台自动往返运动。

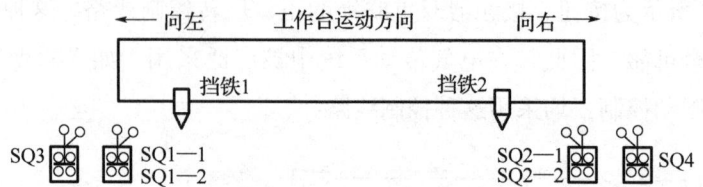

图1—3　工作台自动往返运动示意图

为了使电动机的正、反转控制与工作台的左、右运动相配合，在控制线路中设置了4个位置开关SQ1、SQ2、SQ3、SQ4，并把它们安装在工作台需限位的地方。图1—4所示是工作台自动往返行程控制线路。

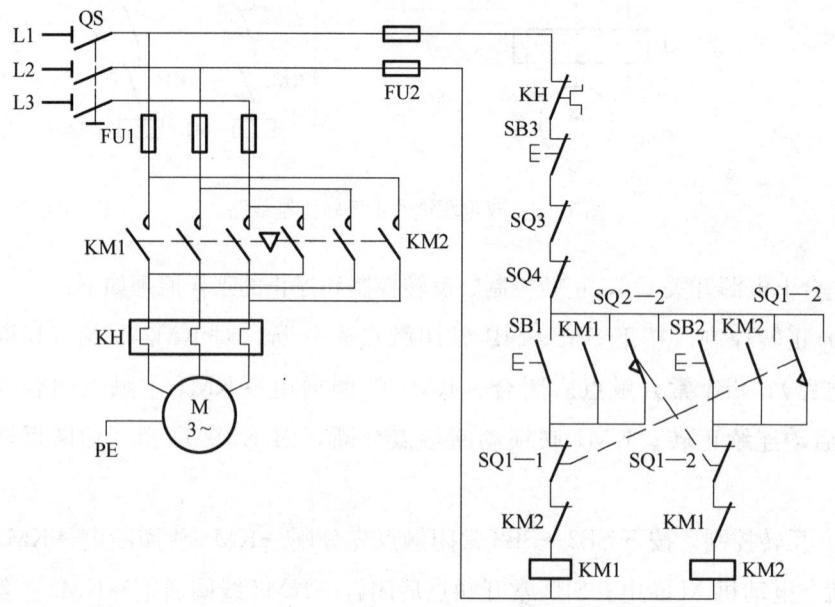

图1—4　工作台自动往返行程控制线路

在图1—4中，SQ1和SQ2被用来自动换接电动机正、反转控制电路，实现工作台的自动往返行程控制；SQ3和SQ4被用来作终端保护，以防止SQ1和SQ2失灵，工作台越过限定位置而造成事故。在工作台边的T形槽中装有两块挡铁，挡铁1只能与SQ1和SQ3相碰撞，挡铁2只能与SQ2和SQ4相碰撞。当工作台运动到所限位置时，挡铁碰撞位置开关，使其触点动作，自动换接电动机正、反转控制电路，通过机械传动机构使工作台自动往返运动。

工作原理是：先合上电源开关 QS，按下 SB1→KM1 线圈通电→KM1 主触点闭合→电动机 M 正转→工作台左移→至限定位置，挡铁 1 碰 SQ1→SQ1－1 先分断→KM1 线圈断电→KM1 主触点断开→电动机停止正转，工作台停止左移；SQ1－2 后闭合→KM2 线圈通电→KM2 主触点闭合→电动机 M 反转→工作台右移（SQ1 触点复位）→限定位置挡铁 2 碰 SQ2→SQ2－1 先断开→KM2 线圈断电→KM2 主触点断开→工作台停止右移；SQ2－2 后闭合→KM1 线圈通电→KM1 主触点闭合→电动机 M 又正转→工作台又左移（SQ2 触点复位）→……以后重复上述过程，工作台就在限定的行程内自动往返运动。

停止时，按下 SB3→整个控制电路断电→KM1（或 KM2）主触点断开→电动机 M 断电停止运转→工作台停止运动。

这里 SB1、SB2 分别作为正转启动按钮和反转启动按钮，若启动时工作台在左端，应按下 SB2 进行启动。

（3）笼形异步电动机的顺序控制与多地控制线路

1）顺序控制线路。在装有多台电动机的生产机械上，各电动机所起的作用是不相同的，有时需按一定的顺序启动，才能保证操作过程的合理性和工作的安全可靠。例如，X62W 型万能铣床上要求在主轴电动机启动后，进给电动机才能启动；又如，M7120 型平面磨床的冷却液泵电动机，要求当砂轮电动机启动后才能启动。像这种要求一台电动机启动后另一台电动机才能启动的控制方式叫做电动机的顺序控制。

在图 1—5 所示的线路中，电动机 M1 和 M2 分别通过接触器 KM1 和 KM2 来控制，接触器 KM2 的主触点接在接触器 KM1 主触点的下面，这样就保证了当 KM1 主触点闭合，电动机 M1 启动运转后，M2 才可能接通电源运转。

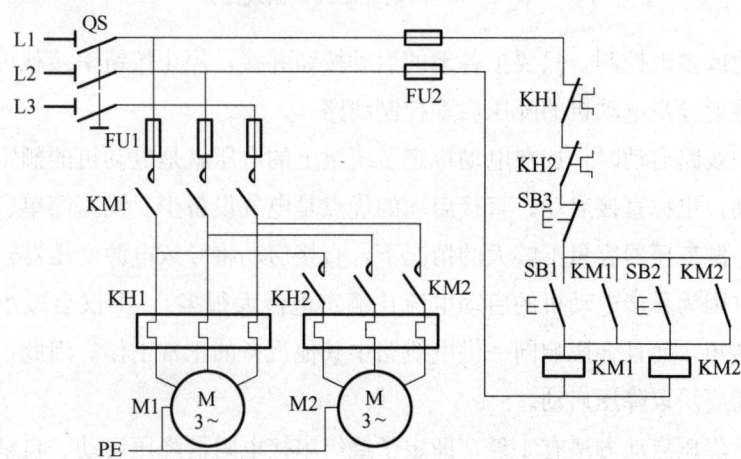

图 1—5 主电路实现电动机顺序控制线路

工作原理：合上电源开关 QS，按下 SB1→KM1 线圈通电→KM1 主触点闭合→电动机 M1 启动连续运转→按下 SB2→KM2 线圈通电→KM2 主触点闭合→电动机 M2 启动连续运转。

按下 SB3→控制电路断电→KM1 和 KM2 主触点断开→M1 和 M2 断电停止运转。

2) 多地控制线路。能在两地或多地控制同一台电动机的控制方式叫做电动机的多地控制。

图 1—6 所示为两地控制的控制线路。其中，SB11 和 SB12 为安装在甲地的启动按钮和停止按钮，SB21 和 SB22 为安装在乙地的启动按钮和停止按钮。线路的特点是两地的启动按钮 SB11 和 SB21 要并联接在一起；停止按钮 SB12 和 SB22 要串联接在一起。这样就可以分别在甲、乙两地启、停同一台电动机，达到操作方便的目的。

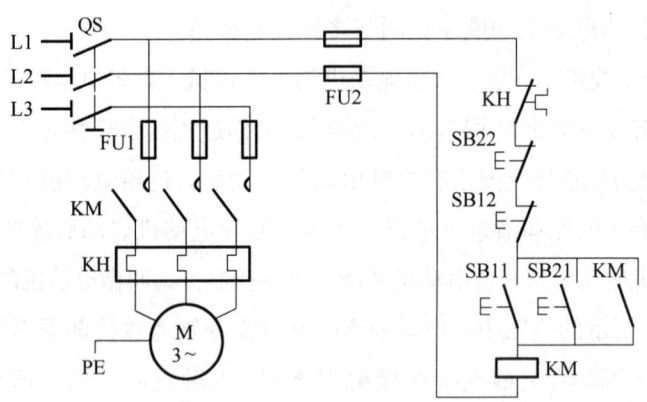

图 1—6 两地控制的控制线路

对三地或多地控制，只要把各地的启动按钮并接，停止按钮串接就可以实现。

（4）笼形异步电动机的降压启动控制线路

当控制线路启动时，加在电动机定子绕组上的电压就是电动机的额定电压，属于全压启动，也称直接启动。直接启动的优点是电气设备少、线路简单、维修量较小。但在电源变压器容量不够大的情况下，直接启动将导致电源变压器输出电压大幅度下降（因为异步电动机的启动电流比额定电流大很多），不仅会减小电动机本身的启动转矩，而且会影响同一供电线路中其他设备的正常工作。因此，较大容量的电动机需要采取降压启动。

常见的降压启动方法有 4 种，即定子绕组串接电阻器降压启动、自耦变压器降压启动、星形—三角形降压启动、延边三角形降压启动。下面分别给予介绍。

1) 定子绕组串接电阻降压启动控制线路。定子绕组串接电阻器降压启动是指在电动机启动时，把电阻器串接在电动机定子绕组与电源之间，通过电阻器的分压作用，来降低定子绕组上的启动电压，待启动后，再将电阻器短接，使电动机在额定电压下正常运行。

图1—7所示为时间继电器自动控制串接电阻器降压启动控制线路。其工作原理为：合上电源开关 QS，按下 SB1→KM1 线圈通电→KM1 主触点闭合→电动机 M 串电阻器 R 降压启动；KT 线圈通电，至转速上升一定值时，KT 延时结束→KT 常开触点闭合→KM2 线圈通电→KM2 主触点闭合→R 被短接→电动机 M 全压运转。停止时，按下 SB2 即可实现。

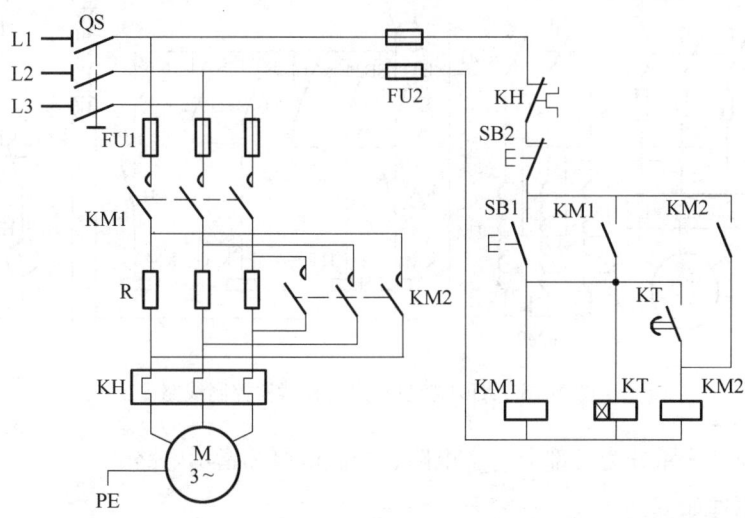

图1—7　时间继电器自动控制串接电阻降压启动控制线路

2) 自耦变压器降压启动控制线路。自耦变压器降压启动是指电动机启动时利用自耦变压器来降低加在电动机定子绕组上的启动电压。待电动机启动后，再使电动机与自耦变压器脱离，从而在全压下正常运转。

我国生产的 XJ01 系列自动启动补偿器是目前广泛应用的自耦变压器降压启动的自动控制设备，适用于交流 380 V，功率为 14～300 kW 的三相笼形异步电动机的降压启动。

XJ01 系列自动启动补偿器是由自耦变压器、交流接触器、中间继电器、热继电器、时间继电器和按钮等电气元件组成。对于 14～75 kW 的产品，采用自动控制方式；而对于 80～300 kW 的产品，具有手动和自动两种控制方式，由转换开关进行切换。时间继电器为可调式，在 5～120 s 以内，可以自由调节控制启动时间。

自耦变压器备有额定电压60%及80%两挡抽头,出厂时接在60%抽头上。补偿器具有过载和失压保护,最大启动时间为2 min(包括一次或连续数次启动时间的总和),若启动时间超过2 min,则启动后的冷却时间应不少于4 h,才能再次启动。

XJ01型自动启动补偿器的控制线路如图1—8所示。虚线框内的按钮SB21、SB22是异地控制按钮。

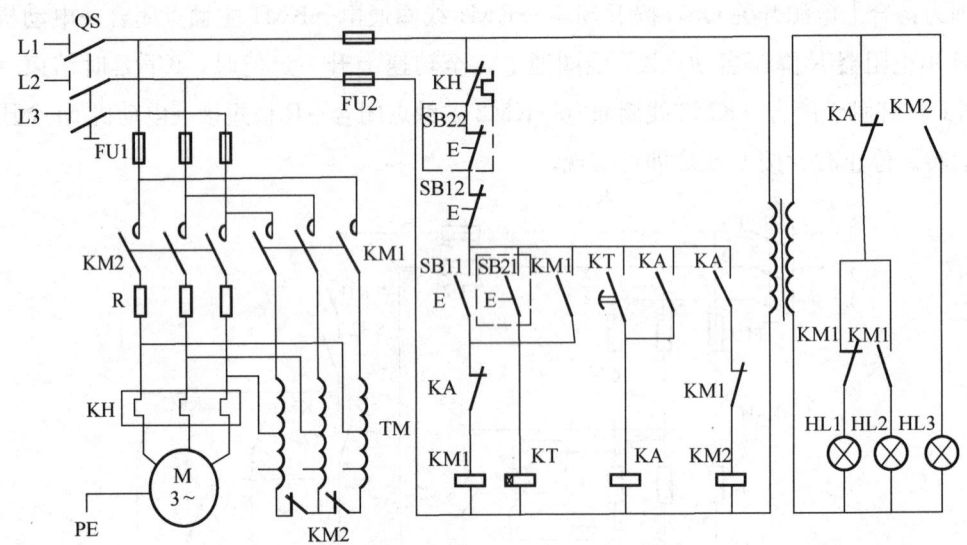

图1—8　XJ01型自动启动补偿器控制线路

整个控制线路分为三部分:主电路、控制电路和指示电路。

工作原理如下:

①降压启动。按下SB1→KM1线圈通电→KM1主触点闭合→电动机M接入TM降压启动;指示灯HL1熄灭,指示灯HL2亮;KT线圈通电,为电动机M的正常运转作准备。

②全压运转。当M转速上升到一定值时,KT延时结束→KA线圈通电→KM1线圈断电→KM1主触点断开→TM切除;KM2线圈通电→KM2两对常闭辅助触点断开,解除TM的Y联结→KM2主触点闭合→电动机M全压运转;指示灯HL3亮;指示灯HL1和HL2熄灭。

由此可见,指示灯HL1亮,表示电源有电,电动机处于停止状态;指示灯HL2亮,表示电动机处于降压启动状态;指示灯HL3亮,表示电动机处于全压运转状态。

停止时,按下停止按钮SB12,控制电路断电,电动机停止运转。

自耦变压器降压启动的优点是启动转矩和启动电流可以调节,但设备庞大,成本较高。因此，这种方法适用于额定电压为 220/380 V，接法为△/Y，容量较大的三相笼形异步电动机的降压启动。

3) 星形—三角形（Y－△）降压启动控制线路。Y－△降压启动是指在电动机启动时，把定子绕组接成星形，以降低启动电压，限制启动电流，待电动机启动后，再把定子绕组改接成三角形，使电动机全压运行。凡是在正常运行时定子绕组作三角形联结的三相笼形异步电动机，均可采用这种降压启动方法。

图 1—9 所示为时间继电器自动控制 Y－△降压线路。该线路由三个接触器、一个热继电器、一个时间继电器和两个按钮组成。时间继电器 KT 用作控制 Y 形降压启动时间和完成 Y－△自动换接。

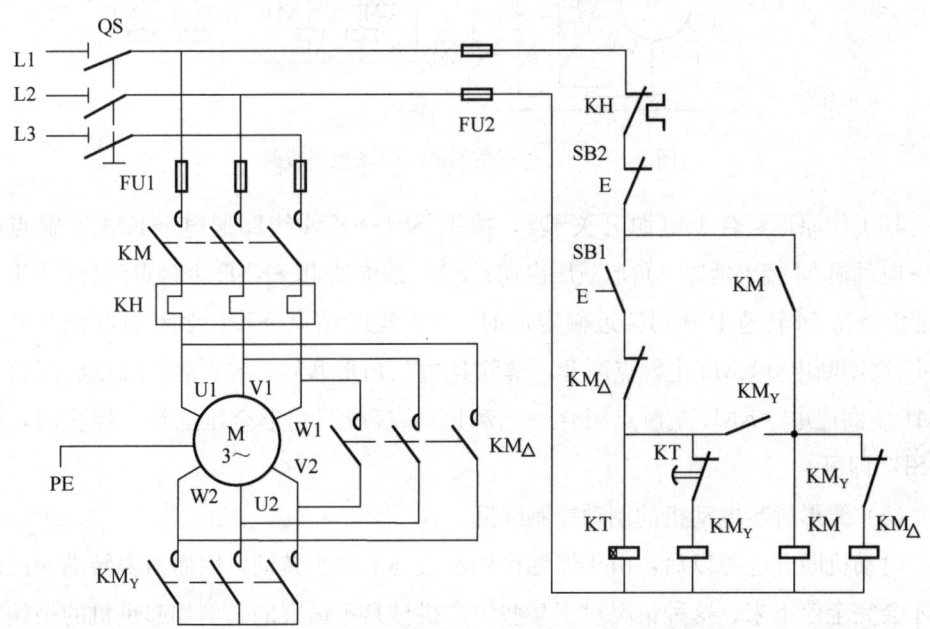

图 1—9 时间继电器自动控制 Y－△降压线路

其工作原理：合上电源开关 QS，按下 SB1→KM_Y 线圈通电→KM_Y 常开触点闭合→KM 线圈通电→KM_Y 主触点、KM 主触点闭合→电动机 M 接成星形降压启动；KT 线圈通电→当 M 转速上升到一定值时，KT 延时结束→KT 常闭触点断开→KM_Y 线圈断电→KM_Y 主触点断开，解除星形联结→电动机 M 接成三角形全压运转。停止时，按下 SB2 即可。

该线路接触器 KM_Y 通电后，通过 KM_Y 的常开辅助触点使接触器 KM 通电动作，这样 KM_Y 的主触点是在无负载的条件下进行闭合的，故可延长接触器 KM_Y 主触点的使用寿命。

4) 延边三角形降压启动线路。图 1—10 所示为延边三角形降压启动控制线路。

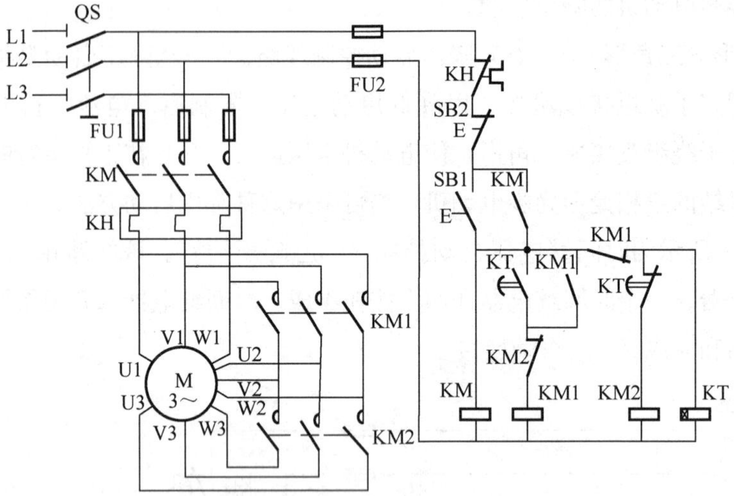

图 1—10 延边三角形降压启动控制线路

其工作原理：合上电源开关 QS，按下 SB1→KM 线圈通电→KM 主触点闭合→电动机 M 接成延边三角形减压启动；KM2 线圈通电→KM2 主触点闭合；KT 线圈通电→待 M 转速上升到接近额定值时，KT 延时结束→KT 常闭触点先断开→KM2 线圈断电→KM2 主触点断开，解除延边三角形联结；KT 常开触点后闭合→KM1 线圈通电→KM1 主触点闭合→电动机 M 接成三角形全压运行。停止时，按下 SB2 即可。

(5) 笼形异步电动机的制动控制线路

电动机断开电源以后，由于惯性作用不会马上停止转动，因而需要转动一段时间才会完全停下来。这种情况对于某些生产机械是不适宜的。例如起重机的吊钩需要准确定位，万能铣床要求立即停转等。实现生产机械的这种要求就需要对电动机进行制动。

电气制动常用的方法有反接制动、能耗制动、电容制动和再生发电制动等。

1) 反接制动控制线路。双向启动反接制动控制线路如图 1—11 所示。该线路所用电器较多，其中 KM1 既是正转运行接触器，又是反转运行时的反接制动接触器；KM2 既是反转运行接触器，又是正转运行时的反接制动接触器；KM3 作短接限流电阻器 R 用；中间继电器 KA1 和 KA3 与接触器 KM1 和 KM3 配合完成电动机的正向启动。中间继电器 KA2 和 KA4 与接触器 KM2 和 KM3 配合完成电动机的反向启动、反接制动的控制要求；速度继电器 SR 有两对常开触点 SR-1 和 SR-2，分别作为控制电动机正转和反转时反接制动的时间；R 既是反接制动限流

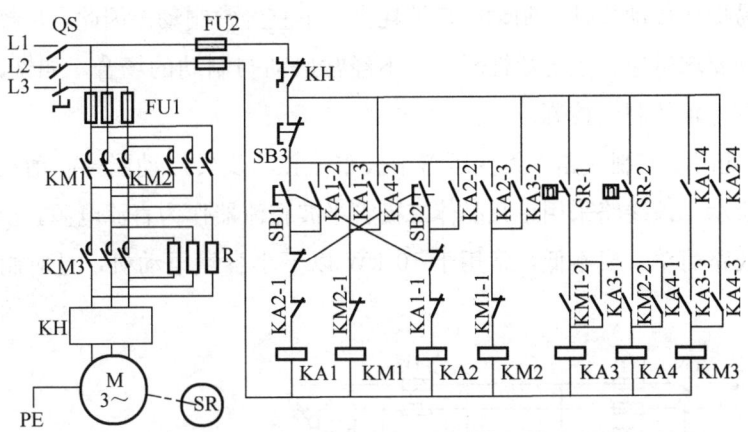

图 1—11 双向启动反接制动控制线路

电阻器,又是正、反向启动的限流电阻器。

工作原理:合上电源开关 QS。

①正转启动运转。按下 SB1→KA1 线圈通电→KA1-3 闭合,KM1 线圈通电→KM1 主触点闭合→电动机 M 串电阻器 R 降压启动→电动机 M 转速上升到一定值时→SR-1 闭合→KA3 线圈通电→KA3-3 闭合→KM3 线圈通电→KM3 主触点闭合→电阻器 R 被短接→电动机 M 全压正转运行。

②反接制动停转。按下 SB3→KA1 线圈断电→KA1-3 断开,KM1 线圈断电,避免 SB3 复位后 KM1 线圈自行通电;KA1-4 断开→KM3 线圈断电→KM3 主触点断开,R 接入制动。KM1 线圈断电→KA1-1 闭合→KM2 线圈通电;KM1 主触点断开→电动机 M 断电,惯性运转→电动机 M 反接制动→电动机 M 转速下降到一定值时→SR-1 断开→KA3 线圈断电→KA3-2 断开→KM2 线圈断电→KM2 主触点断开→电动机 M 反接制动结束。

电动机的反向启动及反接制动控制是由启动按钮 SB2、中间继电器 KA2 和 KA4、接触器 KM2 和 KM3、停止按钮 SB3、速度继电器的常开触点 SR-2 等电器来完成的。

双向启动反接制动控制线路所用电器较多,线路也比较繁杂,但操作方便,运行安全可靠,是一种比较完善的控制线路。线路中的电阻器 R 既能限制反接制动电流,又能限制启动电流;中间继电器 KA3 和 KA4 可避免停车时,由于速度继电器 SR-1 或 SR-2 触点的偶然闭合而引起接通电源的不正常现象。

反接制动的优点是制动力强,制动迅速。缺点是制动准确性差,制动过程中冲击强烈,易损坏传动零件,制动能量消耗大,不宜经常制动。因此,反接制动一般适用于制动要求迅速、系统惯性较大、不经常启动与制动的场合,如铣床、镗床、中型车床等主轴的制动控制。

2) 能耗制动控制线路。无变压器半波整流正、反转启动能耗制动控制线路如图1—12所示。该线路采用单只晶体二极管半波整流器作为直流电源,所用附加设备较少,线路简单,成本低,常用于10 kW以下小容量电动机,且对制动要求不高的场合。

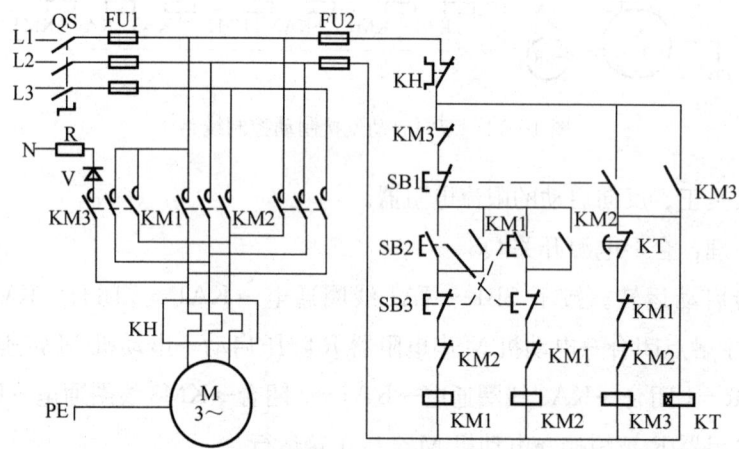

图1—12 无变压器半波整流正、反转启动能耗制动控制线路

工作原理:启动前,先合上电源开关QS。

①正向启动运转。按下SB2→KM1线圈通电→电动机M启动正向运转。

②能耗制动停转。按下SB1→KM1线圈断电;KM3线圈通电→KM3主触点闭合→电动机M接入直流电,进行能耗制动;KT线圈通电→KT常闭触点延时后断开→KM3线圈断电→KM3主触点断开→电动机M切断直流电源停转,能耗制动结束。

③反向启动运转。按下SB3→KM2线圈通电→电动机M启动反向运转。

④能耗制动停转。按下SB1→KM2线圈断电;KM3线圈通电→KM3主触点闭合→电动机M接入直流电,进行能耗制动;KT线圈通电→KT常闭触点延时后断开→KM3线圈断电→KM3主触点断开→电动机M切断直流电源停转,能耗制动结束。

能耗制动的优点是制动准确、平稳,且能量消耗较小;缺点是需附加直流电源装置,设备费用较高,制动力较弱,在低速时制动力矩小。因此,能耗制动一般用于要求制动准确、平稳的场合。

3)电容制动。当电动机切断交流电源后,立即在电动机定子绕组的出线端接入电容器,迫使电动机迅速停转的方法叫做电容制动。其制动原理是当旋转着的电动机断开交流电源时,转子内仍有剩磁,随着转子的惯性转动,有一个随转子转动的旋转磁场。这个磁场切割定子绕组产生的感应电动势,并通过电容器回路形成感应电流,该电流与磁场相互作用,产生一个与旋转方向相反的制动转矩,对电动机进行制动,使它迅速停车。电容制动控制线路如图1—13所示。

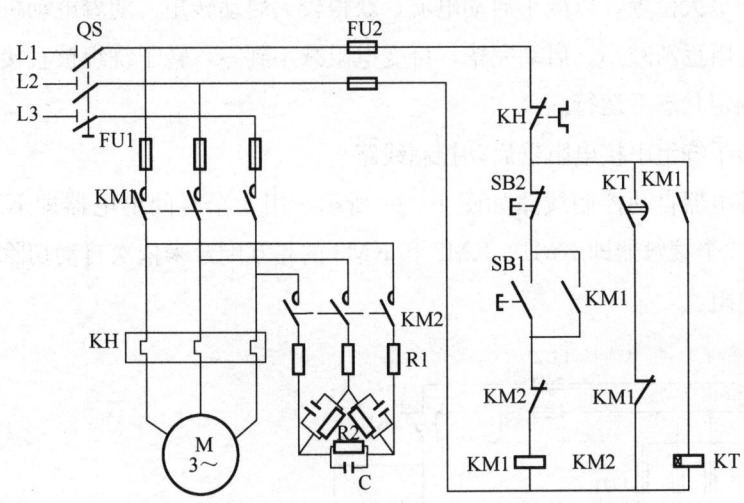

图1—13 电容制动控制线路

工作原理:启动前,合上电源开关QS。

①启动运转。按下SB1→KM1线圈通电→电动机M启动运转;KT线圈通电→KT延时分断的常开触点瞬时闭合,为KM2通电作准备。

②电容制动停转。按下SB2→KM1线圈断电→KM1主触点断开→电动机M断电,进行惯性运转;KM2线圈通电→KM2主触点闭合→电动机M接入三相电容器,进行电容制动至停转;KT线圈断电→经KT整定时间→KT常开触点断开→KM2线圈断电→KM2主触点断开→三相电容器被切除。

对于5.5 kW、三角形联结的三相异步电动机,无制动停车时间为22 s,采用电容制动后,其停车时间仅需1 s。对于5.5 kW、星形联结的三相异步电动机,无制动停车时间为36 s,采用电容制动后仅为2 s。因此,电容制动是一种制动迅速、能量损耗小、设备简单的制动方法。一般用于10 kW以下的小容量电动机,特别适用于存在机械摩擦和阻尼的生产机械和需要多台电动机同时制动的场合。

2. 绕线转子异步电动机的启动线路

实际生产中对要求启动转矩较大、且能平滑调速的场合，常常采用三相绕线转子异步电动机。其优点是可以通过集电环在转子绕组中串接电阻器来改善电动机的机械特性，从而达到减小启动电流、增大启动转矩以及平滑调速的目的。

启动时，在转子回路中接入作星形联结、分级切换的三相启动变阻器，并把可变电阻放到最大位置，以减小启动电流，获得较大启动转矩。随着电动机转速的升高，可变电阻逐渐减小。启动完毕，可变电阻减小到零，转子绕组被直接短路，电动机便在额定状态下运行。

（1）转子绕组串接电阻器启动控制线路

时间继电器自动控制线路如图 1—14 所示，用 3 个时间继电器即 KT1、KT2 和 KT3 与 3 个接触器即 KM1、KM2 和 KM3 的相互配合来依次自动切除转子绕组中的三级电阻。

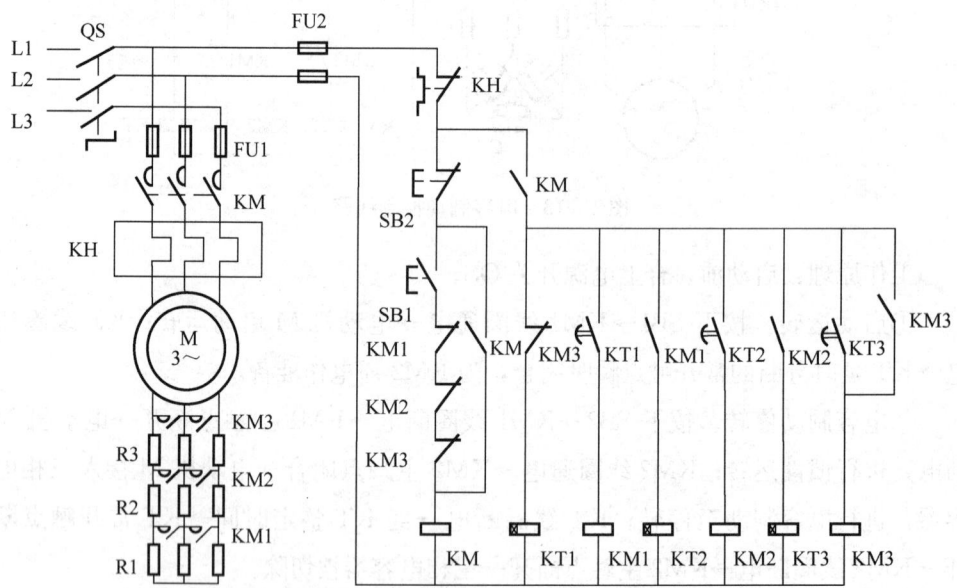

图 1—14 时间继电器自动控制线路

工作原理：首先，合上电源开关 QS，按下 SB1→KM 线圈通电→KM 主触点闭合→电动机 M 串接全部电阻启动；KM 常开触点闭合→KT1 线圈通电→经 KT1 整定时间→KT1 常开触点闭合→KM1 线圈通电→KM1 主触点闭合，切除第一组电阻 R1，电动机 M 串接两组电阻继续启动；KM1 常开辅助触点闭合→KT2 线圈通电→经 KT2 整定时间→KT2 常开触点闭合→KM2 线圈通电→KM2 主触点闭合，切除第二组电阻 R2，电动机 M 串接第三组电阻继续启动；KM2 常开辅助触点闭合→KT3 线圈通电→经 KT3 整定时间→KT3 常开触点闭合→KM3 线圈通电→KM3 主触点闭合，切除第三组电阻 R3，电动机 M 启动结束，正常运转；KM3 常闭辅助触点分断使 KT1，KM1，KT2，KM2 和 KT3 依次断电释放，触点复位。

与启动按钮 SB1 串接的接触器 KM1、KM2 和 KM3 常闭辅助触点，其作用是保证电动机在转子绕组中接入全部外加电阻的条件下才能启动。如果接触器 KM1、KM2 和 KM3 中任何一个触点因熔焊或机械故障而没有释放时，启动电阻就没有被全部接入转子绕组中，从而使启动电流超过规定的值。把 KM1、KM2 和 KM3 的常闭触点与 SB1 串接在一起，就可避免这种现象的发生，因为 3 个接触器中只要有一个触点没有恢复闭合，电动机就不可能接通电源直接启动。

停止时，按下 SB2 即可。

(2) 转子绕组串接频敏变阻器启动控制线路

应用绕线转子异步电动机转子绕组串接电阻器的启动方法，要想获得良好的启动特性，一般需要较多的启动级数，所用电器多，控制线路复杂，设备投资大，维修不便，同时由于逐级切除电阻，故会产生一定的机械冲击力。在工矿企业中，广泛采用频敏变阻器代替启动电阻，来控制绕线转子异步电动机的启动。

频敏变阻器是一种阻抗值随频率明显变化（敏感于频率）、静止的无触点电磁元件。它实质上是一个铁心损耗非常大的三相电抗器。在电动机启动时，将频敏变阻器串接在转子绕组中，由于频敏变阻器的等值阻抗随转子电流频率减小而减小，从而达到自动变阻的目的，因此，只需用一级频敏变阻器就可以平稳地把电动机启动起来。

图 1—15 所示为转子绕组串接频敏变阻器的启动控制线路。启动过程可以利用转换开关 SA 实现自动控制和手动控制。采用自动控制时，将转换开关 SA 扳到自动位置（即 A 位置），时间继电器 KT 将起作用。

工作原理：先合上电源开关 QS，按下 SB1→KM1 线圈通电→KM1 主触点闭合→电动机 M 串接 RF 启动；KT 线圈通电→经 KT 整定时间→KT 常开触点闭合→KA 线圈通电→KA 常开触点闭合→KM2 线圈通电→KM2 主触点闭合，短接切除频敏变阻器 RF，电动机 M 启动结束，正常运转；KM2 常闭触点断开→KT 线圈断电→KT 触点瞬时复位。

在启动过程中，中间继电器 KA 未通电，KA 的两对常闭触点将热继电器 KH

的热元件短接，以免因启动过程较长，而使热继电器过热产生误动作。启动结束后，中间继电器 KA 才通电动作，其两对常闭触点断开，KH 的热元件便接入主电路工作。图 1—15 中的 TA 为电流互感器，其作用是将主电路中的大电流变成小电流，串入热继电器的热元件，反映过载程度。

在采用手动控制中，将转换开关 SA 扳到手动位置（即 M 位置）。时间继电器 KT 不起作用，用按钮 SB2 手动控制中间继电器 KA 和接触器 KM2 的通电动作，完成短接频敏变阻器 RF 的工作。

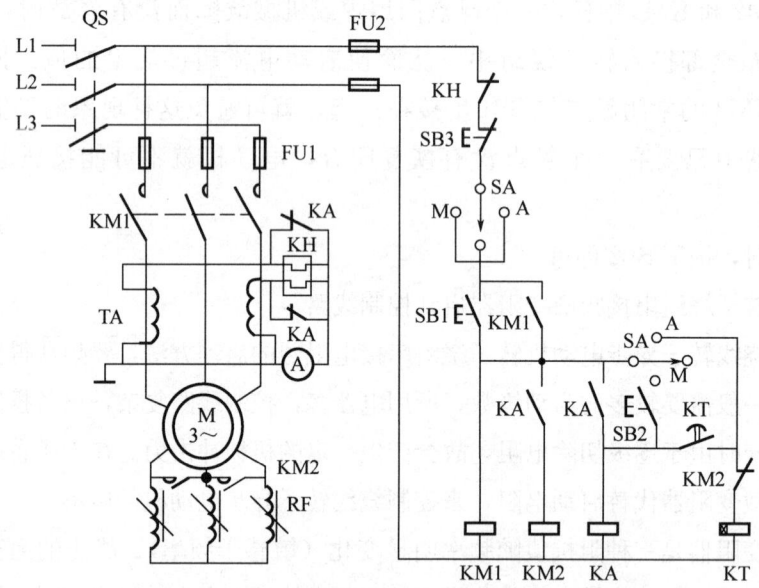

图 1—15 转子绕组串接频敏变阻器启动控制线路

学习单元 2　T68 镗床、X62W 铣床电气控制电路位置图、接线图测绘

 **学习目标**

1. 掌握电气测绘的步骤、方法和注意事项。
2. 能够进行 X62W 铣床电气测绘。
3. 能够进行 T68 镗床电气测绘。

 **知识要求**

机械设备的电气控制原理图是安装、调试、使用和维修设备的重要依据。维修电工人员在工作中有时会遇到原有机床的电气线路图遗失或损坏，这种会对电气设备及电气控制线路的检修带来很多不便。另外有些机械设备的实际电气线路与图样标注不符、也有的图样表达不够清楚、绘图不够规范等，有时也会遇到不熟悉的机械设备需进行修理或电气改造工作，所以维修电工应该掌握根据实物测绘机床的电气线路的方法。

一、电气测绘的步骤

（1）测绘前要熟悉机床的主要结构及加工工艺，归纳主要运动形式。

（2）从运动形式归纳总结各个控制环节工作原理及其作用。由于机床的电气控制与机械结构间的配合十分密切，因此在测绘时，应判明机械和电气的联锁关系。

（3）对机床进行实际操作，熟悉机床电气元件的安装位置、配线情况以及操作手柄处于不同位置时，位置开关的工作状态及运动部件的工作情况。

（4）以主要安装面为主视图，首先按实物测绘设备的电气位置图，然后测绘设备的电气安装接线图，最后根据电气接线图和绘图原则绘制电气原理图。

二、电气测绘的方法

测绘电气线路图时，首先应熟悉该机械设备的基本控制环节，如启动、停止、制动、调速等。

测绘机械设备电气线路图的一般方法是：电气位置图→电气接线图→电气原理图。此种方法是绘制电气线路原理图的最基本方法，它简便、直观，容易掌握。具体步骤如下：

（1）将机械设备停电，并使所有的电气元件处于正常（不受力）状态。

（2）找到并打开机床的电气控制柜（箱），按实物画出设备的电气位置图。

（3）绘出所有内部电气接线示意图，在所有接线端子处标记好线号，画出设备的电气安装接线图。

（4）根据电气接线图和绘图原则绘制电气原理图。

测绘工作，实际上也是一个学习和掌握新知识、新技能的过程，因为各种机械设备使用的电气元件不尽相同，尤其是电气产品不断更新换代。所以，对新电气元件的了解和掌握，以及平时熟悉电气安装图对测绘工作是大有好处的。

三、电气测绘的注意事项

1. 电气控制电路位置图

电气控制电路位置图是用来表明电气控制电路中所有元器件的实际安装位置的。电气控制电路位置图主要由电气位置图、控制柜和控制板电路位置图、操作台和悬挂操作箱电路位置图等组成。

（1）图中各个元器件的符号应和相关电路原理图及其清单上的符号保持一致，在各个元器件之间还应留有导线槽的位置。

（2）监视器件布置在电柜仪表板上，测量仪表布置在仪表板上部，指示灯布置在仪表板下部。

（3）体积大或较重的电气元件安装在电柜下方，发热元件安放在电柜的上方。强电、弱电应分开，弱电部分应加屏蔽和隔离，以防强电及外界干扰。

（4）电器布置应考虑整齐、美观、对称，尽量使外形与结构尺寸相同的电气元件安装在一起，便于安装、配线且布置整齐美观。

（5）对用于相邻柜间连接用的接线柱，应布置在柜的两侧；用于与柜外部接线的接线柱，应布置在柜的下半部且不得低于200 mm。

2. 电气控制电路接线图

电气控制电路接线图是用来反映电气元件的接线位置和接线关系的，它是根据电气元件的布置应该安全合理、经济等原则来安排的。它为电气设备的安装、电气元件之间的电气连接、检修提供依据。

（1）电气元件用规定图形和文字符号绘制，同一电气元件各部分必须画一起。

（2）各电气元件的位置应与实际位置保持一致，文字符号、元件连接顺序、线路号码都必须与控制电路原理图一致，并按原理图的电气连接关系进行接线。

（3）走向相同的多根导线可用单线表示。

（4）电气连接关系用线束来表示，连接导线应注明导线规范（如规格、型号、数量、穿线管的尺寸等）。

（5）控制电路和信号电路进入电柜的导线超过10根，必须提供端子板或连接器件，动力电路和测量电路可以直接接到电器的端子上。

(6) 端子板上各接点按接线号顺序排列,并将动力线、交流控制线、直流控制线分类排开。

技能要求 1

X62W 铣床电气测绘

一、操作要求

1. 在不破坏原有电路的前提下进行测绘。
2. 边测绘、边分析电路工作原理。

二、操作准备(表 1—2)

表 1—2　　　　　　　　　　准备内容

序号	名称	规格型号	数量	备注
1	X62W 铣床控制柜		1 个	
2	万用表		1 个	
3	旋具等		若干	

三、操作步骤

步骤 1　熟悉 X62W 铣床的主要结构及运动形式。

(1) X62W 万能铣床的主要结构(见图 1—16)

床身固定在底座上,在床身内装有主轴及其变速机构。在床身的顶部有水平导轨,上面装着带有一个或两个刀杆支架的悬梁,刀杆支架用来支撑刀杆的一端,刀杆另一端则固定在主轴上,由主轴带动铣刀切削。悬梁可以水平移动,刀杆支架可以在悬梁上水平移动,以便安装不同的刀杆。在床身的前面有垂直导轨,升降台可沿着它上、下移动。在升降台上面的水平导轨上,装有可在平行于主轴轴线方向横向移动的溜板。溜板上部有回转盘,工作台沿回转盘上的导轨做纵向移动。工作台上有 T 型槽用来装夹工件。这样工件就可以在 3 个坐标轴的 6 个方向上调整位置或进给。此外,由于回转盘可绕中心转过一个角度(通常是±45°),因此工作台在水平面上除了能在平行于或垂直于主轴轴线方向进给外,还能斜向进给,可以加工螺旋槽。

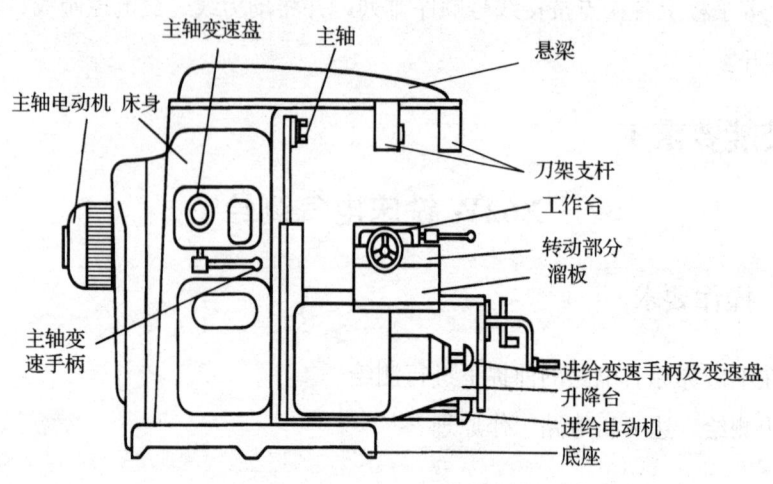

图1—16 X62W万能铣床

(2) X62W万能铣床的运动形式

主运动：主轴带动铣刀的旋转运动。

进给运动：加工中，工作台带动工件作纵向、横向和垂直3个方向的移动以及圆形工作台的旋转运动。

辅助运动：工作台带动工件在3个方向的快速移动。

步骤2 了解X62W铣床的电气传动方式和控制要求。

(1) 主轴与工作台采用单独的笼形异步电动机驱动。

(2) 主轴电动机M1空载启动、正、反转，主轴有制动。

(3) 工作台三方向由M2驱动进给运动，有正、反转，运动间有联锁保护。

(4) 工作台的快速移动由电磁铁吸合改变。

(5) 圆工作台与三方向有互锁。

(6) 主轴与进给有机械变速。

(7) 先主轴旋转，后进给运动、进给，再停。

(8) 冷却泵由M3驱动。

(9) 主轴电动机启、停和工作台快速移动均由两处控制。

步骤3 按实物画出设备的电气位置图。

在测绘中，应具备由实物到电气位置图的分析能力，因为在测绘中会经常对电路中的某一个点或某一条线加以分析和判别，这些能力是靠平时经常锻炼、不断积累的。

步骤4 绘出所有内部电气接线示意图。

在所有接线端子处标记好线号，画出设备的电气安装接线图。X62W型卧式万能铣床的位置开关 SQ1～SQ6 等均安装在机床内部,不易发现。维修工作人员不仅要熟悉电气工作原理,而且要清楚线路走向、电器元件的具体位置、操作方式,才能通过电气测绘工作将维修工作搞好。

步骤 5　根据电气安装接线图和绘图原则绘制电气原理图。

技能要求 2

T68 镗床电气测绘

一、操作要求

1. 在不破坏原有电路的前提下进行测绘。
2. 边测绘、边分析电路工作原理。

二、操作准备（表 1—3）

表 1—3　　　　　　　　　　准备内容

序号	名称	规格型号	数量	备注
1	T68 镗床控制柜		1个	
2	万用表		1个	
3	旋具等		若干	

三、操作步骤

步骤 1　熟悉 T68 镗床的主要结构及运动形式。

(1) T68 镗床的主要结构（见图 1—17）

床身是一个整体的铸件,在它的一端固定有前立柱,在前立柱的垂直导轨上装有镗头架,镗头架可沿导轨上下移动。镗头架里集中装有主轴部分、变速箱、进给箱与操纵机构等部件。切削刀具固定在镗轴前端的锥形孔里,或装在刀具溜板上。在工作过程中,镗轴一面旋转,一面沿轴向做进给运动。而花盘只能旋转,装在其上的刀具溜板则可作垂直于主轴轴线方向的径向进给运动。镗轴和花盘主轴是通过单独的传动链传动,因此它们可以独立转动。后立柱的尾架用来支持装夹在镗轴上的镗杆末端,它与镗头架同时升降,保证两者的轴心始终在同一直线上。后立柱可沿着床身导轨在镗轴的轴线方向调整位置。安装工件用的工作台安置在床身中的导轨上,它由下溜板、上溜板和可转动的工作台组成。工作台可在平行于（纵向）与

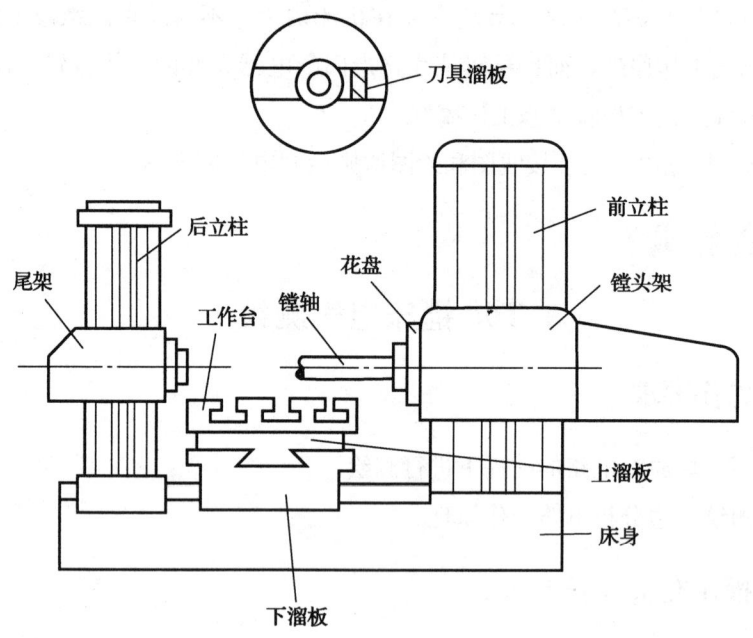

图 1—17 T68 卧式镗床

垂直于（横向）镗轴轴线方向移动。

(2) T68 镗床的运动形式

主运动：镗轴和花盘的旋转运动。

进给运动：镗轴的轴向移动，刀具溜板的径向移动，镗头架的垂直移动，工作台的纵向移动和横向移动。

辅助运动：工作台的旋转，后立柱的轴向移动和尾架的垂直移动以及镗头架、工作台的快速移动。

步骤 2 了解 T68 镗床的电气传动方式和控制要求。

(1) 双速笼形异步电动机作为主驱动电动机。

(2) 进给运动和主轴及花盘旋转用同一台电动机驱动，主轴电动机能正、反向点动，并有准确的制动。

(3) 主轴电动机低速时直接启动，高速时先低速启动，延时后转为高速运转。

(4) 主轴变速和进给变速设低速冲动环节。

(5) 各运动部件能实现快速移动。

(6) 工作台或镗头架的自动进给与主轴或花盘刀架的自动进给有联锁。

步骤 3 按实物画出设备的电气位置图。

电气位置图根据电气元件的外形进行绘制，并要求标出各电气元件之间的间距尺寸，按一定顺序在位置图中标出进、出线的接线号。

步骤 4　画出设备的电气安装接线图。

它是按电气设备各电气元件的实际安装位置，用各电气元件规定的图形符号和文字符号绘制的实际接线图。

步骤 5　根据电气安装接线图和绘图原则绘制电气原理图。

第 2 节　机床电气控制电路维修

学习单元 1　桥式起重机电气控制电路维修

学习目标

1. 熟悉桥式起重机控制要求。
2. 掌握桥式起重机电路分析方法。
3. 能够进行桥式起重机电气故障排除。

知识要求

一、桥式起重机控制要求

1. 电气控制特点

桥式起重机的电源为 380 V，由公共的交流电源供给，由于起重机在工作时是经常移动的，同时大车与小车之间、大车与厂房之间都存在着相对运动，因此要采用可移动的电源设备供电。一种方法是采用软电缆供电，软电缆可随大、小车的移动而伸展和叠卷，多用于小型起重机；另一种方法是采用滑触线和集电刷供电。3 根主滑触线沿着平行于大车轨道的方向敷设在车间厂房桥架的一侧。三相交流电源经由 3 根主滑触线与滑动的集电刷引进到起重机驾驶室内的保护控制柜上，再从保护控制柜引出两相电源至凸轮控制器，另一相称为电源的公用相，它直接从保护控制柜接到各电动机的定子接线端。

另外，为了便于供电及各电气设备之间的连接，在桥架的另一侧装设了辅助滑触线，本控制电路共有21根辅助滑触线。它们的作用分别为：主钩部分10根，其中3根连接主钩电动机 M5 的定子绕组（5M1、5M2、5M3）接线端，3根连接转子绕组与转子附加电阻器 5R，主钩制动电磁铁 YA5 和 YA6 接交流电磁控制屏 2 根，主钩上升限位开关 SQa 接交流电磁控制屏与主令控制器 2 根；副钩部分 6 根，其中3根连接副钩电动机 M1 的转子绕组与转子附加电阻器 1R，2 根连接定子绕组（1M1 和 1M3）接线端与凸轮控制器 SA1，另 1 根为副钩上升限位开关 SQb，接在交流保护柜；小车部分 5 根，其中 3 根连接电动机 M2 的转子绕组与转子附加电阻器 2R，2 根连接 M2 定子绕组（2M1 和 2M2）接线端与凸轮控制器 SA2。

滑触线通常用角钢、圆钢、V 型钢或工字钢等刚性导体制成。

2. 桥式起重机对电气传动的要求

(1) 由于桥式起重机工作环境比较恶劣，有多灰尘的、高温的、高湿的，而且经常在重载下频繁启动、制动、反转、变速等操作，因此要求电动机具有较高的机械强度和较大的过载能力，同时要求启动转矩大、启动电流小，所以多选用绕线转子异步电动机。

(2) 要有合理的升降速度，空载、轻载要求速度快，以减少辅助工时，重载要求速度慢。

(3) 应具有一定的调速范围，对于普通起重机调速范围一般为 3∶1，要求较高的地方可以达到 5∶1～10∶1。

(4) 提升开始或重物下降至预定位置附近时，都需要低速，所以在 30% 额定速度内应分成几挡，以便灵活操作。

(5) 提升的第一级作为预备级，是为了消除传动间隙和张紧钢丝绳用，以避免过大的机械冲击，故启动转矩不能大，一般限制在额定转矩一半以下。

(6) 当下放负载时，根据负载大小，电动机的运行状态可以自动转换为电动状态、倒拉反接状态或再生发电制动状态。

(7) 制动装置（电气的或机械的）必须十分安全可靠。

(8) 有完善可靠的电气保护环节。

3. 桥式起重机电气设备及控制、保护装置

桥式起重机的大车桥架跨度一般较大，两侧装置两个主动轮，分别由两台相同规格的电动机 M3 和 M4 驱动，沿大车轨道纵向往返方向同速运动。

小车移动机构由电动机 M2 驱动，沿固定在大车桥架上的小车轨道横向往返方向运动。主钩升降由电动机 M5 驱动。副钩升降由电动机 M1 驱动。

电源总开关为 QS1；凸轮控制器 SA1、SA2 和 SA3 分别控制副钩电动机（M1）、小车电动机（M2）、大车电动机（M3 和 M4）；主令控制器 SA4 配合电磁控制屏（PQR）完成对主钩电动机（M5）的控制。

整个起重机的保护环节是由交流保护控制柜（GQR）和交流电磁控制屏（PQR）来实现的。各控制电路均用熔断器 FU1 和 FU2 作为短路保护；总电源及每台电动机均采用过电流继电器 KA0、KA1、KA2、KA3、KA4、KA5 作过载保护；为了保障维修人员的安全，在驾驶室舱门盖上装有安全开关 SQc；在横梁两侧栏杆门上分别装有安全开关 SQd 和 SQe；为当发生紧急情况时操作人员能立即切断电源，防止事故扩大，在保护柜上还装有一只单刀单掷的紧急开关 QS4。上述各开关在电路中均为常开触点并与副钩、小车、大车的过电流继电器及总过电流继电器的常闭触点相串联，当驾驶室舱门或横梁栏杆门开启时，主接触器 KM 线圈不能通电运行或在运行中断电释放，这样起重机的全部电动机都不能启动运行，保证人身安全。

电源总开关 QS1、熔断器 FU1 和 FU2、主接触器 KM、紧急开关 QS4 及过电流继电器 KA0~KA5 都装在保护柜上。保护柜、凸轮控制器及主令控制器均装在驾驶室内，便于司机操作。

起重机各移动部分均采用位置开关作为行程限位保护，分别为主钩上升位置开关 SQa、副钩上升位置开关 SQb、小车横向位置开关 SQ1 和 SQ2、大车纵向位置开关 SQ3 和 SQ4。利用移动部件上的挡铁压开位置开关将电动机断电并制动，以保证行车安全。

起重机设备上的移动电动机和提升电动机均采用电磁制动器抱闸制动，分别为副钩制动电磁铁 YA1、小车制动电磁铁 YA2、大车制动电磁铁 YA3 和 YA4、主钩制动电磁铁 YA5 和 YA6。其中，YA1~YA4 为两相电磁铁，YA5 和 YA6 为三相电磁铁。当电动机通电时，电磁铁也通电松开制动器，电动机可以自由旋转。当电动机断电时，电磁铁也断电，电动机被制动器所制动。特别是正在运行时突然停电，可以保证安全。

起重机轨道及金属桥架应当进行可靠的接地保护。

二、桥式起重机电路分析

20/5 t 交流桥式起重机的电气控制线路如图 1—18 所示。

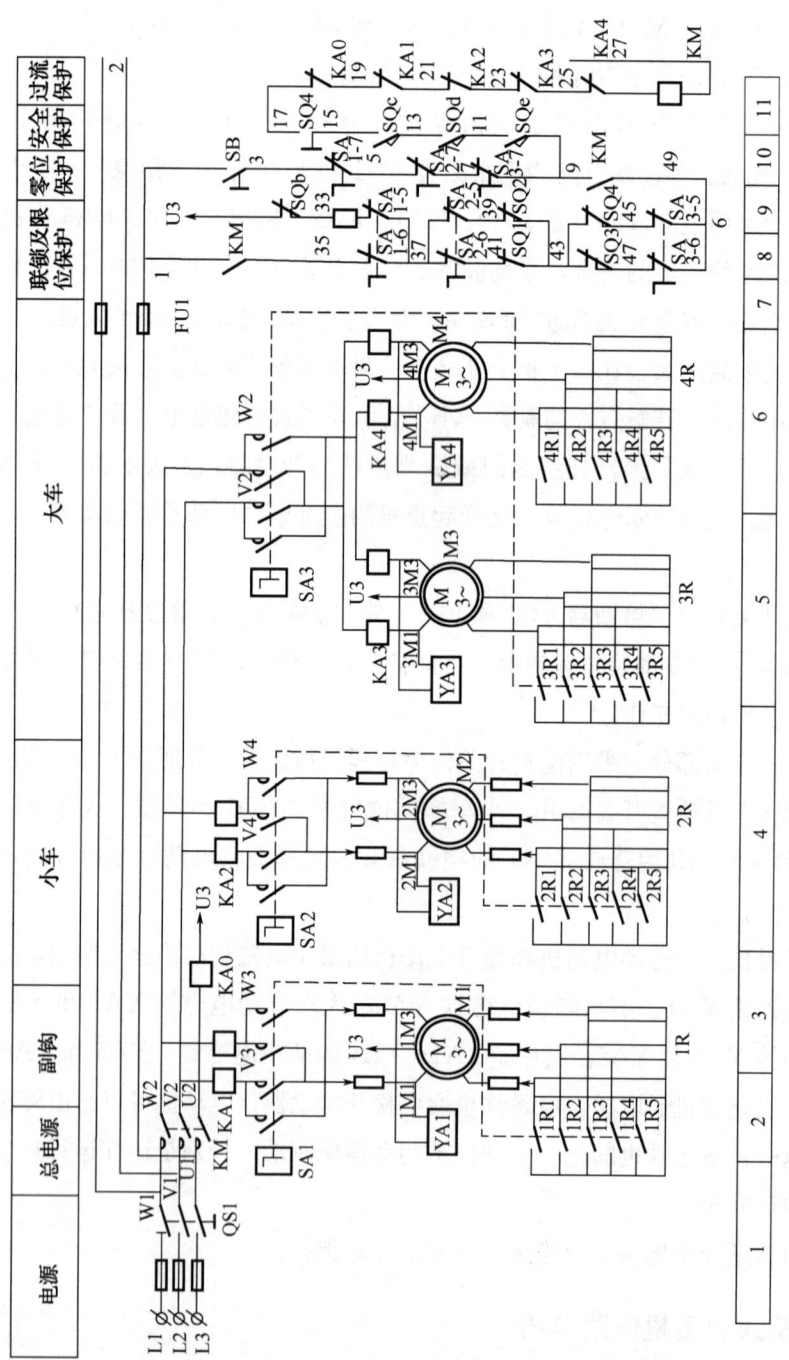

图1—18 20/5 t 交流桥式起重机的电气控制线路图(一)

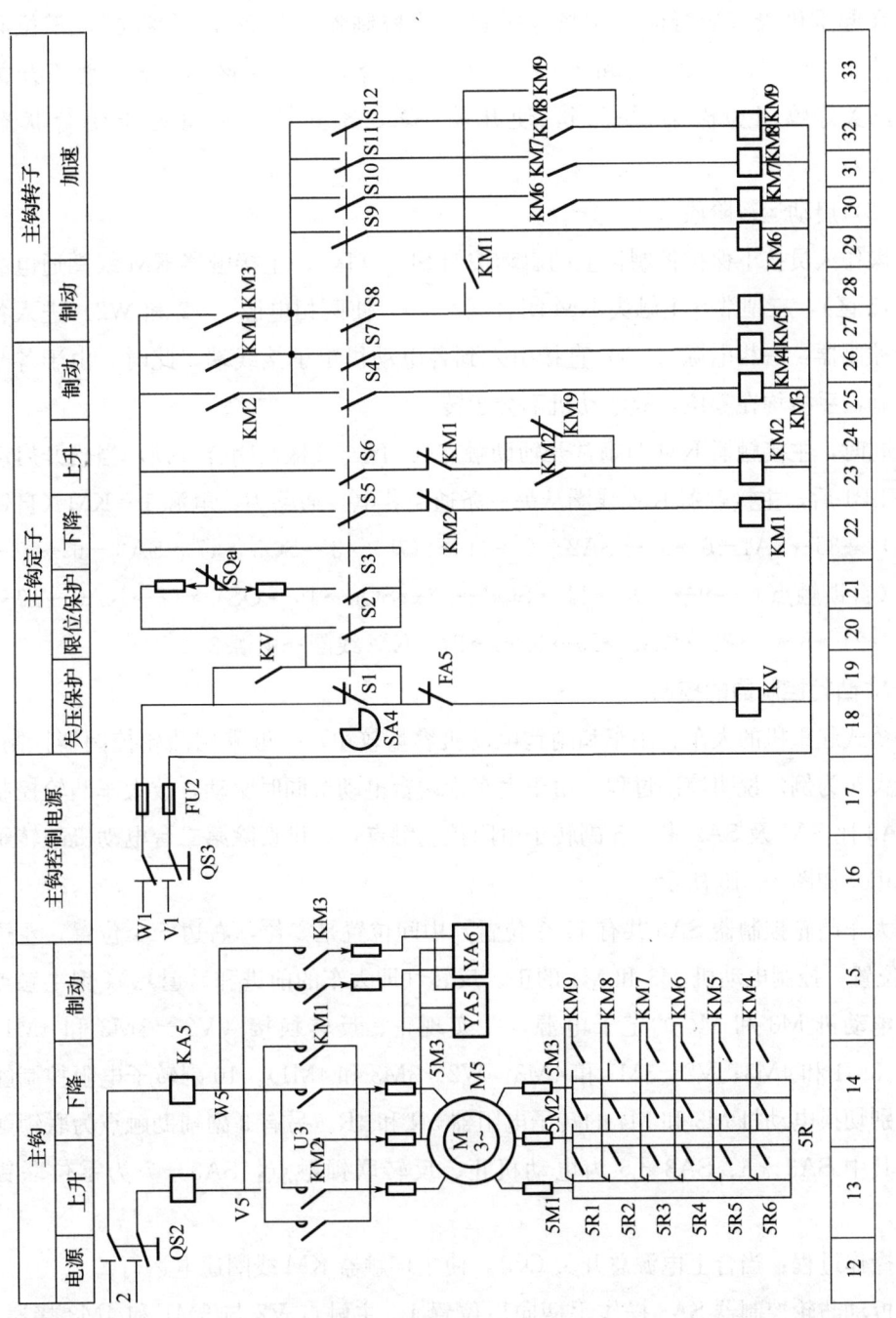

图 1—18　20/5 t 交流桥式起重机的电气控制线路图（二）

1. 主接触器 KM 的控制

（1）准备阶段

在起重机投入运行前，应当将所有凸轮控制器手柄置于"零位"，零位联锁触点 SA1－7、SA2－7 和 SA3－7 处于闭合状态（9 区），合上紧急开关 QS4，关好舱门和横梁栏杆门，使开关 SQc、SQd 和 SQe 也处于闭合状态（10 区）。

（2）启动运行阶段

操作人员按下保护控制柜上的启动按钮 SB（9 区），主接触器 KM 线圈通电吸合（11 区），三副常开主触头 KM 闭合（2 区），使两相电源（V2 和 W2）进入各凸轮控制器，一相电源（U3）直接引入到各电动机定子接线端。此时，由于各凸轮控制器手柄均在零位，故电动机不会运转。

同时，主接触器 KM 两副常开辅助触点（7 区与 9 区）闭合自锁，当松开启动按钮 SB1 后，主接触器 KM 线圈从另一条通路获电。通路为：电源 1→KM（自锁触点）→35→SA1－6→37→SA2－6→41→SQ1→43→SQ3→47→SA3－6→49→KM（自锁触点）→9→SQe→11→SQd→13→SQc→15→QS4→17→KA0→19→KA1→21→KA2→23→KA3→25→KA4→27→KM 线圈→电源 2。

2. 凸轮控制器的控制

桥式起重机的大车、小车和副钩电动机容量较小，一般采用凸轮控制器控制。现以大车为例，说明控制过程。由于大车为两台电动机同时驱动，故大车凸轮控制器 SA3 比 SA1 及 SA2 多了 5 副转子电阻控制触点，以供切除第二台电动机的转子电阻用，如图 1—19 所示。

大车凸轮控制器 SA3 共有 11 个位置，中间位置是零位，右边 5 个位置，左边 5 个位置，控制电动机 M3 和 M4 的正、反转（即大车的前进和后退）。4 副主触点控制电动机 M3 和 M4 的定子电源，并实现正、反转换接（V2－3M3 和 4M1，W2－3M1 和 4M3；V2－3M1 和 4M3，W2－3M3 和 4M1）。10 副转子电阻控制触点分别切换电动机 M3 和 M4 的转子电阻器 3R 和 4R。另有 3 副辅助触点为联锁触点，其中 SA3－5、SA3－6 为电动机正、反转联锁触点，SA3－7 为零位联锁触点。

操作过程：当合上电源总开关 QS1，使主接触器 KM 线圈通电运行。

扳动凸轮控制器 SA3 操作手柄向后位置 1，主触点 V2 与 3M1 和 4M3 接通，W2 与 3M3 和 4M1 接通，正、反转联锁触点 SA3－6 接通，SA3－5 断开，SA3－7 断开，电动机 M3 和 M4 接通三相电源，同时电磁铁 YA3 和 YA4 通电，使制动器放松，此时转子回路中串联着全部附加电阻，故电动机有较大的启动转矩、较小的启动电流，并以最低速旋转，大车慢速向后运动。

	SA3 向后						SA3 向前				
	5	4	3	2	1	0	1	2	3	4	5
V2－3M3，4M1							×	×	×	×	×
V2－3M1，4M3	×	×	×	×	×						
W2－3M1，4M3							×	×	×	×	×
W2－3M3，4M1	×	×	×	×	×						
3R5	×	×	×	×				×	×	×	×
3R4	×	×	×						×	×	×
3R3	×	×								×	×
3R2	×										×
3R1	×										
4R5	×	×	×	×				×	×	×	×
4R4	\	\	×						×	×	×
4R3	×	×								×	×
4R2											
4R1	×										×
SA3－5							×	×	×	×	×
SA3－6	×	×	×	×	×						
SA3－7						×					

图 1—19　大车凸轮控制器 SA3 闭合表

扳动凸轮控制器 SA3 操作手柄向后位置 2，转子电阻控制触点 3R5 和 4R5 接通，电动机 M3 和 M4 转子回路中的附加电阻 3R 和 4R 各切除一段电阻，电动机转速略有升高。当手柄置于位置 3 时，控制触点 3R4 和 4R4 接通，转子回路中的附加电阻又被切除一段，电动机转速进一步升高。这样凸轮控制器 SA3 手柄从位置 2 顺序转到位置 5 的过程中，控制触点依次闭合，转子电阻逐段切除，电动机转速逐渐升高，当电动机转子电阻全部切除时，转速达到最高速。

当凸轮控制器 SA3 操作手柄扳向前时，通过主触点将电动机电源换相，主触点 V2 与 3M3 和 4M1 接通，W2 与 3M1 和 4M3 接通，电动机反方向旋转。另外，正、反转联锁触点 SA3－5 接通，SA3－6 断开，其他工作过程与向后完全一样。

由于断电或操作手柄扳至零位，故电动机电源断电，电磁铁线圈断电，制动器将电动机制动。

小车和副钩的控制过程与大车相同。

3. 主令控制器的控制

主钩电动机是桥式起重机容量最大的一台电动机，一般采用主令控制器配合电磁控制屏进行控制，即用主令控制器控制接触器，再由接触器控制电动机。为提高主钩电动机运行的稳定性，在切除转子附加电阻时，采用三相平衡切除，使三相转子电流平衡。

主钩运行有升、降两个方向，主钩上升控制与凸轮控制器的工作过程基本相似。其区别在于它是通过接触器来控制的，如图1—20所示。

		下降						0	上升					
		强力			制动									
		5	4	3	2	1	J	0	1	2	3	4	5	6
	S1							×						
	S2	×	×	×										
	S3				×	×	×		×	×	×	×	×	×
KM3	S4	×	×	×	×	×				×	×	×	×	×
KM1	S5	×	×											
KM2	S6				×	×	×		×	×	×	×	×	×
KM4	S7	×	×	×						×	×	×	×	×
KM5	S8	×					×			×	×	×	×	×
KM6	S9	×	×											
KM7	S10											×	×	×
KM8	S11	×											×	
KM9	S12	×	0	0										×

图1—20 主令凸轮控制器SA4闭合表

主钩下降时与凸轮控制器的动作过程有较明显的差异。主钩下降有6挡位置。"J"挡、"1"挡、"2"挡为制动下降位置，防止在吊有重载下降时速度过快，电动机处于反接制动运行状态。"3"挡、"4"挡、"5"挡为强力下降位置，主要用于轻负载时快速强力下降。主令控制器在下降位置时，6个挡位的工作情况如下：

合上开关QS1（1区），QS2（12区）、QS3（16区）接通主电路和控制电路电源，主令控制器手柄置于零位，触点S1（18区）处于闭合状态，电压继电器KV（18区）线圈通电动作，其常开触点KV（19区）闭合自锁，为主钩电动机M5启动控制做好准备。

(1) 手柄扳到制动下降位置"J"挡

主令控制器 SA4 常闭触点 S1（18 区）断开，常开触点 S3（21 区）、S6（23 区）、S7（26 区）和 S8（27 区）闭合，接触器 KM2 线圈（23 区）通电吸合，常开主触点 KM2（13 区）闭合，电动机 M5 定子绕组通入三相正相序电压，电动机 M5 产生的电磁转矩为提升方向。另外，常开辅助触点 KM2（23 区）闭合自锁，常闭辅助触点 KM2（22 区）断开联锁，常开辅助触点 KM2（25 区）闭合，为制动电磁铁 KM3 线圈通电做好准备；接触器 KM4（26 区）和 KM5（27 区）线圈通电吸合，常开触点 KM4 和 KM5（13 和 14 区）闭合，转子电阻器 5R6 和 5R5 被切除，转子回路中接入四段电阻。此时，尽管电动机 M5 已接通电源，但由于主令控制器的常开触点 S4（25 区）未闭合，接触器 KM3（23 区）线圈不能通电，故制动电磁铁 YA5 线圈也不能通电，制动器未释放，电动机 M5 仍处于抱闸制动状态，迫使电动机 M5 不能启动旋转。

这种操作常用于主钩上吊有很重的货物或工件，停留在空中或在空间移动时，因负载很重，为防止抱闸制动失灵或打滑，迫使电动机产生一个向上的提升力，协助抱闸制动克服重负载所产生的下降力，以减轻抱闸制动的负担，保证运行安全。

(2) 手柄扳到制动下降位置"1"挡

当主令控制器手柄扳至"1"挡时，除"J"挡时的 S3、S6 和 S7 仍闭合，接触器 KM2 和 KM4 线圈仍通电吸合外，另有常开触点 S4（25 区）闭合，接触器 KM3 线圈通电吸合，常开主触点 KM3（15 区）闭合，电磁铁 YA5 和 YA6（15 区）线圈通电动作，电磁抱闸制动放松，电动机 M5 得以旋转，常开触点 KM3（27 区）闭合自锁，并与常开辅助触点 KM1 和 KM2（26 区和 25 区）并联，用以保证电动机 M5 正、反转切换过程中电磁铁 YA5 有电，处于非制动状态，这样就不会产生机械冲击。

由于触点 S8 的断开，故接触器 KM5 线圈断电释放，此时仅切除一段转子电阻器 5R6，使电动机 M5 产生的提升方向的电磁转矩减小。若此时负载足够大，则在负载重力作用下电动机做反向（下降方向）旋转，电磁转矩成为反接制动力矩，迫使重负载低速下降。

(3) 手柄扳到制动下降位置"2"挡

此挡主令控制器触点 S3、S4 和 S6 仍闭合，触点 S7 断开，接触器 KM4 线圈断电释放，附加电阻全部接入转子回路，使电动机向提升方向的电磁转矩又减小，重负载下降速度比"1"挡时加快。这样，操作者可根据重负载情况及下降速度要求，适当选择"1"挡或"2"挡作为重负载合适的下降速度。

(4) 手柄扳到强力下降位置 "3" 挡

此挡主令控制器触点 S3 断开，S2（20 区）闭合，因为 "3" 挡为强力下降挡，故上升限位开关 SQa（21 区）失去保护作用，控制电源通路改由触点 S2 控制。触点 S6 分断，上升接触器 KM2 线圈断电释放。触点 S4、S5、S7 和 S8 闭合，接触器 KM1（22 区）线圈通电吸合，电动机电源相序切换反向旋转（向下降方向），常开辅助触点 KM1（26 区）闭合自锁，常闭辅助触点 KM1（23 区）断开联锁。同时接触器 KM4 和 KM5 线圈通电吸合，转子附加电阻器 5R6 和 5R5 被切除，这时轻负载便在电动机下降转矩作用下强制下落，又称强力下降。

(5) 手柄扳到强力下降位置 "4" 挡

主令控制器的触点 S2、S4、S5、S7、S8 和 S9 闭合，接触器 KM6（29 区）线圈通电吸合，转子附加电阻器 5R4 被切除，电动机转速进一步增加，轻负载下降速度变快。另外，常开辅助触点 KM6（30 区）闭合，为接触器 KM7 线圈通电作准备。

(6) 手柄扳到强力下降位置 "5" 挡

此挡主令控制器触点 S2~S12 全闭合，接触器 KM7~KM9 线圈依次通电吸合，转子附加电阻器 5R3、5R2 和 5R1 依次逐级被切除，这样可以防止过大的冲击电流，同时使电动机旋转速度逐渐增加，待转子附加电阻全部被切除后，电动机以最高转速运行，负载下降速度也最快。此挡若负载重力作用较大，使实际下降速度超过电动机同步转速时，由电动机运行特性可知，电磁转矩由驱动转矩转变为制动转矩，即发电制动，能起到一定的制动下降作用，保证下降速度不致太大。

桥式起重机在实际运行中，操作人员要根据具体情况选择不同的运行位置和挡位。例如主令控制器手柄在强力下降位置 "5" 挡时，因负载重力作用太大使下降速度过快，虽有发电制动控制高速下降，仍很危险。此时，就需要把主令控制器手柄扳回到制动下降位置 "2" 或 "1" 挡，进行反接制动控制下降速度。为了避免在转换过程中可能发生过大的下降速度，在接触器 KM9 电路中常用辅助常开触点 KM9（33 区）自锁。同时，为了不影响提升的调速，在该支路中再串联一个常开辅助触点 KM1（28 区）。这样可以保证主令控制器手柄由强力下降位置向制动下降位置转换时，接触器 KM9 线圈始终有电，只有手柄扳至制动下降位置后，接触器 KM9 线圈才断电，如图 1—20 所示，在主令控制器 SA4 触点闭合表中可以看到，强力下降位置 "4" 挡、"3" 挡上有 "0" 的符号便是这个意思，表示当手柄由 "5" 挡向零位回转时，触点 S12 接通。否则，没有以上联锁装置，在手柄由强力下降位置向制动下降位置转换时，若操作人员不小心，误把手柄停在了 "4" 挡或

"3"挡上,那么正在高速下降的负载其速度不但得不到控制,反而会增加,甚至可能造成恶性事故。

另外,串接在接触器 KM2 支路中的常开触点 KM2(23 区)与常闭触点 KM9(24 区)并联,主要作用是当接触器 KM1 线圈断电释放后,只有在接触器 KM9 线圈断电释放的情况下,接触器 KM2 线圈才允许通电并自锁,这就保证了只有在转子电路中保持一定的附加电阻前提下,才能进行反接制动,以防止在反接制动时,造成直接启动而产生过大的冲击电流。

技能要求

桥式起重机电气故障排除

一、操作要求

1. 熟悉电路工作原理。
2. 更换损坏的器件和排除线路的各类故障,使电路正常工作。
3. 原电路的安装要求和接线工艺要求不能降低。

二、操作准备

1. 工具和测量仪表

一字形旋具和十字形旋具、钢丝钳、尖嘴钳、万用表、验电笔、导线等。

2. 桥式起重机主要元器件

桥式起重机主要元器件明细见表 1—4。

表 1—4　　　　　　　20/5 t 桥式起重机主要元器件明细表

符号	名称	型号及规格	数量	用途
M1	副钩电动机	JZR41—811 kW 715 r/min	1	驱动副钩
M2	小车电动机	JZR12—63.5 kW 910 r/min	1	驱动小车
M3、M4	大车电动机	JZR22—67.5 kW 945 r/min	2	驱动大车
M5	主钩电动机	JZR63—1060 kW 58 r/min	1	驱动主钩
SA1	副钩凸轮控制器	KTJ1—50/1	1	控制副钩电动机
SA2	小车凸轮控制器	KTJ1—50/1	1	控制小车电动机
SA3	大车凸轮控制器	KTJ1—50/5	1	控制大车电动机
SA4	主钩主令控制器	LK1—12/90	1	控制主钩电动机

续表

符号	名称	型号及规格	数量	用途
YA1	副钩制动电磁铁	MZD1－300	1	制动副钩
YA2	小车制动电磁铁	MZD1－100	1	制动小车
YA3、YA4	大车制动电磁铁	MZD1－200	2	制动大车
YA5、YA6	主钩制动电磁铁	MZS1－45H	2	制动主钩
1R	副钩电阻器	2K1－41－8/2	1	副钩电动机启动调速
2R	小车电阻器	2K1－12－6/1	1	小车电动机启动调速
3R、4R	大车电阻器	4K1－22－0/1	2	大车电动机启动调速
5R	主钩电阻器	4P5－63－10/9	1	主钩电动机启动调速
QS1	总电源开关	HD－9－400/3	1	接通总电源
QS2	主钩电源开关	HD11－200/2	1	接通主钩电动机电源
QS3	主钩控制电源开关	DZ5－50	1	接通主钩电动机控制电源
QS4	紧急开关	A－3161	1	发生紧急情况时断开
SB	启动按钮	LA19－11	1	启动主接触器
KM	主接触器	CJ2－400/3	1	接通大车、小车副钩电源
KA0	总过电流继电器	JL4－150/1	1	总过流保护
KA1～4	副钩大、小车过电流继电器	JL4－40	4	过流保护
KA5	主钩过电流继电器	JL4－150	1	过流保护
FU1～2	控制、保护电源熔断器	RL1－15	4	短路保护
KM1	主钩下降接触器	CJ2－250	1	控制主钩电动机旋转
KM2	主钩上升接触器	CJ2－250	1	控制主钩电动机旋转
KM3	主钩制动接触器	CJ20－63	1	控制主钩制动电磁铁
KM6～9	主钩加速级接触器	CJ20－63	4	控制主钩转子附加电阻器
KV	欠电压继电器	JT4－10P	1	欠压保护
SQa	主钩上升位置开关	JLXK1－311	1	限位保护
SQb	副钩上升位置开关	JLXK1－311	1	限位保护
SQ1～4	大、小车位置开关	JLXK1－311	4	限位保护
SQc	舱口安全开关	JLXK1－311	1	舱口安全
SQd、SQe	横梁栏杆安全开关	JLXK1－311	2	横梁栏杆门安全
KM4～5	主钩预备级接触器	CJ20－63	2	控制主钩转子附加电阻器

三、故障现象、分析和排除（表1—5）

表1—5　　　　　　　　　　故障现象、分析和排除

序号	故障现象	故障分析	排除步骤	注意事项
1	电动机不能启动	1. 熔断器 FU1 熔断或主接触器 KM 线圈断路	1. 用验电笔测下桩头是否有电压，若熔断，应更换同规格的熔丝 2. 用万用表电阻挡检查 KM 线圈电阻是否正常，若线圈断线，应更换	
		2. 紧急开关 QS4 或安全开关 SQc、SQd、SQe 未合上	将紧急开关 QS4 或安全开关 SQc、SQd、SQe 都合上	
		3. 各主令控制器手柄没在零位，SA1－7、SA2－7、SA3－7 触点断开	将各主令控制器手柄放到零位，SA1－7、SA2－7、SA3－7 触点闭合	
2	电动机不转动	1. 主令控制器的主触点接触不良	检查主令控制器的接触指与铜片，使其接触良好	
		2. 集电器发生故障	检查集电器并使其接触良好	
		3. 电动机定子或转子绕组断路	可依次检查电动机定子绕组的接线端、定子绕组和转子绕组，并修复	
3	电磁铁噪声大	1. 交流电磁铁短路环开路	检查短路环，如果开路则必须更换	
		2. 电磁铁过载	1. 应减轻负载 2. 调整弹簧压力	
		3. 动、静铁心端面有油污	擦洗油污	
4	主钩不能升降	1. 欠电压继电器 KV 不吸合	1. 检查 KV 线圈是否断路 2. 检查过电流继电器 KA5 是否未复位 3. 主令控制器 SA4 零位联锁触头是否未闭合 4. 检查熔断器 FU2 是否熔断	
		2. 主令控制器的触点 S2、S3、S4、S5 或 S6 接触不良	用万用表电阻挡检查主令控制器的触点 S2、S3、S4、S5 或 S6 是否正常	
5	制动电磁铁线圈过热	1. 电磁铁线圈电压与线路电压不符	检查电磁铁线圈电压与线路电压是否相符	
		2. 电磁铁吸合后，动、静铁心间的间隙过大	线圈通电后，检查动、静铁心间的间隙是否过大，长时间间隙过大会烧坏线圈	
6	主令控制器扳动过程中火花过大	1. 控制器的接触指与铜片接触不良	应调整控制器的接触指与铜片间的压力	
		2. 控制器过载	1. 减轻负载 2. 调换大容量的主令控制器	

学习单元 2　X62W 铣床电气控制电路维修

 学习目标

1. 熟悉 X62W 铣床的控制要求。
2. 掌握 X62W 铣床电气控制线路分析方法。
3. 能够进行 X62W 铣床电气故障排除。

 知识要求

一、X62W 铣床控制要求

1. 铣床主轴电动机需要正、反转，但方向的改变并不频繁。根据加工工艺的要求，有的工件需要顺铣（电动机正转），有的工件需要逆铣（电动机反转）。大多数情况下是一批或多批工件只用一种方向铣削，并不需要经常改变电动机转向。因此可用电源相序转换开关实现主轴电动机的正、反转，节省一个反向转动接触器。

2. 铣刀的切削是一种不连续切削，容易使机械传动系统发生振动，为了避免这种现象，在主轴传动系统中装有惯性轮，但在高速切削后，停车很费时间，故采用电磁离合器制动。

3. 工作台既可以做 6 个方向的进给运动，又可以在 6 个方向上快速移动。

4. 为防止刀具和机床的损坏，要求只有主轴旋转后，才允许有进给运动。为了减小加工件表面的粗糙度，只有当进给停止后，主轴才能停止或同时停止。本机床在电气上采用了主轴旋转运动和进给运动同时停止的方式，但由于主轴旋转运动的惯性很大，实际上就保证了进给运动先停止，主轴运动后停止的要求。

5. 主轴旋转运动和进给运动采用变速盘来进行速度选择，为保证变速齿轮进入良好的啮合状态，两种运动都要求变速后做瞬时点动。

二、X62W 铣床电气控制线路分析

图 1—21 是 X62W 万能铣床电气控制线路，分为主电路、控制电路和照明电路三部分。

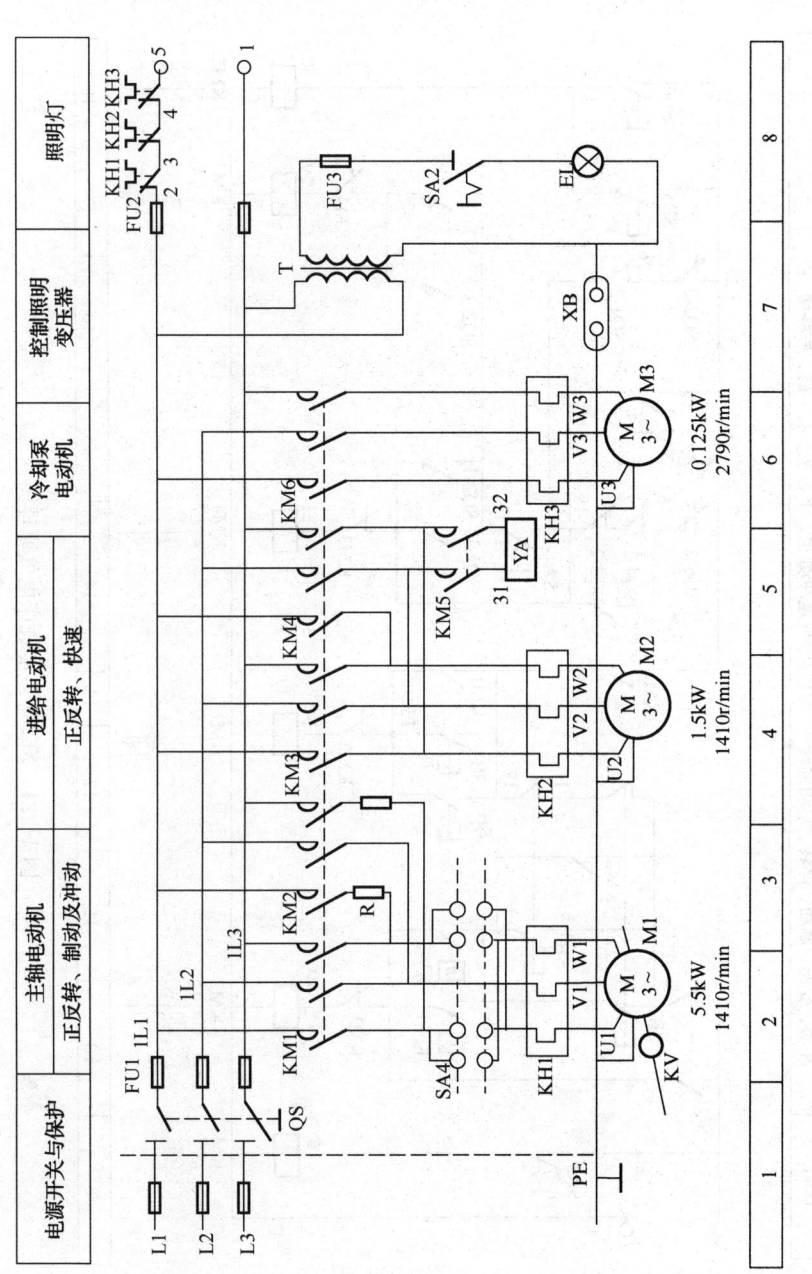

图 1—21 X62W 万能铣床电气原理图（一）

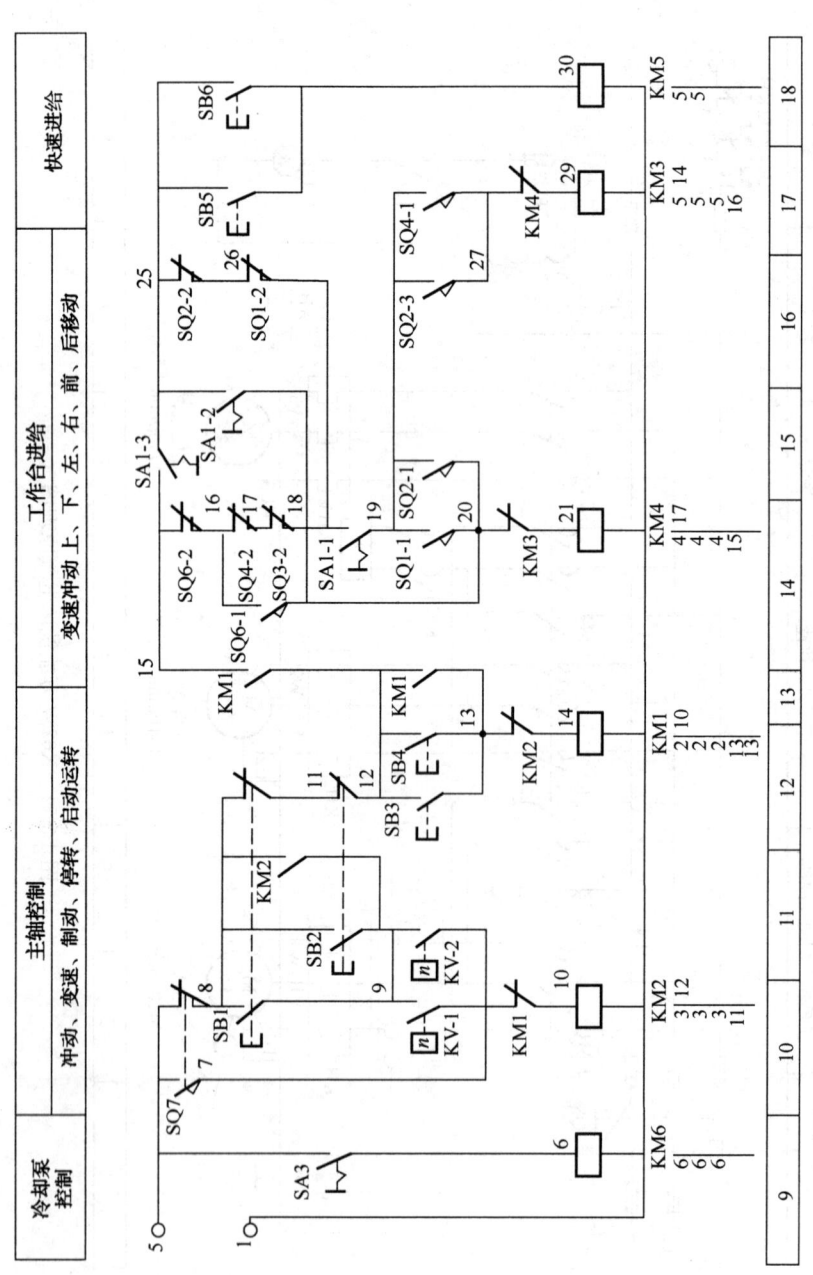

图 1—21 X62W 万能铣床电气原理图（二）

1. 主电路分析

主电路中共有 3 台电动机。M1 是主电动机，驱动主轴带动铣刀旋转进行铣削加工；其正、反转由换向组合开关 SA4 实现，正常运行时由 KM1 控制；KM2 的主触点串联两相电阻与速度继电器配合，实现 M1 的停车反接制动，还可以进行变速冲动控制。M2 是工作台进给电动机，驱动升降台及工作台进给，由正、反转接触器 KM3 和 KM4 主触点控制；YA 为快速移动电磁铁，由 KM5 控制。M3 是冷却泵电动机，供应切削液，由 KM6 控制。每台电动机均由热继电器作过载保护。

2. 控制电路分析

（1）主轴电动机的控制

控制线路中的启动按钮 SB3 和 SB4 是异地控制按钮，分别装在机床两处，方便操作。SB1 和 SB2 是停止按钮。KM1 是主轴电动机 M1 的启动接触器，SQ7 是主轴变速冲动的行程开关。主轴电动机是经过弹性联轴器和变速机构的齿轮传动链来实现传动的，可使主轴获得不同的转速。

1）主轴电动机的启动。先合上电源开关 QS，再把主轴转换开关 SA4 扳到所需要的旋转方向，按启动按钮 SB3（或 SB4），接触器 KM1 通电动作，其主触点闭合，主轴电动机 M1 启动。SA4 主轴转换开关的功能见表 1—6。

表 1—6　　　　　　　　SA4 主轴转换开关的功能

触头＼位置	正转	停止	反转
SA4－1	－	－	＋
SA4－2	＋	－	－
SA4－3	＋	－	－
SA4－4	－	－	＋

注："＋"代表将 SA4 扳至该触点后主轴的旋转方向。

2）主轴电动机的停车制动。当铣削完毕后，按停止按钮 SB1（SB2），接触器 KM1 线圈断电释放，电动机 M1 停电，但速度继电器的正向触点 KV－1 和反向触点 KV－2 总有一个是闭合的，故当 KM1 断电后，制动接触器 KM2 就立即通电，进行反接制动，直至电动机转速接近为 0 时，速度继电器触点全部断开，制动结束。

3）主轴变速时的冲动控制。主轴变速时的冲动控制是利用变速手柄与冲动行程开关 SQ7 通过机械上的联动机构进行控制的。

首先将主轴变速手柄微微压下，使它从第一道槽内拔出，然后拉向第二道槽。当落入第二道槽内后，再旋转主轴变速盘，选好速度，将手柄以较快速度推回原位。若推不上时，再一次拉回来、推过去，直至手柄推回原位，变速操作才完成。

在变速操作中，就在将手柄拉到第二道槽或从第二道槽推回原位的瞬间，通过变速手柄连接的凸轮压下弹簧杆一次，而弹簧杆将碰撞变速冲动开关SQ7，使其动作一次并随即复位。这样，若原来主轴旋转着，当将变速手柄拉到第二道槽时，主电动机M1被反接制动速度迅速下降。当选好速度将手柄推回原位时，冲动开关又动作一次，主电动机M1低速反转，有利于变速后的齿轮啮合。由此可见，可进行不停车直接变速。若原来处于停车状态，则不难想到，在主轴变速操作中，SQ7第一次动作时，M1反转一下，SQ7第二次动作时，M1又反转一下，故也可停车变速。若要求主轴在新的速度下运行，则需重新启动主电动机。

主轴在非变速状态，同主轴变速手柄关联的主轴变速冲动限位开关SQ7不受压。

(2) 工作台进给电动机的控制

在工作台进给控制电路15号端，串入KM1的自锁触点，以保证只有主轴旋转后，工作台才能进给的联锁要求。进给电动机M2由KM3和KM4控制，实现正、反转。工作台进给方向由各操作手柄选择。有两个操作手柄，一个为左、右（纵向）操作手柄，有左、中、右3个位置；另一个为前、后（横向）和升降十字操作手柄，该手柄有5个位置，即上、下、前、后和中间零位。

1) 工作台左、右（纵向）进给。除了SA1置于使用普通工作台位置外，十字手柄必须置于中间零位。若要工作台向右进给，则将纵向手柄扳向右，使得SQ1受压，KM4通电，M2正转，工作台向右进给。KM4通电的电流通路为：回路标号15→SQ6－2→16→SQ4－2→17→SQ3－2→18→SA1－1→19→SQ1－1→20→KM3→21→KM4线圈→1。

从电流通路中看出，如果操作者同时将十字手柄扳向工作位置，则SQ4－2和SQ3－2中必有一个断开，KM4线圈根本不能通电。这样，就通过这种电气方式来实现工作台纵向、横向进给及上、下移动之间的互锁。

若要快速进给，则按动SB5或SB6，使KM5以点动方式通电，快速电磁铁线圈YA通电，工作台向右快速移动。当按钮松手后，就恢复向右进给状态。

在工作台的左、右终端安装了撞块。当不慎向右进给至终端时，左、右操作手柄就被右端撞块撞到中间停车位置，用机械方法使SQ1复位，KM4断电，实现了限位保护。

工作台向左移动时，电路的工作原理与向右时相似。

2) 工作台上、下（升、降）和前、后（横向）进给。若要工作台向上进给，将十字手柄扳向上，使 SQ4 受压，KM3 通电，M2 反转，工作台向上进给。KM3 通电的电流通路为：回路标号 15→SA1－3→25→SQ2－2→26→SQ1－2→18→SA1－1→19→SQ2－3→27→KM4→29→KM3 线圈→1。

上述电流通路中的常闭触点 SQ2－2 和 SQ1－2，用于工作台前、后及上、下移动同左、右移动之间的互锁。

若要快速上升，则按动 SB5 或 SB6 即可。另外，也设置了上、下限位保护用终端撞块，工作台的向下移动控制原理与向上移动控制相似。

若要工作台向前进给，则将十字手柄扳向前，使 SQ3 受压，KM4 通电，M2 正转，工作台向前进给。工作台向后进给，可将十字手柄向后扳动实现。

3）工作台的主轴停车快速进给。工作台也可在主轴不转时进行快速移动，这时可将主轴电动机 M1 的换向开关 SA4 扳在停止位置，然后扳动所选方向的进给手柄，按下主轴启动按钮和快速移动按钮，KM4（或 KM3）及 KM5 通电，工作台便可沿选定方向快速进给。

4）工作台各运动方向的联锁。在同一时间内，工作台只允许向一个方向移动，各运动方向之间的联锁是利用机械和电气两种方法来实现的。

工作台的向左、向右控制，是同一手柄操作的，手柄本身起到左、右移动的联锁作用。同理，工作台的前、后和上、下 4 个方向的联锁是通过十字手柄本身来实现的。

工作台的左、右移动同上、下及前、后移动之间的联锁是利用电气方法来实现的。

5）工作台进给变速冲动控制。SQ6 为进给变速冲动开关。与主轴变速类似，为了使变速时齿轮易于啮合，控制电路中也设置了瞬时冲动控制环节。变速应在工作台停止移动时进行，操作过程是：先启动主电动机 M1，拉出蘑菇形变速手轮，同时转动至所需要的进给速度，再把手轮用力往外一拉，并立即推回原位。

在手轮拉到极限位置时，其连杆机构推动冲动开关 SQ6，使得 SQ6－2 断开，SQ6－1 闭合，由于手轮被很快推回原位，故 SQ6 短时动作，KM4 短时通电，电动机 M2 短时冲动。KM4 通电的电流通路为：回路标号 15→SA1－3→25→SQ2－2→26→SQ1－2→18→SQ3－2→17→SQ4－2→16→SQ6－1→20→KM3→21→KM4 线圈→1。

可见，若左、右操作手柄和十字手柄中只要有一个不在中间停止位置，此电流通路便被切断，保证了变速冲动只能在工作台停止移动时进行。

6）圆工作台控制。SA1 为圆工作台转换开关，它是一种二位式选择开关。当使用圆工作台时，SA1－2 闭合，SA1－1 与 SA1－3 均断开；当不使用圆工作台而使用普通工作台时，SA1－1和SA1－3均闭合，SA1－2断开。

在使用圆工作台时，要将圆工作台转换开关SA1置于圆工作台"接通"位置，而且必须将左、右操作手柄和十字操作手柄置于中间停止位置。接下去，按动主轴启动按钮SB3或SB4，主电动机M1便启动，而进给电动机M2也因KM4的通电而旋转，由于圆工作台的机械传动已接上，故也跟着旋转。这时KM4的通电电流通路为：回路标号15→SQ6－2→16→SQ4－2→17→SQ3－2→18→SQ1－2→26→SQ2－2→25→SA1－2→20→KM3→21→KM4线圈→1。

可见，通路中的SQ1~SQ4这4个常闭触点为联锁触点，起着圆工作台转动与工作台3种移动的联锁保护作用，即只有在移动手柄处于"停止"位置时，工作台才能转动。圆工作台也可通过蘑菇形变速手轮变速。另外，当圆工作台转换开关SA1置于"断开"位置，而左、右操纵手柄及十字操纵手柄置于中间"零位"时，也可用手动方式使它旋转。

7) 冷却泵电动机的控制。冷却泵电动机M3的启、停由转换开关SA3控制，无失压保护功能，不影响安全操作。

3. 辅助电路及保护环节分析

机床照明由变压器T供给36 V安全电压，灯开关为SA2。

M1、M2和M3为连续工作制，由KH1、KH2和KH3实现过载保护。

由FU1实现主电路的短路保护，FU2实现控制电路的短路保护，FU3实现照明电路短路保护。另外，还有工作台终端极限保护和各种运动的联锁保护。

技能要求

X62W 铣床电气故障排除

一、操作要求

1. 分析电路工作原理。
2. 更换损坏的器件和排除线路的各类故障，使电路正常工作。
3. 原电路的安装要求和接线工艺要求不能降低。

二、操作准备

1. 电工工具和测量仪表

一字形旋具和十字形旋具、钢丝钳、尖嘴钳、万用表、绝缘电阻表、验电笔、导线等。

2. X62W型万能铣床的电气元件明细

X62W型万能铣床的电气元件明细见表1—7。

表1—7　　　　　　　X62W型万能铣床的电气元件明细表

代号	元件名称	型号	规格	件数	用途
M1	电动机	JO_2—51—4	5.5 kW 1 410 r/min	1	驱动主轴
M2	电动机	JO_2—22—4	1.5 kW 1 410 r/min	1	驱动进给
M3	电动机	JCB—22	0.125 kW 2 790 r/min	1	驱动冷却泵
KV	速度继电器			1	主轴制动
QS	开关	HZ1—60/3 J	60 A 500 V	1	总开关
SA1	开关	HZ1—10/3 J	10 A 500 V	1	圆工作台开关
SA2	开关	HZ1—10/3 J	10 A 500 V	1	照明开关
SA3	开关	HZ1—10/3 J	10 A 500 V	1	冷却泵开关
SA4	开关	HZ3—133	60 A 500 V	1	M1换相开关
FU1	熔断器	RL1—60	60 A	1	电源总熔断器
FU2	熔断器	RL1—15	5 A	1	控制回路熔断器
FU3	熔断器	RL1—15	1 A	1	照明熔断器
KH1	热继电器	JR0—60/3	16 A	1	M1过载保护
KH2	热继电器	JR0—20/3	1.5 A	1	M2过载保护
KH3	热继电器	JR0—20/3	0.5 A	1	M3过载保护
T	变压器	BK/50	380/24 V	1	照明电源
KM1	接触器	CJ0—20	20 A 110 V	1	主轴启动
KM2	接触器	CJ0—20	20 A 110 V	1	主轴制动
KM3	接触器	CJ0—10	10 A 110 V	1	M2正转
KM4	接触器	CJ0—10	10 A 110 V	1	M2反转
KM5	接触器	CJ0—10	10 A 110 V	1	快速进给
KM6	接触器	CJ0—10	10 A 110 V	1	冷却泵
SB1、SB2	按钮	LA2		2	停止、快速进给点动
SB3、SB4	按钮	LA2		2	M1启动
SB5、SB6	按钮	LA2		2	快速进给
YA	电磁铁	定做		1	快速移动
SQ1	位置开关	LX2—131		1	进给开关
SQ2	位置开关	LX2—131		1	进给开关
SQ3	位置开关	LX2—131		1	进给开关
SQ4	位置开关	LX2—131		1	进给开关
SQ6	位置开关	LX3—11 K		1	进给冲动开关
SQ7	位置开关	LX1—11 K		1	主轴冲动开关

三、故障现象、分析和排除（表1—8）

表1—8　　　　　　　　　　故障现象、分析和排除

序号	故障现象	故障分析	排除步骤	注意事项
1	主电动机不能启动	1. 熔断器熔断或接触不良	1. 用低压验电笔测熔断器下桩头有无电压，若全无电压应测上桩头，如仍无电压说明线路停电，应从线路上查找原因 2. 若下桩头一相或两相有电压应查熔丝 3. 如接触不良，要把熔丝压紧；若熔断，要更换同规格的熔丝	
		2. 按钮触点接触不良	1. 断开电源 2. 用万用表电阻挡测按钮有无接触不良或闭合不好 3. 查到接触闭合不好时，应更换同型号按钮	
		3. 热继电器常闭触点动作或接触不良	1. 在铣床断电情况下用万用表测热继电器常闭触点是否能闭合，若不能，则说明热继电器已动作或触点接触不良 2. 热继电器已动作时，要找出动作原因，再行复位；如电动机过载或热继电器调整不当而动作，要进行相应处理 3. 如果热继电器常闭触点由于主导线发热烧坏而闭合不好时，要更换热继电器	
		4. 主轴电动机绕组烧毁	用绝缘电阻表测试主轴电动机绕组，若电动机绕组绝缘损坏或三相绕组短路，检查电动机绕组，如已烧毁要更换	
2	工作台不能进给	1. 工作台各方向都不能进给	1. 先检查圆工作台控制开关是否在"断开"位置；再检查控制回路电压是否正常；若正常，可扳动操纵手柄至任一运动方向，观察其相关接触器是否吸合，若吸合，则断定控制回路正常 2. 最后检查电动机主回路是否正常。常见故障有接触器主触头接触不良、电动机接线脱落和绕组断路等	
		2. 工作台不能向上运动	1. 可能是由纵向操纵手柄不在零位造成的 2. 如果操纵手柄位置正常，则可能是机械磨损等因素，使相应的电气元件动作不正常或触头接触不良所致	
		3. 工作台前、后进给正常，但左、右不能进给	1. 由于工作台能横向进给，故说明接触器KM3或KM4及电动机M2的主回路都正常 2. 故障只能发生在位置开关上，其中的冲动开关由于变速时常受冲击，容易损坏	
		4. 变速时冲动失灵	1. 可能是冲动开关的常开触头在瞬间闭合时接触不良 2. 其次是变速手柄（主轴变速）或变速盘（进给变速）在推回原位过程中，机械装置未碰上冲动行程开关所致	

学习单元 3 T68 镗床电气控制电路维修

学习目标

1. 熟悉 T68 镗床的控制要求。
2. 掌握 T68 镗床电气控制线路分析方法。
3. 能够进行 T68 镗床电气故障排除。

知识要求

一、T68 镗床控制要求

1. 镗床的工艺范围广，因而调速范围大，运动多。为适应各种工件加工工艺的要求，主轴应在大范围内调速，多采用交流电动机驱动的滑移齿轮变速机构，目前国内有采用单电动机驱动的，也有采用双速或三速电动机驱动的。后者可精简机械传动机构。由于镗床主驱动要求恒功率驱动，故采用"△-YY"双速电动机。

2. 由于采用滑移齿轮变速机构，为防止顶齿现象，要求主轴系统变速时作低速断续冲动。

3. 为适应加工过程中调整的需要，要求主轴可以正、反点动调整，这是通过主轴电动机低速点动来实现的。同时还要求主轴可以正、反向旋转，这是通过主轴电动机的正、反转来实现的。

4. 主轴电动机低速旋转时，可以直接启动，在高速旋转时，控制电路要保证先接通低速，经延时再接通高速，以减小启动电流。

5. 主轴要求快速而准确地制动，所以必须采用效果好的停车制动装置。卧式镗床常用反接制动（也有的采用电磁铁制动）。

6. 由于进给部件多，故快速进给用另一台电动机驱动。

二、T68 镗床电气控制线路分析

T68 型卧式镗床电气控制线路如图 1—22 所示。

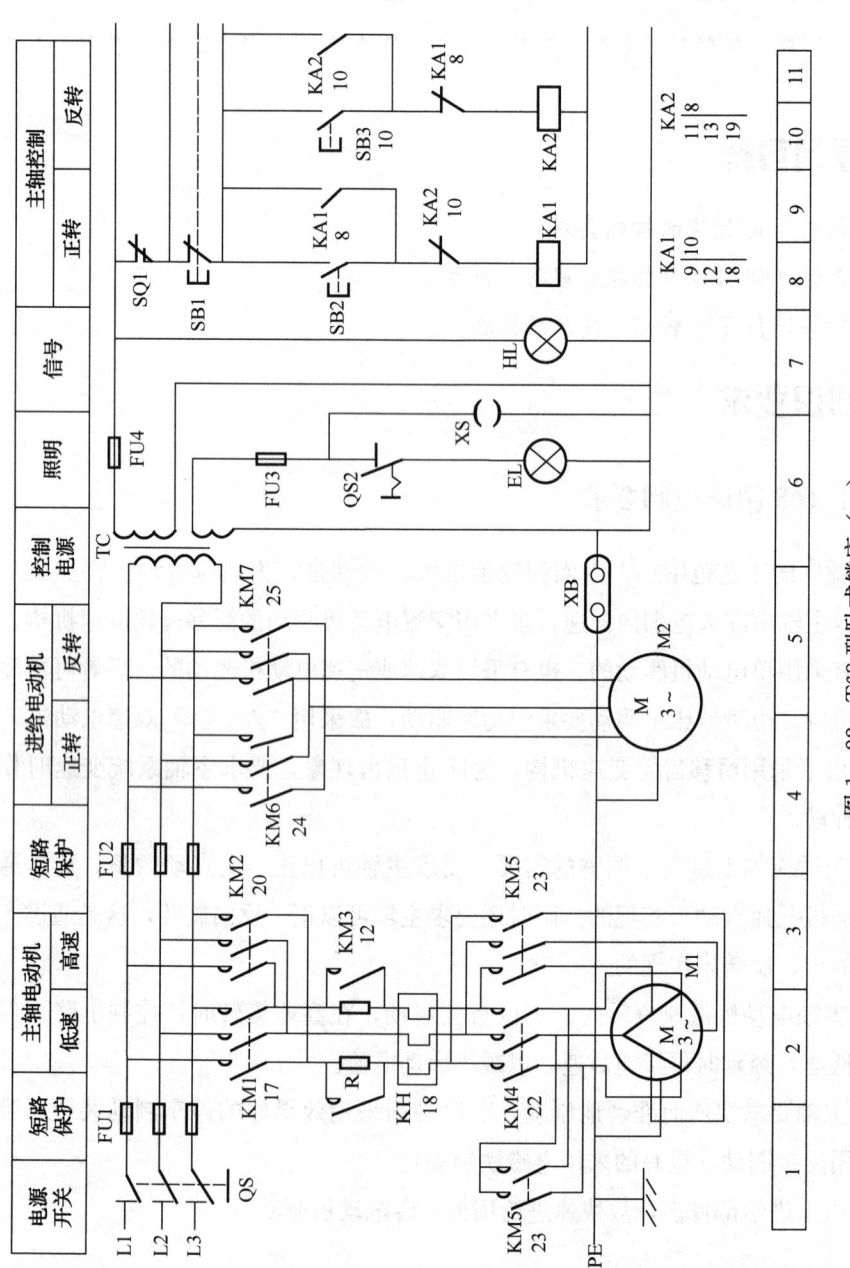

图 1—22 T68 型卧式镗床（一）

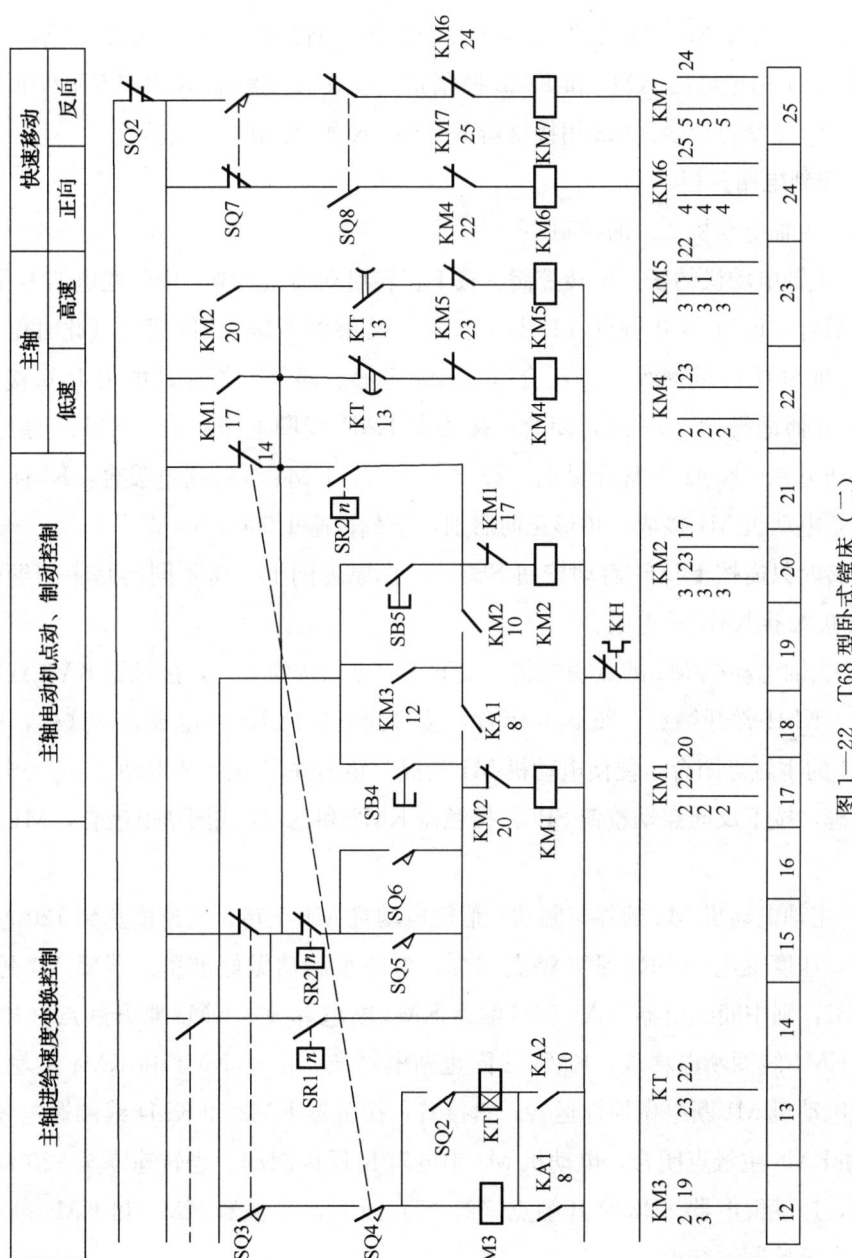

图 1—22 T68型卧式镗床（二）

1. 主电路分析

T68 型卧式镗床共由两台三相异步电动机驱动,即主驱动电动机 M1 和快速移动电动机 M2。熔断器 FU1 作电路总的短路保护。FU2 作快速移动电动机和控制电路的短路保护。M1 设置热继电器作过载保护,M2 是短期工作,所以不设置热继电器。M1 用接触器 KM1 和 KM2 控制正、反转,接触器 KM3,KM4 和 KM5 作"△-YY"变速切换。M2 用接触器 KM6 和 KM7 控制正、反转。

2. 控制电路分析

(1) 主轴电动机 M1 的控制

1) 主轴电动机的正、反转控制。按下正转启动按钮 SB2,中间继电器 KA1 线圈通电吸合,KA1 常开触点(12 区)闭合,接触器 KM3 线圈通电(此时位置开关 SQ3 和 SQ4 已被操纵手柄压合),KM3 主触点闭合,将制动电阻 R 短接,而 KM3 常开辅助触点(19 区)闭合,接触器 KM1 线圈通电吸合,KM1 主触点闭合,接通电源。KM1 的常开触点(22 区)闭合,KM4 线圈通电吸合,KM4 主触点闭合,电动机 M1 接成三角形正向启动,空载转速 1 500 r/min。

反转时只需按下反转启动按钮 SB3,动作原理同上,所不同的是中间继电器 KA2 和接触器 KM2 通电吸合。

2) 主轴电动机 M1 的点动控制。按下正向点动按钮 SB4,接触器 KM1 线圈通电吸合,KM1 常开触点(22 区)闭合,接触器 KM4 线圈通电吸合。这样,KM1 和 KM4 的主触点闭合,便使电动机 M1 接成三角形并串电阻 R 点动。

同理,按下反向点动按钮 SB5,接触器 KM2 和 KM4 线圈通电吸合,M1 反向点动。

3) 主轴电动机 M1 的停车制动。假设电动机 M1 正转,当速度达到 120 r/min 以上时,速度继电器 SR2 常开触点闭合,为停车制动做好准备。若要 M1 停车,就按 SB1,则中间继电器 KA1 和接触器 KM3 断电释放,KM3 常开触点(19 区)断开,KM1 线圈断电释放,KM4 线圈也断电释放,由于 KM1 和 KM4 主触点断开,故电动机 M1 断电做惯性运转。紧接着,接触器 KM2 和 KM4 线圈通电吸合,KM2 和 KM4 主触点闭合,电动机 M1 串电阻 R 反接制动。当转速降至 120 r/min 以下时,速度继电器 SR2 常开触点(21 区)断开,接触器 KM2 和 KM4 断电释放,停车反接制动结束。

如果电动机 M1 反转,则当速度达到 120 r/min 以上时,速度继电器 SR1 常开触点闭合,为停车制动做好准备。以后的动作过程与正转制动时相似,读者可自行分析。

4) 主轴电动机 M1 的高、低速控制。若选择电动机 M1 在低速（三角形联结）运行，可通过变速手柄使变速行程开关 SQ2（13 区）处于断开位置，相应的时间继电器 KT 线圈断电，接触器 KM5 线圈也断电，电动机 M1 只能由接触器 KM4 接成三角形联结。

如果需要电动机在高速运行，应首先通过变速手柄使限位开关 SQ2 压合，然后按正转启动按钮 SB2（或反转启动按钮 SB3），KA1 线圈（反转时应为 KA2 线圈）通电吸合，时间继电器 KT 和接触器 KM3 线圈同时通电吸合。由于 KT 两副触点延时动作，故 KM4 线圈先通电吸合，电动机 M1 接成三角形低速启动，以后 KT 的常闭触点（22 区）延时断开，KM4 线圈断电释放，KT 的常开触点（23 区）延时闭合，KM5 线圈通电吸合，电动机 M1 接成 YY 联结，以高速（空载时 3 000 r/min）运行。

5) 主轴变速及进给变速控制。本机床主轴的各种速度是通过变速操纵盘以改变传动链的传动比来实现的。当主轴在工作过程中变速时，可不必按停止按钮而直接进行变速。设 M1 原来运行在正转状态，速度继电器 SR2（21 区）早已闭合。将主轴变速操纵盘的操纵手柄拉出，与变速手柄有机械联系的行程开关 SQ3 不再受压而断开，KM3 和 KM4 线圈先后断电释放，电动机 M1 断电，由于行程开关 SQ3 常闭触点（15 区）闭合，KM2 和 KM4 线圈获电吸合，电动机 M1 串接电阻 R 反接制动。等速度继电器 SR2（21 区）常开触点断开，M1 停车，便可转动变速操纵盘进行变速。变速后，将变速手柄推回原位，SQ3 重新压合，接触器 KM3、KM1 和 KM4 线圈通电吸合，电动机 M1 启动，主轴以新选定的速度运转。

变速时，若因齿轮卡住手柄推不上，此时变速冲动行程开关 SQ6 被压合，速度继电器的常闭触点 SR2（15 区）已恢复闭合，接触器 KM1 线圈通电吸合，电动机 M1 启动。当速度高于 120 r/min 时，SR2 常闭触点（15 区）又断开，KM1 线圈断电释放，电动机 M1 又断电，当速度降到 120 r/min 时，SR2 常闭触点又闭合了，从而又接通低速旋转电路而重复上述过程。这样，主轴电动机就被间歇地启动和制动而低速旋转，以便齿轮顺利啮合。直到齿轮啮合好，手柄推上后，压下行程开关 SQ3，松开 SQ6，将冲动电路切断。同时，由于 SQ3 的常开触点（12 区）闭合，主轴电动机启动旋转，从而主轴获得所选定的转速。

进给变速的操作和控制与主轴变速的操作和控制相同。只是在进给变速时，拉出的操作手柄是进给变速操纵盘的手柄，与该手柄有机械联系的是行程开关 SQ4，进给变速冲动的行程开关是 SQ5。

(2) 快速移动电动机 M2 的控制

主轴轴向进给、主轴箱（包括尾架）垂直进给、工作台纵向和横向进给等的快速移动，是由电动机 M2 通过齿轮、齿条等来完成的。快速手柄扳到正向快速位置时，压合行程开关 SQ8，接触器 KM6 线圈通电吸合，电动机 M2 正转启动，实现快速正向移动。将快速手柄扳到反向快速位置，行程开关 SQ7 被压合，KM7 线圈通电吸合，电动机 M2 反向快速移动。

(3) 联锁保护装置

为了防止在工作台或主轴箱自动快速进给时又将主轴进给手柄扳到自动快速进给位置的误操作，就采用了与工作台和主轴箱进给手柄有机械连接的行程开关 SQ1（在工作台后面）。当上述手柄扳到工作台（或主轴箱）自动快速进给的位置时，SQ1 被压断开。同样，在主轴箱上还装有另一个行程开关 SQ2，它与主轴进给手柄有机械连接，当这个手柄动作时，SQ2 也受压分断。电动机 M1 和 M2 必须在行程开关 SQ1 和 SQ2 中有一个处于闭合状态时才可以启动。如果工作台（或主轴箱）在自动进给（此时 SQ1 断开）时，再将主轴进给手柄扳到自动进给位置（SQ2 也断开），那么电动机 M1 和 M2 便都自动停车，从而达到联锁保护的目的。

 技能要求

T68 镗床电气故障排除

一、操作要求

1. 分析电路工作原理。
2. 更换损坏的器件和排除线路的各类故障使电路正常工作。
3. 原电路的安装要求和接线工艺要求不能降低。

二、操作准备

1. 电工工具和测量仪表

一字形旋具和十字形旋具、钢丝钳、尖嘴钳、万用表、验电笔、导线等。

2. T68 型卧式镗床主要元器件明细

T68 型卧式镗床主要电气元件明细见表 1—9。

表 1—9　　T68 型卧式镗床电气元件明细表

代号	元件名称	型号	规格	件数	用途
M1	电动机	$JDO_2-51-2/4$	7.5 kW 2 900/1 440 r/min	1	驱动主轴
M2	电动机	JO_2-31-4	2.2 kW 1 430 r/min	1	驱动快速移动
KM1	接触器	CJ0—40	110 V	1	主轴正转
KM2	接触器	CJ0—40	110 V	1	主轴反转
KM3	接触器	CJ0—40	110 V	1	短路限流电阻
KM4	接触器	CJ0—40	110 V	1	主轴低速
KM5	接触器	CJ0—40	110 V	1	主轴高速
KM6	接触器	CJ0—20	110 V	1	M2 正转
KM7	接触器	CJ0—20	110 V	1	M2 反转
KA1	中间继电器	JZ7—44	110 V	1	接通主轴正转
KA2	中间继电器	JZ7—44	110 V	1	接通主轴反转
KT	时间继电器	JS7—2 A	110 V	1	高速延时启动
SR1	速度继电器	JY1	380 V　2 A	1	反向速度控制
SR2	速度继电器	JY1	380 V　2 A	1	正向速度控制
QS1	开关	HZ2—25/3		1	电源总开关
SB1	按钮	LA2 型	红色	1	主轴停止
SB2	按钮	LA2 型	黑色	1	主轴正转启动
SB3	按钮	LA2 型	绿色	1	主轴反转启动
SB4	按钮	LA2 型	黑色	1	主轴正转点动
SB5	按钮	LA2 型	绿色	1	主轴反转点动
SQ	行程开关	LX5—11	开启式	1	接通主电动机高速挡
SQ1	行程开关	LX1—11J	防溅式	1	主轴自动进刀与工作台
SQ2	行程开关	LX3—11K	开启式	1	自动进给间的互锁
SQ3	行程开关	LX1—11K	开启式	1	主轴变速
SQ4	行程开关	LX1—11K	开启式	1	进给变速
SQ5	行程开关	LX1—11K	开启式	1	进给变速冲动
SQ6	行程开关	LX1—11K	开启式	1	主轴变速冲动
SQ7	行程开关	LX1—11K	开启式	1	M2 反转限位
SQ8	行程开关	LX1—11K	开启式	1	M2 正转限位
TC	控制变压器	BK—300	380/110—24 V	1	控制照明电源
KH	热继电器	JR0—40	16~25 A	1	M1 过载保护
FU1	熔断器	RL1—60	熔体 40 A	1	电源总熔断器
FU2	熔断器	RL1—15	熔体 15 A	1	M2 熔断器
FU3	熔断器	RL1—15	熔体 2 A	1	照明熔断器
FU4	熔断器	RL1—15	熔体 2 A	1	控制电路熔断器
R	电阻	ZB1—0.9	0.9 Ω	1	M1 反接制动

三、故障现象、分析和排除（表1—10）

表1—10　　　　　　　　故障现象、分析和排除

序号	故障现象	故障分析	排除步骤	注意事项
1	主轴实际转速和标牌指示不符，相差1倍或只有1/2关系	安装调整不当，撞钉的动作与标牌指示不相符	重新安装调整，使撞钉的动作与标牌指示相符	
2	主轴只有高速挡或只有低速挡	1. 行程开关SQ未动作到位或本身接触不良	1. 检查行程开关是否动作，即常闭点已断开，常开点已闭合 2. 若无动作，应检查原因，使行程开关动作，这时也可用万用表电阻挡去测其动作后情况，若未闭合或接触不良，应更换行程开关	
		2. 时间继电器KT线圈烧坏或动作触点不灵活接触不上	1. 用万用表电阻挡检查时间继电器线圈是否断线或烧坏，若损坏时，要更换同型号的时间继电器 2. 若没损坏，则还应检查时间继电器的延时常闭合点和延时常断开点是否接触可靠	
		3. 接触器KM1或KM2动作后，常开辅助触点接不通接触器KM4、KM5线圈线路	检查接触器KM4、KM5线圈所串接的接触器KM1、KM2的常开辅助触点，若KM1、KM2动作后其辅助触点接触不良，用细砂纸打磨常开辅助触点，使其可靠接触	
		4. 接触器KM4、KM5主触点有接触不良或烧坏、熔焊	打开接触器KM4、KM5灭弧盖，检查其主触点接触情况，若接触不好或烧坏，要更换接触器触点	
3	主轴变速手柄拉出后，主轴电动机不能冲动或者变速完毕合上手柄后，主轴电动机不能自动启动	1. 行程开关SQ3和SQ6装在主轴箱下部，由于位置偏移，故触头接触不良	1. 断开镗床控制电源的情况下，用万用表电阻挡测行程开关常闭触点的闭合情况 2. 若检查出某个行程开关闭合不好或接触不良，应更换该行程开关	
		2. SQ3、SQ6是由胶木塑压成型的，由于质量等原因，造成绝缘击穿	用绝缘电阻表测绝缘情况，若短路应更换行程开关	

第 2 章 可编程控制系统装调维修

第 1 节 三菱可编程控制器控制系统读图分析与程序编制

学习单元 1 按空间位置关系确定的逻辑控制

学习目标

1. 熟悉编程软元件。
2. 熟悉顺序控制设计方法与顺序功能图。
3. 掌握顺序控制梯形图的编程方法。
4. 能够进行机械手 PLC 控制程序的编程。

知识要求

一、编程软元件概述

在对 PLC 进行编程时,指令的操作对象是 PLC 中的软元件,即用 PLC 存储器中的存储单元来代替继电控制逻辑中的控制电器。在中级教材中，已经介绍了输入继电器、输出继电器、辅助继电器、定时器等部分软元件，下面再继续介绍数据寄存器、计数器、状态元件等软元件。

1. **数据寄存器（D）**

数据寄存器是存储数据的软元件，用"D"表示，每1个数据寄存器可以存放1个16位二进制的数据或1个字，数值范围为－32 768～＋32 767。用2个连续的数据寄存器合并起来可以存放1个32位数据（双字），例如 D0 和 D1 组成的双字中，D0 存放低 16 位，D1 存放高 16 位。字或双字的最高位为符号位，该位为 0 时数据为正数，为 1 时数据为负。数据寄存器为十进制编号，在 FX2n 系列 PLC 中从 D0～D8255，总共有 8 256 个，分为如下几种类型：

（1）通用数据寄存器（D0～D199，200 个）

将数据写入通用数据寄存器后，其值将保持不变，直到下一次被改写。但当 PLC 断电或由"运行"→"停止"时，全部数据均清零。

（2）断电保持数据寄存器（D200～D7999，7 800 个）

这种寄存器的特点是除非改写，否则原有数据不会丢失。不论电源接通与否，PLC 运行与否，其内容也不变化。然而，在两台 PLC 作点对点的通信时，D490～D509 被专门用作通信操作。

（3）特殊功能数据寄存器（D8000～D8255，256 个）

这些数据寄存器供监控 PLC 中各种元件的运行方式之用，其内容在电源接通（ON）时，写入初始化值（全部先清零，然后由系统 ROM 安排写入初始值。）例如，D8000 存放警戒监视时钟（俗称看门狗）的时间是由系统 ROM 设定的，要改变时，用传送指令将目的时间送入 D8000。特殊功能数据寄存器的具体用途可查找 FX2n 的编程手册。

2. **计数器（C）**

PLC 的内部计数器（C）用来对 PLC 的内部映像寄存器（X、Y、M、S）提供的信号计数，计数脉冲为 ON 或 OFF 的持续时间，应大于 PLC 的扫描周期，否则信号可能被丢失而未能计数。FX2n 系列 PLC 中的计数器有 256 个，元件号按十进制编号，从 C0～C255。计数器为字、位复合软元件，由设定值寄存器、当前值寄存器和计数器的触点组成。它可提供无限个常开触点、常闭触点供编程使用。计数器可分为以下几类：

（1）C0～C199 为 16 位递加计数器

其中，C0～C99 为通用加法计数器，C100～C199 为断电保持加法计数器，计数设定值范围都为 1~65 535。计数器可以使用立即数 K 作为计数设定值，也可用数据寄存器的内容作为计数设定值。例如指令为"OUT C0 D10"，若指定 D10 中保存的数值为 123，则与指令"OUT C0 K123"等效，但用数据寄存器来对计数器间接设定计数值，在编程时比用常数 K 直接设定更为灵活。计数器工作时，每当检测到 1 个计数信号时，当前值寄存器内的数值即递加 1。在当前值寄存器中的数值等于设定值时，计数器的触点动作。计数器的工作条件是断续的，仅在计数输入信号从 0 到 1 发生上跳变时计数值会变化，而在计数输入信号不发生上跳变时，计数值保持不变。因此，若需要将计数值清零或要使已动作的计数器触点复位，则需要使用复位指令 RST。16 位递加计数器的用法如图 2—1 所示。

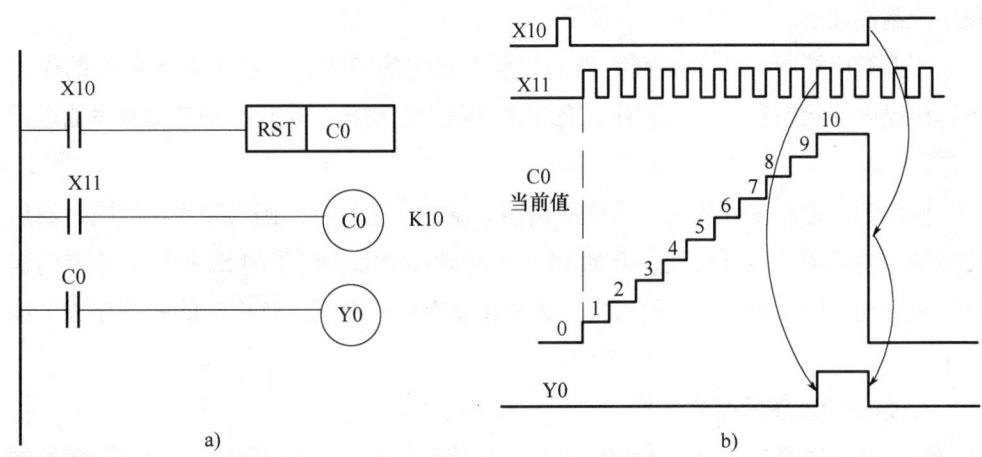

图 2—1　16 位递加计数器的用法
a) 梯形图　b) 工作波形

(2) C200~C234 为 32 位双向计数器

其中 C200~C219 为通用型，C220~C234 为断电保持计数器，设定值为 $-2\,147\,483\,648$ ~ $+2\,147\,483\,647$。32 位双向计数器是递加型还是递减型计数由特殊继电器 M8200~M8234 设定。每个双向计数器对应由 1 个特殊功能辅助继电器设定。当这个特殊功能辅助继电器（例如 M8212）置 1 时，对应的双向计数器（例如 C212）为减计数，置 0 时计数器为增计数。当递增计数使当前计数值大于等于设定值时，计数器触点动作；当递减计数使当前计数值小于设定值或用 RST 指令进行复位时，计数器触点被复位。

(3) C235~C255 为 32 位高速计数器

它们共用 PLC 的 8 个高速计数器输入端 X0~X7，某一输入端在同一时刻只能被 1 个高速计数器使用。通常使用高速计数器对脉冲编码器进行计数输入。

3. 状态元件（S）

状态元件（S）是步进顺控指令使用的元件，不用步进顺控指令时，状态元件也可作为一般辅助继电器使用。它的元件号按十进制编号：S0～S9 为初始状态元件，S10～S499 为通用状态元件，共 490 点；S500～S899 为断电保持状态元件，共 400 点；S900～S999 为报警用的状态元件，共 100 点。

二、顺序控制设计方法与顺序功能图

1. 顺序控制设计法

对于按照预定的工艺顺序进行工作的系统，在编制 PLC 控制程序时，可采用顺序控制设计法。

所谓顺序控制，就是按照生产工艺预先规定的顺序，在各个输入信号的作用下，根据内部状态和时间的顺序，在生产过程中控制各个执行机构自动有序地进行操作。

使用顺序控制设计法时，首先应按照系统的工艺过程，画出顺序功能图，然后按照顺序功能图画出梯形图。有的 PLC 编程软件（如西门子的 STEP 7）中专门提供了顺序功能图（SFC）编程语言，只要在编程软件中画出顺序功能图就完成了编程工作。

2. 顺序功能图的基本结构

顺序功能图是反映系统的控制过程、功能和特性的一种图形，是设计顺序控制程序的有力工具。顺序功能图并不涉及所描述的控制功能的具体技术，它是一种通用的技术语言，可以供进一步设计和技术人员之间进行交流所用。

顺序功能图主要由步、有向连线、转换、转换条件和动作组成。图 2—2 所示为 1 个控制送料小车装、卸料过程的顺序功能图。在图 2—2 中，M8002 为初始脉冲，在 PLC 由 STOP 进入 RUN 状态时会自动接通 1 个扫描周期的时间。

3. 步与动作

顺序控制设计法最基本的思想是将系统的一个工作周期划分为若干个顺序相连的阶段，这些阶段称为步。可以用编程元件（如辅助继电器 M 或状态元件 S）来代表各步。步是根据输出量的状态变化来划分的，在任何一步之内，各输出量的 ON 或 OFF 状态不变，但是相邻两步输出量总的状态是不同的。在每一步中要向被控对象发布某些命令，使输出量设定为一定的状态，从而使被控对象完成某个工艺过程，这些命令即称为"动作"。在图 2—2c 中的 M0～M4 分别代表各个步，而在 M1～M4 右边的 Y2、T0、Y1、Y3、T1、Y0 即分别是在各步中所做的动作。

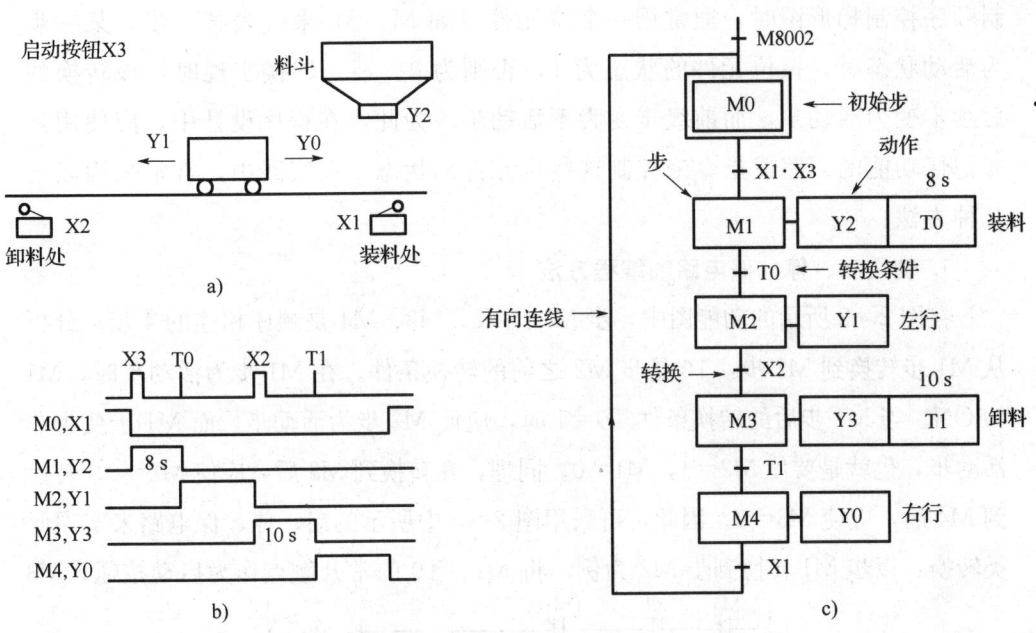

图 2—2 送料小车的顺序功能图和工作波形图
a) 送料小车工作示意图　b) 工作波形图　c) 顺序功能图

在各个步中，与初始状态相对应的步称为"初始步"，初始状态一般是系统等待启动命令的相对静止的状态，初始步用双线方框表示。而当系统正处于某一步所在的阶段时，该步处于活动状态，称该步为"活动步"，在图2—2中用单线方框表示。步处于活动状态时，相应的动作被执行；处于不活动状态时，相应的未被保持的动作被停止执行。

4. 转换实现的基本规则

在顺序功能图中，步的活动状态的进展是由转换的实现来完成的。转换的实现必须同时满足以下两个条件：①该转换所有的前级步都是活动步；②相应的转换条件得到满足。

在转换实现时，应完成以下两个操作：①使所有由有向连线指向的后续步都变为活动步；②使该转换所有的前级步都变为不活动步。

转换实现的基本规则是根据顺序功能图设计梯形图的基础，它适用于顺序功能图中的各种基本结构和各种顺序控制梯形图的编程方法。

三、顺序控制梯形图的编程方法

根据顺序功能图设计梯形图的方法称为顺序控制梯形图的编程方法。在编制顺序控制梯形图时，通常用一个位元件（如 M、S）来代表某一步，某一步为活动状态时，该位元件的状态为 1，否则为 0。某一转换实现时，该转换的后续步变为活动步，而前级步变为不活动步。为此，在程序设计中，应使用具有记忆功能的回路或指令来控制这些位元件的状态。在实践中，常常采用以下几种方法：

1. 使用启、停、保电路的编程方法

在图 2—2 所示的功能图中，步 M1、M2、M3、M4 是顺序相连的 4 步。分析从 M1 步转换到 M2 步：T0 是步 M2 之前的转换条件。在 M1 步为活动步时，M1 为 ON。当 M1 步后的转换条件 T0＝1 时，应使 M2 步为活动步，而 M1 步变为非活动步，也就是要使 M2＝1，M1＝0。同理，在转换到 M3 后，应使 M2＝0，转换到 M4 后，应使 M3＝0。因此，可采用图 2—3 中所示的启、停、保电路来实现此类转换：以步 M1 转换到步 M2 为例，将 M1、T0 的常开触点作为启动按钮；M3

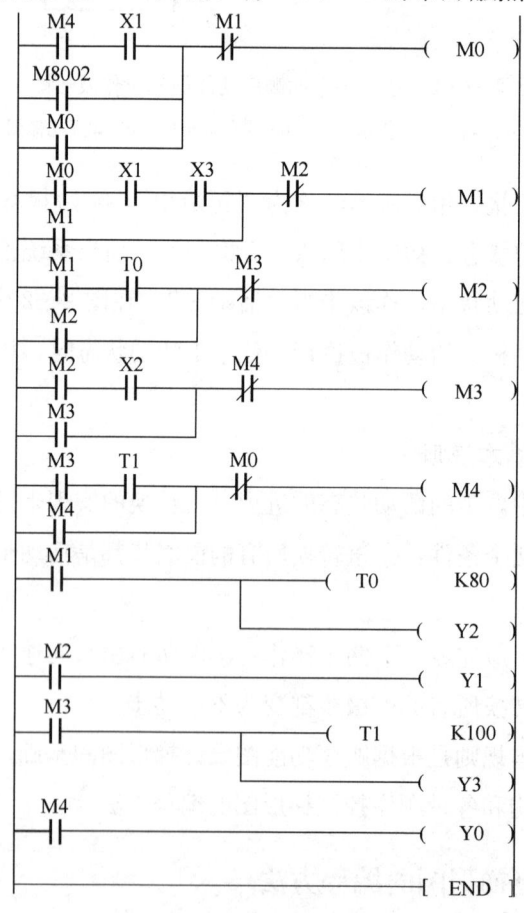

图 2—3　用启、停、保电路编制顺序控制梯形图

的常闭按钮作为停止按钮；M2 的线圈作为输出；M2 的常开触点作为自保触点，以便在转换条件 T0 消失及 M1 被清零后仍能保持 M2＝1。这样，在 M1＝1 时，只要转换条件满足，T0＝1 即可使 M2＝1，M2 的常闭触点断开，使 M1＝0；而在 M2＝1 时，只要转换条件满足，X2＝1 即可使 M3＝1，同时用 M3 的常闭触点使 M2＝0。其余步的转换可以此类推。图 2—3 是用启、停、保电路编制的对应于图 2—2c 顺序功能图的顺序梯形图。

2. 以转换为中心的编程方法

图 2—4a 给出了以转换为中心进行编程的顺序功能图与梯形图的对应关系。从图 2—4a 中可见，在满足转换的前级步是活动步（M1＝1）和转换条件（X1＝1），就能实现从 M1 步到 M2 步的转换。在实现转换时，应完成两个操作：用"SET M2"将该转换的后续步 M2 置位为活动步及用"RST M1"将前级步 M1 复位为不活动步。图 2—4b 为对应图 2—2c 顺序功能图的梯形图。梯形图中的指令"ZRST M1 M4"表示从 M1 到 M4 全部复位。

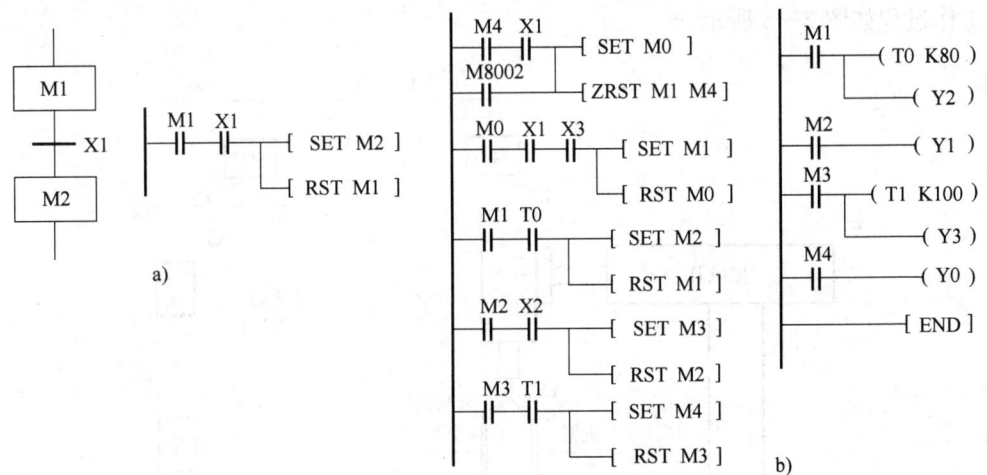

图 2—4　以转换为中心的编程方法

a) 以转换为中心的编程方法　b) 对应图 2—2c 的梯形图

3. 使用步进指令的编程方法

在一些 PLC 中，提供了专门实现顺序控制的步进指令，如三菱 FX2n 系列 PLC 有两条步进指令：STL 和 RET。利用步进指令可以很方便地实现顺序控制。应用步进指令的编程方法在下一学习单元中介绍。

机械手 PLC 控制程序编程

一、操作要求

按机械手动作的工艺过程用 SET-RST 指令实现转换的方法编制控制程序。

1. 工艺过程（见图 2—5）

图 2—5 所示为一个将工件由 A 处传送到 B 处的机械手，上升/下降和左移/右移的执行用双线圈二位电磁阀推动汽缸完成。当某个电磁阀线圈通电时，就一直保持现有的机械动作，例如一旦下降的电磁阀线圈通电，机械手下降，即使线圈再断电，仍保持现有的下降动作状态，直到相反方向的线圈通电为止。另外，夹紧/放松由单线圈二位电磁阀推动汽缸完成，线圈通电执行夹紧动作，线圈断电时执行放松动作。设备装有上、下限位和左、右限位开关以及夹紧到位磁性开关 SQ5。它的工作过程如图 2—5 所示。

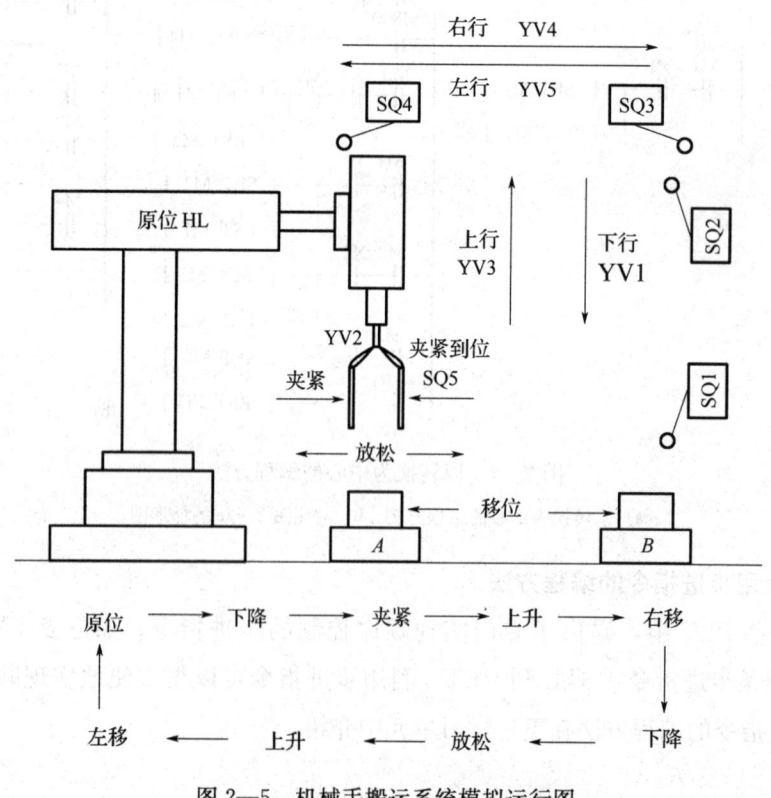

图 2—5　机械手搬运系统模拟运行图

在机械手搬运系统中,定义原点为左上方所达到的极限位置,其左限位开关闭合,上限位开关闭合,机械手处于放松状态。

2. 控制要求

按启动按钮 SB1 后,机械手在按照图 2—5 所示的工作过程完成 1 个工作周期后,自动停止。

二、操作准备(表 2—1)

表 2—1　　　　　　　　　　项目所需的设备、材料和工具

序号	名称	规格型号	数量	备注
1	PLC	三菱 FX2n 型	1 台	
2	计算机		1 台	装有 FXGP－WIN 编程软件(和仿真应用程序)
3	编程电缆	SC－09	1 根	RS－232/RS－422 转换

三、操作步骤

步骤 1　写出 I/O 分配表(表 2—2)。

表 2—2　　　　　　　　　　输入、输出端口配置表

输入设备	输入端口编号	输出设备	输出端口编号
启动按钮 SB1	X00	原位指示灯 HL	Y00
下限位 SQ1	X01	下降电磁阀 YV1	Y01
上限位 SQ2	X02	夹紧电磁阀 YV2	Y02
右限位 SQ3	X03	上升电磁阀 YV3	Y03
左限位 SQ4	X04	右移电磁阀 YV4	Y04
夹紧到位 SQ5	X05	左移电磁阀 YV5	Y05

步骤 2　画出实现机械手 PLC 控制的顺序功能图(见图 2—6)。

步骤 3　用 SET－RST 指令编写机械手 PLC 控制程序(见图 2—7)。

在图 2—7 中,在 M2 步对 Y2 使用了置位指令,可避免在 M3、M4、M5 等步中对 Y2 的重复输出。Y1 和 Y3 各有两步都要输出,在梯形图中用触点并联的方法

进行输出，以避免双线圈输出错误的发生。

四、注意事项

1. 注意工艺要求和 I/O 分配

在编程时首先要把工艺要求吃透，否则不能编制出正确的程序。根据工艺要求将整个任务分成若干个步，各步之间的转换条件要全部找出。在实际系统中，这些转换条件有的是表示某个位置的限位开关或表示某个距离（位移）的脉冲计数信号；有的是表示某个过程的时间；还有的可能是达到某种工艺要求的传感器信号，如温度、压力等。本项目的转换条件全部是表示空间位置关系的信号。在编制按空间位置关系确定的逻辑控制程序时，一般用各种限位开关、接近开关、脉冲计数信号等

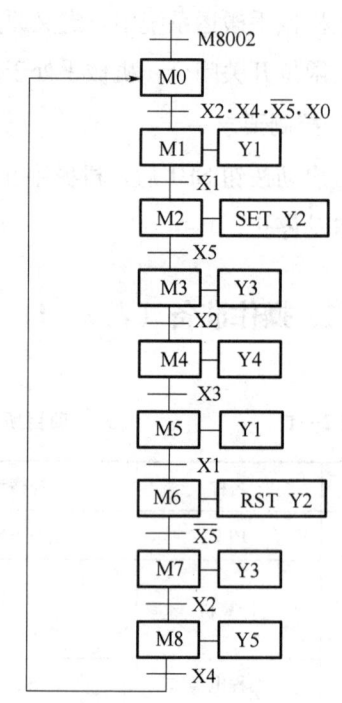

图 2—6 机械手控制的顺序功能图

作为各步之间的转移条件。在进行 I/O 分配时，要把所有的指令信号（如启动、停止按钮）、转换信号及所有的输出设备都配置适当的输入输出端口供编程和接线使用。

2. 注意初始条件的使用

当 PLC 从 STOP 进入 RUN 状态后及启动前，应使顺控程序进入初始步。一般使用 PLC 内部的初始脉冲或系统中设置某个按钮（或开关如手动/自动切换开关）作为使顺序控制程序进入初始步的初始条件。

3. 注意顺序功能图和梯形图之间的关系

按照顺序功能图编制顺序控制梯形图时可采用多种方法，本项目中使用的是以转换为中心的编程方法。在用这种编程方法时，梯形图中各步的输出和顺序功能图基本一致，但并不完全相同，应具体考虑输出的条件及避免双线圈输出错误的发生（如本例中的 Y1、Y3 输出）。

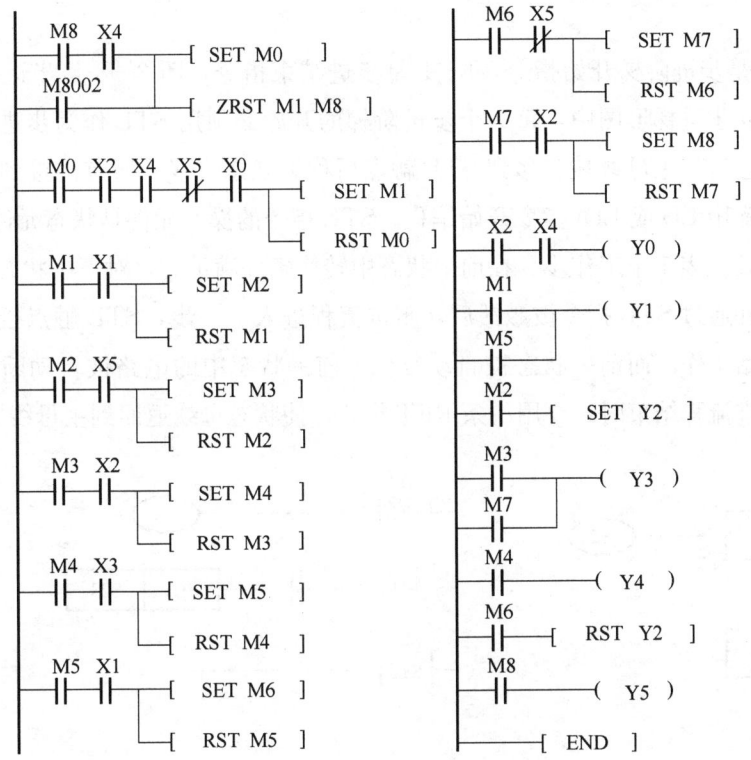

图 2—7 机械手的顺序控制梯形图

学习单元 2 按时间关系确定的逻辑控制

 **学习目标**

1. 熟悉步进指令。
2. 掌握顺序控制程序中分支的处理和定时器的使用。
3. 能够进行交通信号灯 PLC 控制程序的编程。

 知识要求

一、步进指令

1. STL、RET 指令

三菱 FX2n 系列 PLC 有两条步进指令：STL 和 RET，专供编制顺序控制程序使用。

STL 是步进阶梯开始指令，RET 是步进结束指令，图 2—8 是步进指令 STL 的用法。在步进梯形图中，每一个步进阶梯的开始必须用 STL 作为步进触点，开始步进流程后，主母线被转移到 STL 触点后称为状态母线。所有连接到状态母线上的梯级都用 LD 或 LDI 指令开始编程。STL 指令的操作元件是状态元件 S，每个状态元件 S 代表 1 个工作步。在前一状态中转换条件满足时，对下一状态置位，对应状态元件通过 STL 指令被激活后，步进流程进入下一步，STL 触点接通，其后的电路开始工作。而前一状态被自动复位，前一状态中的电路被自动断开停止工作。在步进流程结束时，要用一条 RET 指令，使状态母线返回到主母线。

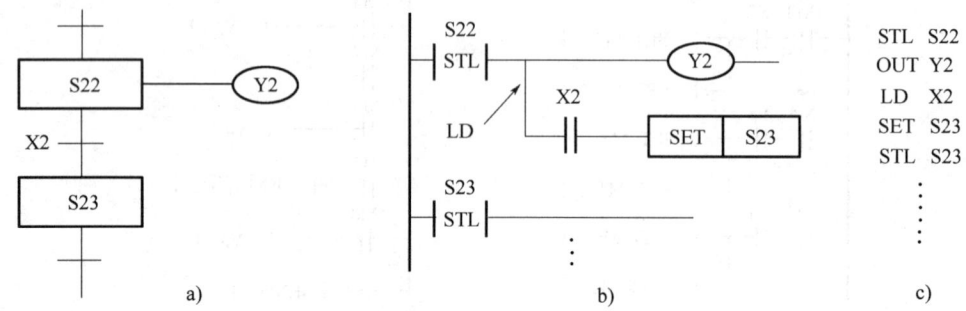

图 2—8　步进指令 STL 的用法
a）状态转移图　b）步进梯形图　c）与梯形图对应的语句表

2. 状态转移图的画法

在使用步进指令编制顺序控制程序时，用状态元件 S 来表示每一步，此时顺序功能图即变为一种步进指令专用的特殊形式，称为状态转移图。图 2—8a 就是状态转移图的形式。

状态转移图的画法基本与顺序功能图相同，用 1 个状态元件 S 代表 1 步，称为 1 个状态。每个状态有 3 个要素：动作、转移条件（即转换条件）和转移目标。初始步必须用初始状态 S0~S9 中的一个来表示，只有初始状态能由步进流程之外进行置位，其他状态都只能在步进流程内部，在 STL 触点之后的程序中进行置位。一般用初始脉冲 M8002 作为初始条件对初始状态置位。在转移条件中不能使用 ANB、ORB、MPS、MRD、MPP、MC、MCR 等指令。两个相邻的状态中不能使用同一个定时器；在不会被同时激活的两个状态中允许驱动同一个元件的线圈而不会产生双线圈输出错误。在状态转移图结束处，必须使用一条 RET 指令来退出步进流程；在全部程序结束时，应使用 END 指令。

二、顺序控制程序中分支的处理

在顺序控制程序中,根据工艺流程的要求,可使用各种不同的步进流程,最常用的是单流程(也称为单序列),在前一学习单元中所举的机械手控制就是一个单序列的实例。此外,顺控程序还可有跳转、循环、选择分支、并行分支等不同流程可用,如图2—9所示。

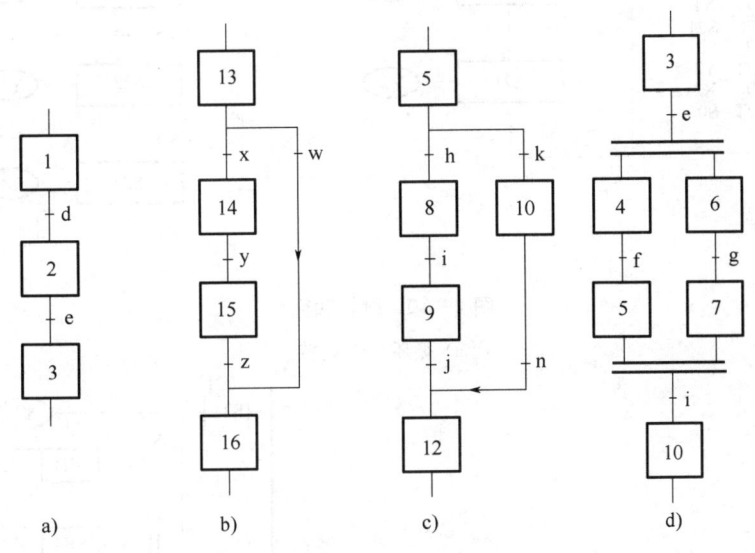

图2—9 顺控程序的各种流程
a) 单序列 b) 跳转 c) 选择分支 d) 并行分支

1. 跳转和循环

向上游转移的称为重复或循环,向下游或别的流程直接转移的称为跳转。如图2—10所示。对循环或跳转流程,在编程时,只要在转出之处根据转移条件指出转移目标即可,而在转入处不必另行编程。对于图2—10a所示的流程,其对应的语句表如图2—10a所示,只需在转出处S21中指出转移到S0即可。另外,在FX2n的编程手册中规定,当转移目标是分离的状态时,要用OUT指令对转移目标置位,如图2—10a中的"OUT S0"。

2. 选择分支的编程

根据不同的条件,转移到不同的状态工作,最后仍汇合到同一条支路的流程称为选择性分支。图2—11为选择性分支的例子。在图2—11中,分支选择条件X1和X4不能同时接通,即选择分支在分支处的转移条件是互斥的,在几条分支中只能选择一条支路。在汇合处,状态元件S26由S23或S25分别置位。

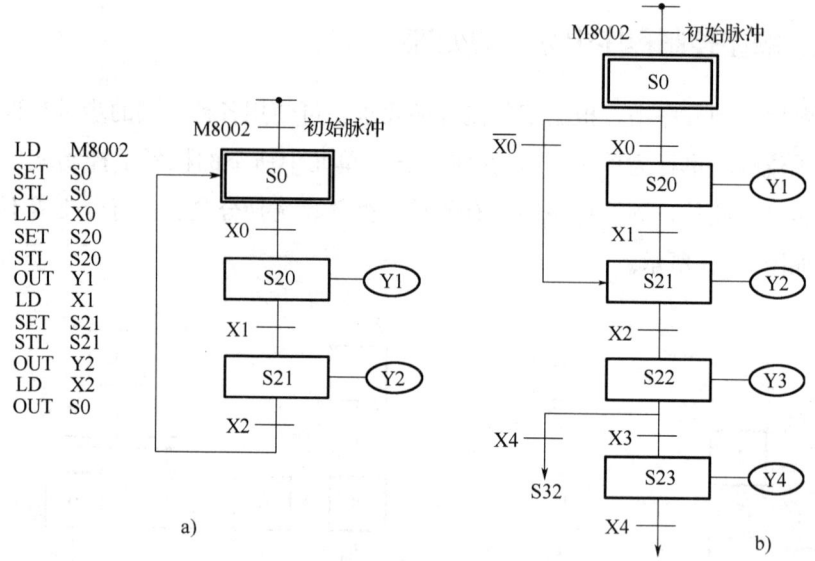

图 2—10 跳转和循环
a) 循环　b) 跳转

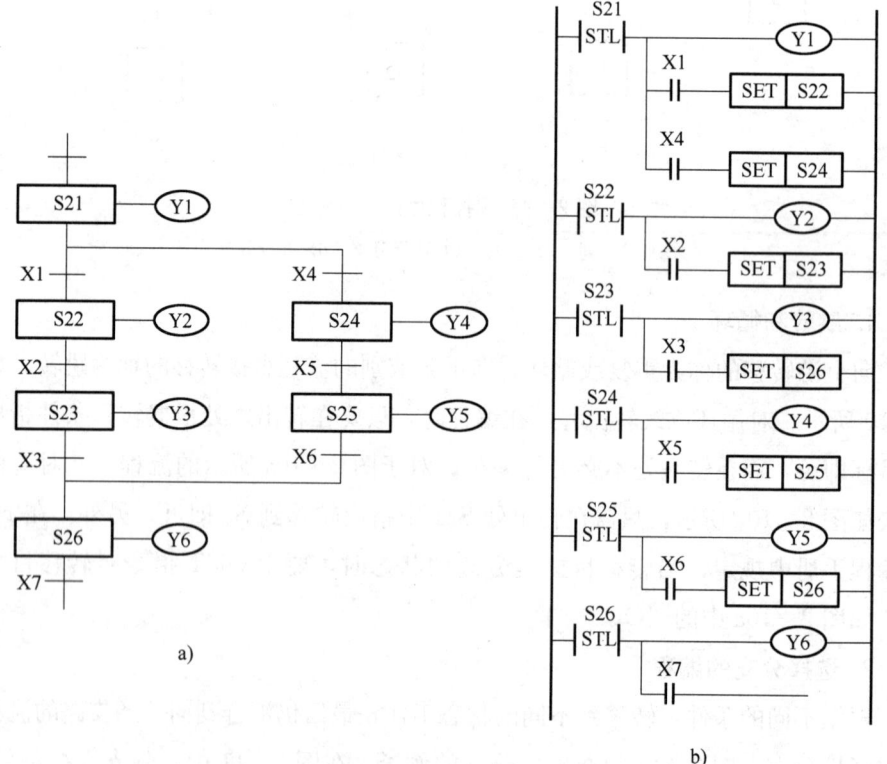

图 2—11 选择性分支
a) 状态转移图　b) 步进梯形图

3. 并行分支的编程

根据同一个转移条件同时转移到几条支路工作，等各条支路全部完成后，汇合在一起并转移到后续状态，这种流程称为并行分支，如图 2—12 所示。在图 2—12 中，水平双线强调的是并行工作。并行分支在分支处由同一个转移条件同时对多个状态进行置位；在汇合处要重新激励各条支路的最后一个状态，等各支路末尾的转移条件全部被满足时，汇合到一起转移到后续状态。

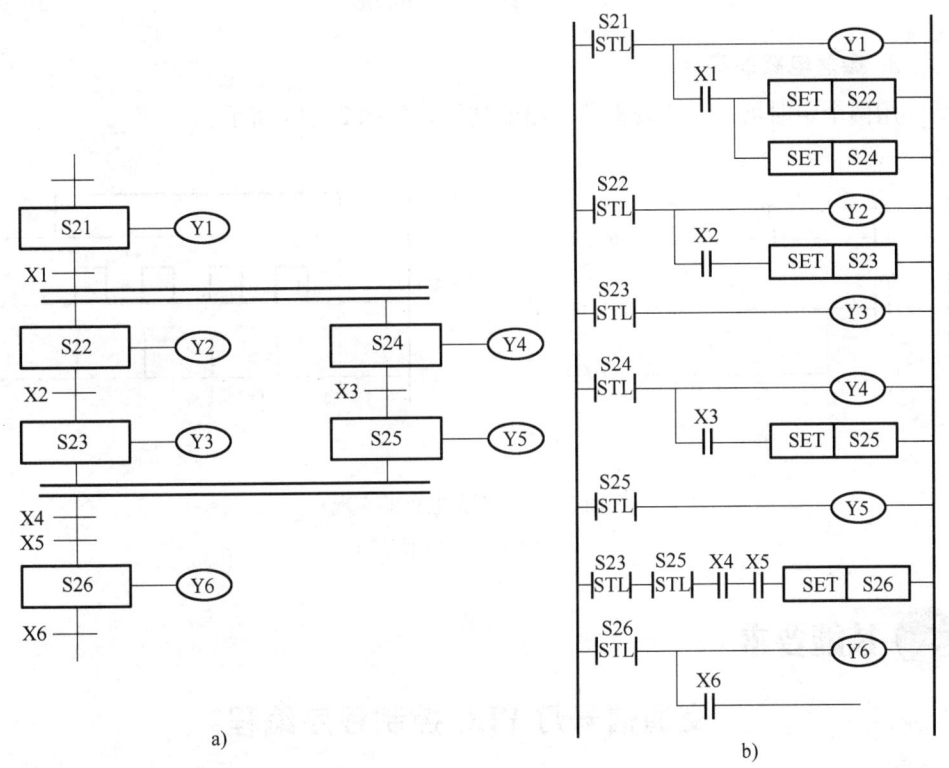

图 2—12 并行分支
a) 状态转移图 b) 步进梯形图

三、定时器的使用

在三菱 FX2n 系列 PLC 中的定时器都是通电延时定时器，即定时器线圈前的控制触点接通时，开始计时，等计时时间到，定时器的触点动作。当控制触点断开时，定时器被复位：计时值清零，触点恢复到未激励状态。

1. 延时环节的实现

用图 2—13 所示程序可实现延时。

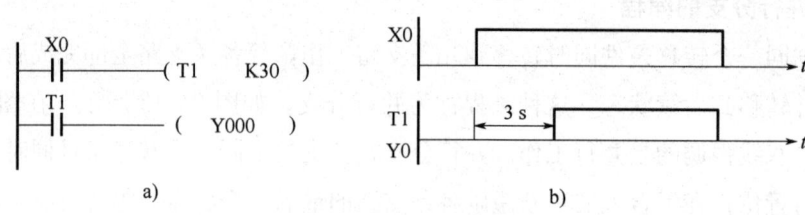

图 2—13 延时环节

a) 梯形图　b) 工作波形

2. 振荡电路的实现

用两个定时器,可实现振荡电路的功能,如图 2—14 所示。

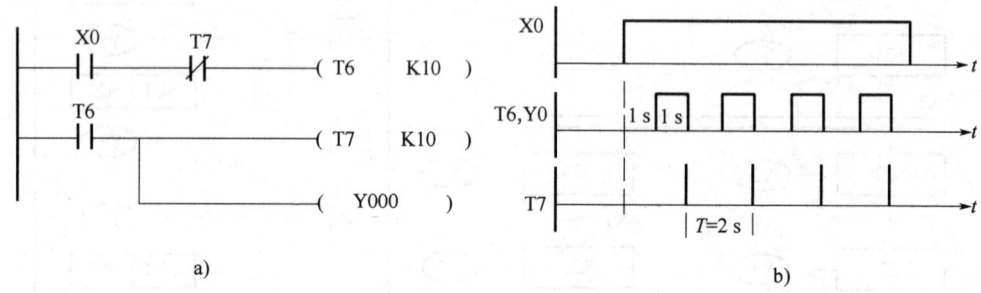

图 2—14 振荡电路的实现

a) 梯形图　b) 工作波形

 技能要求

交通信号灯 PLC 控制程序编程

一、操作要求

按交通信号灯动作的工艺要求,用步进指令编制控制程序。

1. 工艺要求

在城市十字路口的东、西、南、北方向装设了红、绿、黄三色交通信号灯;为了交通安全,红、绿、黄灯必须按照一定时序轮流发亮。交通信号灯的示意图和时序图如图 2—15 所示。

2. 十字路口交通信号灯控制要求

(1) 启动。当按下启动按钮 SB1 时,信号灯系统开始工作。

(2) 停止。当需要信号灯系统停止工作时,按下停止按钮 SB2 即可。

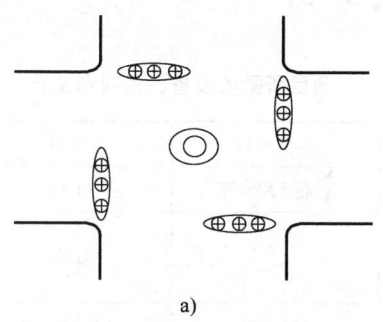

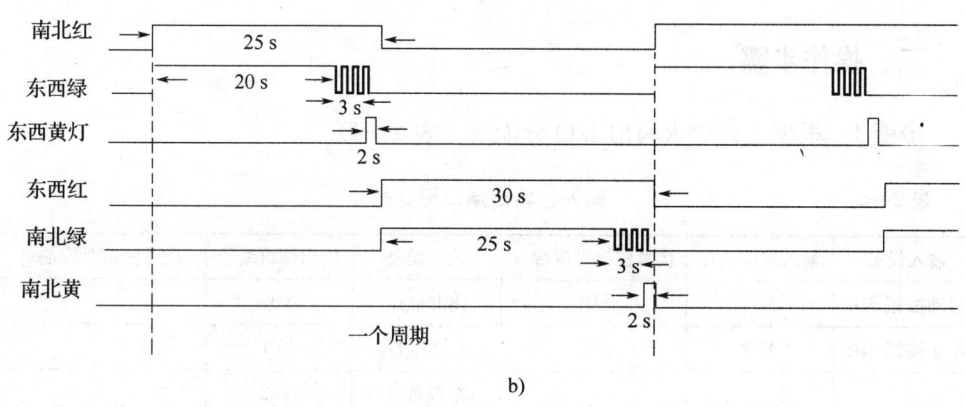

图 2—15 交通信号灯的仿真模拟图

a) 交通灯示意图　b) 交通灯时序图

(3) 信号灯正常时序

1) 信号灯系统开始工作时，先南北红灯亮，再东西绿灯亮。

2) 南北红灯亮维持 25 s；在南北红灯亮的同时东西绿灯也亮并维持 20 s，到 20 s 时，东西绿灯闪亮，绿灯闪亮周期为 1 s（亮 0.5 s，熄 0.5 s），绿灯闪亮 3 s 后熄灭，东西黄灯亮并维持 2 s，到 2 s 时，东西红灯亮，同时南北红灯熄，南北绿灯亮。

3) 东西红灯亮维持 30 s，南北绿灯亮维持 25 s，到 25 s 时南北绿灯闪亮 3 s 后熄灭，南北黄灯亮，并维持 2 s，到 2 s 时，南北黄灯熄，南北红灯亮，同时东西红灯熄，东西绿灯亮，开始第二个周期的动作。

4) 以后周而复始地循环，直到停止按钮 SB2 被按下为止。

二、操作准备（表2—3）

表2—3　　　　　项目所需的设备、材料和工具

序号	名称	规格型号	数量	备注
1	PLC	三菱FX2n型	1台	
2	计算机		1台	装有FXGP—WIN编程软件（和仿真应用程序）
3	编程电缆	SC—09	1根	RS-232/RS-422转换

三、操作步骤

步骤1　根据工艺要求写出I/O分配表（表2—4）。

表2—4　　　　　输入、输出端口配置表

输入设备	输入端口编号	接考核箱对应端口	输出设备	输出端口编号	接考核箱对应端口
启动按钮SB1	X00	SB1	南北红灯	Y00	
停止按钮SB2	X01	SB2	东西绿灯	Y01	
			东西黄灯	Y02	
			东西红灯	Y03	
			南北绿灯	Y04	
			南北黄灯	Y05	

步骤2　画出实现交通信号灯PLC控制的状态转移图。

如图2—16所示，用初始脉冲M8002作为初始条件对初始状态S0置位，按下启动按钮X0后，进入步进流程，一次循环结束后，返回到S20连续循环工作。停止按钮X1按下后，立即将所有的工作状态复位，跳转到S0停止工作，等待重新启动。T6、T7构成一个周期为1s的振荡电路，用T6的常开触点控制绿灯的闪烁。

步骤3　用STL指令编写交通信号灯PLC控制程序。

如图2—17所示，用步进指令编写步进梯形图时，梯形图与状态转移图有一一对应的关系，可按状态转移图直接写出步进梯形图。注意步进流程结束指令RET是写在步进触点STL后的状态母线上的，而结束指令END是写在主母线上的。

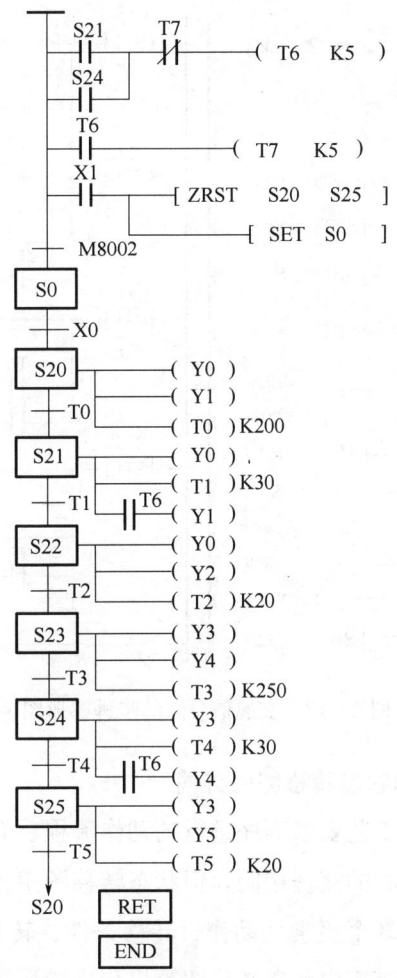

图 2—16 交通信号灯的状态转移图

四、注意事项

1. 注意避免双线圈输出

用步进指令编制顺序控制程序时，不会被同时激活的各个状态中允许对同一个编程元件的线圈进行输出，且不会产生双线圈输出错误。但如果在步进流程之外也要对同一个编程元件的线圈进行输出时，仍然会发生双线圈输出的错误，此时该输出元件的状态取决于程序中最后一次对该元件的输出状态。因此，在碰到此种情况时，往往把在步进流程之外对编程元件线圈的输出放在步进流程之前进行，这样可避免步进流程中的动作受到双线圈输出的影响。

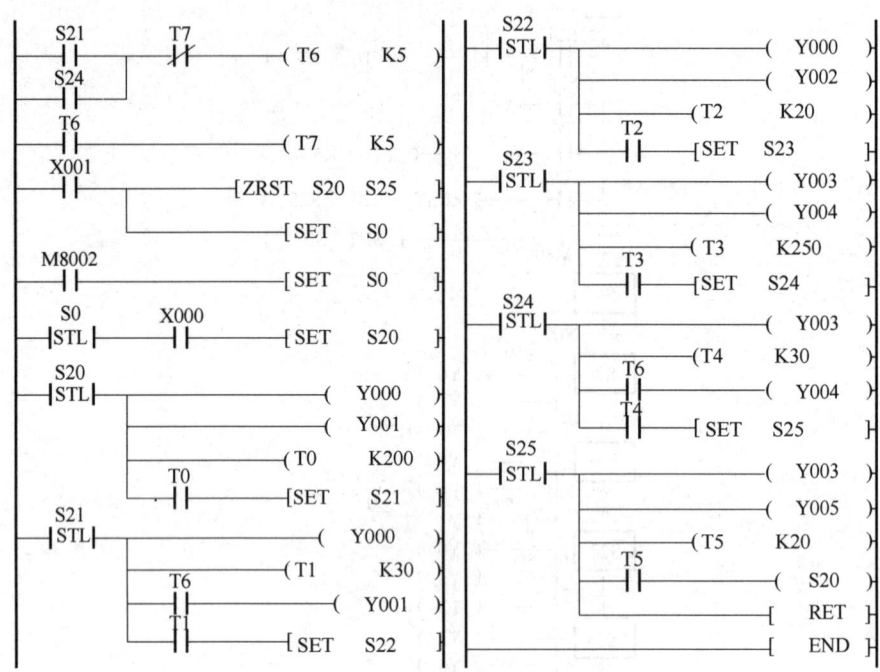

图 2—17 交通信号灯的步进梯形图

2. 区分工艺流程图和状态转移图的异同

工艺流程图反映了按工艺要求顺序进行的动作流程，而状态转移图虽然是根据工艺流程图而设计的，二者的流程相同，但状态转移图用各状态元件来表示各个工作步，每个状态都包含了3个要素（动作、转移条件、转移目标），与步进梯形图具有一一对应的关系，可直接由状态转移图写出步进梯形图。这些都是工艺流程图所不具备的。

学习单元3 按时间和位置综合关系确定的逻辑控制

学习目标

1. 了解循环次数的实现。
2. 掌握用启、停、保电路实现转换的方法编制顺序控制程序。
3. 能够进行多种液体混合系统PLC控制程序的编程。

 **知识要求**

一、循环次数的实现

在编制顺序控制程序时，经常会碰到需要循环的情况。对于循环的实现，可以采取在顺控流程结束时，返回到流程起始处重新开始的方法。如果对循环的次数有要求，就应用计数器对循环次数计数，然后用计数器触点作为转移的条件来判断循环是否结束。用计数器对循环次数计数应放在一次循环结束的地方进行。计数后，再用计数器的触点来判断循环的次数是否已经达到了。如果循环次数未到，则计数器的触点不会动作；若次数到了，则触点就会动作。因此，如果计数器的常闭触点闭合，说明是循环次数未到；而如果常开触点闭合，则说明是循环次数到了。在编程时，就用计数器的常闭触点作为返回到起始处开始下一次循环的转移条件；而用常开触点作为结束循环，进入后续步的转移条件。

二、停止的处理方法

在顺控程序中，通常会设置停止按钮。用停止按钮可以实现流程的中止，而中止后对控制流程的处理可以有以下 3 种常见的情况。

1. 立即停止

停止按钮按下后，立即停止所有操作，当以后再按启动按钮时，重新从头开始运行。对这种情况的编程，应该用代表停止按钮的输入继电器的常开触点将顺控流程进行复位，所有输出应清零，使流程回到初始步，等待重新启动。

2. 一个流程结束时停止

停止按钮按下后，并不立即停止所有操作，而是要等到当前正在进行的循环完成后再停止。对这种情况的编程，首先应该用一个辅助继电器作为停止标记将停止按钮的动作进行记忆（停止按钮按过后即恢复原状，但停止的指令必须记住）。然后，在循环流程的结尾处检查是否有过停止指令，即停止标记的状态是"0"还是"1"。若停止标记的状态为"0"，则按正常流程继续进行；而若停止标记的状态是"1"，则应将流程返回到初始步，等待重新启动，同时对输出进行复位。当重新按下启动按钮时，应将停止标记复位。对于停止标记的置位和复位，可以用启、停、保的方法实现，也可用 SET－RST 指令实现，如图 2—18 所示。

在图 2—18 中，X1 是停止按钮，X0 是启动按钮，M0 作为停止标记。

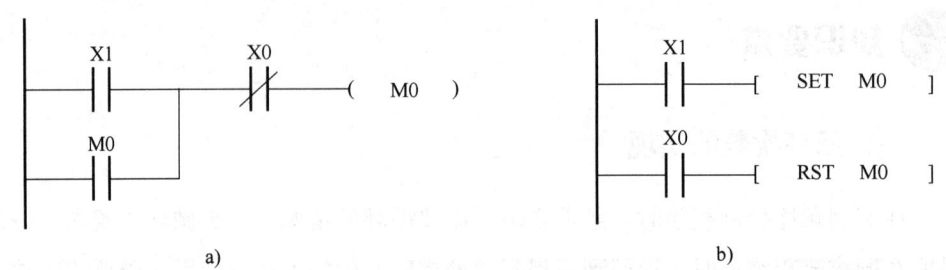

图 2—18 停止标记的实现
a) 用启、停、保方法实现 b) 用 SET－RST 指令实现

3. 暂停和继续运行

停止按钮按下后,立即停止所有操作;当再按启动按钮时,从停止之处继续开始运行。这种操作称为暂停。对暂停的编程,也应该像图 2—18 那样用一个辅助继电器作为暂停标记,将停止按钮的动作进行记忆,而在按下启动按钮时,将暂停标记复位。在步进流程中,可将该暂停标记的常闭触点串联在每一步的动作前,即一旦暂停,每一步的动作均不会执行,只有当按下启动按钮使暂停结束,继续运行时,各步的动作才会执行,如图 2—19 所示。

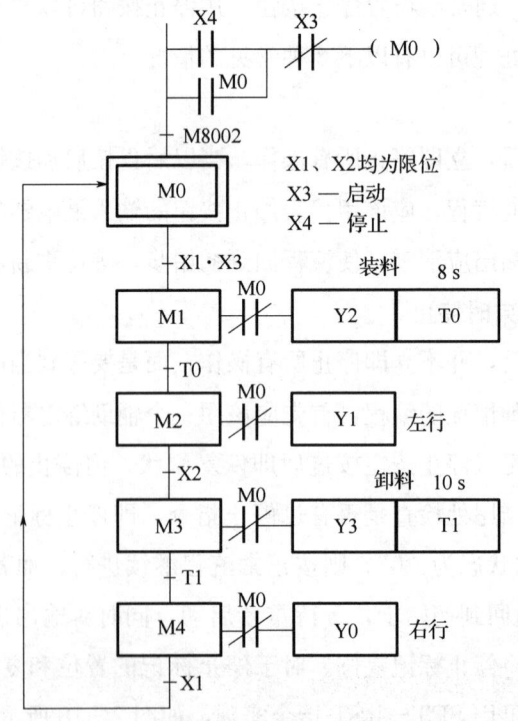

图 2—19 暂停的编程

 **技能要求**

多种液体混合系统 PLC 控制程序编程

一、工作要求

按多种液体混合处理的工艺要求,用启、停、保电路实现转换的方法编制控制程序。

1. 工艺流程

多种液体混合系统的示意图如图 2—20 所示,其工艺流程如下。

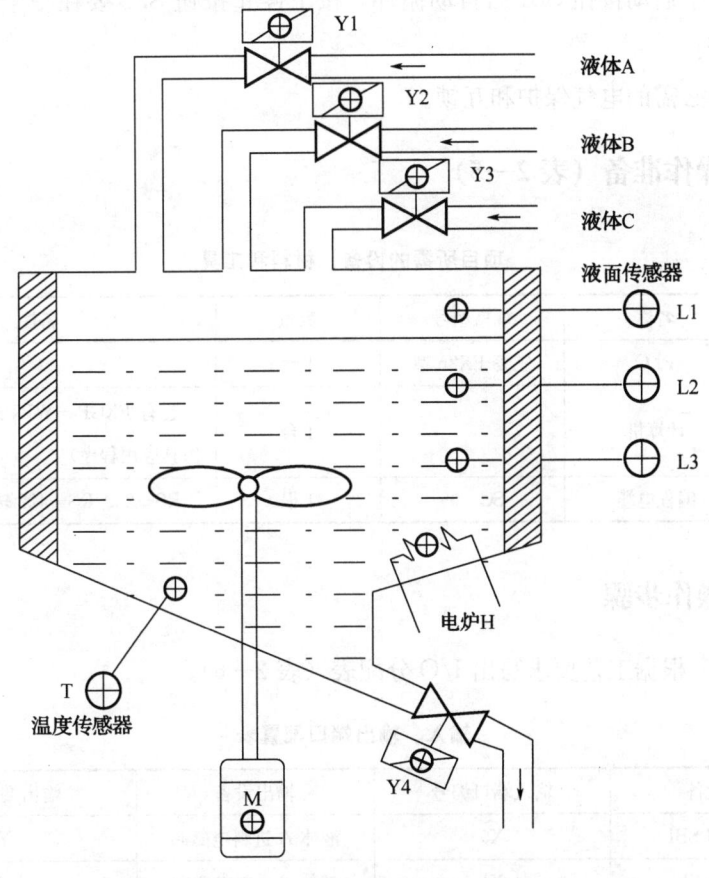

图 2—20 多种液体混合系统示意图

(1) 初始状态。容器是空的,电磁阀 Y1、Y2、Y3、Y4 的状态为 OFF;液面传感器 L1、L2、L3 的状态为 OFF;搅拌机电动机 M 为 OFF。

(2) 按下启动按钮 SB1,Y1=ON,液体 A 进容器。当液面达到 L3 时,L3=

ON，Y1=OFF，Y2=ON，液体 B 进入容器。当液面达到 L2 时，L2=ON，Y2=OFF，Y3=ON，液体 C 进入容器。当液面达到 L1 时，L1=ON，Y3=OFF，电动机 M=ON 开始搅拌。

(3) 搅拌 10 s 后，M=OFF，电炉 H=ON，开始对液体加热。

(4) 当温度达到一定时，温度传感器 T=ON，H=OFF，停止加热，Y4=ON，放出混合液体。

(5) 液面下降到 L3 后，L3=OFF，再过 5 s，容器放空，Y4=OFF。

(6) 要求中间隔 5 s 时间后，开始下一周期，如此连续循环。

2. 控制要求

(1) 按下启动按钮 SB1 后自动循环，按下停止按钮 SB2 要在一个混合过程结束后才可停止。

(2) 有必需的电气保护和互锁。

二、操作准备（表 2—5）

表 2—5　　　　　　　　项目所需的设备、材料和工具

序号	名称	规格型号	数量	备注
1	PLC	三菱 FX2n 型	1 台	
2	计算机		1 台	装有 FXGP-WIN 编程软件（和仿真应用程序）
3	编程电缆	SC-09	1 根	RS-232/RS-422 转换

三、操作步骤

步骤 1　根据工艺要求写出 I/O 分配表（表 2—6）。

表 2—6　　　　　　　　输入、输出端口配置表

输入设备	输入端口编号	输出设备	输出端口编号
启动按钮 SB1	X0	液体 A 进料电磁阀	Y1
停止按钮 SB2	X1	液体 B 进料电磁阀	Y2
液面传感器 L3	X2	液体 C 进料电磁阀	Y3
液面传感器 L2	X3	混合液体出料电磁阀	Y4
液面传感器 L1	X4	搅拌泵电动机 M	Y5
温度传感器 T	X5	电炉 H	Y6

步骤 2　画出实现多种液体混合 PLC 控制的顺序功能图（见图 2—21）。

图 2—21 中的 M100 是停止标记，在一次循环结束处（M8 处）用停止标记 M100 来判断是要停止还是继续循环，停止标记状态为"1"时，M100 的常开触点接通，转移到初始步 M0 等待下一次启动；停止标记状态为"0"时，M100 的常闭触点接通，返回 M1 步开始下一次循环。

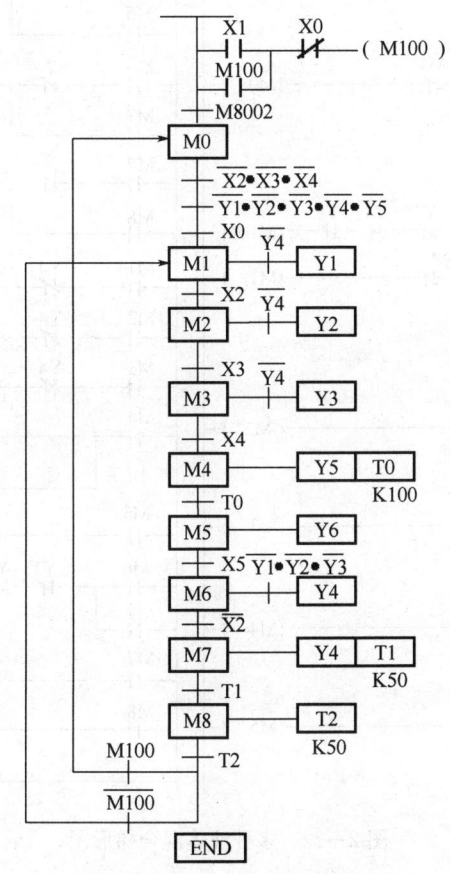

图 2—21　液体混合顺序功能图

步骤 3　用启、停、保电路实现转换的方法，编写多种液体混合 PLC 控制程序。

按照图 2—21 所示的顺序功能图，用启、停、保电路实现转换的方法，来编写多种液体混合的梯形图程序，如图 2—22 所示。根据实现转换的基本规则，所有的前级步都应是活动步；而在转换实现后，应使所有的后续步变为活动步，同时使所有的前级步变为非活动步。因此，在编制梯形图时，对于某一步来说，若有几条有向直线指向此步的，这几条直线前的步都应作为活动步，在启、停、保电路中都应作为启动支路并联在一起，如图 2—22 中的 M0、M1 步中与左母线相连的并联支路；而若从此步有几条分支要转移到几处的,则这几处都应作为后续步,这些后续步的常闭触点都应串联起来作为启、停、保电路中的停止按钮,如 M8 步中串联的常闭触点。

在从 M0 步到 M1 步的转换中,使用了 M101 作为中间变量,以它来综合其他初始条件,以免变量太多而使一个梯级太长。

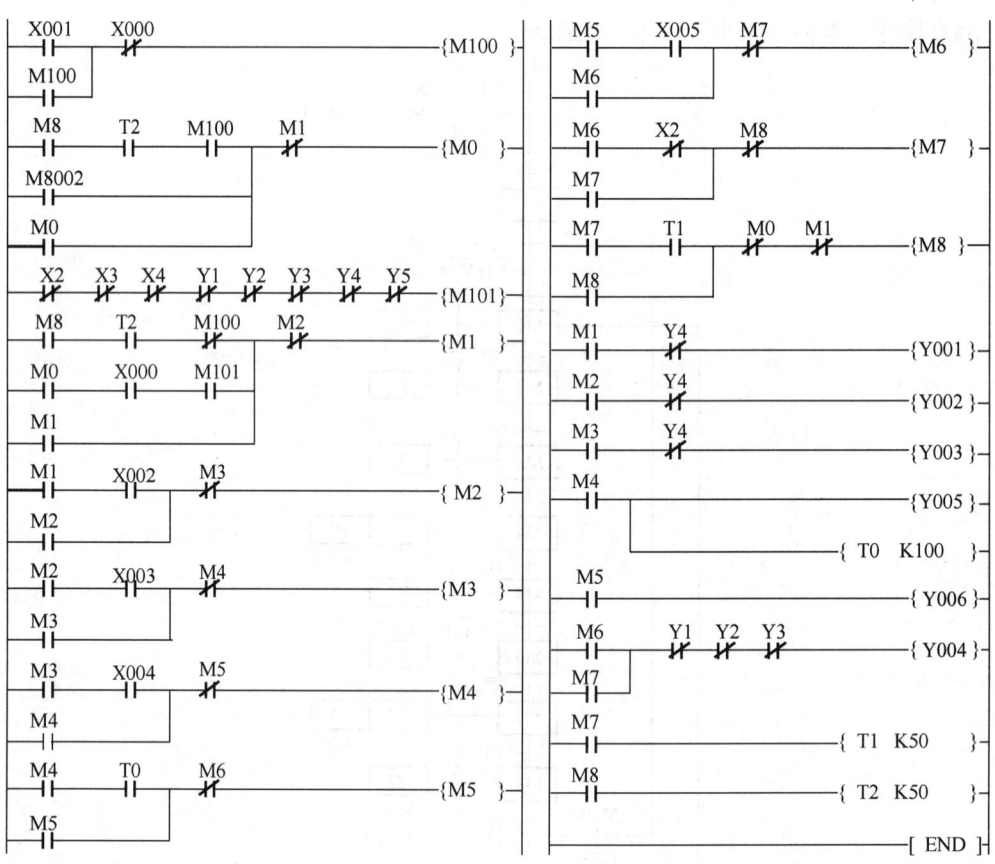

图 2—22 多种液体混合梯形图

学习单元 4 用 PLC 控制程序改造继电控制电路

学习目标

1. 掌握根据继电控制电路图设计 PLC 程序的基本方法、设计步骤和技巧。

2. 能够用 PLC 程序实现机床工作台进给继电逻辑控制功能。

 **知识要求**

一、根据继电控制电路图设计 PLC 程序的基本方法

1. 设计梯形图的基本原则

用 PLC 改造继电器控制系统时，由于继电器控制电路图与梯形图在表示方法和分析方法上有很多相似之处，因此可以根据继电器电路图来设计梯形图，即将继电器电路图"翻译"为具有相同功能的 PLC 的外部硬件接线图和梯形图。使用这种设计方法时，应注意梯形图是 PLC 的程序，是一种软件，而继电器电路是由硬件元件组成的，梯形图和继电器电路有很大的本质区别。

继电器电路是一种纯硬件的电路，为了节约硬件成本，设计的基本原则是尽量少用元件和触点，但是这将导致某些线圈的控制电路互相关联，它们交织在一起，给读图带来一定的困难。

梯形图是一种软件，是 PLC 的程序，编程时，如果多用一些梯形图中的辅助元件（例如 M、T、C 等）和触点，则不会增加硬件成本，对系统的运行速度几乎没有影响，唯一的代价是输入程序时，要多花一些时间而已。因此，设计梯形图的基本原则是应力求电路结构清晰，易于理解。

2. 继电器电路图和 PLC 梯形图

PLC 的梯形图虽和继电器控制电路相类似，但其控制元器件和工作方式都是不一样的，其主要区别是：

（1）所用元器件不同

继电器控制电路是由各种硬件继电器组成，而 PLC 梯形图中输入继电器、输出继电器、辅助继电器、定时器、计数器等软继电器是由软件来实现，不是硬件继电器。

（2）工作方式不同

继电器控制电路工作时，电路中硬件继电器都处于受控状态，凡符合条件吸合的硬件继电器都同时处于吸合状态，受各种制约条件影响不应吸合的硬件继电器都同时处于断开状态，也就是说，继电器控制采用并行工作方式。如忽略电磁滞后及机械滞后时间，在工作过程如果一个继电器的线圈通电，那么该继电器的所有常开和常闭触点都会立即动作，其常开触点闭合，常闭触点打开。但是，在 PLC 梯形图中软继电器都处于周期性循环扫描工作状态，受同一条件制约的各个软继电器的

动作顺序取决于程序扫描顺序，同一个软继电器的线圈、常开触点和常闭触点的动作并不同时发生，也就是说，PLC采用串行工作方式。在PLC的工作过程中，如果某个软继电器的线圈接通，则该线圈的所有常开触点和常闭触点，并不一定都会立即动作，只有CPU扫描到该触点时才会动作，其常开触点闭合，常闭触点打开。

(3) 元件触点数量不同

硬件继电器的触点数量有限，一般只有4～8对。而PLC梯形图中软继电器的常开、常闭触点数量可以有无限多个。

(4) 控制电路实施方式不同

继电器控制电路是通过各种硬件继电器之间接线来实施通、断状态，控制功能固定，当要修改控制功能时，必须重新接线。PLC控制电路的通、断由软件编程来实施，可以灵活变化和在线修改。

二、设计步骤

根据继电器控制电路图来设计梯形图，就是将继电器电路图"翻译"为具有相同功能的PLC的外部硬件接线图和梯形图。

在分析PLC控制系统的功能时，可以将它想象成一个继电器控制系统中的控制箱，其外部接线图描述了这个控制箱的外部接线，梯形图是这个控制箱的内部"线路图"，梯形图中的输入继电器和输出继电器是这个控制箱与外部元件联系的"接口继电器"，这样就可以用分析继电器电路图的方法来分析PLC控制系统。

将继电器电路图转换为功能相同的PLC的外部接线图和梯形图的基本步骤如下：

1. 了解控制设备的工艺过程和机械动作情况

了解和熟悉被控设备的工艺过程和机械的动作情况，根据继电器电路图分析和掌握控制系统的工作原理，这样才能做到在设计和调试控制系统时，心中有数。

2. 确定PLC的输入、输出设备，画出外部接线图

继电器控制电路图中的交流接触器和电磁阀等执行机构，用PLC的输出继电器来控制，它们的线圈接在PLC的输出端。按钮、控制开关、限位开关、接近开关等用来给PLC提供控制命令和反馈信号，它们的触点接在PLC的输入端。对于继电器电路图中的中间继电器和时间继电器的功能，用PLC内部的辅助继电器和定时器来完成。

输出端口接负载，应视负载容量采取不同接线方式。接触器容量比较小时，可以直接接在输出端口上；如果负载容量较大，则输出端口应通过中间继电器再与接触器连接。继电器（小容量接触器）、电磁阀、指示灯等应分接在各个COM后的

输出端口上,可采用不同电压等级。同时,凡是线圈负载都必须考虑用阻容保护(交流电源)或续流二极管保护(直流电源)。

画出 PLC 的外部接线图后,同时也就确定了 PLC 的各输入信号和输出负载对应的输入继电器和输出继电器的元件号。

3. 确定与中间继电器、时间继电器对应的辅助继电器、定时器

把继电器控制电路图中的中间继电器、时间继电器用梯形图中的辅助继电器和定时器来代替,根据中间继电器、时间继电器和辅助继电器、定时器的对应关系,确定辅助继电器(M)和定时器(T)的元件号,列出对照表(即 I/O 分配表)便于编程时参照。

4. 根据对应关系画出梯形图

当 PLC 的外部接线图中所有的输入元件都以常开触点接在输入端口上时,一般可直接根据继电器控制电路图画出 PLC 的梯形图,只要按照对应关系把继电器控制电路图中的各种控制电器换成 PLC 中的各种编程软元件,并按照 I/O 分配表(表 2—7)标出元件及编号即可。

表 2—7　　　　　　　　　　I/O 分配表

元件名称	输入端口	元件名称	输出端口
SB1	X0	KM1	Y0
SB2,SB3	X1	KM2	Y1
SB4	X2	KM3	Y2
SQ1	X3	KM4	Y3
SQ2	X4	KM5	Y4
SQ6	X5		
SQ7	X6		
SA11	X7		
SA12	X10		
KS	X11		

例如,图 2—23 是经适当简化的某机床的继电器控制电路原理图。主轴电动机用接触器 KM1 控制,KM2 用于控制主轴电动机的反接制动,进给电动机用 KM3 和 KM4 控制,KS 是速度继电器。图 2—24 是 PLC 控制系统的外部接线图。图 2—25 是按图 2—23 直接画出的梯形图,图 2—26 是对应图 2—25 经等效变换后和图 2—25 具有相同功能的梯形图。

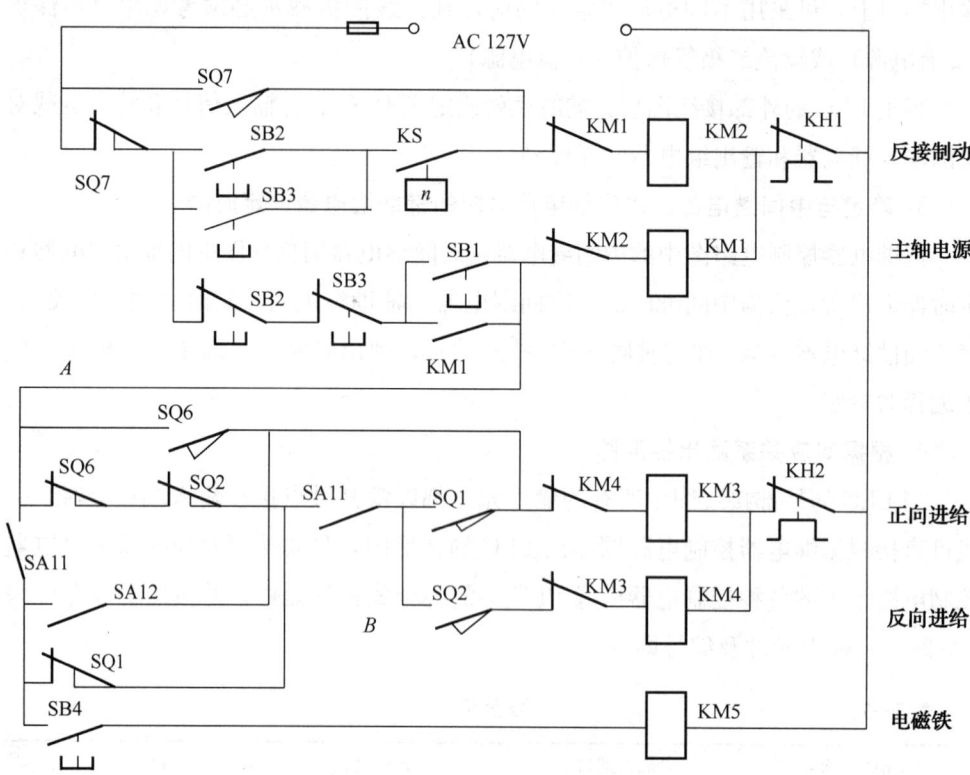

图 2—23 继电器控制电路图

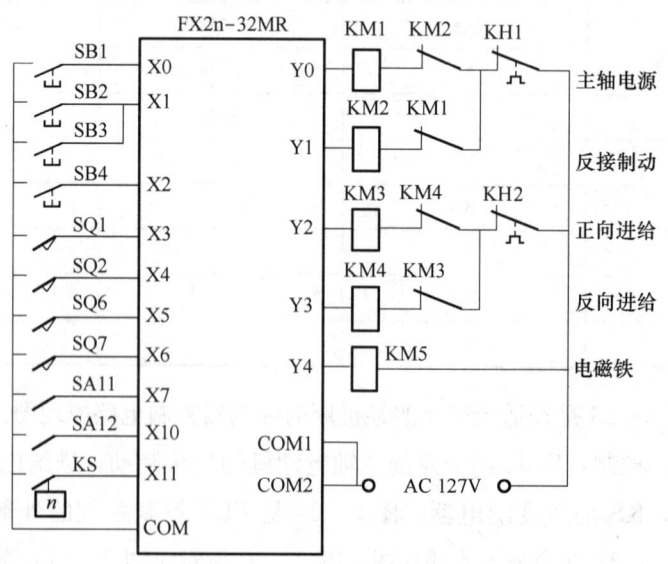

图 2—24 PLC 控制系统的外部接线图

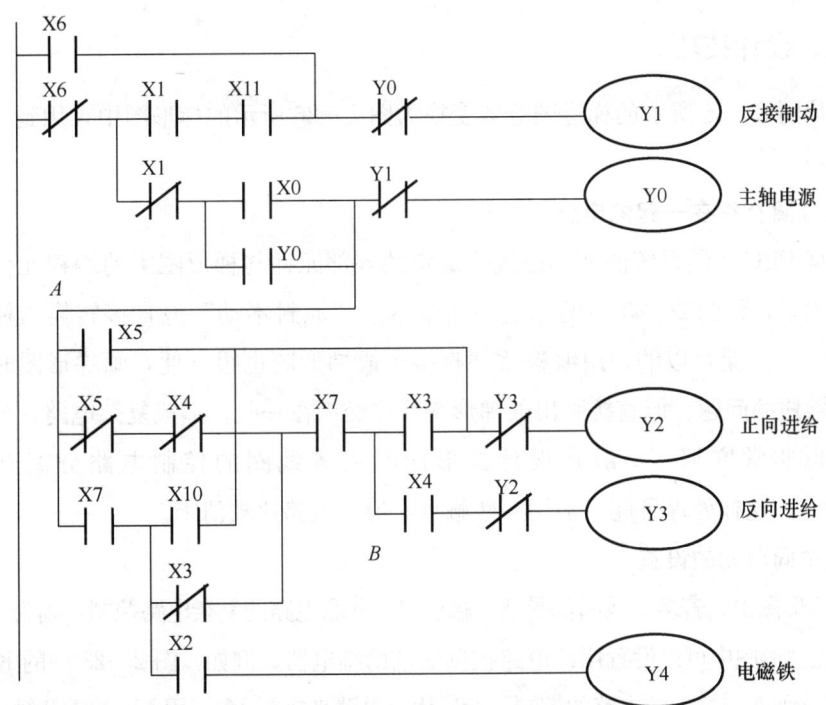

图 2—25 直接"翻译"的 PLC 梯形图

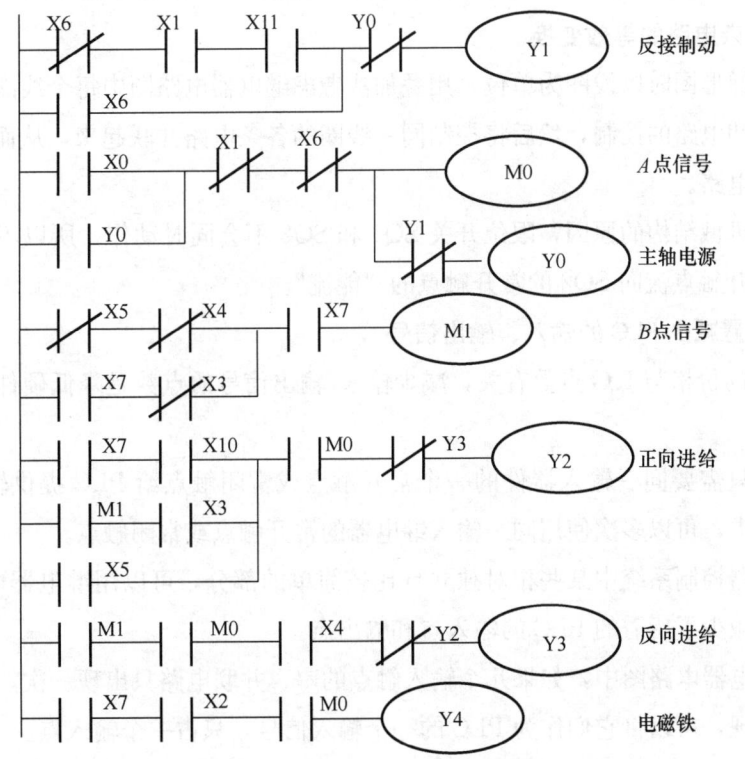

图 2—26 等效变换后的 PLC 梯形图

三、设计技巧

在从图 2—25 所示的梯形图等效变换为图 2—26 所示的梯形图中，用到了下述设计技巧。

1. 分离交织在一起的电路

根据 PLC 控制系统的外部接线图确定的外部元件与梯形图中的编程元件之间的对应关系，将图 2—23 中的二次回路基本上"原封不动"地直接转换为梯形图（见图 2—25）是可以的，用编程软件直接生成梯形图也很方便，画梯形图时也不必考虑堆栈的问题。但直接画出的梯形图往往交织在一起，形成复杂电路，分析起来往往也非常麻烦。一般在设计梯形图时将各线圈的控制电路分离开（见图 2—26），这样处理可能会多用一些触点，但是电路比较清晰。

2. 中间单元的设置

在梯形图中，若多个线圈都受某一触点串、并联电路的复杂电路控制，则为了简化电路，在梯形图中可以设置用该电路控制的辅助继电器。例如，图 2—23 中的 KM3～KM5 都受到 A 点之前的电路的控制，所以用该电路来控制 M0，用 M0 的常开触点来控制 KM3～KM5 对应的 Y2～Y4。此外，还设置了控制 KM3 和 KM4 的中间单元 M1。

3. 复杂电路的等效变换

设计梯形图时以线圈为单位，用叠加法考虑继电器电路图中每个线圈分别受到哪些触点和电路的控制，然后将控制同一线圈的各条电路并联起来，从而画出等效的梯形图电路。

由于机械结构的原因，限位开关 SQ1 和 SQ2 不会同时动作，所以不必考虑经 SQ1 的常开触点流向 SQ2 的常开触点的"能流"。

4. 尽量减少 PLC 的输入、输出信号

PLC 的价格与 I/O 点数有关，减少输入/输出信号的点数是降低硬件费用的主要措施。

一般只需要同一输入器件的一个常开触点或常闭触点给 PLC 提供输入信号，在梯形图中，可以多次使用同一输入继电器的常开触点或常闭触点。

继电器控制系统中某些相对独立且比较简单的部分，可以用继电器电路控制，这样同时减少了所需的 PLC 的输入点和输出点。

在继电器电路图中，如果几个输入触点的串、并联电路只出现一次，或作为整体多次出现，可以将它们作为 PLC 的一个输入信号，只占一个输入点。

在图 2—23 中，有 SB2 和 SB3 的常开触点组成的并联电路，还有它们的常闭

触点组成的串联电路。

由逻辑代数可知，

$$\overline{SB2+SB3}=\overline{SB2}\cdot\overline{SB3}$$

上式表示 SB2 和 SB3 的常开触点的并联电路对应的"或"逻辑表达式取反后，即为它们的常闭触点的串联电路对应的逻辑表达式。在 PLC 的外部接线图中，将 SB2 和 SB3 的常开触点并联，接在 X1 输入端子上。在梯形图中，X1 的常开触点与继电器电路图中 SB2 和 SB3 常开触点的并联电路相对应，X1 的常闭触点即与 SB2 和 SB3 常闭触点的串联电路相对应。

5. 软件互锁和硬件互锁

在图 2—23 中，KM1 和 KM2 之间，KM3 和 KM4 之间都设置了互锁，即将常闭触点与对方的线圈串联。在 PLC 系统的设计中，除了在梯形图中设置对应的软件互锁外，还必须在 PLC 的输出回路设置硬件互锁（见图 2—24 和图 2—26）。

6. 热继电器触点的处理

图 2—23 中的 KH 是作过载保护用的热继电器，采用手动复位的热继电器的常闭触点可以像图 2—24 那样接在 PLC 的输出回路中，仍然与接触器的线圈串联，这种方案可以节约 PLC 的一个输入点。如果热继电器采用自动复位方式，则图 2—24 所示的这种接法将会导致过载保护后电动机自动重新运转。这时就必须将热继电器的触点接在 PLC 的输入端，用梯形图来实现电动机的过载保护。

7. 梯形图电路的优化

为了减少语句表指令的指令条数，在串联电路中，单个触点应放在电路块的右边，在并联电路中，单个触点应放在电路块的下面。在图 2—26 中，将 X0 和 Y0 的触点组成的并联电路放在最左边，将单个触点放在串联电路的右边。如果像继电器电路那样将并联电路放在中间，则将会多用一条 ANB 指令。

 技能要求

用 PLC 程序实现机床工作台进给继电逻辑控制功能

一、操作要求

根据机床工作台进给系统继电器控制电路图，设计 PLC 控制程序。机床工作台的进给由三相异步电动机驱动，在操作面板上装有进给方向开关 SA2 和 SA3（SA2 向左，SA3 向右）、停止开关 SA1。机床工作台的导轨边上安装有行程开关 SQ1～SQ4。工作台进给系统的示意图及继电器控制电路如图 2—27 所示。

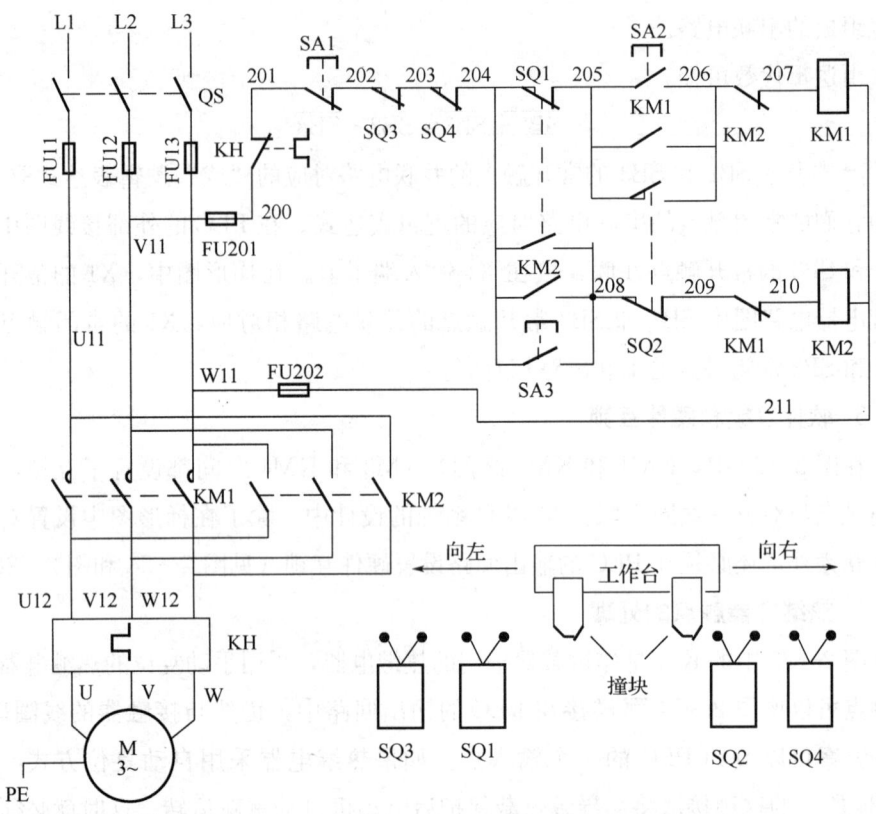

图 2—27 机床工作台进给系统继电器控制电路图

操作要求如下：

(1) 按进给系统继电器控制电路图，画出 PLC 外部接线图和 I/O 分配表。

(2) 根据继电器控制电路图，写出梯形图程序。

二、操作准备（表 2—8）

表 2—8　　　　　　　　　项目所需的设备、材料和工具

序号	名称	规格型号	数量	备注
1	PLC	三菱 FX2n 型	1 台	
2	计算机		1 台	装有 FXGP—WIN 编程软件（和仿真应用程序）
3	编程电缆	SC—09	1 根	RS—232/RS—422 转换
4	电气原理图	机床工作台进给系统	1 张	继电器—接触器控制电路

三、操作步骤

步骤 1　分析控制电路工作原理。

合上电源开关 QS，电路进入热备用状态。当需要电动机驱动工作台向左运行时，按下开关 SA2，接触器 KM1 的线圈通电吸合，KM1 的辅助常开触点（205－206）闭合自锁；KM1 的辅助常闭触点（209－210）断开，禁止 KM2 的线圈通电工作；KM1 的主触头（U11－U12）、（V11－V12）、（W11－W12）闭合，电动机 M 通电正转，驱动工作台向左移动。当工作台上撞块压住限位开关 SQ1 时，SQ1 的常闭触点（204－205）断开，接触器 KM1 的线圈断电释放，KM1 的辅助常闭触点（209－210）复位，为 KM2 线圈投入工作做好准备；KM1 的主触头断开，电动机暂停向左驱动。紧接着限位开关 SQ1 的常开触点（204－208）闭合，接触器 KM2 的线圈通电吸合，KM2 的辅助常开触点（204－208）闭合自锁；KM2 的辅助常闭触点（206－207）断开，禁止 KM1 的线圈投入工作；KM2 的主触头（U11－W12）、（V11－V12）、（W11－U12）闭合，电动机通电反转，驱动工作台向右移动。当工作台撞块压住限位开关 SQ2 时，SQ2 的常闭触点（208－209）断开，接触器 KM2 的线圈断电释放，KM2 的辅助常闭触点（206－207）复位，为 KM1 线圈投入工作做好准备；KM2 的主触头断开，电动机 M 暂停向右驱动。接着重复上述过程，直至操作开关 SA1，停止电动机运行。

若开始运行时，要使工作台向右移动，可以按下开关 SA3，以后的分析与上面相同。

本线路为了防止工作台越轨，还分别在 SQ1 的左边和 SQ2 的右边设置了极限限位开关 SQ3 和 SQ4。当工作台超程时，撞块将压住 SQ3 或 SQ4，切断接触器线圈的工作电源而停止往复运动。待人工复位后，再重新启动设备运行。

步骤 2　根据控制要求确定 I/O 分配（表 2—9）。

表 2—9　　　　　　　　　　输入、输出端口配置

输入设备	输入端口编号	输出设备	输出端口编号
停止开关 SA1	X00	向左进给接触器 KM1	Y00
向左进给开关 SA2	X01	向右进给接触器 KM2	Y01
向右进给开关 SA3	X02		
行程开关 SQ1	X03		
行程开关 SQ2	X04		
行程开关 SQ3	X05		
行程开关 SQ4	X06		
热继电器 KH	X07		

步骤 3　画出 PLC 外部接线图。

根据工作台进给系统的继电器控制电路图及 I/O 分配表，可画出 PLC 的外部

接线图，如图 2—28 所示。

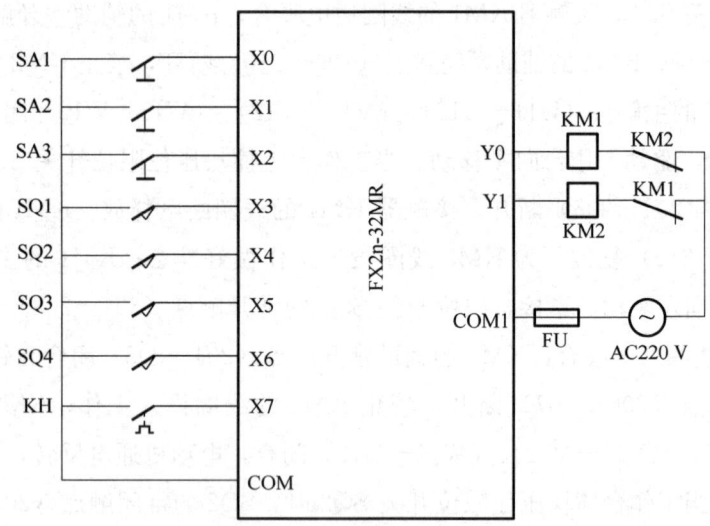

图 2—28　工作台进给的 PLC 外部接线图

在接线图中，所有的主令电器均用常开触点。KM1 和 KM2 是不允许同时接通的，为了安全起见，在硬件接线中应进行互锁，在程序中也要加上互锁。

步骤 4　确定中间继电器、时间继电器对应的辅助继电器及定时器。

在继电器控制电路图中，KM1、KM2 都要受到由 KH、SA1、SQ3、SQ4 的触点串联电路的控制，为了使程序简明可读，增加了由此 4 个触点控制的辅助继电器 M0。在原电路中，没有中间继电器和时间继电器，故不需要指定其他辅助继电器和定时器。

步骤 5　按对应关系编写梯形图。

将原继电器控制电路图"翻译"为梯形图，并按照梯形图的编程规则作了一些调整后，写出梯形图如图 2—29 所示。

四、注意事项

在继电器控制电路图中，主令电器（按钮、行程开关、接近开关等）、热继电器、速度继电器、油压继电器等经常会使用常闭触点。在把它们作为编程器的输入信号时，有两种接线方式：接成常开触点或接成常闭触点。一般认为接成常开触点比接成常闭触点优越，有以下三个优点：

第一，梯形图与继电控制电路一致。

第二，输入端全部常开触点，可以防止干扰信号侵入。

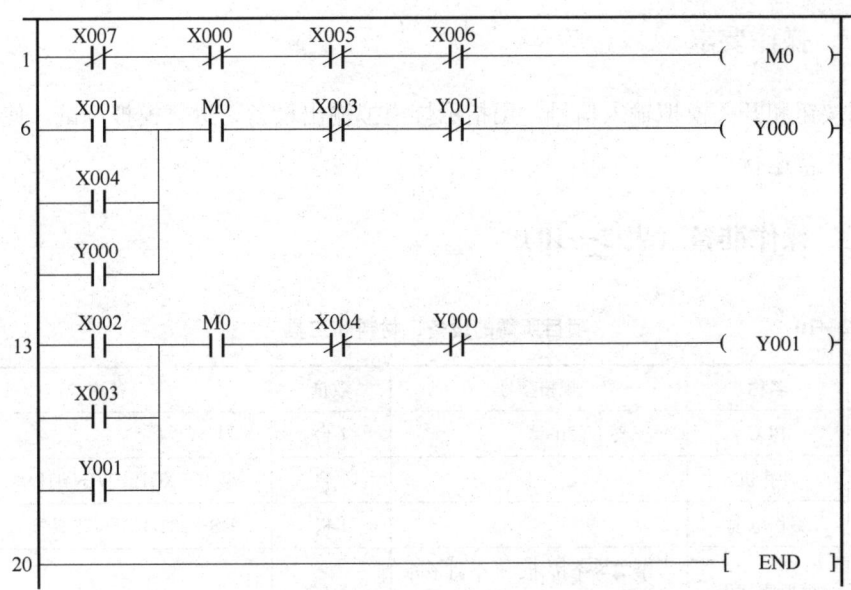

图 2—29 机床工作台进给系统 PLC 控制梯形图

第三，全部采用常开触点，接线统一，不会接错，提高效率，维修方便。

第 2 节　三菱可编程控制器控制系统调试

学习单元 1　用输入、输出器件进行模拟调试

学习目标

能够用输入、输出器件进行机床工作台进给控制程序的模拟调试。

技能要求

用输入、输出器件进行机床工作台进给控制程序的模拟调试。

一、操作要求

用按钮和开关模拟输入信号,用指示灯模拟输出设备,进行模拟调试,使控制程序能正常运行。

二、操作准备(表2—10)

表2—10　　　　　　　　项目所需的设备、材料和工具

序号	名称	规格型号	数量	备注
1	PLC	三菱FX2n型	1台	
2	计算机		1台	装有FXGP—WIN编程软件
3	编程电缆	SC—09	1根	RS—232/RS—422转换
4	模拟调试板	装有8个按钮、8个钮子开关、8个LED指示灯	1套	

三、操作步骤

步骤1　按工艺要求或继电器控制电路图编写梯形图程序。

按照上一学习单元所介绍的方法,根据图2—27所示的继电器控制电路图,写出图2—29所示的梯形图程序。

步骤2　启动FXGP—WIN编程软件,输入控制程序并下载到PLC。

把SC—09通信电缆的两端分别插在PLC的编程接口和装有编程软件的计算机串口上。接通PLC电源,启动计算机中FXGP/WIN编程软件,执行菜单命令〔PLC〕→〔端口设置〕,如图2—30a所示,出现图2—30b所示的对话框。在对话框中根据实际连接的计算机串口选择端口号(见图2—30中的COM4),传送速率一般可用默认值。单击〔确认〕按钮后,计算机就和PLC建立了连接。

在FXGP/WIN的梯形图编辑窗口里,输入图2—29所示的机床工作台进给控制梯形图程序。然后按图2—31a所示执行菜单命令〔PLC〕→〔传送〕→〔写出〕,出现图2—31b所示的对话框。在对话框中选择"范围设置",在"终止步"后根据实际输入程序的多少写入程序的步数(可略多写些,图2—29所示的梯形图只有20步,在图2—31b中写入50步)。单击〔确认〕按钮,向PLC下载输入在编程窗口中的程序。注意:在进行传送前应先将PLC的运行开关置于"STOP"位置。

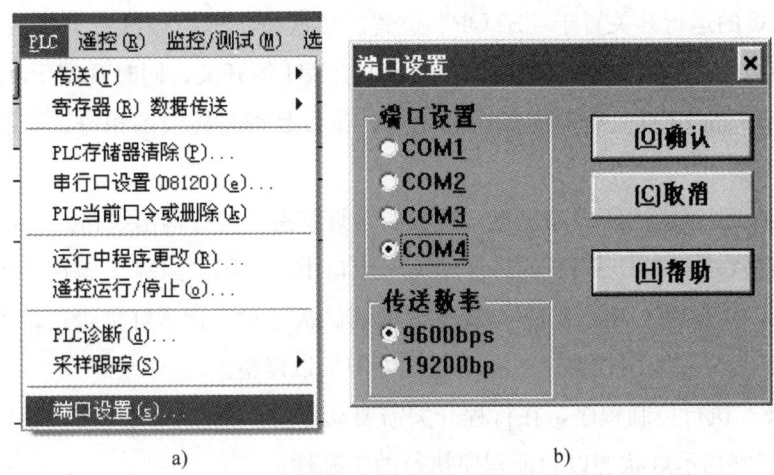

图 2—30 通信端口设置
a）菜单命令 b）端口设置

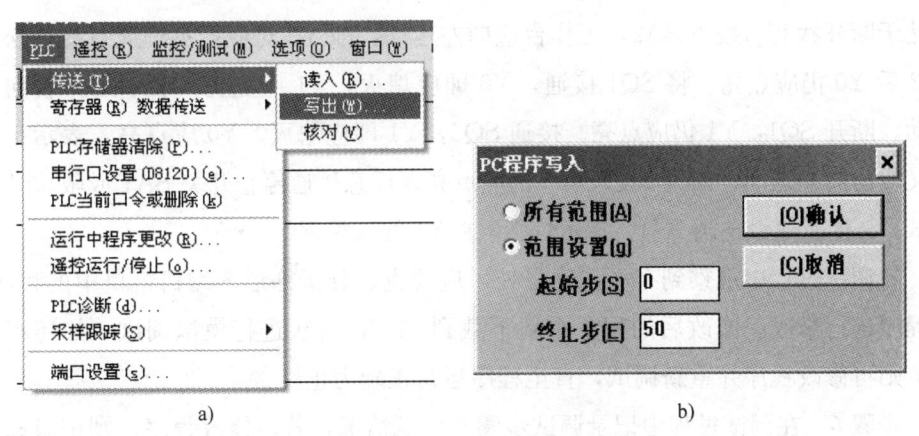

图 2—31 向 PLC 下载程序
a）菜单命令 b）设置程序步数

步骤 3 用按钮和开关模拟行程开关，检查输入电路。

在对 PLC 控制系统进行调试时，通常总是先用按钮、开关、指示灯等代替实际控制设备，进行模拟调试，当模拟调试正常后，再接上实际设备进行现场调试。在模拟调试时，通常用按钮和开关模拟输入信号，用指示灯模拟输出设备，对控制程序进行调试，使控制程序能正常运行。调试的顺序是先调输入电路，再调输出电路，然后执行控制程序，对程序进行模拟调试。

对本例程序进行模拟调试时，首先按图 2—28 所示接线图，在 PLC 和模拟调试板之间完成接线。接线时用模拟调试板上的按钮代替 SA2 和 SA3，而 SA1、SQ1~SQ4、KH 都用开关代替。KM1、KM2 用指示灯代替。

将 PLC 的运行开关置于"STOP"位置。依次按下模拟调试板上的按钮 SA2、SA3，先后分别接通和断开 SA1、SQ1～SQ4、KH 等开关，同时观察 PLC 面板上对应 X0～X7 的 LED 是否对应点亮和熄灭、位置是否与接线图相符。若有不正确处即加以调整。

步骤 4 强制输出所需输出点，观察指示灯状态，检查输出线路。

在编程软件 FXGP/WIN 的梯形图编辑窗口中，使用"强制 Y 输出"的方法依次使 Y0 和 Y1 分别 ON 和 OFF，观察模拟调试板上对应指示灯是否正常点亮和熄灭、位置是否与接线图相符。若有不正确处即加以修整。

步骤 5 执行控制程序，在行程开关需要动作时，用按钮或开关代替行程开关的动作，观察指示灯状态以验证程序执行的正确性。

将 PLC 置为 RUN 工作状态，开始执行程序。接通 SA1，两个输出指示灯应均不亮。SQ1～SQ4 模拟工作台导轨上行程开关的动作，在初始状态时 SQ1～SQ4 均处于断开状态。按下 SA2，工作台应向左运动，即 Y0 对应指示灯应点亮；松开 SA2 后 Y0 仍应点亮。将 SQ1 接通，Y0 即应熄灭，Y1 应点亮，表示工作台向右运动。断开 SQ1，Y1 仍应点亮。接通 SQ2，Y1 即应熄灭，Y0 应点亮，表示工作台又改为向左运动。断开 SQ2，Y0 仍应点亮。任意接通停止开关 SA1 或限位开关 SQ3、SQ4 及热继电器 KH，指示灯 Y0 或 Y1 均应熄灭。

若调试过程中观察到有不正确之处，应检查、分析梯形图编辑窗口中的程序，对程序进行修改。修改后的程序重新下载到 PLC，再次进行模拟调试。如还有问题，则再修改程序并重新调试，直至程序运行正确为止。

步骤 6 在调试过程中记录调试步骤及调试情况，若需修改程序，则记录修改之处和修改时间。

四、注意事项

1. 根据工艺要求和控制程序，正确使用按钮或开关

在对程序进行模拟调试时，按钮或开关应按照设备实际运行的情况和工艺要求来进行操作，不能任意操作，否则会产生意料之外的情况，对调试带来不必要的麻烦。例如在本例调试中，若将 SQ1 和 SQ2 同时接通（这种情况在实际运行中是不会发生的），Y0 和 Y1 是不会有输出的。如果把这种情况当作程序有问题，硬是要修改程序去解决这个问题的话，就走进死胡同了。

2. 注意一般程序错误的纠正步骤与方法

当发现程序错误之处后，一般按照"修改程序"→"保存文件"→"下载程序"→"重新调试"的步骤进行程序错误的纠正。在修改程序错误时,对元件号、指令或指令中参数等错误,可直接双击该指令后加以修改。但若要插入或删除指令,在梯形图编辑窗口和语句表编辑窗口的操作方法有所不同。在梯形图编辑窗口中,若要在已有的支路中插入触点,可直接将光标置于支路上,在光标处输入;若要在2行中间插入指令,就要执行菜单命令〔编辑〕→〔行插入〕增加1行空间,再进行输入。要删除触点或指令,可通过键盘上的删除键〈DEL〉或〈Backspace〉进行删除。整行的删除要执行菜单命令〔编辑〕→〔行删除〕。但在有些版本的FXGP/WIN中,整行删除不能正常实现,这是软件的缺陷,只能转到语句表编辑窗口中去删除。在语句表编辑窗口中,用删除键〈DEL〉即可删除光标处的指令。但在修改或插入指令时,应注意编辑窗口下方的状态栏中,输入状态是"插入"还是"覆盖"。若在"插入"状态,输入的指令自动插入在光标上方;但双击原指令进行修改后的指令也插入在原指令上方,必须把原指令删除。而若处于"覆盖"状态时,则新输入的指令会覆盖掉光标处的指令,操作时须注意。

学习单元 2　用编程软件和仿真软件进行模拟调试和维修

学习目标

1. 掌握 PLC 故障诊断、分析与处理。
2. 熟悉 FXGP-WIN 编程软件中监控的方法。
3. 能够用编程软件和仿真软件进行机床工作台进给控制程序的模拟调试。

知识要求

一、PLC 故障分析与处理

1. PLC 正常运行的条件

PLC 系统常常做成中央控制及远程控制两大部分,中央控制部分放置在中央控制室,远程控制部分分布在现场。为了使现场部分的 PLC 设备和动力控制中心更接近,应尽最大努力将 PLC 远程扩展 I/O 单元接近生产现场和动力控制中心,这样有利于 I/O 配线和对外电缆铺设。为此,一般应做到如下的要求。

(1) 照明

房间内照度要均匀,照明光源以白炽光源或低紫外光源为好。特别要注意不要将直射光线对准显示器屏幕,以免由于光线干扰,造成屏幕操作错误而酿成重大故障。

(2) 空气环境

室内工作环境温度推荐在 25℃±5℃,湿度为 40%～80%RH,不结霜。无腐蚀性气体及可导电性尘埃。对于有腐蚀性气体的场所,可编程序控制器的设备需要有严格的防腐措施。

(3) 电磁场

在有计算机屏幕的地方,要重点防范电磁场干扰。计算机机房也不适宜选址在电磁场很强的地方。

(4) 振动

可编程序控制器设备安装现场力求避免振动。

(5) 噪声

对于继电器噪声,可以根据情况在继电器线圈、电磁阀线圈的两端并联一个浪涌吸收器。电源及接地噪声对可编程序控制器及其 I/O 会有很大的影响,良好的工艺和接地可以大大减少其危险。

2. PLC 系统的故障分布

了解 PLC 系统的故障分布,对判断故障点具有一定的指导意义。对 PLC 控制系统来说,系统故障分为 PLC 和生产设备现场两个部分。据统计,95% 以上的故障是来自于生产设备现场,如继电器、接触器、电磁阀、电动机、传感器、仪表、信号电缆、接线盒等,只有不到 5% 的故障来自于 PLC 系统。PLC 系统是指中央处理器、主机箱、扩展机箱及相关的网络与外部设备等。而在这 5% 的 PLC 故障之中,I/O 模板的损耗或故障约占到 95%,余下的 5% 才是 PLC 主机系统本身的故障,如电源系统和通信网络系统等。

3. PLC 系统故障的发现与诊断

故障的宏观诊断可以依赖生产操作经验、参考发生故障的现场环境来判断。通常对故障的发现或诊断大致有如下的方法。

(1) 由于使用不正确引发的故障

这类故障根据使用情况可初步判断出故障类型及发生故障的地点和原因。例如,常见的使用不当引发的故障可能是供电电源错误、端子接线问题、模板安装或连接问题、现场开关或人工干预的操作等问题。

(2) 偶然性故障或系统长时间运行引起的故障

这种故障可能是在系统运行某种工艺、某一特定操作命令的时刻发生的。这时，分析故障应是"顺藤摸瓜"。从 PLC 系统在执行的工艺流程有关的 I/O 模板、执行机构和电路负载，逐次检查和排除。当确认外部不会发生严重的破坏性的动作时，可以在外部人为仿真制造输入信号，以发现是否输入错误。断开输出执行电源，在 I/O 元件监控下，人工强制输出，检查执行机构的前端继电器、接触器或大型供电设备是否能够收到执行命令。外部设备故障都排除之后，才去怀疑 PLC 内部或者软件性的错误。

(3) PLC 控制器本身发生的故障

一般 PLC 的中央处理器模块前端都有运行状态指示灯，大约有 POWER、RUN、STOP、BATT、PROG－E、CPU－E 等几个英文字母或者缩写字。当中央处理器指示灯在 STOP 或者 CPU－E 时，意味着整个系统失效了。遇到这种情况，建议要断开可编程序控制系统，除去中央处理器之外的全部扩展模块，首先确认一下 PLC 的 CPU 模块是否能够正常而单独地运行。只要 PLC 的 CPU 模块没有受到破坏，可以一点、一点地将断开的模块逐次地投入。如果在投入某个模块时，就会立即引起 CPU "停机"，那时故障的大方向就找到了。

二、PLC 故障的诊断

1. PLC 面板各状态指示灯的作用

在三菱 FX2n 系列的 PLC 面板上，有 POWER、RUN、BATT.V、PROG.E/CPU.E 共 4 个指示灯。根据可编程控制器上所设置的各种 LED 亮灯情况，检查判断是可编程控制器本身异常，还是外部设备异常。

(1) "POWER" LED 电源指示灯亮

表示 PLC 供电电源正常。

(2) "BATT.V" LED 亮灯

电源接通后，若电池电压下降，该指示灯就会亮灯，特殊辅助继电器 M8006 就工作。电池电压下降约 1 个月后，程序内容（使用 RAM 存储器时）、电池后备方面的各种存储器将失去停电保持功能。

(3) "PROG.E" LED 闪烁——程序出错指示

在由于忘记设置定时器、计数器的常数、电路不良、电池电压的异常下降，或者有异常噪声、混入导电性异物，使程序存储器的内容有变化时，该 LED 闪烁。

(4) "CPU. E" LED 亮灯——CPU 出错指示

在监视定时器出错、通电状态下进行存储卡盒的装卸、未实施专用的接地方式、运算周期过长、内部电路发生故障时，"CPU. E" LED 亮灯。

2. 电源故障的检查与处理

当 "POWER" LED 电源指示灯不亮时，可卸下控制器的+24 V 端子试试看，如果这时灯亮了，则表示是由于传感器电源的负载短路或过大负载电流的缘故，供给电源电路的保护功能在起作用。电流容量不足时，可使用外接 DC 24 V 电源。

控制器机内混入其他导电性物质，或产生其他异常时，基本单元或扩展单元内的熔丝会熔断。这时，仅更换熔丝是不能彻底解决问题的，还应对内部元器件作仔细检查。

3. 电池的更换

当 "BATT. V" LED 亮灯后，应尽快更换电池，避免停电。更换电池按下述步骤进行：

(1) 关闭可编程控制器的电源。

(2) 卸下面板盖。

(3) 从电池架取出旧电池，拔出插座。

(4) 在插座拔出后的 20 s 内，插入新电池插座。

(5) 把电池插入电池架，装上面板盖。

(6) 使用功能扩展板时，注意电池的簧片不要接触功能扩展板。

4. 利用出错指示灯和故障码诊断

(1) 当 "PROG. E" LED 发生闪烁时，应再次查验程序、检查有无导电性异物混入、有无严重的噪声源、检查电池电压的指示值等。

出错时，可通过看 D8004 的内容，就能知道出错的编码号。出错编码对应的实际出错内容，可参阅编程手册。

(2) "CPU. E" LED 亮灯时，故障原因较多，应区别对待处理。

1) 当控制器内部混入导电性异物，外部异常噪声传入而导致 CPU 失控时，或当运算周期超过 200 ms 时，监视定时器就会显示出错，该 LED 亮灯。使用多个特殊单元、特殊模块时，也会导致监视定时器显示出错。这种情况下，必须重新查看初始化程序，或者用程序改变特殊数据寄存器 D8004 的内容。

2) 在通电状态下进行存储卡盒的装、卸，也会出现亮灯指示出错。出现这种情况时，可在 LED 亮灯后关闭一次可编程控制器电源，然后再进入运行状态。

3）检查是否实施了专用的接地方式。

4）如果 LED 一直亮灯，那么就要考虑是否运算周期过长、还是程序有问题？（监视 D8012 可知道最大运行周期）

5）即使进行全面检查，"CPU.E" LED 亮灯状态仍不能解除时，要考虑到控制器的内部电路发生了什么故障。

三、FXGP—WIN 编程软件中监控的方法

在 PLC 的编程软件中，都具有对应用程序进行调试的功能。例如在三菱 FX 系列 PLC 的编程软件 FXGP—WIN 中，就具有元件监控、梯形图监控和在程序中查找元件、指令的功能。利用这些功能，就会对程序的调试带来便利。

1. 查找程序中指定元件、触点、线圈的方法

在 FXGP—WIN 的梯形图或语句表编辑窗口中，执行菜单命令〔查找〕→〔元件查找〕，在打开的"元件查找"对话框中输入所要查找的元件，利用对话框中的单选框"全部/向下/向上"，可以选择查找的区域，单击〔确认〕按钮后，即可将程序跳转到所要查找的元件处，如图 2—32 所示。如果所要查找的元件在程序中出现不止一处，可在单击〔确认〕按钮后出现的对话框中继续单击〔向下〕或〔向上〕按钮，继续寻找其他出现该元件之处。

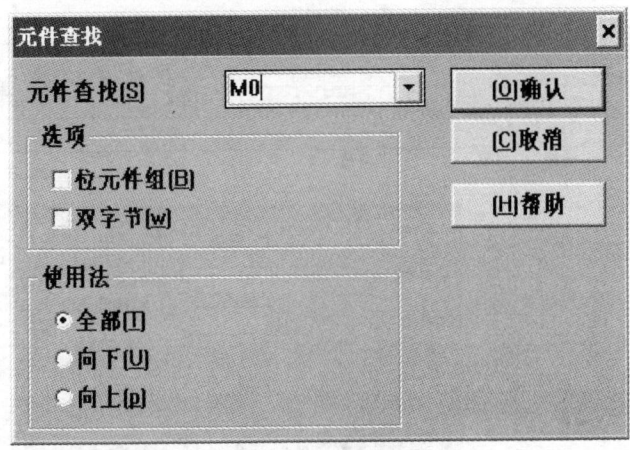

图 2—32　元件查找

执行菜单命令〔查找〕→〔触点/线圈查找〕，在打开的"触点/线圈查找"对话框中，"符号"后输入所要查找的触点或线圈符号，"元件"后输入触点或线圈对应的元件，单击〔确认〕按钮后即可显示该触点或线圈所在的程序，如图 2—33 所示。

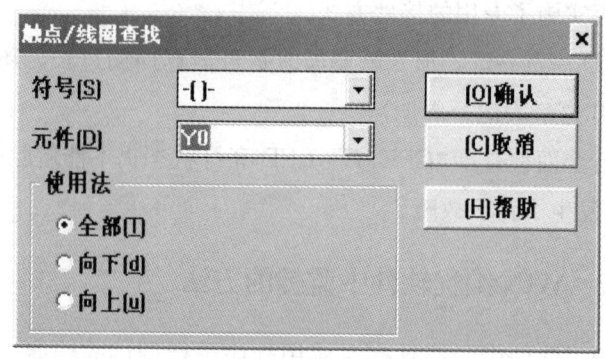

图 2—33 触点/线圈查找

2. 元件监控

执行菜单命令〔监控/测试〕→〔开始元件监控〕，在打开的"元件监控"窗口中双击光标，即会出现"设置元件"对话框。在对话框中"元件"后输入要监控的元件名称如"M0"，在"元件数"后输入所要监控的元件数量，如图 2—34 所示，单击〔输入〕按钮后，即在"元件监控"窗口中显示该元件。如果所监控的元件是位元件，则当其状态为"1"时，在此元件后面会显示绿色的小方块。如果在输入元件名称时输入的是字元件如"D0""T2""C1"等，则在单击〔输入〕按钮后，在该字元件后的"当前值"位置处会显示此元件的当前值。

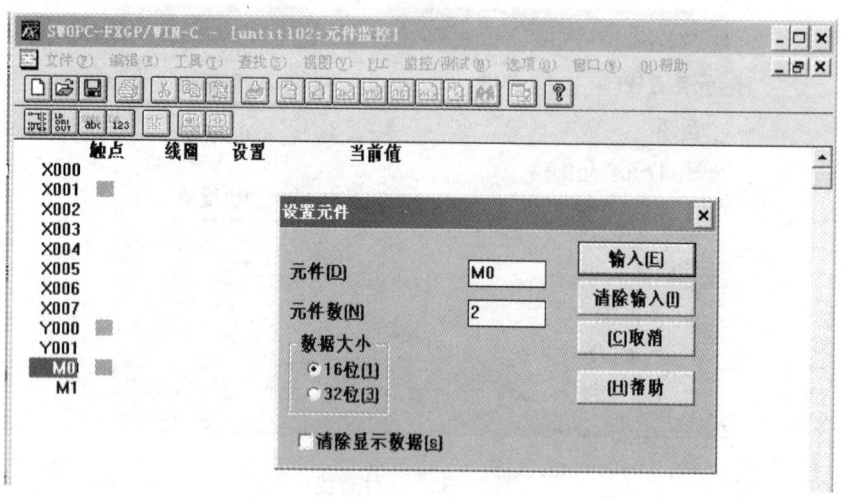

图 2—34 元件监控

执行菜单命令〔监控/测试〕→〔开始元件监控（T、C、D）〕，在打开的"元件监控"窗口中会自动显示程序中所有 T、C、D 的触点、线圈、设置值、当前值的状态和数值，如图 2—35 所示。

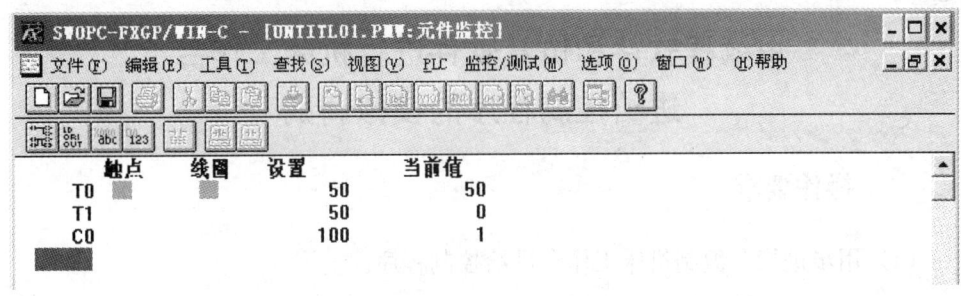

图 2—35　字元件的监控

3. 梯形图监控

在梯形图窗口中，执行菜单命令〔监控/测试〕→〔开始监控〕，就能直接在梯形图上显示各编程元件的状态：在触点处，凡是接通的触点都用绿色表示；在线圈处，状态为"1"的元件和指令用绿色表示；定时器和计数器线圈及数据寄存器上方显示该元件的当前值，如图 2—36 所示。

执行菜单命令〔监控/测试〕→〔停止监控〕，可停止对梯形图的监控。

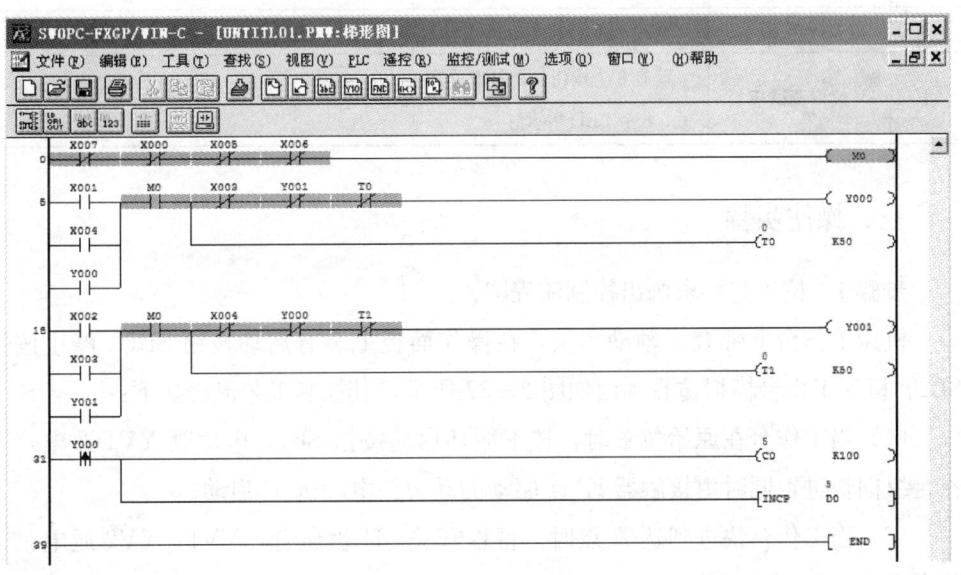

图 2—36　梯形图的监控

技能要求

用编程软件和仿真软件进行机床工作台进给控制程序的模拟调试

一、操作要求

(1) 用步进指令编制机床工作台进给控制程序。

(2) 用编程软件和仿真软件对机床工作台进给控制程序进行模拟调试,使控制程序能正常运行。

二、操作准备 (表 2—11)

表 2—11　　　　　项目所需的设备、材料和工具

序号	名称	规格型号	数量	备注
1	PLC	三菱 FX2n 型	1 台	
2	计算机		1 台	装有 FXGP－WIN 编程软件（和机床工作台仿真应用程序）
3	编程电缆	SC－09	1 根	RS－232/RS－422 转换
4	模拟调试板	装有 8 个按钮、8 个钮子开关、8 个 LED 指示灯	1 套	

三、操作步骤

步骤 1　按工艺要求画出控制流程图。

机床工作台上带有主轴动力头,在操作面板上装有启动按钮 SB1、停止按钮 SB2。机床工作台模拟仿真画面如图 2—37 所示,其控制工艺流程如下:

(1) 当工作台在原始位置时,按下循环启动按钮 SB1,电磁阀 YV1 通电,工作台纵向快进,同时由接触器 KM1 驱动的动力头电动机 M 启动。

(2) 当工作台快进到达 A 点时,行程开关 SI4 被压合,YV1、YV2 通电,工作台由快进切换成工进,进行切削加工。

(3) 当工作台工进到达 B 点时,行程开关 SI6 动作,工进结束,YV1、YV2 断电,同时工作台停留 3 s,当时间到,YV3 通电,工作台作横向退刀,同时主轴电动机 M 停转。

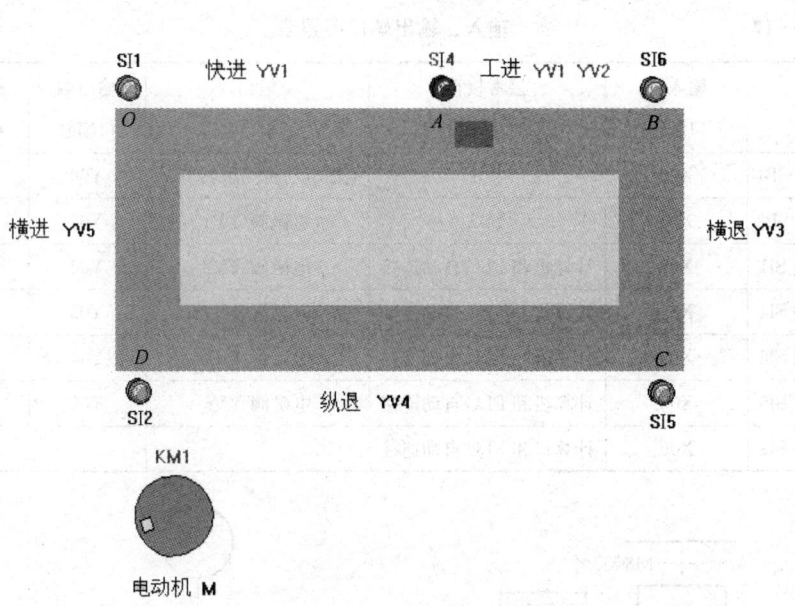

图 2—37 机床工作台模拟仿真画面

（4）当工作台到达 C 点时，行程开关 SI5 被压合，此时 YV3 断电，横退结束，YV4 通电，工作台作纵向退刀。

（5）工作台退到 D 点碰到行程开关 SI2，YV4 断电，纵向退刀结束，YV5 通电，工作台横向进给直到原点压合行程开关 SI1 为止，此时 YV5 断电，完成一次循环。

控制要求：

按了启动按钮以后，工作台连续作 3 次循环后自动停止，若中途按停止按钮 SB2，机床工作台应立即停止运行，并按原路径返回，直到压合开关 SI1 才能停止；当再按启动按钮 SB1，机床工作台重新计数运行。

机床工作台进给 PLC 控制的输入、输出端口配置见表 2—12。

按此工艺要求及 I/O 分配表，可画出 PLC 控制机床工作台进给控制系统控制流程图，如图 2—38 所示。

步骤 2 编写梯形图程序。

根据控制流程图，用步进指令编写出步进梯形图程序，如图 2—39 所示。

步骤 3 启动 FXGP－WIN 编程软件，输入控制程序并下载到 PLC。

步骤 4 将模拟调试板上的按钮和钮子开关代替实际系统中的按钮和行程开

关，用指示灯代替接触器和电磁阀，按照表 2—12 的 I/O 端口分配表，接到 PLC 的输入、输出端子上。

表 2—12　　　　　　　　　　输入、输出端口配置表

输入设备	输入端口编号	接考核箱对应端口	输出设备	输出端口编号	接考核箱对应端口
启动按钮 SB1	X00	SB1	主轴电动机接触器 KM1	Y00	
停止按钮 SB2	X01	SB2	电磁阀 YV1	Y01	
行程开关 SI1	X02	计算机和 PLC 自动连接	电磁阀 YV2	Y02	
行程开关 SI4	X03	计算机和 PLC 自动连接	电磁阀 YV3	Y03	
行程开关 SI6	X04	计算机和 PLC 自动连接	电磁阀 YV4	Y04	
行程开关 SI5	X05	计算机和 PLC 自动连接	电磁阀 YV5	Y05	
行程开关 SI2	X06	计算机和 PLC 自动连接			

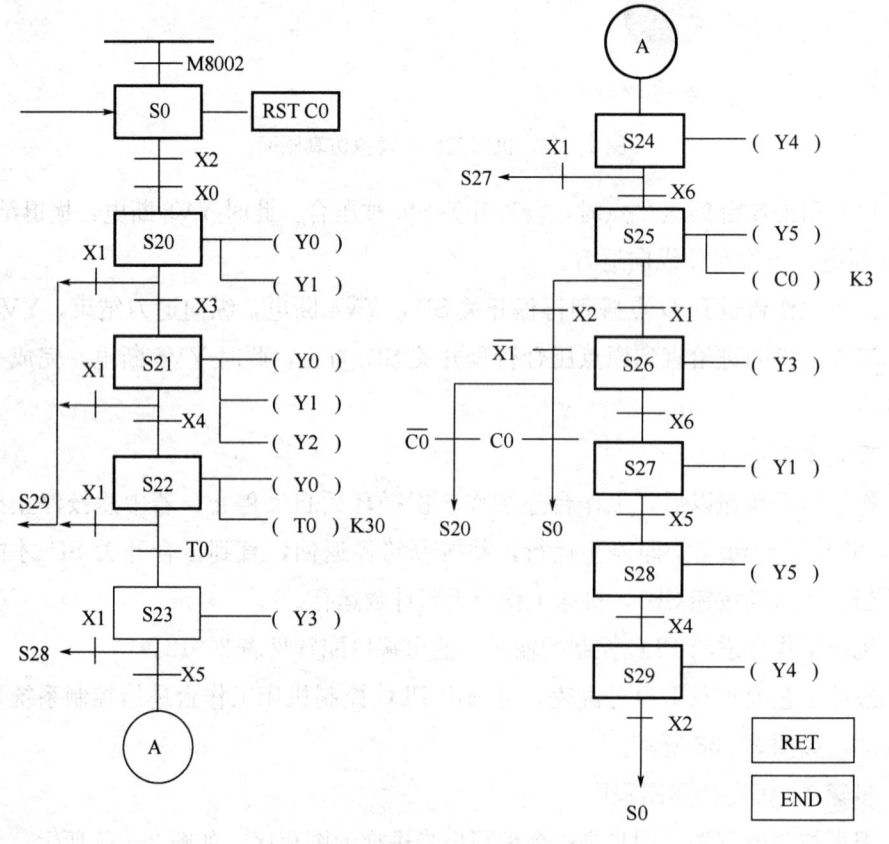

图 2—38　机床工作台进给控制流程图

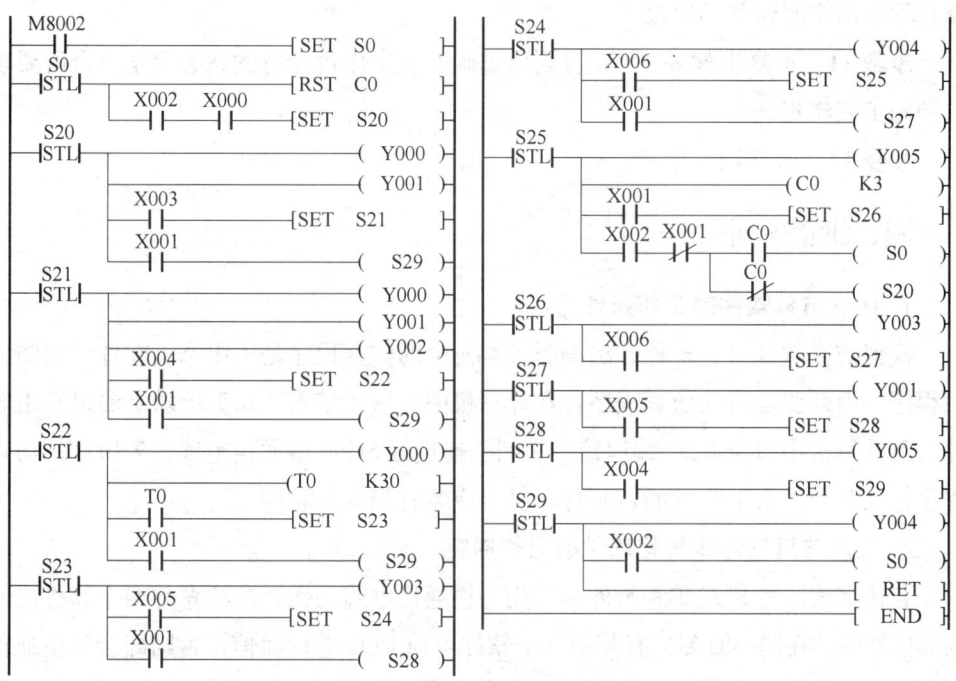

图 2—39 机床工作台进给控制梯形图

步骤 5 在编程软件中，打开梯形图监控功能，用模拟调试板上的按钮和钮子开关，模拟输入信号，观察梯形图中对应触点状态的变化，若有不正确之处，检查输入电路并加以修改。

步骤 6 在编程软件中，打开元件监控，分别强制输出 Y0～Y5，用指示灯模拟输出器件，观察相应指示灯状态的变化。

步骤 7 选择 PLC 为运行状态（RUN），运行控制程序，打开梯形图监控功能，根据工艺要求分别按下启动、停止等按钮，并用钮子开关模拟行程开关，观察程序是否实现全部控制功能。若程序不能正常运行，查找程序出错原因并予以改正。

步骤 8 启动仿真软件，进入联机状态，用按钮和开关模拟输入信号，观察仿真软件界面上（见图 2—37）相应输入元件状态的变化（输入信号为"ON"时，画面上表示该信号的字符会变为红色）。

步骤 9 执行控制程序，观察图 2—37 所示仿真画面上工作台模拟运行的状态，以验证程序执行的正确性。根据工艺要求分别按下启动、停止等按钮，观察程序是否实现全部控制功能。

步骤 10 若动作有误，关闭仿真软件，在编程软件中打开梯形图监控功能，查找程序出错原因并予以改正。

步骤 11　重复步骤 8~10，直到仿真画面上工作台运行的状态完全符合所要求的控制工艺流程。

步骤 12　做好调试记录。

四、注意事项

1. 注意仿真软件的工作条件

模拟仿真软件可有多种方法编制，本例中的仿真程序是由组态王软件编制的应用程序。因此要运行此仿真程序，在计算机中必须预装有 V5.1 版以上的组态王软件，且计算机串口与 PLC 编程接口之间已连接好 SC09 型通信电缆。若所用的仿真程序是在其他平台上开发的，则计算机上应装有相应的软件。

2. 注意仿真软件和编程软件的通信冲突

若仿真软件和 PLC 编程软件是共用一根通信电缆的话，应注意此两个软件之间的通信冲突。在同一时刻只有其中一个软件可与 PLC 进行通信，否则即会发生通信错误或没有响应。因此，在进行仿真时，应将编程软件中的监控关闭；而在编程软件中向 PLC 下载程序或进行监控时应先将仿真软件关闭。当然，如果仿真软件和 PLC 编程软件是使用两根通信电缆，接在不同的串口上的话，这两个软件可同时使用。

3. 若无仿真软件，上述工作程序中步骤 8~11 可不做

学习单元 3　对 PLC 控制程序进行现场调试

学习目标

能够进行工作台进给控制程序现场调试。

工作台进给控制程序现场调试

一、操作要求

（1）按工艺要求编制工作台进给控制程序。

（2）在设备或模拟设备上对控制程序进行现场调试，使控制程序能正常运行。

二、操作准备（表2—13）

表2—13　　　　　　　　项目所需的设备、材料和工具

序号	名称	规格型号	数量	备注
1	PLC	三菱FX2n型	1台	
2	计算机		1台	装有FXGP—WIN编程软件（和仿真应用程序）
3	编程电缆	SC—09	1根	RS-232/RS-422转换
4	模拟调试板	装有8个按钮、8个钮子开关、8个LED指示灯	1套	
5	模拟工作台	装有机械导轨、滑台、行程开关、电动机等器件	1套	如有设备条件，可使用实际工作台
6	安装工具	根据设备配备	1套	螺钉旋具、扳手、钢丝钳、尖头钳、压接钳等
7	接线图	根据设备配备	1套	

三、操作步骤

步骤1　模拟工作台简介。

模拟工作台由接线台、步进电动机、导轨滑块、编码器、行程开关、磁性开关等所组成，以满足对滑块左、右移动方向和速度的控制，其结构布置图如图2—40所示。

步进电动机控制方式分为两种：一种是通过PLC的高速脉冲输出来控制滑块移动的速度和距离，脉冲发出的频率越高，滑块移动的速度也就越快，脉冲量的多少影响着滑块移动的距离；另一种方式是开关量控制，由PLC直接通过开关量来控制滑块移动速度的高、低和方向，此时脉冲由工作台装置内部发生。两种方式的选择由左边的钮子开关完成。在脉冲量控制方式下，如图2—41所示控制信号接线端口中的PLS＋、PLS－需要连接PLC的三极管输出端子来获得脉冲，DIR＋、DIR－用于改变滑块的运动方向，FREE＋、FREE－是步进电动机的脱机信号，当此信号有效时步进电动机为自由状态，可对电动机轴进行手动调整。在开关量控制方式下，每一组信号需要的都只是无源触点信号，相当于短接＋、－两个插孔便可以实现控制，LOW＋、LOW－用于启动滑块并以低速运行，HIG＋、HIG－用于转变滑块的运动速度使其以高速运行，DIR＋、DIR－用于改变滑块运动方向。

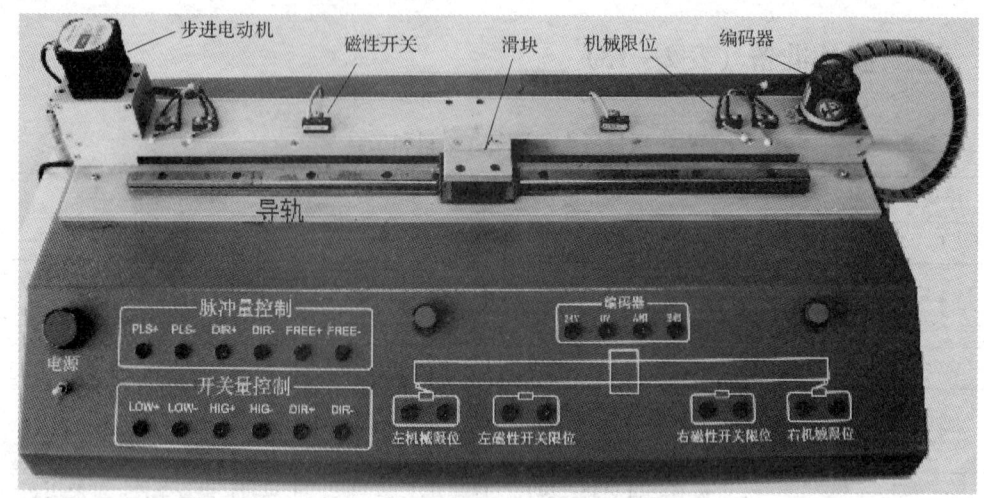

图 2—40 模拟工作台结构布置图

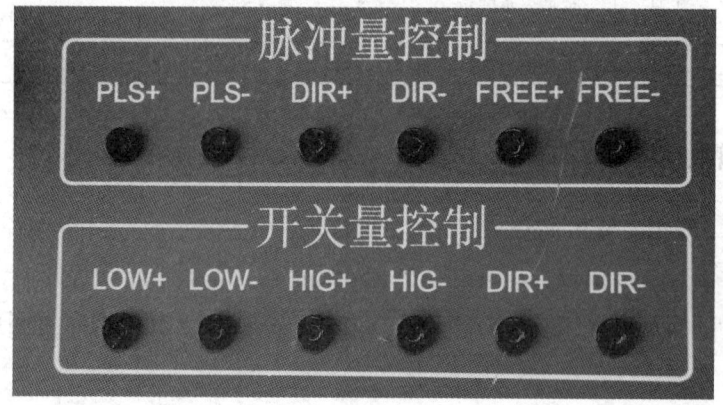

图 2—41 控制信号接线端口

编码器使用的是增量式旋转编码器，供电电压为直流 24 V，输出方式为 NPN 三极管集电极开路输出，只需将 A 相和 B 相接入 PLC 相应的高速计数端子就可以采集到编码器发出的脉冲。

行程开关分为机械式和磁性两种：机械式行程开关依靠滑块的撞击，使触点连通发出信号；磁性开关依靠检测镶嵌在滑块上的磁钢来发出信号。这两种行程开关的输出方式都是触点型的，使用方式与一般限位开关一样。

步骤 2 按接线图对设备中的输入、输出器件进行接线。

本例使用开关量控制方式来控制滑块的运行。PLC 和模拟工作台之间的接线图如图 2—42 所示，图中接到模拟工作台的 3 组控制信号必须是相互独立的无源接点，无公共端。

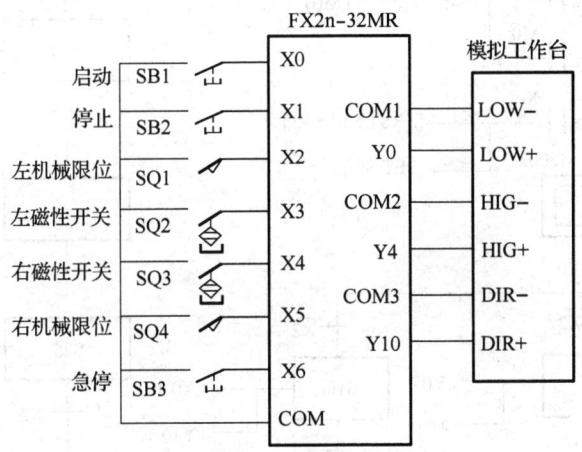

图 2—42 PLC 和模拟工作台的接线图

步骤 3 按工艺要求画出控制流程图，编写梯形图程序。

模拟工作台运行的工艺流程如图 2—43 所示。

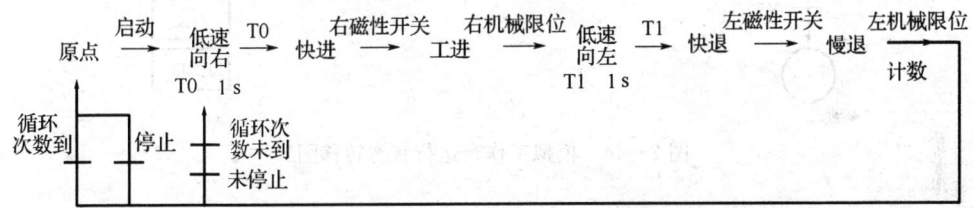

图 2—43 模拟工作台运行的工艺流程

根据工艺流程，用步进指令编写状态转移图及梯形图，分别如图 2—44 和图 2—45 所示。

步骤 4 启动 FXGP-WIN 编程软件，输入控制程序并下载到 PLC。

步骤 5 在编程软件中打开梯形图监控功能，PLC 置于 STOP 状态。分别按动连接在 PLC 输入端口上的 3 个按钮和左、右机械位置开关，并在断开步进电动机电源的情况下将滑台先后拖到磁性开关处，观察磁性开关上及工作台上对应的机械限位指示灯是否对应点亮，同时观察梯形图中对应触点状态的变化，以此来检查输入电路的正确性。若有错误即加以纠正。

步骤 6 在编程软件中打开元件监控，强制对所需输出点输出 ON/OFF，观察设备中相应输出器件状态的变化，以检查输出线路。

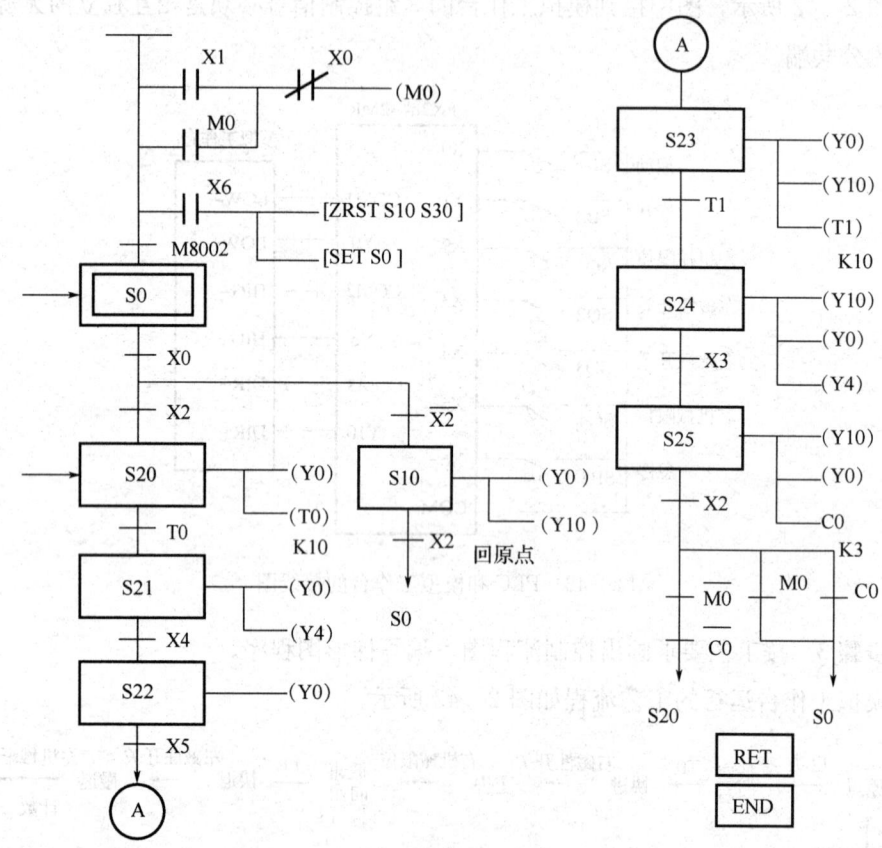

图 2—44 模拟工作台运行状态转移图

步骤 7 断开步进电动机电源，将 PLC 置于 RUN 状态，运行控制程序，根据工艺要求分别按下启动、停止等按钮和行程开关、磁性开关等输入信号，观察程序是否实现全部控制功能。若程序不能正常运行，查找程序出错原因并予以改正。

步骤 8 接通步进电动机电源，用强制输出的方法对 Y0、Y4、Y10 加以组合输出，检查进给电动机的旋转方向和滑台移动的速度，并进行纠正。

步骤 9 如果程序很长，应根据程序运行的各个阶段，先后在不同位置设置断点（可采取将断点处程序转移到未用到的状态元件，如将本例中的 SET S24 临时改写为 SET S34，则程序执行到 S23 后就不会再继续执行后面的步序，此处即为设置了断点。注意在该段程序调试好后，应将断点取消，改回原来的程序），分段执行程序，观察模拟工作台上滑台运行的状态，用以验证程序执行的正确性。

步骤 10 根据工艺要求分别按下启动、停止等按钮，观察程序是否实现全部控制功能，滑台的运行能否按所需流程运行。

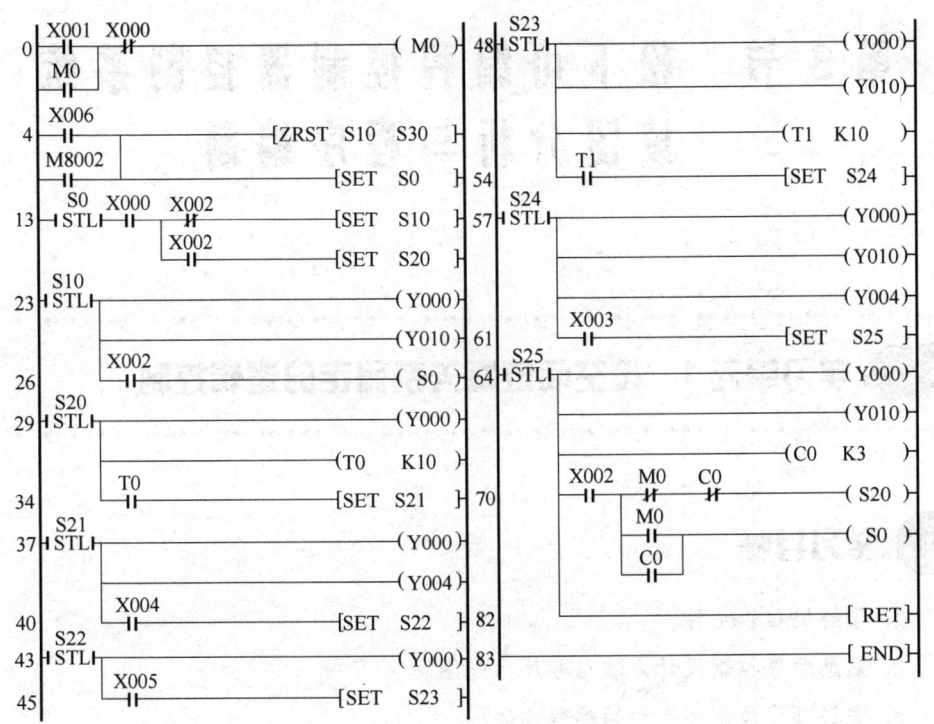

图 2—45 模拟工作台运行梯形图

步骤 11 若动作有误，在编程软件中根据梯形图监控状态，查找程序出错原因并予以改正。

步骤 12 做好调试记录。

四、注意事项

1. 注意按上述步骤依次进行调试，否则不易调好，甚至可能造成设备损坏。

2. 注意应先做好极限保护的处理，保证极限信号发出时，程序能做出正确的响应。

3. 为加快调试速度，可人为产生检测信号（如未等滑台移动到限位开关处，即用手按动限位开关或用磁铁放到磁性开关处发出表示"滑台到位"的信号）来调试程序。

第3节 松下可编程控制器控制系统读图分析与程序编制

学习单元1 按空间位置关系确定的逻辑控制

学习目标

1. 了解编程软元件。
2. 熟悉顺序控制设计方法与顺序功能图。
3. 掌握顺序控制梯形图的编程方法。
4. 能够进行机械手PLC控制程序的编程。

知识要求

一、编程软元件概述

对PLC进行编程时，指令的操作对象是PLC中的软元件，即用PLC存储器中的存储单元来代替继电控制逻辑中的控制电器。在中级教材中，已经介绍了外部输入继电器X、外部输出继电器Y、内部继电器R、定时器TM等部分软元件，下面再继续介绍数据寄存器、计数器等软元件。

1. 数据寄存器 (DT)

数据寄存器是存储数据的软元件，用"DT"表示，每一个数据寄存器可以存放一个16位二进制的数据或一个字，数值范围为-32 768～+32 767。用两个连续的数据寄存器合并起来可以存放一个32位数据（双字），例如DT1和DT2组成的双字中，DT1存放低16位，DT2存放高16位。字或双字的最高位为符号位，该位为"0"时数据为正数，为"1"时数据为负。数据寄存器为十进制编号，在FP0—C32T PLC中从DT0～DT6143，总共有6 144个。

将数据写入通用数据寄存器后，其值将保持不变，直到下一次被改写。在松下 FP0 系列 PLC 中，数据寄存器分为保持型及非保持型两类。C32T 的 DT0～DT6111 是保持型，即不论电源接通与否，PLC 运行与否，其内容也不变化。而 DT6112～DT6143 为非保持型，当关闭电源或 PLC 从 RUN 变为 STOP 时，其内容被复位。

在 FP0－C32T 中，还有 112 个专用数据寄存器（DT9000～DT9111），这些数据寄存器供监控 PLC 中各种元件的运行方式之用。例如，DT9000 存放自诊断错误码，在对 PLC 进行自诊断中若发现有问题，会把相应错误的代码写在 DT9000 中。专用数据寄存器的具体用途可查找 FP0 的编程手册。

2. 计数器（C）

计数器在程序中用作计数控制。在 FP0 系列 PLC 中，计数器与定时器使用同一个存储区域，因此计数器与定时器是统一编号的。定时器编号为 T0～T99，计数器编号为 C100～C143，共 144 个（通过改变系统寄存器 No.5 中的设定值可改变定时器与计数器数量的分配，但两者总数不能改变）。与定时器相类似，计数器也是字、位复合软元件，由预置值寄存器 SV、经过值寄存器 EV 和计数器的触点组成。计数器可以使用立即数 K 作为预置值，也可用数据寄存器的内容作为预置值。它可提供无限个常开触点、常闭触点供编程使用。

FP0 系列 PLC 中的计数器都是减法计数器。当 PLC 进入 RUN 状态时，预置值被送入预置值寄存器 SV 和经过值寄存器 EV 中。当计数器 C 满足控制条件开始计数时，每检测到外部脉冲信号的上升沿，经过值寄存器 EV 的数值就进行减 1 计数。当经过值减到"0"时，计数器触点动作并保持，其常开触点接通，常闭触点断开。

当计数器被复位时，其复位触发信号的上升沿使计数器的经过值被复位到"0"，计数器的触点被复位；而复位触发信号的下降沿将预置值寄存器 SV 中的数值又送入经过值寄存器 EV 中，可重新开始新的计数。

FP0 系列 PLC 使用计数器指令使计数器工作，计数器指令及说明如图 2—46 所示。

二、顺序控制设计方法与顺序功能图

（参见第 1 节单元 1，只要将其中的 M 换为 FP0 中的内部继电器 R 即可）。

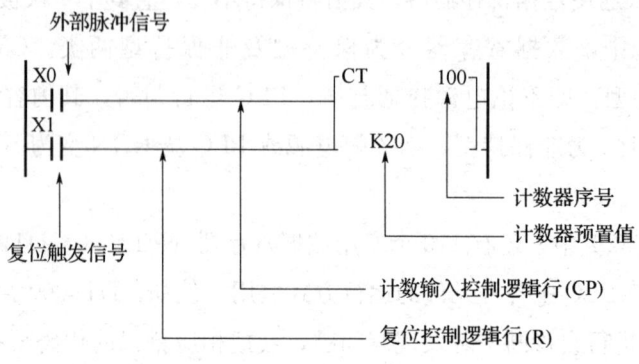

图 2—46　FP0 计数器指令

三、顺序控制梯形图的编程方法

（参见第 1 节单元 1）。

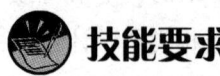**技能要求**

机械手 PLC 控制程序编程

一、操作要求

按机械手动作的工艺过程用 SET-RST 指令实现转换的方法编制控制程序。

1. 工艺过程（见图 2—47）

图 2—47 所示为一个将工件由 A 处传送到 B 处的机械手，上升/下降和左移/右移的执行用双线圈二位电磁阀推动汽缸完成。当某个电磁阀线圈通电后，就一直保持现有的机械动作，例如一旦下降的电磁阀线圈通电，机械手下降，即使线圈再断电，仍保持现有的下降动作状态，直到相反方向的线圈通电为止。另外，夹紧/放松由单线圈二位电磁阀推动汽缸完成，线圈通电执行夹紧动作，线圈断电时执行放松动作。设备装有上、下限位和左、右限位开关以及夹紧到位磁性开关 SQ5。它的工作过程如图 2—47 中下部所示。

机械手搬运系统，定义原点为左上方所达到的极限位置，其左限位开关闭合，上限位开关闭合，机械手处于放松状态。

2. 控制要求

按启动按钮 SB1 后，机械手按照图 2—47 所示的工作过程完成一个工作周期后自动停止。

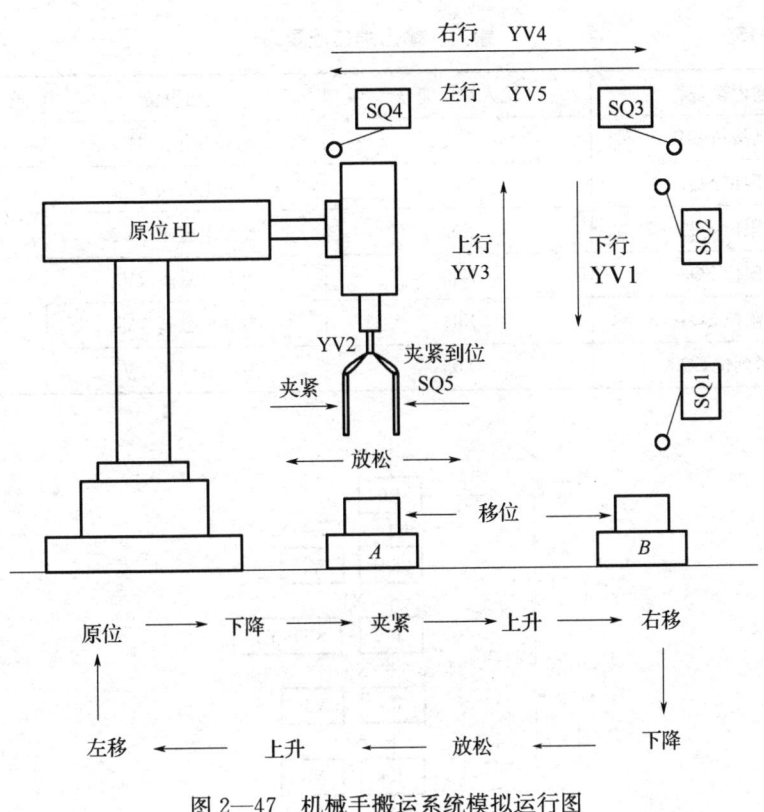

图 2—47 机械手搬运系统模拟运行图

二、操作准备（表 2—14）

表 2—14　　　　　　　项目所需的设备、材料和工具

序号	名称	规格型号	数量	备注
1	PLC	松下 FP0 型	1 台	
2	计算机		1 台	装有 FPWIN－GR 编程软件
3	编程电缆	USB－AFC8513 编程电缆	1 根	

三、操作步骤

步骤 1　写出 I/O 分配表（表 2—15）。

步骤 2　画出实现机械手 PLC 控制的顺序功能图（见图 2—48）。

步骤 3　用 SET－RST 指令编写机械手 PLC 控制程序（见图 2—49）。

表 2—15　　输入、输出端口配置表

输入设备	输入端口编号	输出设备	输出端口编号
启动按钮 SB1	X00	原位指示灯 HL	Y00
下限位 SQ1	X01	下降电磁阀 YV1	Y01
上限位 SQ2	X02	夹紧电磁阀 YV2	Y02
右限位 SQ3	X03	上升电磁阀 YV3	Y03
左限位 SQ4	X04	右移电磁阀 YV4	Y04
夹紧到位 SQ5	X05	左移电磁阀 YV5	Y05

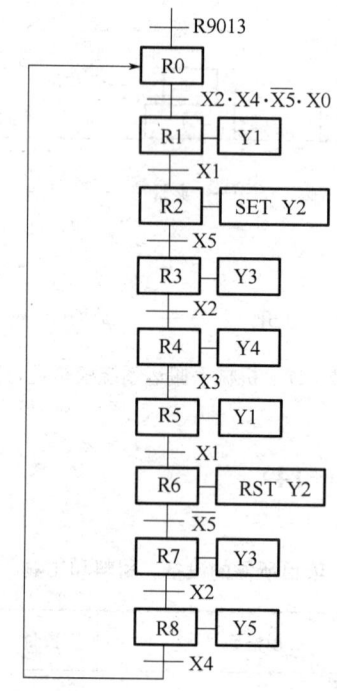

图 2—48　机械手控制的顺序功能图

在图 2—49 中，在 R2 步对 Y2 使用了置位指令，可避免在 R3、R4、R5 等步中对 Y2 的重复输出。Y1 和 Y3 各有两步都要输出，在梯形图中用触点并联的方法进行输出，以避免双线圈输出错误的发生。

四、注意事项

（参见本章第 1 节单元 1）。

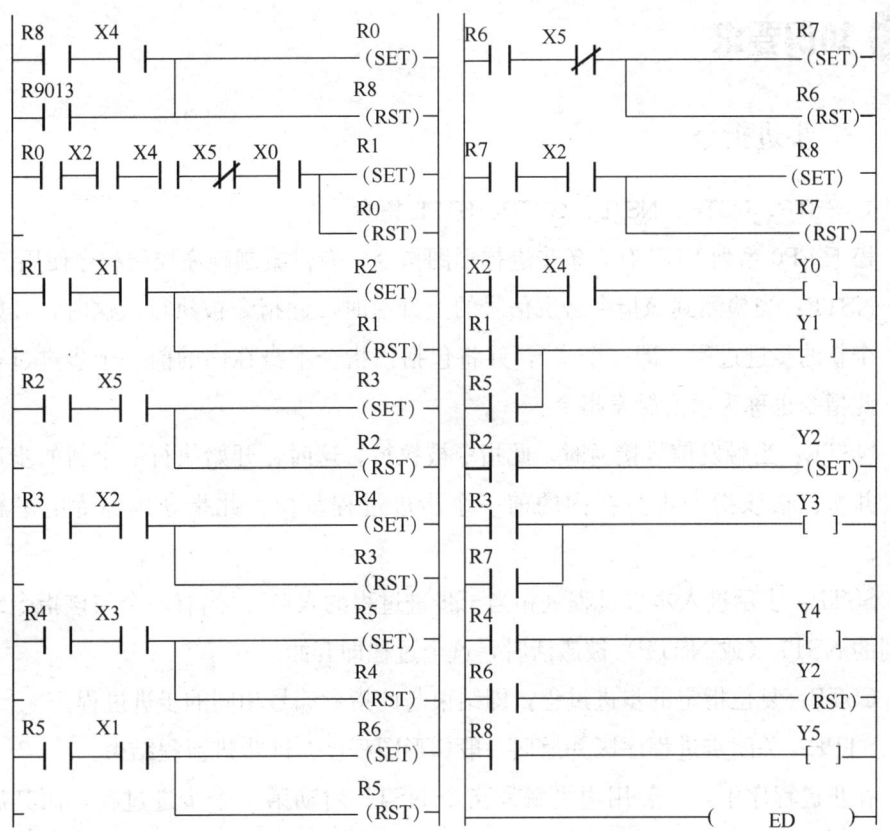

图 2—49 机械手的顺序控制梯形图

学习单元 2 按时间关系确定的逻辑控制

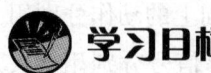 学习目标

1. 熟悉步进指令。
2. 掌握顺序控制程序中分支的处理和定时器的使用。
3. 能够进行交通信号灯 PLC 控制程序编程。

 知识要求

一、步进指令

1. SSTP、NSTP、NSTL、CSTP、STPE 指令

松下 FP0 系列 PLC 有 5 条步进梯形图指令，专供编制顺序控制程序使用。

NSTP：当检测到该指令触发信号的上升沿时，此指令被执行。这时，开始执行一个新的步进过程（即一个步），并将包括该指令本身在内的前一个步进过程复位。此指令也称为边沿触发指令。

NSTL：当触发信号接通时，此指令被执行。这时，开始执行一个新的步进过程，并将包括该指令本身在内的前一个步进过程复位。此指令也称为电平触发指令。

SSTP：表示进入步进过程（相当于步进过程的入口）。当有一个与该指令编号相同的 NSTL（或 NSTP）被激活时，这个过程即开始。

CSTP：复位指定的步进过程，即结束与此指令编号相同的步进过程。

STPE：关闭步进程序区并返回一般梯形图程序，即步进流程结束。

在步进程序中，一般用边沿触发指令 NSTP 启动第一个步进过程，而其后的各个工作过程用电平触发指令 NSTL 启动。PLC 识别一个过程是从一个 SSTP 指令开始，到下一个 SSTP 或 CSTP 指令该过程结束。当程序进入一个过程时，前一个过程自动复位。当一个过程由 NSTP（或 NSTL）启动，并由 SSTP 指令进入过程执行时，虽然包括 NSTP（或 NSTL）指令的前一个过程已被复位，但不会影响这个步进过程的继续执行。

2. 步进梯形图

用步进指令来编制顺序控制程序所形成的梯形图为步进梯形图。下面以一个例子来说明步进梯形图编制的特点。设有一个机械手向下、握紧、向上的动作分别用输出端口 Y1、Y2、Y3 加以控制；下限位、握紧检测、上限位等信号分别用 X1、X2、X3 输入。启动按钮接在输入端口 X0 上。机械手的工作过程为：启动→向下移动到下限位→手夹紧到握紧检测信号有效→向上移动到上限位停止。按此顺序动作的控制流程图及步进梯形图程序如图 2—50 所示。

在此例的步进梯形图中，过程 0 以 NSTP 启动，过程 1 和过程 2 均以 NSTL 启动。最后一个流程以 CSTP 复位，整个步进流程的最后用 STPE 结束。

在步进梯形图的编制中，必须注意以下几点：

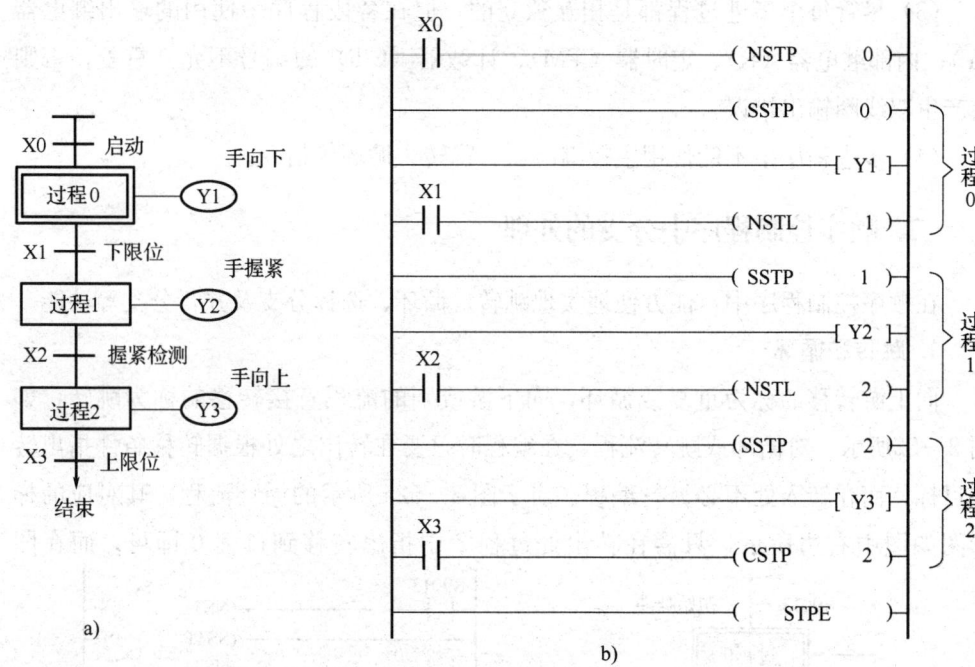

图 2—50 步进梯形图举例
a) 控制流程图 b) 步进梯形图

(1) 每个步进过程都有一个唯一的编号,在 FP0 系列 PLC 中,此编号可以是 0~127(共 128 步)中的任意整数。因为步进过程的执行顺序是按梯形图上的排列顺序进行的,与编号的数值大小无关,所以步进指令的编号可以不按顺序来写。

(2) 一个步进过程的入口处,即 SSTP 后的第一条输出指令(OT)直接与左母线相连,但不允许并联输出。同一个步进过程中的其余输出指令与左母线之间必须要有触发控制信号,如图 2—51 所示。

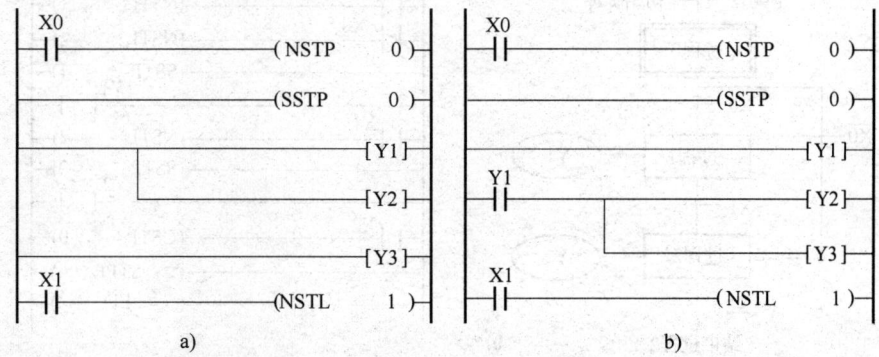

图 2—51 步进梯形图的正确画法
a) 错误的图 b) 正确的图

(3) 尽管每个步进过程都是相互独立的，但在各段程序中使用的输出继电器（Y）、内部继电器（R）、定时器（TM）、计数器（CT）的编号不允许重复，否则会产生双线圈输出错误。

(4) 步进程序中不能使用主控继电器、跳转、循环等指令。

二、顺序控制程序中分支的处理

在顺序控制程序中，能方便地实现跳转、循环、选择分支及并行分支等功能。

1. 跳转和循环

向上游转移的称为重复或循环，向下游或别的流程直接转移的称为跳转，如图2—52所示。对循环或跳转流程，在编程时只要在转出之处根据转移条件指出转移目标，而在转入处不必另行编程。对于图2—52a所示的循环流程，其对应的梯形图如图中右边所示，只需在转出处过程2中指出转移到过程0即可；而在图

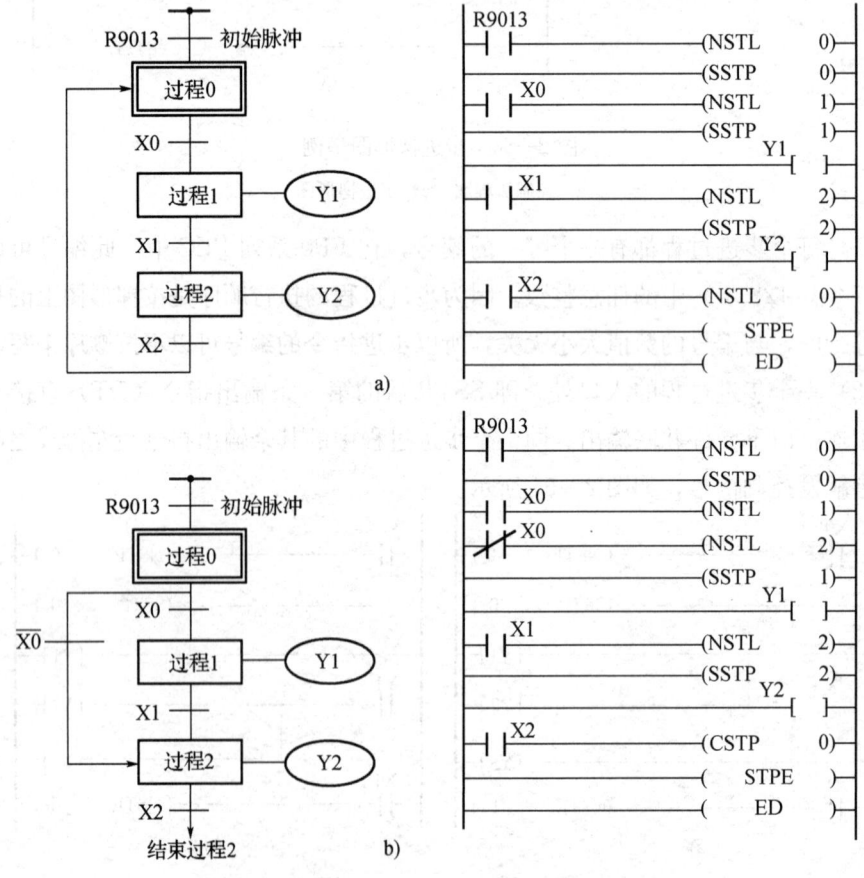

图2—52 跳转和循环
a) 循环流程及梯形图 b) 跳转流程及梯形图

2—52b 所示的跳转流程中，在过程 0 中，分别用 X0 的常开及常闭触点作为触发控制信号，去分别驱动指令 NSTL 1 和 NSTL 2 即可。

2. 选择分支的编程

根据不同的条件，转移到不同的状态工作，最后仍汇合到同一条支路的流程称为选择性分支。图 2—53 为选择性分支的例子。在图 2—53 中，分支选择条件 X1 和 X4 不能同时接通，即选择分支在分支处的转移条件是互斥的，在几条分支中只能选择一条支路。在汇合处，过程 4 由过程 3 或过程 13 分别置位。

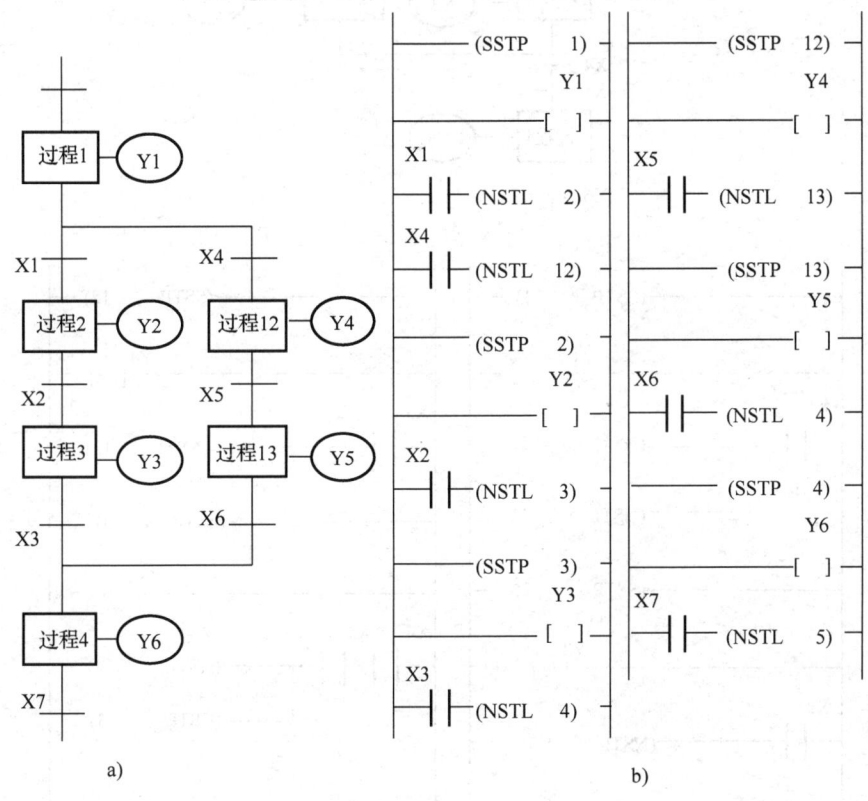

图 2—53 选择性分支
a) 状态转移图 b) 步进梯形图

3. 并行分支的编程

根据同一个触发信号同时转移到几条支路工作，等各条支路全部完成后，汇合在一起并转移到后续过程，这种流程称为并行分支，如图 2—54 所示。并行分支在分支处由同一个触发信号同时对多个过程进行置位；在汇合处要等各支路末尾的转移条件全部被满足时，才能汇合到一起转移到后续过程。汇合处在某一条支路的最后一个过程中，用触发信号转移到后续过程，此时这条支路的最后一个过程会自动

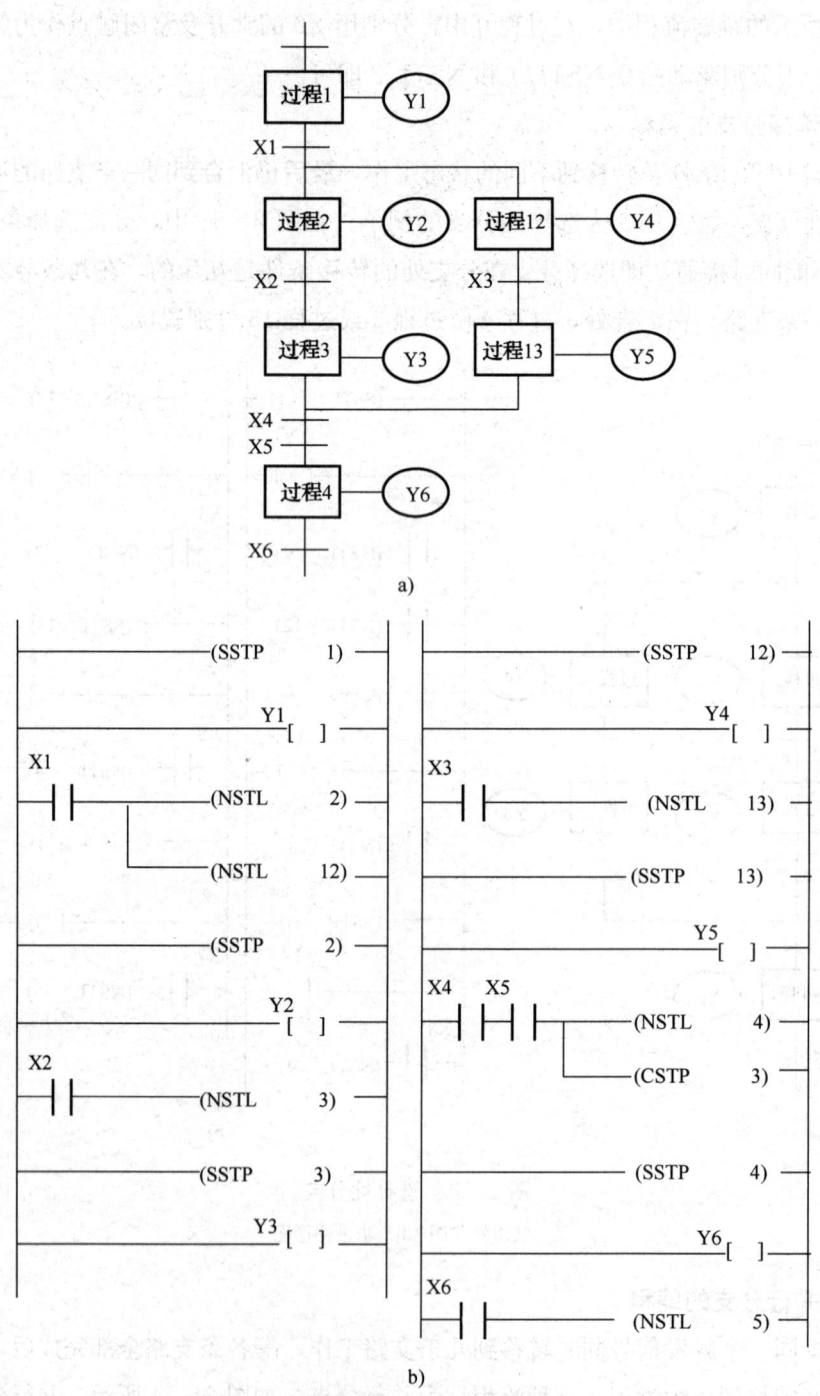

图 2—54 并行分支
a）状态转移图　b）步进梯形图

被复位,而其他几条支路的最后一个过程要用过程复位指令 CSTP 来复位。

三、定时器的使用

松下 FP0 系列 PLC 中的定时器都是通电延时定时器,即定时器线圈前的控制触点接通时开始计时,等计时时间到定时器的触点动作。当控制触点断开时,定时器被复位:计时值清零,触点恢复到未激励状态。

1. 延时环节的实现

用图 2—55 所示程序可实现延时。

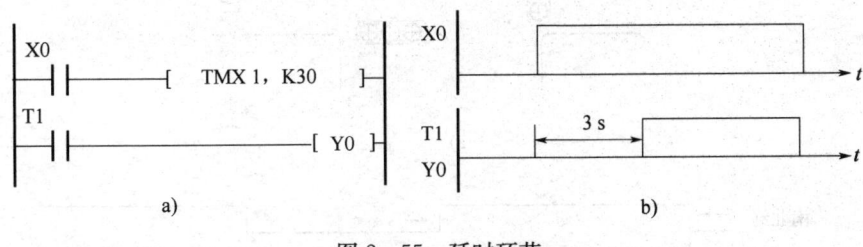

图 2—55 延时环节
a) 梯形图 b) 工作波形

2. 振荡电路的实现

用两个定时器,可实现振荡电路的功能,如图 2—56 所示。

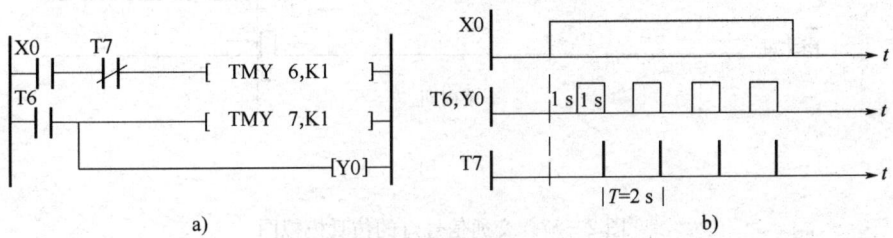

图 2—56 振荡电路的实现
a) 梯形图 b) 工作波形

技能要求

交通信号灯 PLC 控制程序编程

一、操作要求

按交通信号灯动作的工艺要求用步进指令编制控制程序。

1. 工艺要求

在城市十字路口的东、西、南、北方向装设了红、绿、黄三色交通信号灯；为了交通安全，红、绿、黄灯必须按照一定时序轮流发亮。交通灯示意图和时序图如图 2—57 所示。

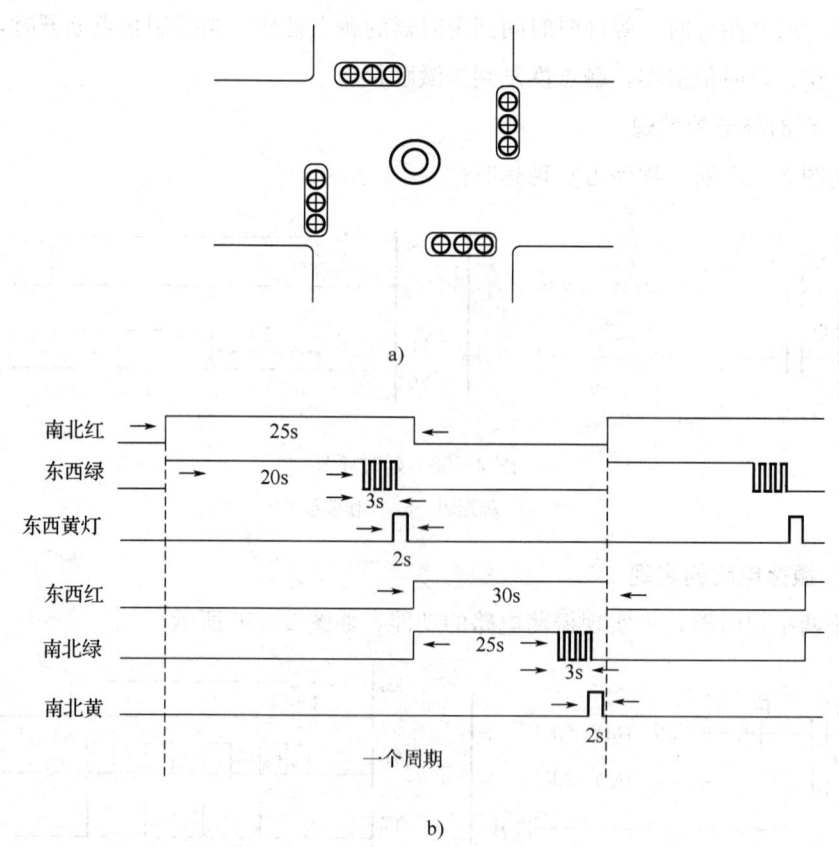

图 2—57 交通信号灯的仿真模拟图
a）交通灯示意图 b）交通灯时序图

2. 十字路口交通信号灯控制要求

（1）启动。当按下启动按钮 SB1 时，信号灯系统开始工作。

（2）停止。当需要信号灯系统停止工作时，按下停止按钮 SB2 即可。

（3）信号灯正常时序。

1）信号灯系统开始工作时，先南北红灯亮，再东西绿灯亮。

2）南北红灯亮维持 25 s；在南北红灯亮的同时东西绿灯也亮并维持 20 s，到 20 s 时，东西绿灯闪亮，绿灯闪亮周期为 1 s（亮 0.5 s，熄 0.5 s），绿灯闪亮 3 s 后熄灭，东西黄灯亮并维持 2 s，到 2 s 时，东西红灯亮，同时南北红灯熄，南北绿灯亮。

3) 东西红灯亮维持 30 s，南北绿灯亮维持 25 s，到 25 s 时南北绿灯闪亮 3 s 后熄灭，南北黄灯亮，并维持 2 s，到 2 s 时，南北黄灯熄，南北红灯亮，同时东西红灯熄，东西绿灯亮，开始第二个周期的动作。

4) 以后周而复始地循环，直到停止按钮 SB2 被按下为止。

二、操作准备（表 2—16）

表 2—16　　　　　　　　项目所需的设备、材料和工具

序号	名称	规格型号	数量	备注
1	PLC	松下 FP0 型	1 台	
2	计算机		1 台	装有 FPWIN—GR 编程软件
3	编程电缆	USB—AFC8513 编程电缆	1 根	

三、操作步骤

步骤 1　根据工艺要求写出 I/O 分配表（表 2—17）。

表 2—17　　　　　　　　输入、输出端口配置表

输入设备	输入端口编号	接考核箱对应端口	输出设备	输出端口编号	接考核箱对应端口
启动按钮 SB1	X00	SB1	南北红灯	Y00	
停止按钮 SB2	X01	SB2	东西绿灯	Y01	
			东西黄灯	Y02	
			东西红灯	Y03	
			南北绿灯	Y04	
			南北黄灯	Y05	

步骤 2　画出实现交通信号灯 PLC 控制的状态转移图。

如图 2—58 所示，图中用初始脉冲 R9013 作为初始条件对过程 0 置位，按下启动按钮 X0 后进入步进流程，一次循环结束后返回到过程 1 连续循环工作。停止按钮 X1 被按下后，立即将所有的工作过程复位，跳转到过程 0 停止工作，等待重新启动。T6、T7 构成一个周期为 1 s 的振荡电路，用 T6 的常开触点控制绿灯的闪烁。

步骤 3　用步进指令编写交通信号灯 PLC 控制程序。

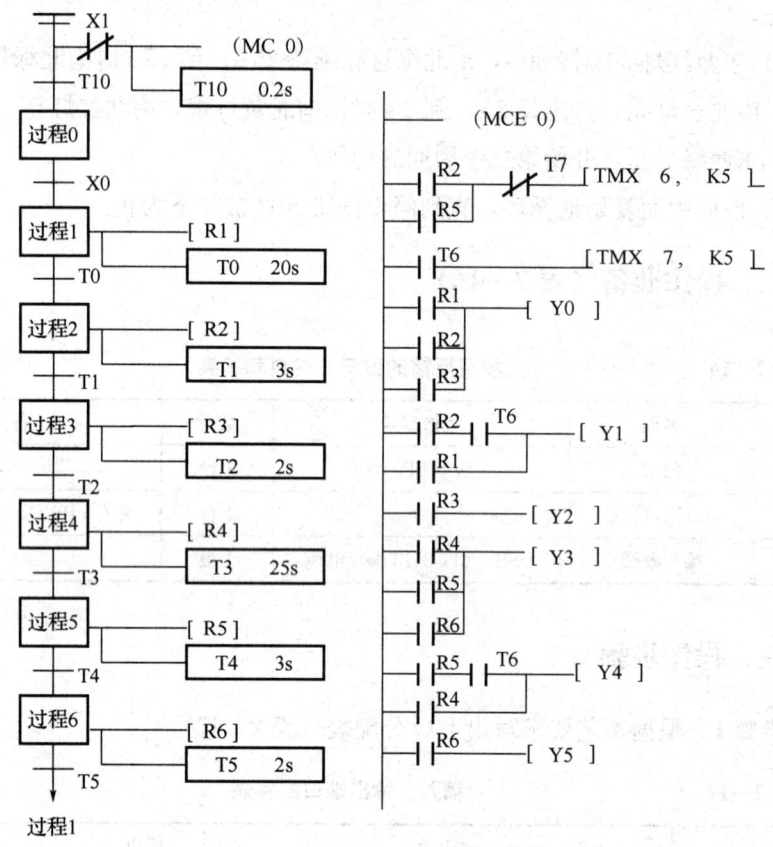

图 2—58 交通信号灯的控制流程图

如图 2—59 所示，用步进指令编写步进梯形图时，梯形图与控制流程图有对应的关系，可按控制流程图直接写出步进梯形图。注意步进流程结束时要加上指令 STPE，以关闭步进程序区并返回一般梯形图程序。

在图 2—59 所示梯形图中，主控指令 MC 0 和 MCE 0 把整个步进流程都包围在主控流程之中，以停止按钮 X1 的常闭触点作为主控的触发控制信号。未按下停止按钮时，X1 的常闭触点接通，可进入步进流程工作。当按下停止按钮时，主控流程不执行，这时所有的步进过程全部被复位，所有输出全部停止。释放停止按钮时，主控流程又被接通，又进入步进过程 0 等待再次启动。在这里用定时器 T10 延时 0.2 s 是为了能可靠地触发过程 0。

四、注意事项

用步进指令编制顺序控制程序时，虽然各个状态不会被同时激活，但若在数个

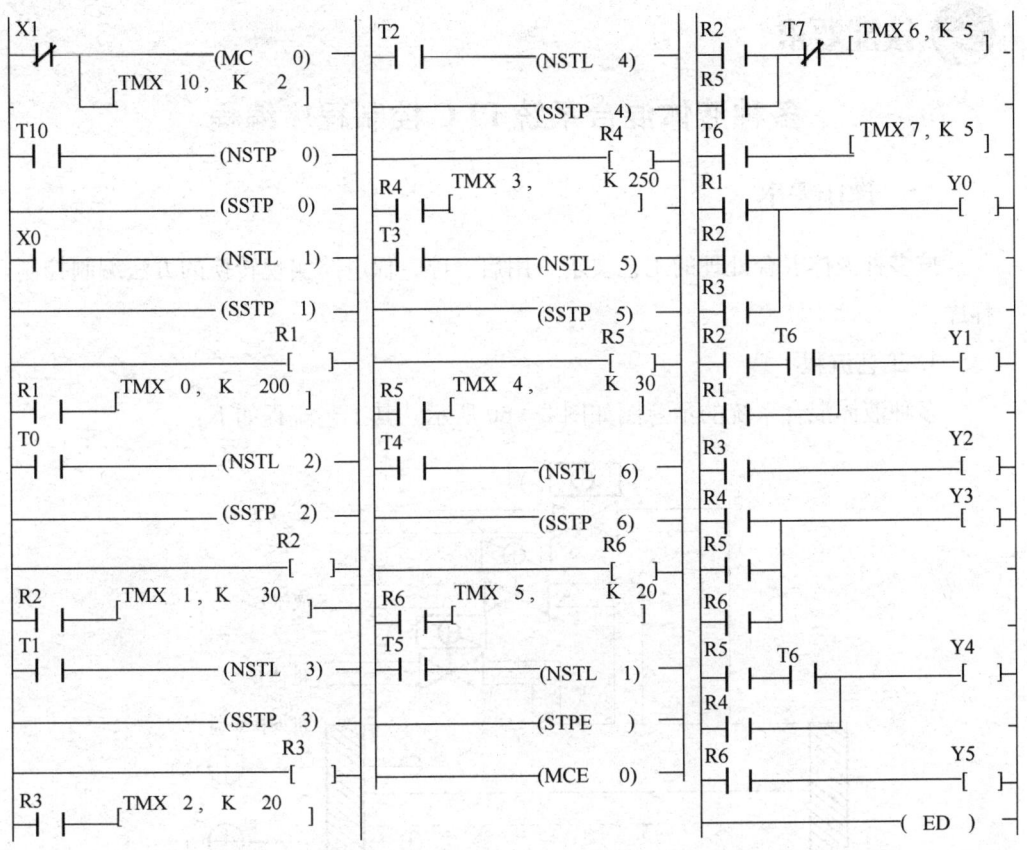

图 2—59 交通信号灯的步进梯形图

状态中对同一个编程元件的线圈进行输出，仍然会发生双线圈输出的错误，此时该输出元件的状态取决于程序中最后一次对该元件的输出状态。因此，在碰到此种情况时，往往在步进流程的各个过程中，不直接对输出继电器进行输出，而是分别输出一个内部继电器。在步进流程之外，集中将各个内部继电器的触点进行组合后再对输出继电器进行输出，这样可避免步进流程中的动作受到双线圈输出的影响。

 学习单元 3　按时间和位置综合关系确定的逻辑控制

 学习目标

能够进行多种液体混合系统 PLC 控制程序编程。

 **技能要求**

多种液体混合系统 PLC 控制程序编程

一、操作要求

按多种液体混合处理的工艺要求，用启、停、保电路实现转换的方法编制控制程序。

1. 工艺流程

多种液体混合系统的示意图如图 2—60 所示，其工艺流程如下：

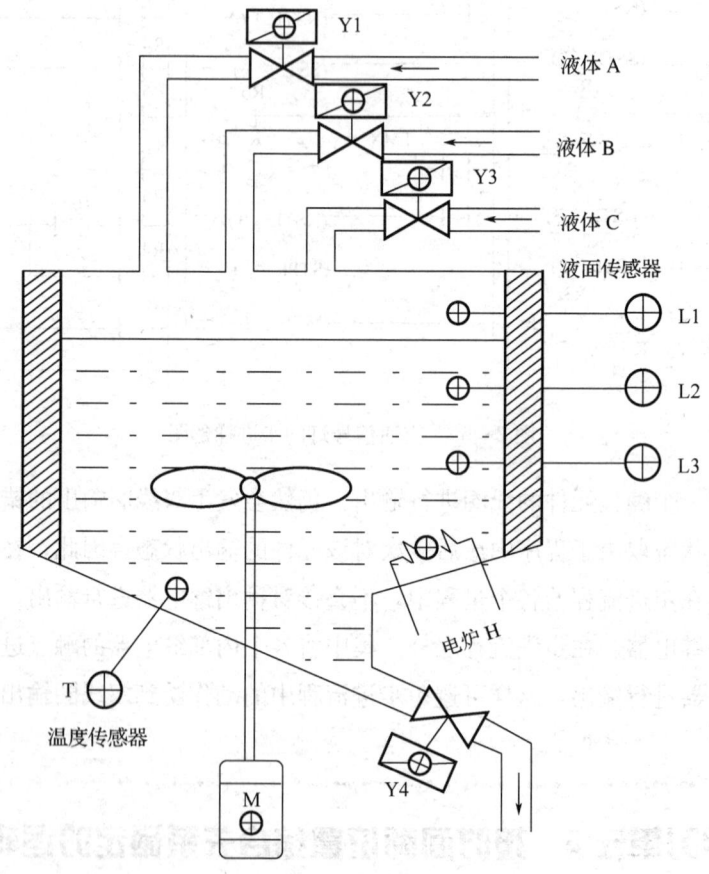

图 2—60　多种液体混合系统示意图

(1) 初始状态。容器是空的，电磁阀 Y1、Y2、Y3、Y4 的状态为 OFF；液面传感器 L1、L2、L3 的状态为 OFF；搅拌机电动机 M 为 OFF。

(2) 按下启动按钮 SB1，Y1＝ON，液体 A 进容器。当液面达到 L3 时，L3＝

ON，Y1=OFF，Y2=ON，液体 B 进入容器。当液面达到 L2 时，L2=ON，Y2=OFF，Y3=ON，液体 C 进入容器。当液面达到 L1 时，L1=ON，Y3=OFF，电动机 M=ON 开始搅拌。

（3）搅拌 10 s 后，M=OFF，电炉 H=ON，开始对液体加热。

（4）当温度达到一定时，温度传感器 T=ON，H=OFF，停止加热，Y4=ON，放出混合液体。

（5）液面下降到 L3 后，L3=OFF，再过 5 s，容器放空，Y4=OFF。

（6）要求中间隔 5 s 时间后，开始下一周期，如此连续循环。

2. 控制要求

（1）按下启动按钮 SB1 后自动循环，按下停止按钮 SB2 要在一个混合过程结束后才可停止。

（2）有必需的电气保护和互锁。

二、操作准备（表 2—18）

表 2—18　　　　　　　　项目所需的设备、材料和工具

序号	名称	规格型号	数量	备注
1	PLC	松下 FP0 型	1 台	
2	计算机		1 台	装有 FPWIN—GR 编程软件
3	编程电缆	USB—AFC8513 编程电缆	1 根	

三、操作步骤

步骤 1　根据工艺要求写出 I/O 分配表（表 2—19）。

表 2—19　　　　　　　　输入、输出端口配置表

输入设备	输入端口编号	输出设备	输出端口编号
启动按钮 SB1	X0	液体 A 进料电磁阀	Y1
停止按钮 SB2	X1	液体 B 进料电磁阀	Y2
液面传感器 L3	X2	液体 C 进料电磁阀	Y3
液面传感器 L2	X3	混合液体出料电磁阀	Y4
液面传感器 L1	X4	搅拌泵电动机 M	Y5
温度传感器 T	X5	电炉 H	Y6

步骤2 画出实现多种液体混合处理PLC控制的工艺流程图。

如图2—61所示，图中R100是停止标记，在1次循环结束处（过程8处）用停止标记R100来判断是要停止还是继续循环，停止标记状态为"1"时，R100的常开触点接通，转移到初始过程0等待下一次启动；停止标记状态为"0"时，R100的常闭触点接通，返回过程1开始下一次循环。

步骤3 用启、停、保电路实现转换的方法，编写多种液体混合处理PLC控制程序。

按照图2—61所示的顺序功能图，用启、停、保电路实现转换的方法，来编写多种液体混合的梯形图程序，如图2—62所示。根据实现转换的基本规则，所有的前级过程都应是活动过程；而在转换实现

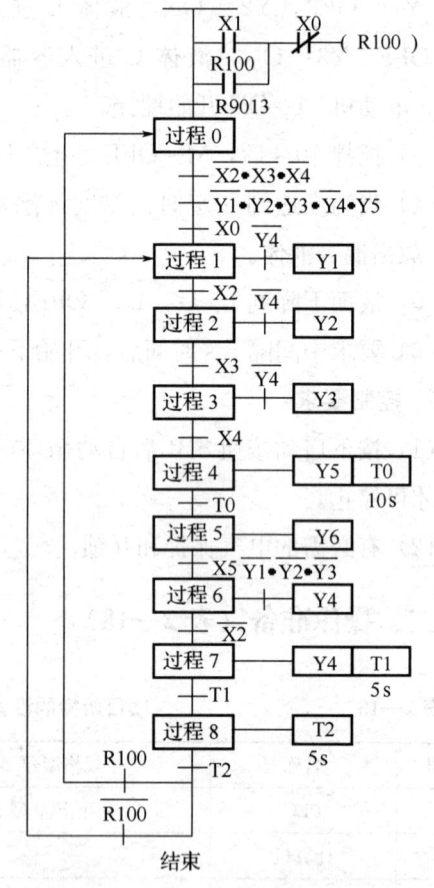

图2—61 液体混合顺序功能图

后，应使所有的后续过程变为活动过程，同时使所有的前级过程变为非活动过程。因此在编制梯形图时，对于某一过程来说，若有几条有向直线指向此过程的，这几条直线前的过程都应作为活动过程，在启、停、保电路中都应作为启动支路并联在一起，如图中过程0、过程1中与左母线相连的并联支路；而若从此步有几条分支要转移到几处的，则这几处都应作为后续过程，这些后续过程的常闭触点都应串联起来作为启、停、保电路中的停止按钮，如过程8中串联的R0、R1常闭触点。

在从过程0到过程1的转换中，使用了R101作为中间变量，以它来综合其他初始条件，以免变量太多而使一个梯级太长。

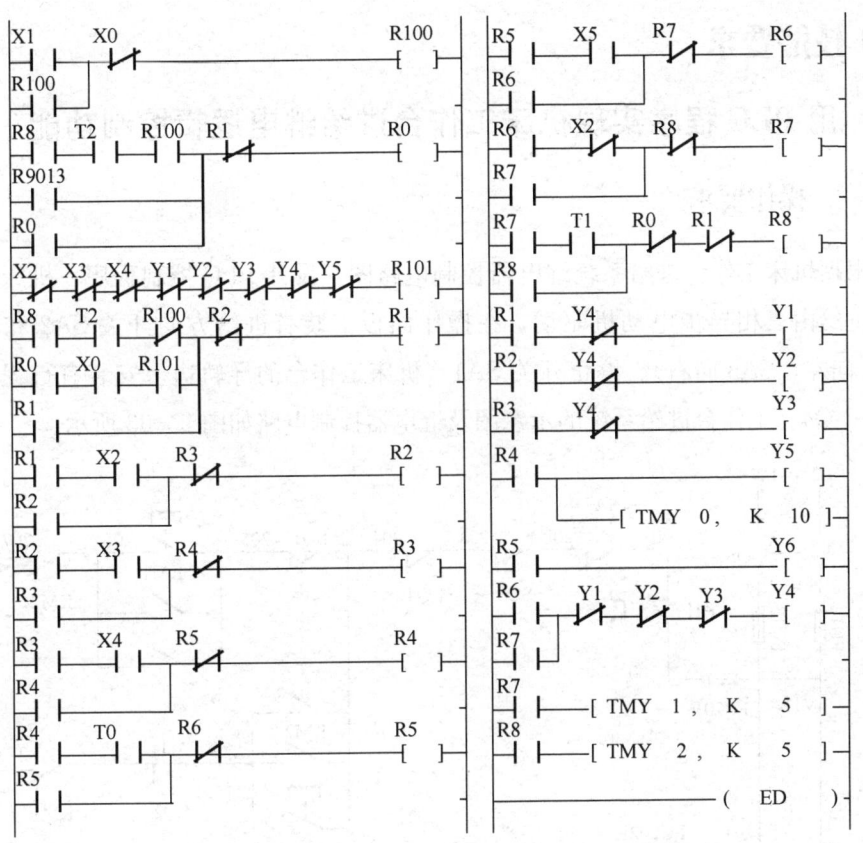

图 2—62 多种液体混合梯形图

学习单元 4　用 PLC 控制程序改造继电控制电路

学习目标

1. 掌握根据继电控制电路图设计 PLC 程序的基本方法、设计步骤和技巧。
2. 能够用 PLC 程序实现机床工作台进给继电逻辑控制功能。

知识要求

知识要求参见本章第 1 节学习单元 4，将其中的编程元件 M 以内部继电器 R 来代替即可。

 **技能要求**

用 PLC 程序实现机床工作台进给继电逻辑控制功能

一、操作要求

根据机床工作台进给系统继电器控制电路图,设计 PLC 控制程序。机床工作台的进给由三相异步电动机驱动,在操作面板上装有进给方向开关 SA2 和 SA3(SA2 向左,SA3 向右)、停止开关 SA1。机床工作台的导轨边上安装有行程开关 SQ1~SQ4。工作台进给系统的示意图及继电器控制电路如图 2—63 所示。

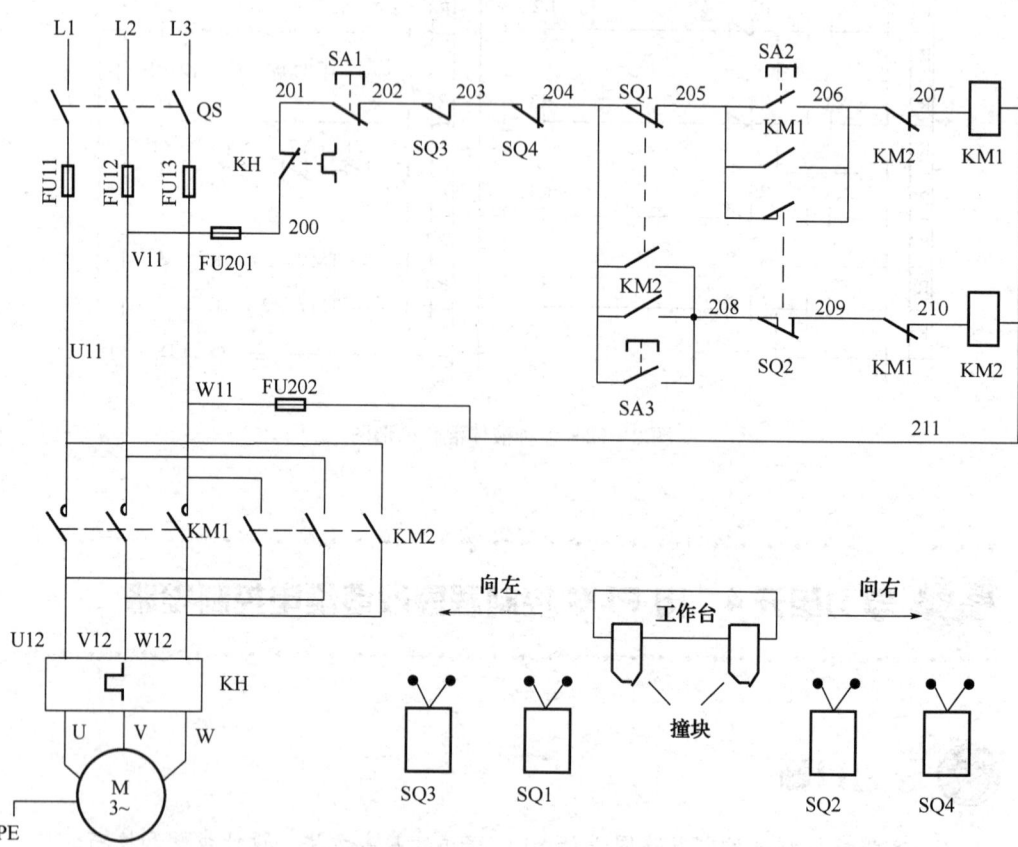

图 2—63 机床工作台进给系统继电器控制电路图

操作要求如下:

(1) 按进给系统继电器控制电路图,画出 PLC 外部接线图和 I/O 分配表。

(2) 根据继电器控制电路图,写出梯形图程序。

二、操作准备（表 2—20）

表 2—20　　　　　项目所需的设备、材料和工具

序号	名称	规格型号	数量	备注
1	PLC	松下 FP0 型	1 台	
2	计算机		1 台	装有 FPWIN—GR 编程软件
3	编程电缆	USB—AFC8513 编程电缆	1 根	

三、操作步骤

步骤 1　分析控制电路工作原理。

合上电源开关 QS，电路进入热备用状态。当需要电动机驱动工作台向左运行时，按下开关 SA2，接触器 KM1 的线圈通电吸合，KM1 的辅助常开触点（205—206）闭合自锁；KM1 的辅助常闭触点（209—210）断开，禁止 KM2 的线圈通电工作；KM1 的主触头（U11—U12）、（V11—V12）、（W11—W12）闭合，电动机 M 通电正转，驱动工作台向左移动。当工作台上撞块压住限位开关 SQ1 时，SQ1 的常闭触点（204—205）断开，接触器 KM1 的线圈断电释放，KM1 的辅助常闭触点（209—210）复位，为 KM2 线圈投入工作做好准备；KM1 的主触头断开，电动机暂停向左驱动。紧接着限位开关 SQ1 的常开触点（204—208）闭合，接触器 KM2 的线圈通电吸合，KM2 的辅助常开触点（204—208）闭合自锁；KM2 的辅助常闭触点（206—207）断开，禁止 KM1 的线圈投入工作；KM2 的主触头（U11—W12）、（V11—V12）、（W11—U12）闭合，电动机通电反转，驱动工作台向右移动。当工作台撞块压住限位开关 SQ2 时，SQ2 的常闭触点（208—209）断开，接触器 KM2 的线圈断电释放，KM2 的辅助常闭触点（206—207）复位，为 KM1 线圈投入工作做好准备；KM2 的主触头断开，电动机 M 暂停向右驱动。接着重复上述过程，直至操作开关 SA1，停止电动机运行。

若开始运行时，要使工作台向右移动，可以按下开关 SA3，以后的分析与上面相同。

本线路为了防止工作台越轨，还分别在 SQ1 的左边和 SQ2 的右边设置了极限限位开关 SQ3 和 SQ4。当工作台超程时，撞块将压住 SQ3 或 SQ4，切断接触器线圈的工作电源而停止往复运动。待人工复位后，再重新启动设备运行。

步骤2 根据控制要求确定 I/O 分配（表 2—21）。

表 2—21　　　　　　　　　　输入、输出端口配置

输入设备	输入端口编号	输出设备	输出端口编号
停止开关 SA1	X00	向左进给接触器 KM1	Y00
向左进给开关 SA2	X01	向右进给接触器 KM2	Y01
向右进给开关 SA3	X02		
行程开关 SQ1	X03		
行程开关 SQ2	X04		
行程开关 SQ3	X05		
行程开关 SQ4	X06		
热继电器 KH	X07		

步骤3 画出 PLC 外部接线图。

根据工作台进给系统的继电器控制电路图及 I/O 分配表，可画出 PLC 的外部接线图，如图 2—64 所示。

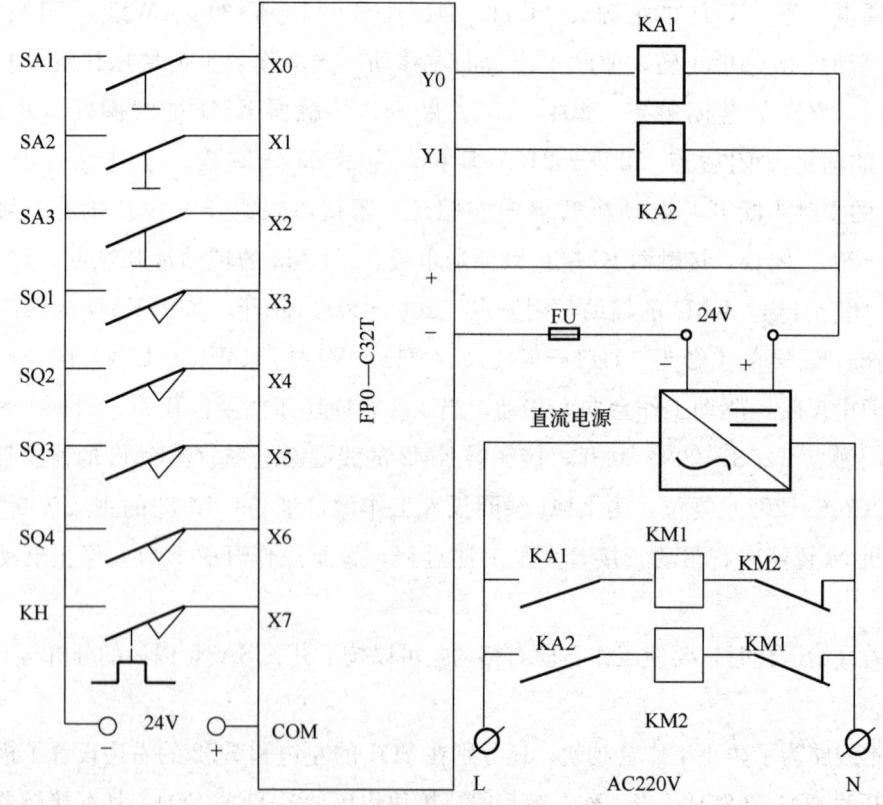

图 2—64　工作台进给的 PLC 外部接线图

在接线图中，所有的主令电器均用常开触点。PLC 的三极管输出端子负荷能力较小，而且只能接直流负载，因此使用了直流继电器 KA1 和 KA2，用 KA1 和 KA2 的触点驱动交流接触器 KM1 和 KM2 的线圈。KM1 和 KM2 是不允许同时接通的，为了安全起见，在硬件接线中应进行互锁，在程序中也要加上互锁。

步骤 4　确定中间继电器、时间继电器对应的内部继电器及定时器。

在继电器控制电路图中，KM1、KM2 都要受到由 KH、SA1、SQ3、SQ4 的触点串联电路的控制，为了使程序简明可读，增加了由此 4 个触点控制的内部继电器 R0。在原电路中，没有中间继电器和时间继电器，故不需要指定其他内部继电器和定时器。

步骤 5　按对应关系编写梯形图。

将原继电器控制电路图"翻译"为梯形图，并按照梯形图的编程规则做了一些调整后，写出梯形图如图 2—65 所示。

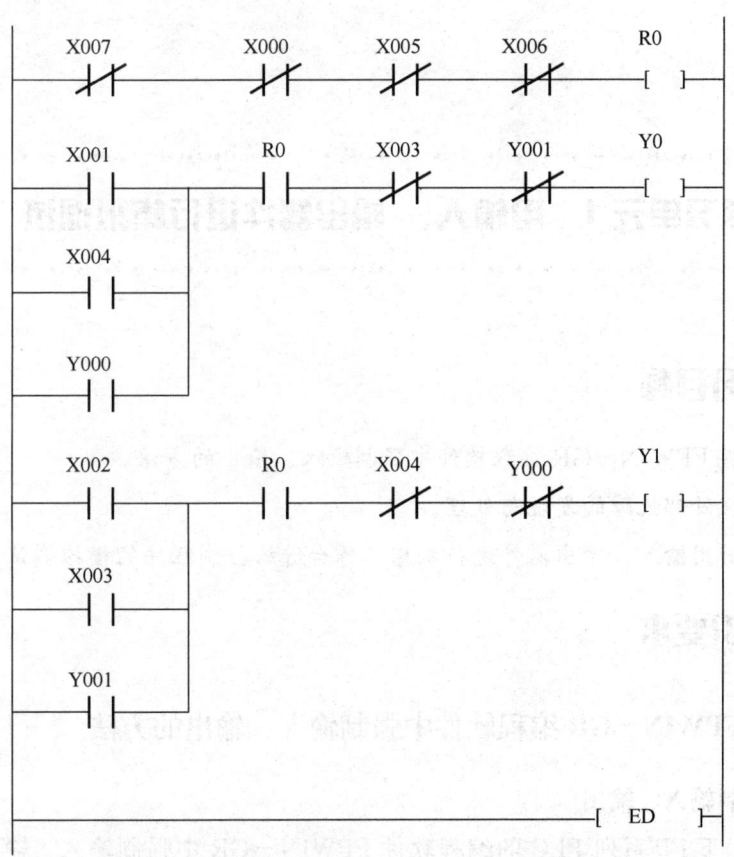

图 2—65　机床工作台进给系统 PLC 控制梯形图

四、注意事项

在继电器控制电路图中，主令电器（按钮、行程开关、接近开关等）、热继电器、速度继电器、油压继电器等经常会使用常闭触点。在把它们作为编程器的输入信号时，有两种接线方式：接成常开触点或接成常闭触点。一般认为接成常开触点比接成常闭触点优越，有以下三个优点：

第一，梯形图与继电控制电路一致。

第二，输入端全部为常开触点，可以防止干扰信号侵入。

第三，全部采用常开触点，接线统一，不会接错，提高效率，维修方便。

第4节 松下可编程控制器控制系统调试

学习单元1 用输入、输出器件进行模拟调试

学习目标

1. 掌握FPWIN－GR编程软件中强制输入、输出的方法。
2. 掌握外部故障的发现与处理。
3. 能够用输入、输出器件进行机床工作台进给控制程序的模拟调试。

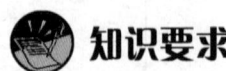

知识要求

一、FPWIN－GR编程软件中强制输入、输出的方法

1. 强制输入、输出

利用松下FP系列PLC的编程软件FPWIN－GR中强制输入、输出的功能，能帮助用户检查外部输入、输出器件的状况及接线的正确性，或应用于简单的手动运行或程序的调试。FPWIN－GR中可以对X、Y等位元件进行强制输出。

对输入、输出继电器强制进行 ON/OFF 操作是在 FPWIN-GR 的符号梯形图编辑窗口中执行菜单命令〔在线〕→〔强制输入输出〕实现的，如图 2—66 所示。执行〔强制输入输出〕命令后，出现图 2—67 所示的对话框。单击图 2—67a 中右边的〔设备登录〕按钮，出现图 2—67b 所示的"强制输入输出设备"对话框。在元件登录对话框中输入要进行强制输入、输出的编程元件类型及编号（若需对连续编号的数个元件进行强制输

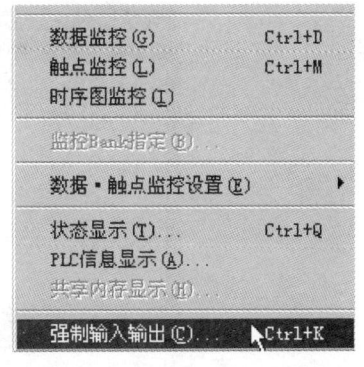

图 2—66 强制输入输出菜单命令

入、输出，可在〈登录数〉框中填入相应的个数），然后单击〔OK〕按钮退出元件登录对话框，回到之前的"强制输入输出"对话框。此时已登录的编程元件会出现在对话框中，如图 2—68 所示。在对话框中选择需要强制输入、输出的元件（可用 Ctrl+Space 键或单击选择多个元件同时进行 ON/OFF），单击〔ON（1）〕按钮后所选择的元件被强制为 ON；单击〔OFF（2）〕按钮，则所选择的元件被强制为 OFF；单击〔FREE（3）〕按钮则元件的状态按照序流程动作。若单击〔解除〕按钮，则所有强制点被解除，恢复到强制操作之前的状态。

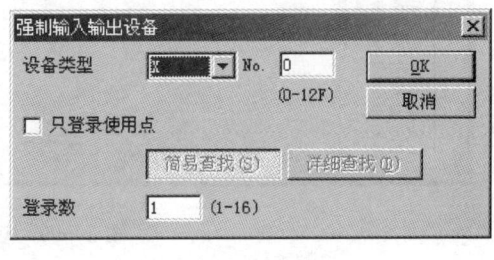

a)　　　　　　　　　　　　　　　b)

图 2—67 强制输入、输出对话框
a)"强制输入输出"对话框　b) 元件登录对话框

2. 触点的监控及 ON/OFF 操作

执行菜单命令〔在线〕→〔触点监控〕，即会出现图 2—69 所示的"触点监控"窗口。在此窗口中可以对 X、Y、R、T、C、SSTP 等元件的触点进行监控或 ON/OFF 操作。双击"未登录"处，就会出现与图 2—67b 相似的监控设备登录对话框。在对话框中输入要监控的元件后确认退出，回到先前的触点监控窗口。已登录的元件出现在此窗口之中。若此时选择的是〔在线编辑〕方式，并执行菜单命令

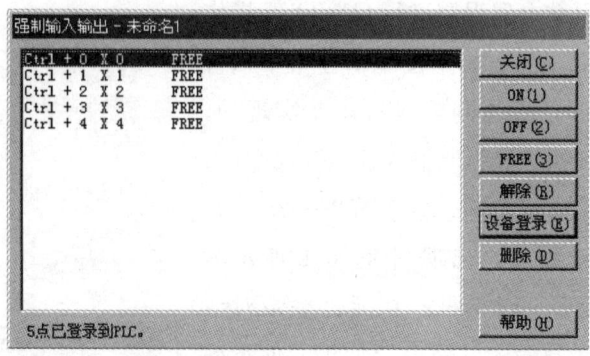

图 2—68　元件登录后的"强制输入输出"对话框

〔在线〕→〔执行监控〕以开始监控,则被登录的各触点和线圈的 ON/OFF 状态即被显示在触点监控窗口中,如图 2—70 所示。

①:显示行编号。
②:显示设备代码、设备 No.。
③:显示正在监控的触点或线圈 ON/OFF 状态。也可以对触点进行 ON/OFF 操作。
④:显示对应各设备的 I/O 注释。

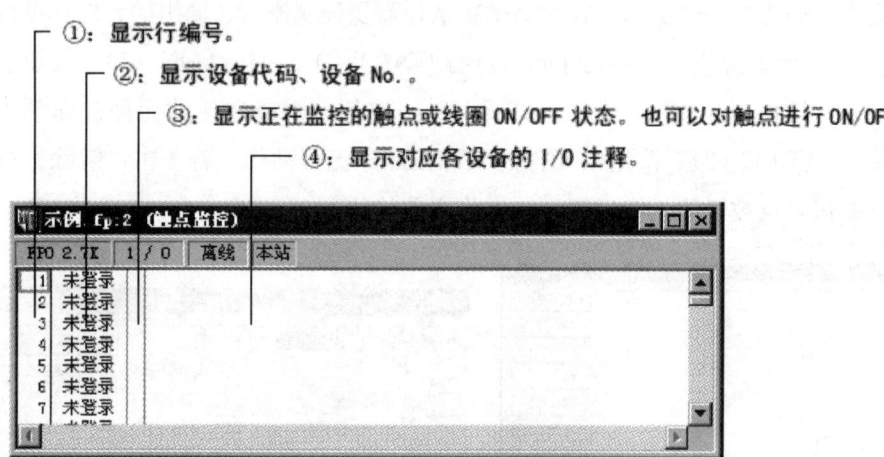

图 2—69　触点监控窗口

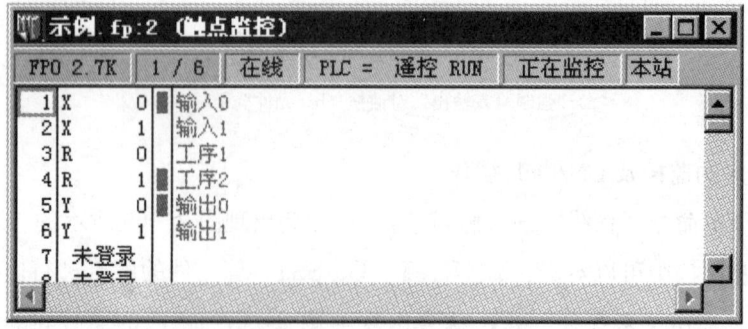

图 2—70　触点的监控

在在线监控状态下，在触点监控窗口中选择某个元件后的监控状态处按〔Enter〕键，或双击此状态，会出现图 2—71 所示的"数据写入"对话框。在此框中选择 ON 或 OFF 后单击〔OK〕按钮，则该元件的状态即被改变。（注意：输入继电器 X 的状态不能被改写。）

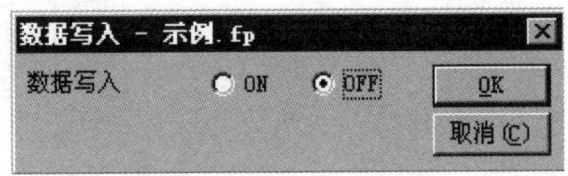

图 2—71　"数据写入"对话框

3. 数据监控及当前值的改变

执行菜单命令〔在线〕→〔数据监控〕，即会出现图 2—72 所示的"数据监控"窗口。用与"触点监控"类似的方法，在窗口中登录要监控的编程元件后，执行菜单命令〔在线〕→〔执行监控〕以开始监控，则被登录的监控对象的数值即被显示在数据监控窗口中，如图 2—73 所示。在在线监控状态下，在数据监控窗口中选择某个元件后的监控数据显示处按〔Enter〕键，或双击此状态，会出现图 2—74 所示的"数据写入"对话框。在此框中写入所需的数据后单击〔OK〕按钮，则该元件的当前值即被改变。利用此功能，可改变数据寄存器 DT、定时器 T 和计数器 C 的预置值 SV、经过值 EV 及 WX、WY、WR 的数值。

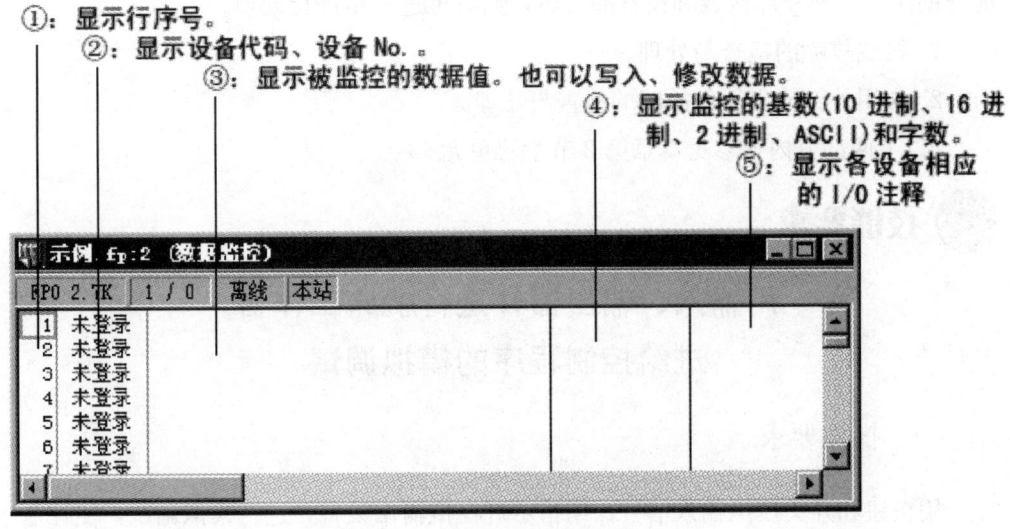

图 2—72　"数据监控"窗口

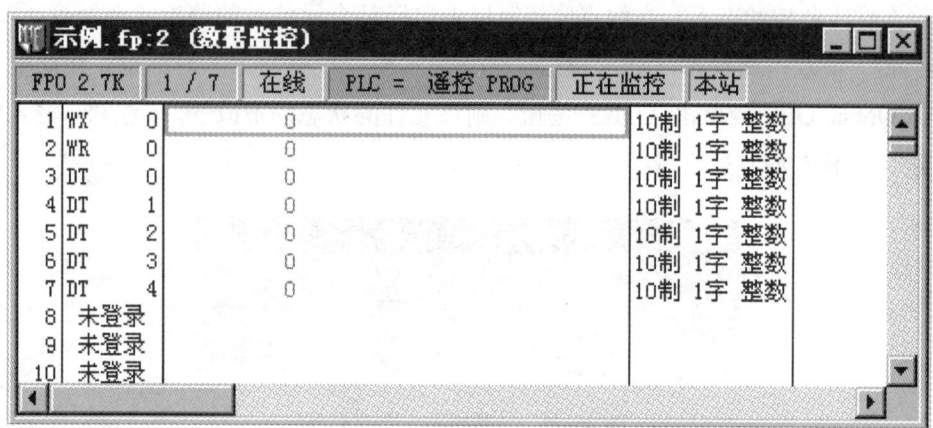

图 2—73　元件登录后的"数据监控"窗口

图 2—74　"数据写入"对话框

二、外部故障的发现与处理

利用 PLC 面板上的输入、输出指示灯和 FPWIN GR 的强制输入、输出功能，能帮助用户发现外部接线和设备的故障，然后可进一步进行处理。

1. 接线故障的检查与处理。
2. 常用外部输出器件故障的检查与处理。

（以上两部分内容参见本章第 2 节学习单元 1）。

 **技能要求**

用输入、输出器件进行机床工作台
进给控制程序的模拟调试

一、操作要求

用按钮和开关模拟输入信号，用指示灯模拟输出设备，进行模拟调试，使控制程序能正常运行。

二、操作准备（表 2—22）

表 2—22　　　　　　　　项目所需的设备、材料和工具

序号	名称	规格型号	数量	备注
1	PLC	松下 FP0 型	1 台	
2	计算机		1 台	装有 FPWIN-GR 编程软件，已安装好编程电缆驱动程序
3	编程电缆	USB-AFC8513 编程电缆	1 根	
4	模拟调试板	装有 8 个按钮、8 个钮子开关、8 个 LED 指示灯	1 套	

三、操作步骤

步骤 1　按工艺要求编写梯形图程序。

按照上一学习单元所介绍的方法，根据图 2—63 所示的继电器控制电路图，写出图 2—65 所示的梯形图程序。

步骤 2　启动 FPWIN-GR 编程软件，输入控制程序并下载到 PLC。

把 USB-AFC8513 编程电缆的两端分别插在 PLC 的编程接口和装有编程软件的计算机 USB 口上，计算机中事先已安装好了编程电缆的驱动程序。接通 PLC 电源，启动计算机中 FPWIN-GR 编程软件，执行菜单命令〔选项〕→〔通信设置〕，出现图 2—75 所示的对话框。在对话框中根据实际连接的计算机串口选择端口号（如图 2—75 中的 COM9），传送速率、奇偶校验、数据格式等一般可用默认值，网络类型选择 C-NET（RS-232C）。单击〔OK〕按钮后，计算机就和 PLC 建立了连接。

在 FPWIN-GR 的符号梯形图编辑窗口里，输入图 2—65 所示的机床工作台进给控制梯形图程序。然后执行菜单命令〔文件〕→〔下载到 PLC〕，出现图 2—76a 所示的对话框。在对话框中，单击〔是〕按钮，即向 PLC 下载输入在编程窗口中的程序。注意在进行传送前应先将 PLC 的运行开关置于"PROG"位置，否则下载前会出现图 2—76b 所示的提示窗口，单击〔是〕按钮即可。

步骤 3　用按钮和开关模拟行程开关，检查输入电路。

在对 PLC 控制系统进行调试时，通常总是先用按钮、开关、指示灯等代替实际控制设备，进行模拟调试，当模拟调试正常后，再接上实际设备进行现场调试。

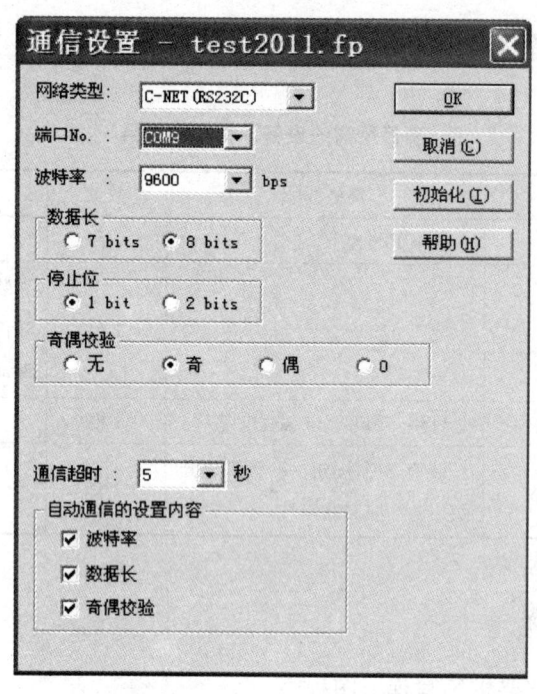

图 2—75 "通信设置"对话框

图 2—76 向 PLC 下载程序
a) 下载对话框 b) 运行模式提示窗口

在模拟调试时,通常用按钮和开关模拟输入信号,用指示灯模拟输出设备,对控制程序进行调试,使控制程序能正常运行。调试的顺序是先调输入电路,再调输出电路,然后执行控制程序,对程序进行模拟调试。

对本例程序进行模拟调试时,首先按图 2—64 所示接线图,在 PLC 和模拟调试板之间完成接线。接线时用模拟调试板上的按钮代替 SA2 和 SA3,而 SA1、SQ1~SQ4、KH 都用开关代替。KA1、KA2 用指示灯代替。

将 PLC 的运行开关置于 "PROG" 位置。依次按下模拟调试板上的按钮 SA2、SA3，先后分别接通和断开 SA1、SQ1～SQ4、KH 等开关，同时观察 PLC 面板上对应 X0～X7 的 LED 是否对应点亮和熄灭、位置是否与接线图相符。若有不正确处即加以调整。

步骤 4 强制输出所需输出点，观察指示灯状态，检查输出线路。

在编程软件 FPWIN－GR 的符号梯形图编辑窗口中，使用"强制输入、输出"的方法依次使 Y0 和 Y1 分别 ON 和 OFF，观察模拟调试板上对应指示灯是否正常点亮和熄灭、位置是否与接线图相符。若有不正确处即加以修整。

步骤 5 执行控制程序，在行程开关需要动作时，用按钮或开关代替行程开关的动作，观察指示灯状态以检验程序执行的正确性。

将 PLC 置为 RUN 工作状态，开始执行程序。接通 SA1，两个输出指示灯应均不亮。SQ1～SQ4 模拟工作台导轨上行程开关的动作，在初始状态时 SQ1～SQ4 均处于断开状态。按下 SA2，工作台应向左运动，即 Y0 对应指示灯应点亮；松开 SA2 后 Y0 仍应点亮。将 SQ1 接通，Y0 即应熄灭，Y1 应点亮，表示工作台向右运动。断开 SQ1，Y1 仍应点亮。接通 SQ2，Y1 即应熄灭，Y0 应点亮，表示工作台又改为向左运动。断开 SQ2，Y0 仍应点亮。任意接通停止开关 SA1 或限位开关 SQ3、SQ4 及热继电器 KH，指示灯 Y0 或 Y1 均应熄灭。

若调试过程中观察到有不正确之处，应检查、分析梯形图编辑窗口中的程序，对程序进行修改。修改后的程序重新下载到 PLC，再次进行模拟调试。如还有问题则再修改程序并重新调试，直至程序运行正确为止。

步骤 6 在调试过程中记录调试步骤及调试情况，若需修改程序，则记录修改之处和修改时间。

四、注意事项

1. 根据工艺要求和控制程序，正确使用按钮或开关

在对程序进行模拟调试时，按钮或开关应按照设备实际运行的情况和工艺要求来进行操作，不能任意操作，否则会产生意料之外的情况，对调试带来不必要的麻烦。例如在例调试中，若将 SQ1 和 SQ2 同时接通（这种情况在实际运行中是不会发生的），Y0 和 Y1 是不会有输出的。如果把这种情况当作程序有问题，硬是要修改程序去解决这个问题的话，就走进死胡同了。

2. 注意一般程序错误的纠正步骤与方法

当发现程序错误之处后，一般按照"修改程序"→"保存文件"→"下载程

序"→"重新调试"的步骤进行程序错误的纠正。在修改程序错误时,对元件编号、指令或指令中参数等错误,可将光标移到修改处直接加以修改。但若要插入或删除指令,在符号梯形图编辑窗口和语句表编辑窗口(布尔非梯形图编辑窗口)的操作方法有所不同。在符号梯形图编辑窗口中,若要在已有的支路中插入触点,可将光标置于支路上,在光标处直接输入;若要在两行中间插入指令,就要执行菜单命令〔编辑〕→〔插入空行〕增加一行空间,再进行输入。若要删除触点或指令,可通过键盘上的删除键〈DEL〉进行删除。而在语句表编辑窗口中,用删除键〈DEL〉即可删除光标处的指令。但在修改或插入指令时,应注意是要"插入"还是"覆盖"。若要修改指令,可在光标处直接输入指令,则新的指令即将原指令覆盖。而若要插入指令,应按下键盘中"Insert"键,每按一下,就把光标处的指令复制了一次,增加了一行。然后把光标移到复制的指令上,输入新的指令覆盖掉光标处的原指令。

 **学习单元 2 用编程软件进行模拟调试和维修**

 学习目标

1. 掌握 PLC 故障诊断、分析与处理。
2. 熟悉 FPWIN-GR 编程软件中监控的方法。
3. 能够用编程软件和仿真软件进行机床工作台进给控制程序的模拟调试。

 知识要求

一、PLC 故障分析与处理

(此部分内容请参见本章第 2 节学习单元 2)。

二、PLC 故障的诊断

1. PLC 面板各状态指示灯的作用

在松下 FP0 系列的 PLC 面板上,有 RUN、PROG、ERROR/ALARM 共 3 个指示灯。根据可编程控制器上所设置的各种 LED 亮灯情况,检查判断是可编程控制器本身异常，还是外部设备异常。

（1）"RUN" LED 亮灯

表示 PLC 在运行模式下的正常操作。

（2）"RUN" LED 闪烁

表示 PLC 在运行模式下使用强制 I/O 功能。

（3）"PROG" LED 亮灯

表示 PLC 在编程模式下的正常操作。

（4）"ERROR/ALARM" LED 闪烁

表示 PLC 在自诊断中出现错误。

当发生自诊断错误时，可通过编程软件 FPWIN－GR 在 ONLINE（在线）模式下，执行菜单命令〔在线〕→〔状态显示〕，即会出现图 2—77 所示的"状态显示"对话框。在此对话框的下部，有"自诊断错误信息"、相关错误代码以及关于此代码的说明。

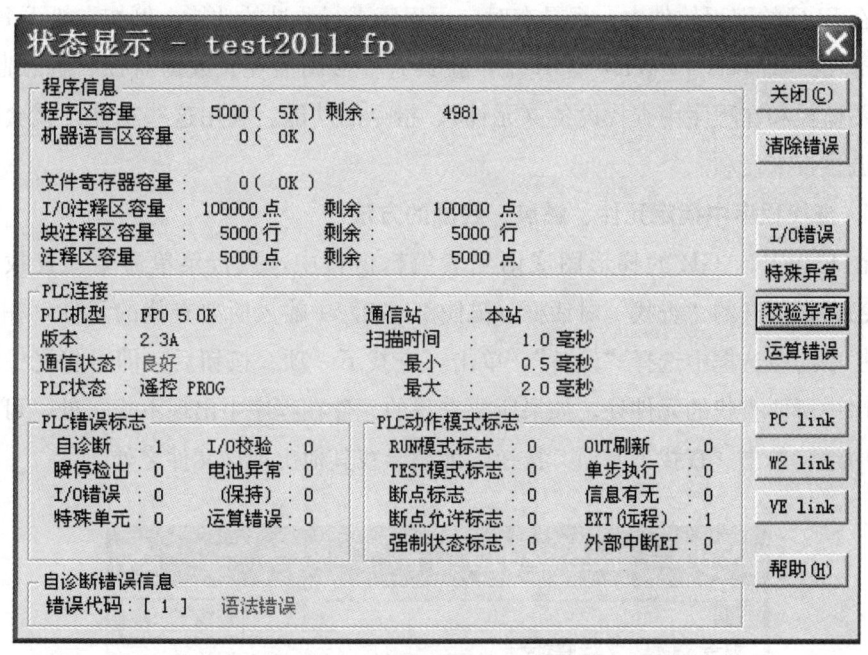

图 2—77　"状态显示"对话框

（5）"ERROR/ALARM" LED 亮灯

表示系统看门狗定时器发生错误。

所谓看门狗定时器，就是 CPU 中的运行监视定时器，在 PLC 的每个扫描周期中，都会把此定时器复位一次。而此定时器所设置的定时时间，一般远大于扫描周期,因此监视定时器在 PLC 正常工作中,是不会出现定时时间到的情况的。但当程序运行时间太长(往往是由运算周期过长、指令使用不当而使程序进入无限循环、内部电路发生故障等原因引起),超过监视定时器的预置值时,此定时器就会动作,"ERROR/ALARM" LED 就会点亮。

2. 电源故障的检查与处理

当所有指示灯全部不亮时,可将输入端口的 COM 端子上所接的电源线拆下试试看,如果这时面板上指示灯亮了,则表示是由于传感器电源的负载短路或过大负载电流的缘故,供给电源电路的保护功能在起作用。电源容量不足时,可使用外接 DC24 V 电源。

若 PLC 的电源模块并未对输入、输出端口供电,而控制单元面板上 LED 都不亮时,表明 FP0 控制单元可能有故障,要与 PLC 的分销商联系解决。

三、FPWIN-GR 编程软件中监控的方法

在 PLC 的编程软件中,都具有对应用程序进行调试的功能。例如在松下 FP 系列 PLC 的编程软件 FPWIN-GR 中,就具有梯形图监控、数据监控、触点监控、时序图监控和在程序中查找设备(元件)、指令的功能。利用这些功能,就会对程序的调试带来便利。

1. 查找程序中指定元件、触点、线圈的方法

在 FPWIN-GR 的梯形图或语句表编辑窗口中,执行菜单命令〔查找〕→〔查找〕,在打开的"查找"对话框(见图 2—78)中输入所要查找的元件,在"对象"栏中的单选框中选择"设备",单击〔查找下一项〕按钮后,即可将光标跳转到程序中所要查找的元件处。如果所要查找的元件在程序中出现不止一处,可在对话框中继续单击〔查找下一项〕按钮,继续寻找其他出现该元件之处。

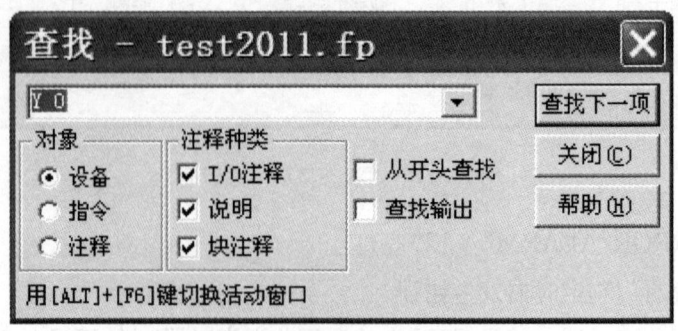

图 2—78 设备查找对话框

2. 梯形图监控

在符号梯形图窗口中，执行菜单命令〔在线〕→〔在线编辑〕，接着再执行〔在线〕→〔执行监控〕，就能直接在梯形图上显示各编程元件的状态：在触点处，凡是接通的触点都用蓝色表示；在线圈处，状态为"1"的元件和指令用绿色表示；定时器和计数器线圈及数据寄存器上方显示该元件的当前值，如图2—79所示。在图2—79中，X9的符号名用红色显示，表示该元件的状态是由强制输出的。

在处于监控状态的梯形图上，将光标移到某个元件上（输入继电器X除外），双击此元件，就可对此元件的状态（或当前值）进行设置。

对数据监控、触点监控、强制输入、输出的操作，可参见本节前一单元内容。

再次执行菜单命令〔在线〕→〔执行监控〕，可停止对梯形图的监控。

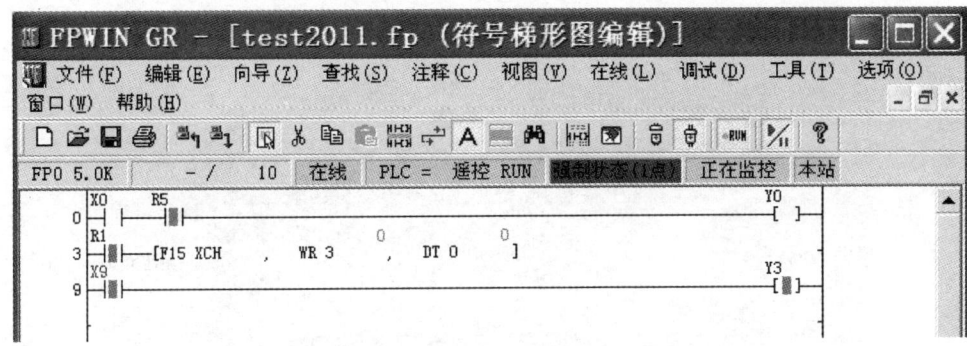

图2—79 梯形图的监控

技能要求

用编程软件进行机床工作台进给控制程序的模拟调试

一、操作要求

（1）用步进指令编制机床工作台进给控制程序。

（2）用编程软件对机床工作台进给控制程序进行模拟调试，使控制程序能正常运行。

二、操作准备（表2—23）

三、操作步骤

步骤1 按工艺要求画出控制流程图。

表2—23　　　　　　　　　项目所需的设备、材料和工具

序号	名称	规格型号	数量	备注
1	PLC	松下FP0型	1台	
2	计算机		1台	装有FPWIN-GR编程软件，已安装好编程电缆驱动程序
3	编程电缆	USB-AFC8513编程电缆	1根	
4	模拟调试板	装有8个按钮、8个钮子开关、8个LED指示灯	1套	

机床工作台上带有主轴动力头，在操作面板上装有启动按钮SB1、停止按钮SB2。机床工作台模拟仿真画面如图2—80所示，其控制工艺流程如下：

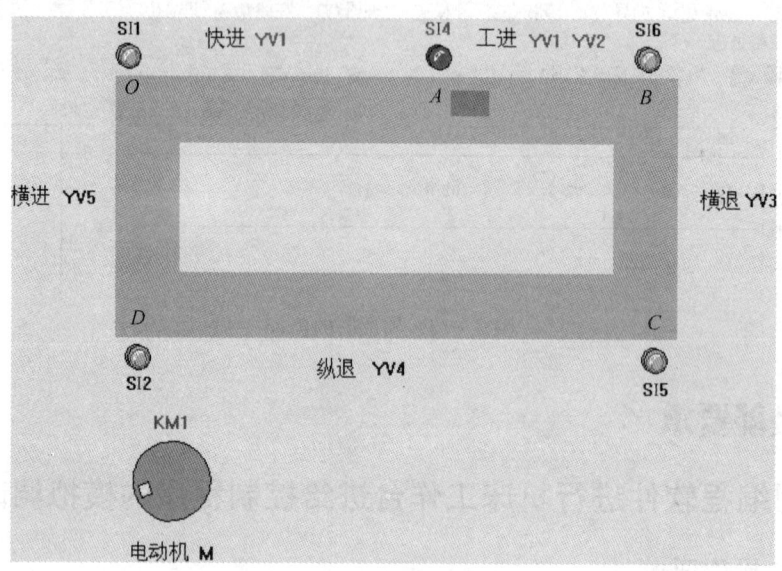

图2—80　机床工作台模拟仿真画面

（1）当工作台在原始位置时，按下循环启动按钮SB1，电磁阀YV1通电，工作台纵向快进，同时由接触器KM1驱动的动力头电动机M启动。

（2）当工作台快进到达A点时，行程开关SI4被压合，YV1、YV2通电，工作台由快进切换成工进，进行切削加工。

（3）当工作台工进到达B点时，行程开关SI6动作，工进结束，YV1、YV2失电，同时工作台停留3 s，当时间到，YV3通电，工作台作横向退刀，同时主轴电动机M停转。

(4) 当工作台到达 C 点时,行程开关 SI5 被压合,此时 YV3 断电,横退结束,YV4 通电,工作台作纵向退刀。

(5) 工作台退到 D 点碰到行程开关 SI2,YV4 断电,纵向退刀结束,YV5 通电,工作台横向进给直到原点压合行程开关 SI1 为止,此时 YV5 断电,完成一次循环。

控制要求:

按了启动按钮以后,工作台连续作 3 次循环后自动停止,若中途按停止按钮 SB2,机床工作台应立即停止运行,并按原路径返回,直到压合开关 SI1 才能停止;当再按启动按钮 SB1,机床工作台重新计数运行。

机床工作台进给 PLC 控制的输入、输出端口配置见表 2—24。

按此工艺要求及 I/O 分配表,可画出 PLC 控制机床工作台进给控制系统控制流程图,如图 2—81 所示。

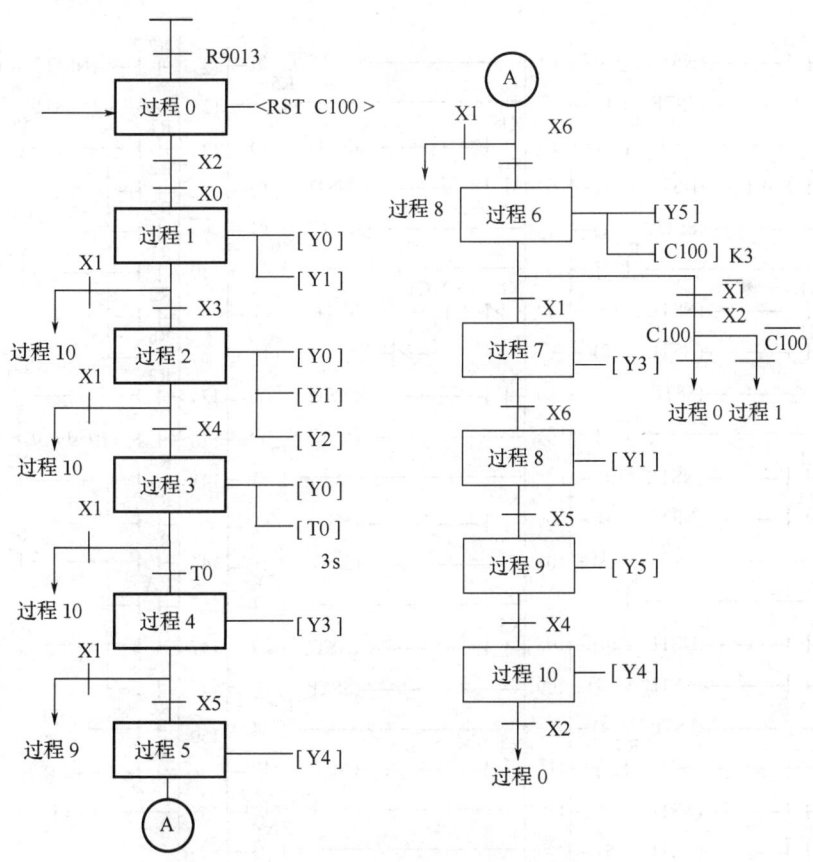

图 2—81 机床工作台进给控制流程图

表2—24　　　　　　　　　　输入、输出端口配置表

输入设备	输入端口编号	接考核箱对应端口	输出设备	输出端口编号	接考核箱对应端口
启动按钮 SB1	X00	SB1	主轴电动机接触器 KM1	Y00	HL1
停止按钮 SB2	X01	SB2	电磁阀 YV1	Y01	HL2
行程开关 SI1	X02	SA1	电磁阀 YV2	Y02	HL3
行程开关 SI4	X03	SA2	电磁阀 YV3	Y03	HL4
行程开关 SI6	X04	SA3	电磁阀 YV4	Y04	HL5
行程开关 SI5	X05	SA4	电磁阀 YV5	Y05	HL6
行程开关 SI2	X06	SA5			

步骤2　编写梯形图程序。

根据控制流程图，用步进指令编写出步进梯形图程序，如图2—82所示。

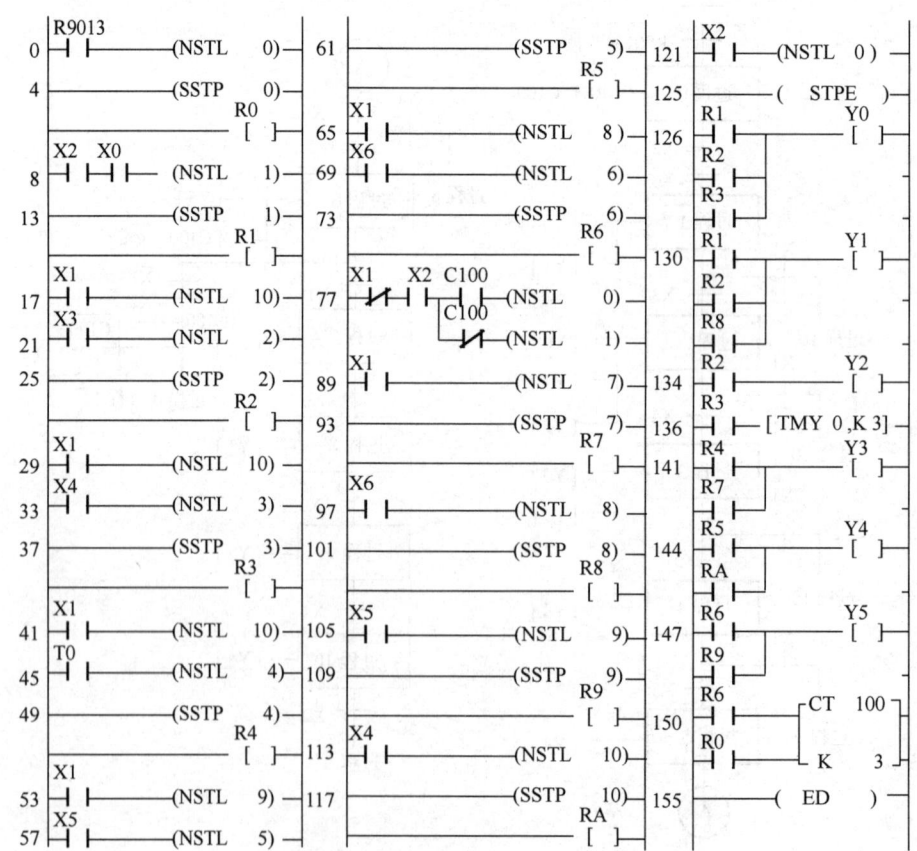

图2—82　机床工作台进给控制梯形图

> **相关链接**
>
> 1. 用初始脉冲 R9013 来激活初始过程时，要用 NSTL 指令，若用 NSTP 指令可能会接收不到脉冲上升沿。
>
> 2. 在梯形图中，计数器要编在步进程序区外面使用，如在步进过程中使用会使程序不能正常运行。

步骤 3 启动 FPWIN-GR 编程软件，输入控制程序并下载到 PLC。

步骤 4 将模拟调试板上的按钮和钮子开关代替实际系统中的按钮和行程开关，用指示灯代替接触器和电磁阀，按照表 2—24 所示的 I/O 端口分配表，接到 PLC 的输入输出端子上。

步骤 5 在编程软件梯形图编辑画面中，执行菜单命令〔在线〕→〔在线编辑〕和〔执行监控〕，或单击编辑画面下方的功能键栏中的"在线"和"监控"两个按钮，就进入在线监控状态。在梯形图中就会用蓝色方块表示所接通的触点或线圈（状态为"1"）。用模拟调试板上的按钮和钮子开关模拟输入信号观察梯形图中对应触点状态的变化，若有不正确之处，检查输入电路并加以修改。

步骤 6 在编程软件中，打开强制输入、输出，分别强制输出 Y0~Y5，用指示灯模拟输出器件，观察相应指示灯状态的变化。

步骤 7 选择 PLC 为运行状态（RUN），运行控制程序，打开梯形图监控功能，根据工艺要求分别按下启动、停止等按钮，并用钮子开关模拟行程开关，观察程序是否实现全部控制功能。如按下"启动"按钮，可以观察到梯形图中 X0 常开触点变为蓝色，同时线圈 Y0 也变为蓝色，表示输出端口 Y0 已经接通。如果在输出端口 Y0 上是连接有接触器线圈，并将电动机通过接触器连接电源的话，此时电动机就会启动运转。松开"启动"按钮，梯形图上 X0 触点恢复白色，但通过步进触点 SSTP 1，Y0 的线圈仍为蓝色，保持接通。按下停止按钮 X1，Y0 的线圈变为白色，表示输出端口 Y0 被切断，电动机停止运行。若程序不能正常运行，查找程序出错原因并予以改正。此过程须反复进行，直到工作台运行的状态完全符合所要求的控制工艺流程。

步骤 8 做好调试记录。

学习单元3 对PLC控制程序进行现场调试

 学习目标

能够进行工作台进给控制程序现场调试。

 技能要求

对工作台进给控制程序进行现场调试

一、操作要求

（1）按工艺要求编制工作台进给控制程序。

（2）在设备或模拟设备上对控制程序进行现场调试，使控制程序能正常运行。

二、操作准备（表2—25）

表2—25　　　　　　　　项目所需的设备、材料和工具

序号	名称	规格型号	数量	备注
1	PLC	松下FP0型	1台	
2	计算机		1台	装有FPWIN－GR编程软件，已安装好编程电缆驱动程序
3	编程电缆	USB－AFC8513编程电缆	1根	
4	模拟调试板	装有8个按钮、8个钮子开关、8个LED指示灯	1套	
5	模拟工作台	装有机械导轨、滑台、行程开关、电动机等器件	1套	如有设备条件，可使用实际工作台
6	安装工具	根据设备配备	1套	螺钉旋具、扳手、钢丝钳、尖头钳、压接钳等
7	接线图	根据设备配备	1套	

三、操作步骤

步骤1 模拟工作台简介。

对模拟工作台的简介部分内容可参见本章第2节学习单元3。

步骤2 按接线图对设备中的输入、输出器件进行接线。

本例使用开关量控制方式来控制滑块的运行。PLC和模拟工作台之间的接线图如图2—83所示,图中接到模拟工作台的3组控制信号必须是相互独立的无源接点,无公共端。

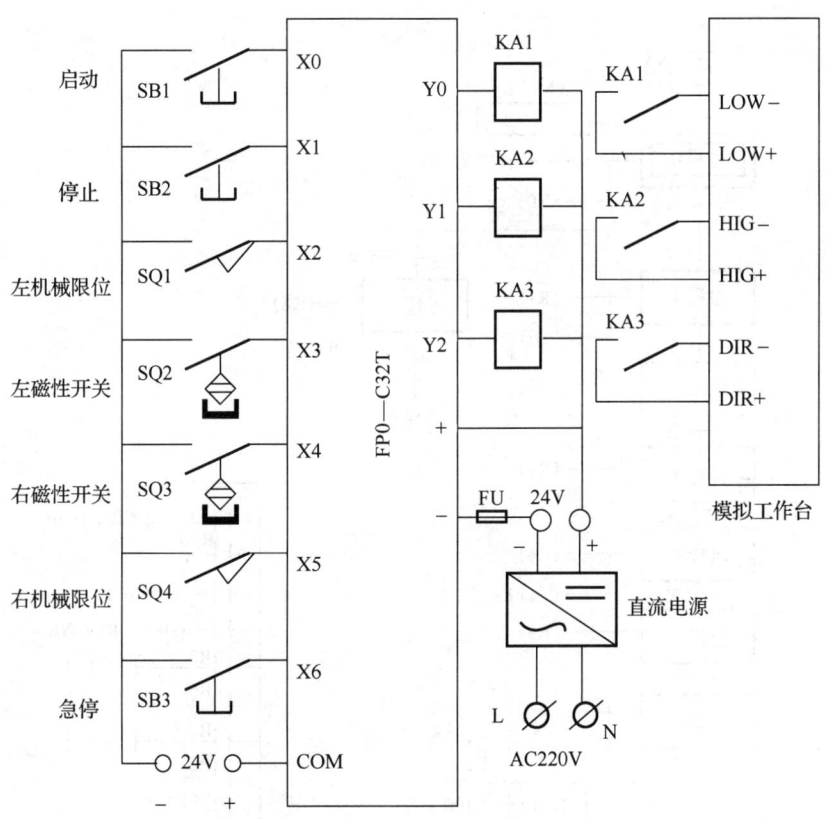

图2—83 PLC和模拟工作台的接线图

步骤3 按工艺要求画出控制流程图,编写梯形图程序。

模拟工作台运行的工艺流程如图2—84所示。

根据工艺流程,用步进指令编写控制流程图及梯形图,分别如图2—85和图2—86所示。

步骤4 启动FPWIN—GR编程软件,输入控制程序并下载到PLC。

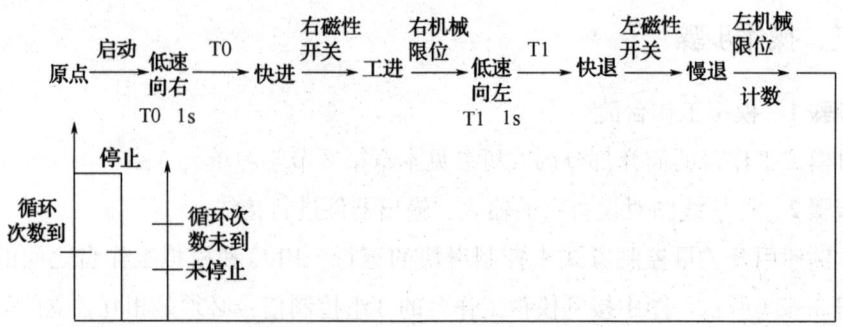

图 2—84 模拟工作台运行的工艺流程

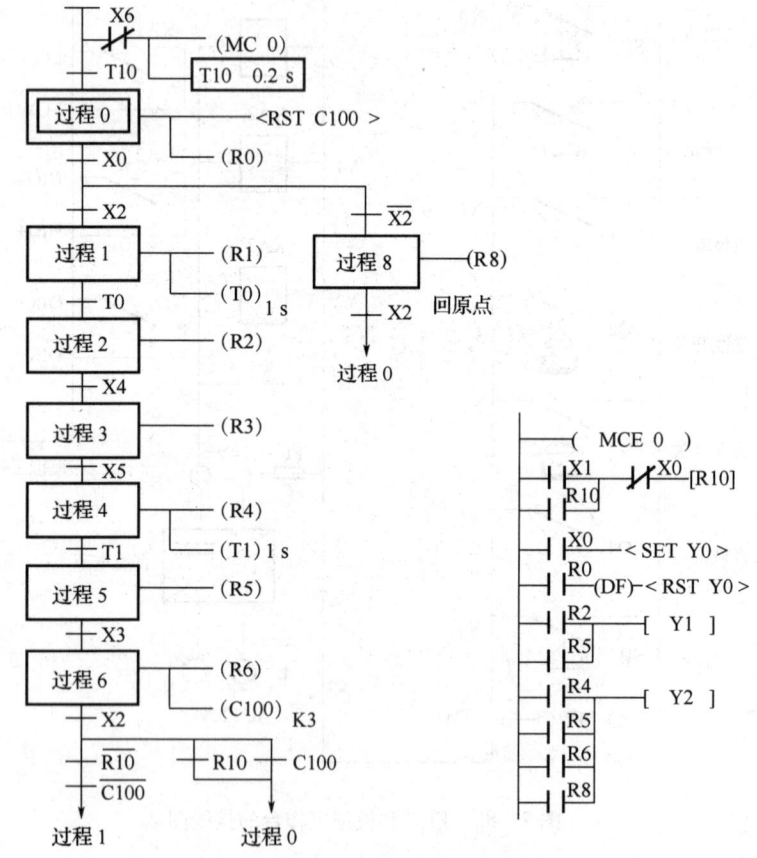

图 2—85 模拟工作台运行状态转移图

步骤5 在编程软件中打开梯形图监控功能，PLC 置于 PROG 状态。分别按动连接在 PLC 输入端口上的 3 个按钮和左、右机械限位开关，并在断开步进电动机电源的情况下将滑台先后拖到磁性开关处，观察磁性开关上及工作台上对应的机械限位指示灯是否对应点亮，同时观察梯形图中对应触点状态的变化，以此来检查

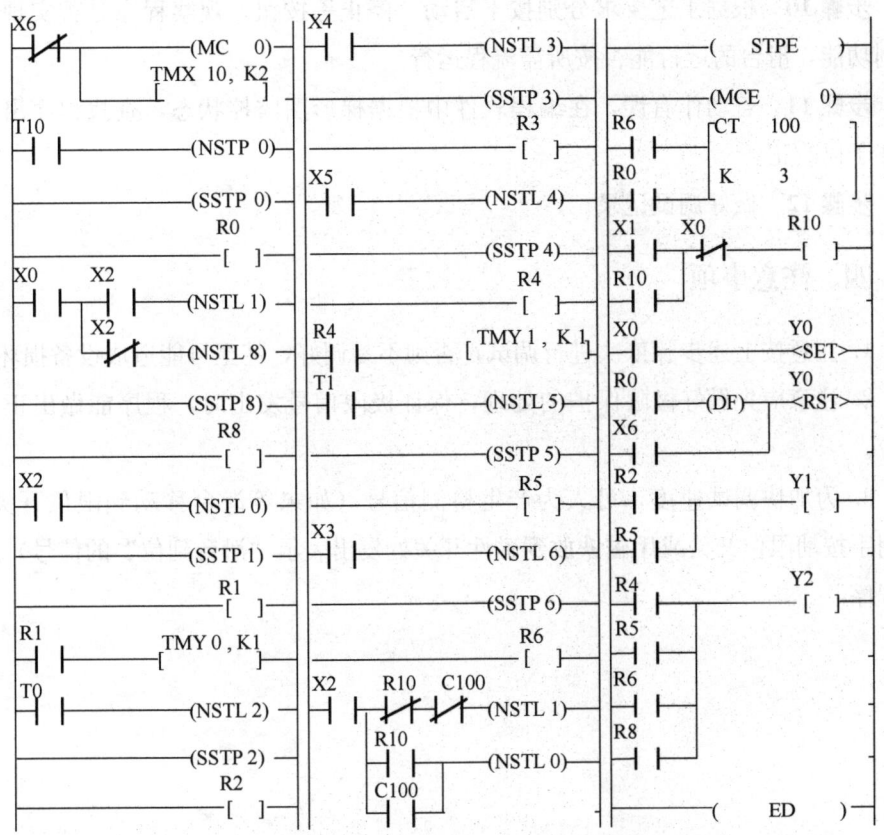

图 2—86 模拟工作台运行梯形图

输入电路的正确性。若有错误即加以纠正。

步骤 6 在编程软件中打开强制输入输出功能，强制对所需输出点输出 ON/OFF，观察设备中相应输出器件状态的变化，以检查输出线路。

步骤 7 断开步进电动机电源，将 PLC 置于 RUN 状态，运行控制程序，根据工艺要求分别按下启动、停止等按钮和行程开关、磁性开关等输入信号，观察程序是否实现全部控制功能。若程序不能正常运行，查找程序出错原因并予以改正。

步骤 8 接通步进电动机电源，用强制输出的方法对 Y0、Y1、Y2 加以组合输出，检查进给电动机的旋转方向和滑台移动的速度，并进行纠正。

步骤 9 如果程序很长，应根据程序的运行各个阶段先后在不同位置设置断点（可采取将断点处程序转移到未用到的状态元件，如将本例中的 NSTL 4 临时改写为 NSTL 14，则程序执行到过程 3 后就不会再继续执行后面的过程，此处即为设置了断点。注意在该段程序调试好后应将断点取消，改回原来的程序），分段执行程序，观察模拟工作台上滑台运行的状态，用以验证程序执行的正确性。

步骤 10　根据工艺要求分别按下启动、停止等按钮，观察程序是否实现全部控制功能，滑台的运行能否按所需流程运行。

步骤 11　若动作有误，在编程软件中根据梯形图监控状态，查找程序出错原因并予以改正。

步骤 12　做好调试记录。

四、注意事项

1. 注意按上述步骤依次进行调试，否则不易调好，甚至可能造成设备损坏。

2. 注意应先做好极限保护的处理，保证极限信号发出时，程序能做出正确的响应。

3. 为加快调试速度，可人为产生检测信号（如未等滑台移动到限位开关处，即用手按动限位开关或用磁铁放到磁性开关处发出表示"滑台到位"的信号）来调试程序。

第 3 章 交直流传动系统装调维修

第 1 节 直流传动系统分析与装调维修

学习单元 1 自动控制系统基本知识

学习目标

1. 熟悉开环控制系统和闭环控制系统。
2. 熟悉闭环控制系统的组成及作用。
3. 熟悉自动控制系统的分类。

知识要求

一、开环控制系统和闭环控制系统

为了实现各种控制任务,将被控对象和控制装置按照一定方式连接,对被控对象的一个或多个物理量(如转速、温度、电流、电压等)进行自动控制的整个系统称为自动控制系统。自动控制系统可分为开环控制系统、闭环控制系统和复合控制系统。下面着重对开环控制系统和闭环控制系统加以讨论。

1. 开环控制系统

晶闸管整流装置供电的直流电动机开环控制调速系统如图 3—1 所示。

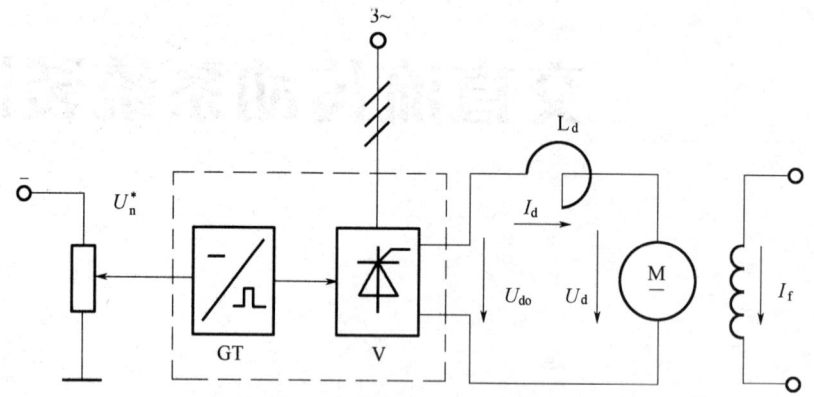

图 3—1　晶闸管整流装置供电的直流电动机开环控制调速系统

在图 3—1 中，电动机 M 是被控对象，转速 n 是要求实现自动控制的物理量，称为被控制量（输出量），转速给定 U_n^* 为系统输入量。当系统输入端给定一个电压 U_n^*（输入量）时，电动机就有对应一个转速 n（输出量）。当给定电压 U_n^* 增大时，通过触发器 GT 使晶闸管整流装置 V 的控制角 α 减小，晶闸管整流装置输出电压 U_{do} 增加，电动机的电枢电压 U_d 增加，电动机的转速 n 增加。为了清楚地说明系统各元件间的信号传递作用关系，常用系统框图来表示控制系统，此系统框图如图 3—2 所示。

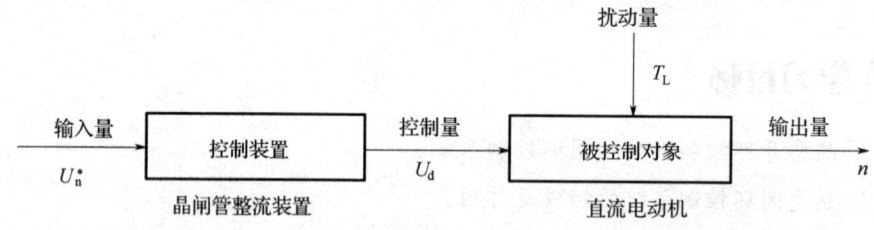

图 3—2　晶闸管整流装置供电的直流电动机开环调速系统框图

在图 3—2 中，作用于系统输入端的量 U_n^* 称为输入量，作用于被控对象（电动机）的量 U_d 称为控制量，转速 n 是要求控制的输出量，亦称为被控量。作用于被控对象（电动机）的负载 T_L 称为扰动量。从理论上来说除了输入量外，所有使被控量即转速 n 偏离希望值（给定值）的因素都是扰动，如负载转矩变化、电源电压的波动、电动机励磁电流的变化等因素，在转速给定值 U_n^* 不变时，都将引起被控量（转速 n）的变化。为了分清主次，把各种扰动分为主扰动和次扰动，系统分析时主要考虑主扰动。对于图 3—1 所示的直流电动机开环控制调速系统来说，电动机负载 T_L 为主扰动。

上述控制系统输出量（被控量）只能受控于输入量，输出量不反馈到输入端参与控制的系统称为开环控制系统。开环控制系统有两种方式，一种是按给定量控制方式组成开环控制系统，另一种是按扰动控制方式组成开环控制系统。图 3—1 所示的直流电动机开环控制调速系统是按给定量控制的开环控制系统，该开环控制系统结构简单、调整方便、成本低，但控制系统抗扰动性能差，控制精度低，往往不能满足生产工艺要求。例如，将图 3—1 所示的直流电动机开环控制调速系统用于机床主轴调速系统，当机床加工零件时，由于在加工过程中负载 T_L 变化，从而引起转速波动，造成机床加工精度差，不能满足生产过程的要求。为了提高抗扰动性能和控制精度，常采用下面所介绍的闭环控制（反馈控制）系统。

按扰动控制方式组成的开环控制系统，用仪器、仪表来测量扰动，使系统按照扰动进行控制，以减小或抵消扰动对输出量的影响，这种开环控制系统也称之为前馈控制系统。前馈控制系统是利用可测量的扰动量产生一种补偿作用，能针对干扰迅速调整控制量，使被控制量及时得到调整，从而提高抗扰动性能和控制精度。

2. 闭环控制系统（反馈控制系统）

闭环控制系统又称反馈控制系统。晶闸管整流装置供电的直流电动机闭环控制调速系统如图 3—3 所示。

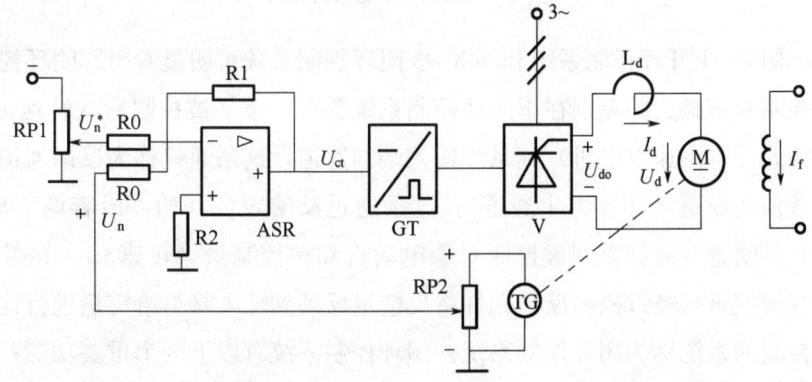

图 3—3　晶闸管整流装置供电的直流电动机闭环控制调速系统

测速发电机 TG 与电动机 M 装在同一机械轴上，并从测速发电机 TG 引出转速负反馈电压 U_n，此电压正比于电动机的转速 n。该转速反馈电压 U_n 与给定电压 U_n^* 进行比较，其差值 $\Delta U_n = U_n^* - U_n$ 经转速调节器 ASR 调节放大，输出控制电压 U_{ct}，经触发器 GT 控制晶闸管变流器的输出电压 U_{do} 从而控制电动机转速 n，使转

速 n 与转速给定值趋于一致。例如,当负载增加时,电动机因负载增加转速 n 下降,则转速反馈电压 U_n 减小,由于转速给定电压 U_n^* 不变,偏差 $\Delta U_n = U_n^* - U_n$ 增加,转速调节器 ASR 输出电压 U_{ct} 增加,使晶闸管变流器输出电压 U_{do} 增加,从而使电动机的转速 n 回升。该调节过程可以表示为:负载 $T_L\uparrow \rightarrow I_d\uparrow \rightarrow n\downarrow \rightarrow U_n\downarrow \rightarrow \Delta U_n\uparrow \rightarrow U_{ct}\uparrow \rightarrow U_{do}\uparrow \rightarrow n\uparrow$。由此可见,当 U_n^* 不变,而负载变化时,可以通过闭环控制调速系统中的转速负反馈,自动调节晶闸管变流器的输出电压 U_{do},使电动机转速 n 维持稳定。同理,当电动机转速 n 由于电源电压的波动、电动机励磁电流的变化等原因而产生变化时,亦可通过闭环控制调速系统中的转速负反馈,自动调节电动机转速 n 而维持稳定,从而提高了控制精度。为了清楚地说明闭环控制系统各元件间的信号传递作用关系,常用系统框图来表示闭环控制系统,闭环控制系统框图如图 3—4 所示。

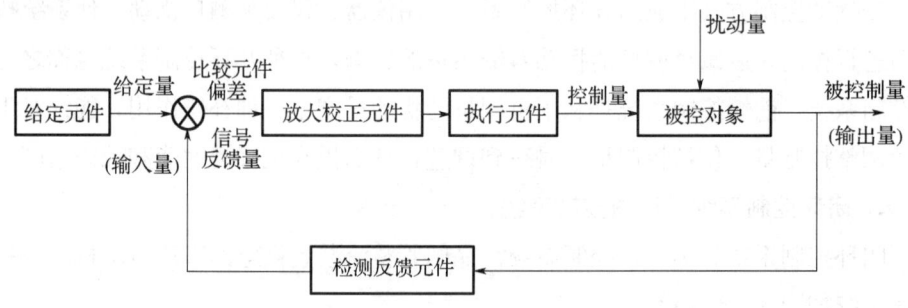

图 3—4 闭环控制系统框图

对比图 3—1 开环控制系统和图 3—3 闭环控制系统可明显看出,闭环控制系统与开环控制系统最大的差别在于闭环控制系统存在一条从被控制量(转速 n)经过检测反馈元件(测速发电机)到系统输入端的通道,这条通道称为反馈通道。另外还有一条前向通道(亦称为主通道),这条通道从给定值开始,沿着调节放大器、触发器、晶闸管变流器直到被控制对象电动机和被控制量(转速 n)。该控制系统输出量(被控量)经过检测反馈元件将反馈量反馈到输入端与给定量进行比较,从而参与控制的系统称为闭环控制系统。闭环控制系统有以下 3 个重要功能:

(1) 测量被控制量(见图 3—3 中的转速 n)。

(2) 将被控制量(如转速 n)测量所得的反馈量(见图 3—3 中的 U_n)与给定值 U_n^* 进行比较,得到偏差 ΔU_n。

(3) 根据偏差 ΔU_n 对被控制量(转速 n)进行调节。

如上分析可知,闭环控制系统是建立在负反馈基础上,按偏差进行控制,当系统不论某种原因使被控制量偏离希望值而出现偏差时,必定会产生一个相应的控制作用去减小或消除这个偏差，使被控制量与希望值趋于一致，所以闭环控制系统对于被负反馈环包围的前向通道上各种扰动（不论这种扰动来自系统的外部扰动，还是系统内部的参数变化）都具有良好的抗扰动能力，有较高的控制精度，在实际应用中得到了广泛应用。但这种系统需要测量反馈元件、使用元件较多、线路较复杂、调整较复杂。

二、闭环控制系统的组成及作用

闭环控制系统一般可由给定元件、比较元件、放大校正元件、执行元件、被控对象、检测反馈元件等组成，如图 3—4 所示。在图 3—4 中"⊗"代表比较元件，它将检测反馈元件检测到的被控制量的反馈量与给定量进行比较；"－"表示给定量与反馈量极性相反，即负反馈；"＋"表示给定量与反馈量极性相同，即正反馈。信号从输入端沿箭头方向达到输出端的传输通道称为前向通道（亦称为主通道），系统输出量经检测反馈元件反馈到输入端的传输通道称为反馈通道。下面对闭环控制系统各元件及其作用作简单介绍。

1. 给定元件

给出与希望的被控制量相对应的系统输入量（给定量），如图 3—3 中给出给定量（输入量）U_n^* 的给定电位器 RP1。

2. 比较元件

把检测反馈元件检测的被控制量实际反馈量（见图 3—3 中的 U_n）与给定元件给出的给定量（见图 3—3 中的 U_n^*）进行比较，求出它们之间的偏差信号（见图 3—3 中的 ΔU_n）。

3. 放大校正元件

对偏差信号进行放大与运算、校正输出按一定规律变化的控制信号，以提高系统的稳态性能和动态性能。放大校正元件可采用运算放大器和电阻、电容组成，如图 3—3 中的转速调节器 ASR。

4. 执行元件

根据放大校正元件单元的输出信号，产生具有一定功率并能够被被控对象接受的控制量，使被控制量与希望值趋于一致，如图 3—3 中的晶闸管变流器。

5. 被控对象

自动控制系统中需要进行控制的设备或生产过程，它接受控制量，输出被控制量，如图 3—3 所示的电动机。

6. 检测反馈元件

对被控制量进行检测并输出反馈量。如果这个物理量是非电量，一般再转换为电量,如图3—3中的测速发电机是用于检测电动机转速并转换成直流电压U_n。

三、自动控制系统的分类

自动控制系统有多种分类方法,下面按控制系统结构、给定量、被控制量等的特点来分类。

1. 按控制系统结构特点分类

(1) 开环控制系统

开环控制系统不存在被控制量(输出量)的反馈,系统输出量不反馈到控制系统输入端参与控制。开环控制系统可以按给定量控制方式组成系统,也可以按扰动控制方式组成系统(前馈控制系统)。按扰动控制的开环控制系统(前馈控制系统)是利用可测量的扰动量产生一种补偿作用,能针对扰动迅速调整控制量,使被控制量及时得到调整,从而使系统抗扰动性能和控制精度提高。但前馈控制系统只有扰动补偿作用,没有被控制量(输出量)的反馈作用,在有其他扰动或测量仪表有误差的情况下,被控量不仅得不到及时调整,反而有可能使误差越来越大。为此前馈控制往往作为改善闭环控制系统(反馈控制系统)的性能的一种手段,构成复合控制系统。

(2) 闭环控制系统(反馈控制系统)

闭环控制系统输出量(被控量)经过检测反馈元件将反馈量反馈到输入端与给定量进行比较,从而参与控制。闭环控制系统是建立在负反馈基础上,按偏差进行控制,对于被负反馈环包围的前向通道中各种扰动都能有效加以抑制,有较高的控制精度。闭环控制系统是自动控制系统中最基本、最常用的一种控制系统。

(3) 复合控制系统

复合控制系统是既有前馈控制又有反馈控制的控制系统。

2. 按给定量的特点分类

(1) 定值控制系统(亦称恒值控制系统)

在生产过程中,经常要求被控制量(如速度、温度、压力、流量等)维持在某一值,此时就要采用定值控制系统。定值控制系统的给定量在正常运行下基本上是不变的,有时根据生产工艺需要也可以从某一值改变到另一值。定值控制系统的基本任务是克服各种扰动影响,使输出的被控制量保持在给定的希望值上。

(2) 随动系统

随动系统的给定量是预先未知的随时间任意变化的函数,系统的基本任务是克服一切扰动,保证输出的被控制量以一定的精度跟随给定量变化而变化。如武器的瞄准装置、雷达天线的跟踪系统、机床仿形控制系统以及自动平衡式测量仪器等,都属于随动系统。

(3) 程序控制系统

程序控制系统的给定量是按预先制定的程序而变化。系统的基本任务是要求被控制量迅速、准确地跟随给定量变化。如加热炉的温度控制，炉温是根据预先制定的程序进行控制的。

3. 按被控制量（输出量）的特点分类

(1) 连续控制系统

在连续控制系统中，被控制量（输出量）是连续变化的，系统要求定量地控制被控制量（输出量），使被控制量（输出量）连续地得到调整。

(2) 断续控制系统

在断续控制系统中，其被控制量（输出量）是开关量（如电量有或无、正转或反转、启动或停止等）。系统按照预先确定的时间顺序或根据一定逻辑关系所要求的顺序来进行控制。常见的继电器控制系统就是断续控制系统。

4. 其他分类方式

按系统被控制量（输出量）名称来分类，可分为电压控制系统、速度控制系统、温度控度系统、压力控制系统等；还可按控制系统回路多少来分类，可分为单回路控制系统和多回路控制系统；也可以按系统控制中组成元件特性的线性和非线性来分，可分为线性控制系统和非线性控制系统。

学习单元 2　单闭环直流调速系统分析

学习目标

1. 熟悉直流电动机调速方法。
2. 熟悉直流调速系统主要性能指标。
3. 熟悉转速负反馈直流调速系统。
4. 熟悉带电流截止负反馈的转速负反馈直流调速系统。
5. 带电流正反馈的电压负反馈的直流调速系统。
6. 能够进行晶闸管—电动机单闭环直流调速系统读图分析。

知识要求

一、直流电动机调速方法

在直流调速系统中,大多数采用他励直流电动机,他励直流电动机的转速公式为

$$n = \frac{U_d - I_d(R_a + R_{ad})}{K_e \phi} = \frac{U_d}{K_e \phi} - \frac{R_a + R_{ad}}{K_e \phi} \cdot I_d = n_0 - \Delta n \quad (3—1)$$

式中　n——电动机转速;

　　　n_0——电动机理想空载转速;

　　　U_a——电动机电枢电压;

　　　I_d——电动机电枢电流;

　　　R_a——电动机电枢电阻;

　　　R_{ad}——电动机电枢回路串联附加电阻;

　　　K_e——电动机的电动势常数(由电动机结构决定);

　　　ϕ——电动机的励磁磁通;

　　　Δn——转速降。

由式(3—1)可知,直流电动机的调速方法有以下3种:

1. 调压调速

在电动机励磁磁通为额定值、电动机电枢回路不串联附加电阻器的情况下,改变外加于电动机电枢电压U_d,实现调速的方法称为调压调速。由式(3—1)可知,改变外加于电动机电枢电压U_d时,理想空载转速n_0也随之改变。当电枢电流(即负载电流)I_d不变时,转速降Δn不变,机械特性的硬度不变,其机械特性曲线是一簇以U_d为参数的平行线,如图3—5所示。

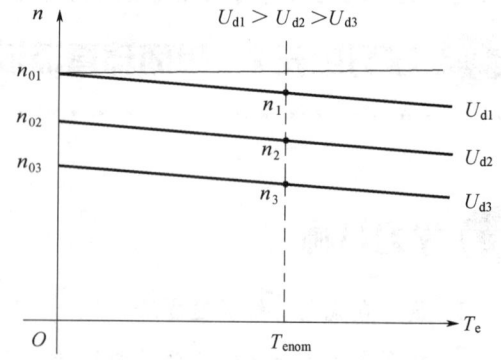

图3—5　直流电动机调压调速的机械特性曲线

由于受电动机绝缘性能等因素的影响,外加于电动机电枢电压U_d只能小于或等于额定电压U_{nom},因而这种调速方法只能在电动机额定转速以下调速。在恒定磁通时,调压调速属于恒转矩调速。调压调速在整个调速范围内可平滑无级调速,机械特性硬度较好,调速范围较宽,是直流电动机主要调速方法,应用最广泛。在调压调速方案中,有发电机—电

动机（G—M）调速系统、晶闸管—电动机（V—M）调速系统、直流斩波调速系统和脉宽调速系统等方式。下面对发电机—电动机（G—M）调速系统、晶闸管—电动机（V—M）直流调速系统进行介绍。

（1）发电机—电动机（G—M）调速系统

系统主要由直流发电机 G 和直流电动机 M 组成。直流发电机 G 由原动机（交流异步电动机或同步电动机）驱动，改变发电机励磁回路的励磁电流（即改变磁通 ϕ_G），改变发电机的输出电压 U_G，也就改变直流电动机电枢电压 U_d，从而实现调压调速。实际应用中多采用带电机扩大机的发电机—电动机（G—M）直流调速系统。电机扩大机作为励磁机向发电机励磁绕组供电。改变电机扩大机的控制电压，也就改变电机扩大机的输出电压，改变发电机励磁电流（即磁通 ϕ_G）；改变发电机输出电压 U_G，即改变电动机电枢电压 U_d，从而实现调压调速目的。带电机扩大机的发电机—电动机（G—M）直流调速系统具有调速范围较宽、特性硬、调速平滑、调速性能较好等优点，但带电机扩大机的发电机—电动机直流调速系统存在设备占地面积大、能耗高、效率低、运行噪声大、维修工作量大等缺点。随着晶闸管—电动机（V—M）直流调速系统出现和应用，现已逐步被晶闸管—电动机（V—M）直流调速系统所取代。尽管如此，带电机扩大机的发电机—电动机（G—M）直流调速系统目前仍在一些设备（如龙门刨床）中使用。

（2）晶闸管—电动机（V—M）直流调速系统

该系统主要由晶闸管整流装置 V 和直流电动机 M 组成，如图 3—6 所示。

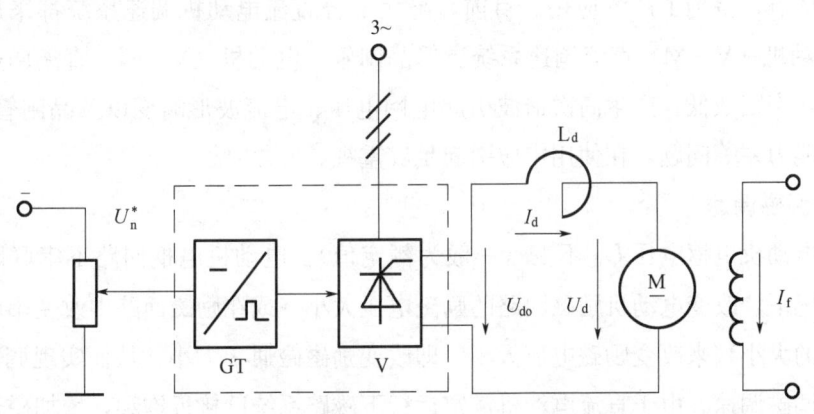

图 3—6　晶闸管—电动机（V—M）直流调速系统

通过改变转速给定电压 U_n^* 来改变晶闸管整流装置控制角 α 的大小，进而改变晶闸管整流装置输出电压 U_{do} 的大小，达到改变直流电动机转速目的。其开环机械特性如图 3—7 所示。

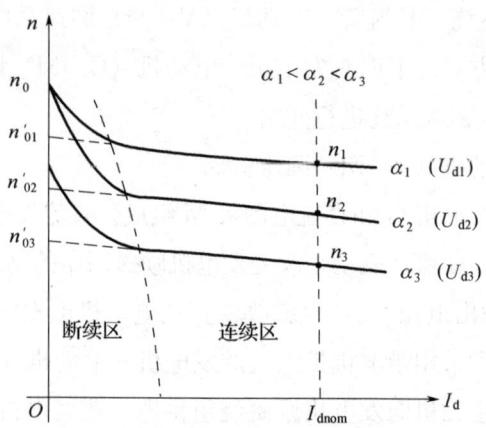

图 3—7　晶闸管—电动机（V—M）直流调速系统的开环机械特性

由图 3—7 可见，在电流连续区，该特性曲线亦是一簇互相相行的直线；当主回路电流断续时，机械特性曲线如图中实线所示。电流断续时机械特性具有两个特点：一是理想空载转速 n_0 升高；二是电流断续时，电动机的机械特性显著变软。在日常应用中，当主回路中串入的电抗器电感量足够大，电动机有一定负载电流时，电动机工作在电流连续区间，因而在分析晶闸管—电动机直流调速系统机械特性时，通常可以按电流连续情况进行分析。

晶闸管—电动机（V—M）直流调速系统与发电机—电动机（G—M）调速系统相比较，具有控制灵敏、响应快、占地面积小、能耗低、效率高、噪声小、维护方便等优点，得到了广泛应用。目前，绝大部分直流电动机调速系统都采用晶闸管—电动机（V—M）直流调速系统。但晶闸管—电动机（V—M）直流调速系统也存在功率因数低，产生高次谐波引起电网电压、电流波形畸变以及晶闸管过载、过电压能力差等问题，在使用中应引起足够重视。

2. 调磁调速

在电动机电枢电压 U_d 不变（一般为额定值），电动机电枢回路不串联附加电阻器情况下，改变电动机励磁回路的励磁电压大小（或在励磁回路中改变串联附加电阻器的大小）来改变励磁电流大小，即改变励磁磁通 ϕ 大小，从而实现调速的方法称为调磁调速。由于直流电动机额定运行下磁路系统已接近饱和，增加磁通的余地很小，因而改变磁通的调速方式主要用以减弱磁通 ϕ 来升速，所以调磁调速实质上是弱磁调速。由式（3—1）可知，理想空载转速 n_0 与磁通 ϕ 成反比，减弱磁通 ϕ 时，理想空载转速 n_0 增加，转速降 Δn 增加，机械特性变软。调磁调速的机械特性曲线如图 3—8 所示。

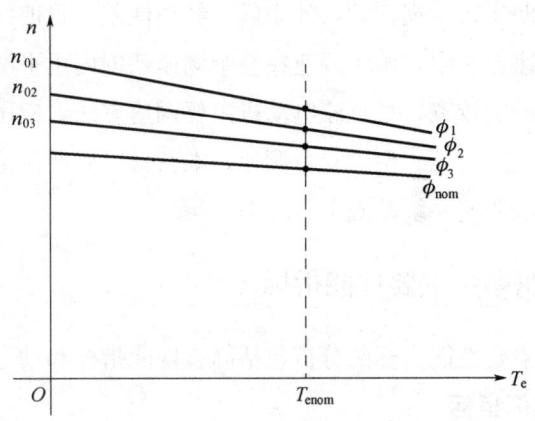

图 3—8　调磁调速的机械特性曲线

这种调速方法属于恒功率调速，调磁调速的调速范围不大，一般是配合调压调速，构成调压、调磁复合调速系统，额定转速以下采用调压调速，额定转速以上采用调磁调速。

3. 调电阻调速

在电动机电枢供电电压和励磁磁通不变（一般为额定值）情况下，改变电动机电枢回路串联附加电阻实现调速的方法称为调电阻调速。由式（3—1）可知，电动机理想空载转速 n_0 与电枢回路串联附加电阻数值无关，仍为 n_0。当电枢回路串联附加电阻增加时，在一定负载 I_d 下，转速降 Δn 增加，电动机转速降低从而实现调速目的。调电阻调速的机械特性曲线如图 3—9 所示。

调电阻调速首先是有级调速、机械特性软、转速受负载影响大；其次，该调速

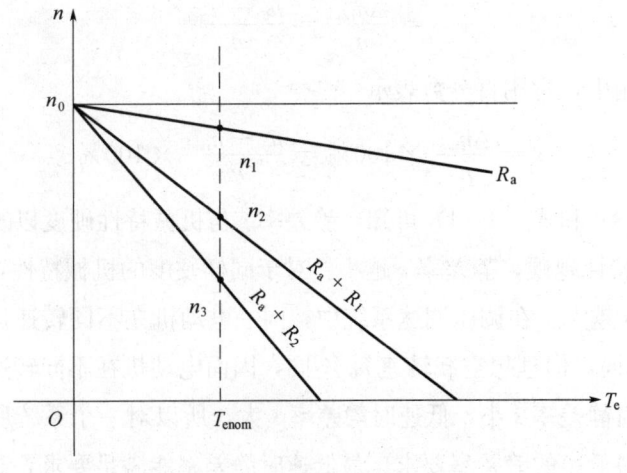

图 3—9　调电阻调速的机械特性曲线

方法中调速电阻长期运行，损耗大，效率低，经济性差，目前已很少采用。

在上述 3 种调速方法中，调压调速在整个调速范围内可平滑无级调速，机械特性硬度较好，调速范围较宽，是直流电动机主要调速方法，应用最广泛；调磁调速通常配合调压调速组成调压、调磁复合调速。本教材以后所讨论的直流电动机调速系统都是建立在调压调速系统基础上。

二、直流调速系统主要性能指标

直流调速系统主要性能指标的分析包括静态性能指标和动态性能指标。

1. 静态主要性能指标

静态性能指标亦称为稳态性能指标，静态性能指标是调速系统稳定运行时的性能指标。静态性能指标主要有调速范围、静差率等。

（1）调速范围 D

调速范围 D 是指电动机在额定负载下，电动机的最高转速 n_{max} 与最低转速 n_{min} 之比，即

$$D = \frac{n_{max}}{n_{min}} \tag{3—2}$$

对于少数负载很轻的机械（如精密机床），最高转速 n_{max} 和最低转速 n_{min} 时的负载可另作规定。

（2）静差率 s

静差率 s 指电动机在某一转速下运行时，负载由理想空载增加到额定负载时，所产生的转速降 Δn_{nom} 与理想空载转速 n_0 之比，即

$$s = \frac{\Delta n_{nom}}{n_0} = \frac{n_0 - n_{nom}}{n_0} \tag{3—3}$$

在实际应用中，常用百分数表示

$$s = \frac{\Delta n_{nom}}{n_0} \times 100\% = \frac{n_0 - n_{nom}}{n_0} \times 100\% \tag{3—4}$$

由式（3—3）和式（3—4）可知，静差率 s 与机械特性硬度以及理想空载转速 n_0 有关。机械特性越硬，静差率 s 越小。对于同样硬度的机械特性，理想空载转速越低，静差率 s 越大。在调压调速系统中，同一电动机在不同转速运行时，其额定转速降 Δn_{nom} 相同，但理想空载转速 n_0 不同，因而电动机在不同转速运行时的静差率不同。高速时静差率 s 小，低速时静差率 s 大，所以对一个系统所提的静差率要求，主要是对最低速的静差率要求。最低速时静差率能满足要求，高速时就不成问题了。

在调压调速系统中，D、s、Δn_{nom} 之间的关系如下。在调压调速系统中，n_{max} 就是电动机的额定转速 n_{nom}，即

$$n_{max} = n_{nom}$$

$$n_{min} = n_{0min} - \Delta n_{nom}$$

$$D = \frac{n_{max}}{n_{min}} = \frac{n_{nom}}{n_{0min} - \Delta n_{nom}}$$

$$s = \frac{\Delta n_{nom}}{n_{0min}} \quad n_{0min} = \frac{\Delta n_{nom}}{s}$$

故

$$D = \frac{n_{max}}{n_{min}} = \frac{n_{nom}}{n_{0min} - \Delta n_{nom}} = \frac{n_{nom}}{\frac{\Delta n_{nom}}{s} - \Delta n_{nom}} = \frac{n_{nom} \cdot s}{\Delta n_{nom}(1-s)} \tag{3—5}$$

式（3—5）表示了调速范围 D、静差率 s 和静态转速降 Δn_{nom} 三者之间的关系。n_{nom} 可从电动机出厂数据给出，D 和 s 由生产实际工艺要求确定。当系统的特性硬度一定（即 Δn_{nom} 一定）时，如要求静差率 s 越小，则调速范围 D 也就越小；反之，若要求 D 和 s 一定时，那么静态转速降 Δn_{nom} 就必须小于某一值。

【例 3—1】 已知某一龙门刨床工作台直流调压调速系统，直流电动机参数为 $P_{nom}=60$ kW，$U_{nom}=220$ V，$I_{nom}=305$ A，$n_{nom}=1\,000$ r/min。电枢电阻 $R_a=0.05\,\Omega$，要求的调速范围 $D=20$，试求：

（1）高速（额定转速）和最低转速时静差率 s_1、s_2。

（2）静差率 $s \leqslant 10\%$ 时，对应的转速降 Δn_{nom}。

解：（1）高速和最低转速时静差率 s。

C_e 为电动机的电动势常数，可由电动机出厂铭牌数据求出。

$$C_e = \frac{U_{nom} - I_{nom}R_a}{n_{nom}} = \frac{220 - 305 \times 0.05}{1\,000} = 0.2 \text{ V/(r/min)}$$

额定负载下电枢电阻 R_a 引起转速降

$$\Delta n_{nom} = \frac{I_{nom}R_a}{C_e} = \frac{305 \times 0.05}{0.2} = 76.25 \text{ r/min}$$

最低转速时的静差率 s_2

$$s_2 = \frac{\Delta n_{nom}}{n_{02}} \times 100\% = \frac{\Delta n_{nom}}{n_{min} + \Delta n_{nom}} \times 100\% = \frac{\Delta n_{nom}}{\frac{1\,000}{20} + \Delta n_{nom}} \times 100\%$$

$$= \frac{76.25}{50 + 76.25} \times 100\% = 60.4\%$$

高速时的静差率 s_1

$$s_1 = \frac{\Delta n_{\text{nom}}}{n_{01}} \times 100\% = \frac{\Delta n_{\text{nom}}}{n_{\max} + \Delta n_{\text{nom}}} \times 100\% = \frac{76.25}{1\,000 + 76.25} \times 100\% = 7\%$$

(2) $D=20$,$s \leqslant 10\%$ 时

$$\Delta n_{\text{nom}} = \frac{n_{\text{nom}} \cdot s}{D(1-s)} = \frac{1\,000 \times 0.1}{20 \times (1-0.1)} = 5.56 \text{ r/min}$$

由上面计算可知,最低转速时静差率 s_2 远远大于高速(额定转速)时静差率 s_1,只要最低转速时静差率 s 满足要求,高速时静差率 s 肯定满足要求;如系统要满足 $D=20$,$s \leqslant 10\%$ 要求,必须采用闭环控制系统,使 Δn_{nom} 从 76.25 r/min 减小到 5.56 r/min。

2. 动态主要性能指标

动态性能指标是调速系统在动态过程中的性能指标。调速系统的动态主要性能指标有跟随性能指标和抗扰动性能指标等。

(1) 跟随性能指标

对调速系统来说,一般在阶跃给定信号作用下,用系统输出量在零初始条件下的过渡过程来表征系统对给定输入的典型跟随过程,如图 3—10 所示。跟随性能指标主要有上升时间 t_τ、超调量 σ 和调节时间 t_s 等。

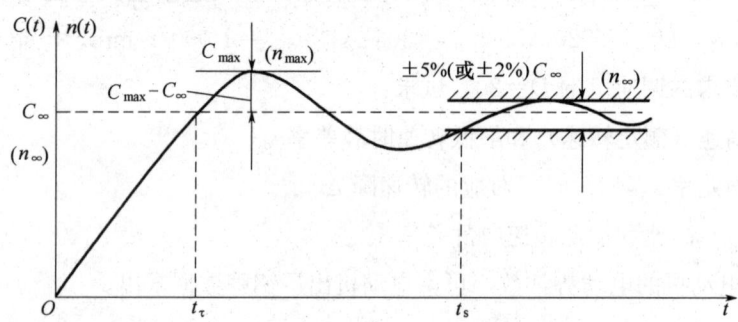

图 3—10 典型阶跃响应曲线和跟随性能指标

上升时间 t_τ。上升时间是在阶跃响应跟随过程中,输出量(转速)从零开始第一次上升到稳态值 C_∞(稳态转速给定值 n_∞)所经历的时间。

调节时间 t_s(亦称过渡过程时间)。调节时间是在阶跃响应跟随过程中,输出量(转速)进入并且不再超出其稳态值(稳态转速给定值 n_∞)的 $\pm(2\% \sim 5\%)$ 允许误差范围之内所需最小时间。

超调量 σ。超调量是在阶跃响应跟随过程中,系统输出量(转速)超过其稳态值的最大偏差与稳态值之比。超调量 σ 常用百分数表示,即

$$\sigma\% = \frac{C_{\text{maxc}} - C_\infty}{C_\infty} \times 100\% \text{ 或 } \sigma\% = \frac{n_{\text{maxc}} - n_\infty}{n_\infty} \times 100\% \quad (3-6)$$

在上述性能指标中，上升时间 t_τ 反映系统动态响应的快速性，t_τ 小表示系统快速性好；t_s 用来表征整个系统调节过程的快慢，t_s 小表示整个系统调节过程快；超调量 σ 用来反映系统的相对稳定性，超调量 σ 小表示系统的相对稳定性好。

在实际应用中，快速性和稳定性两者往往是相互矛盾的，减少了超调量 σ，就导致 t_s 增加，也就延长了过渡过程时间。反之，加快过渡过程时间，减小 t_s 时间，却又增加超调量 σ，具体应根据生产工艺的要求选择合适动态性能指标。

(2) 抗扰动性能指标

对调速系统来说，一般以系统稳定运行时，突加一个使输出量（转速）降低的阶跃扰动作用后的系统过渡过程作为典型的抗扰动过程，如图 3—11 所示。抗扰动性能指标有最大动态降落 $\Delta C_{max}\%$（最大动态速降 $\Delta n_{max}\%$）、恢复时间 t_v 等。

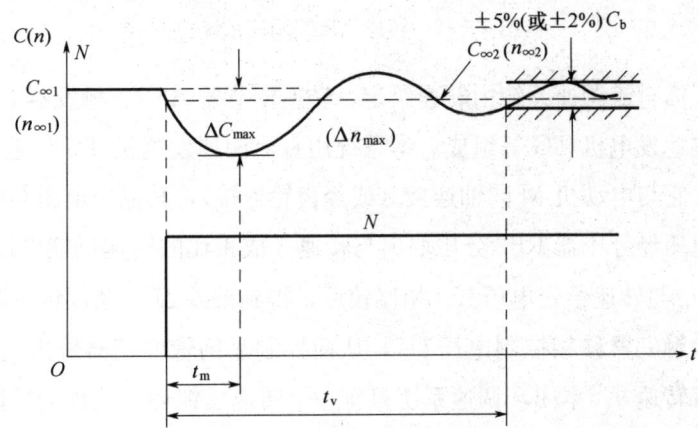

图 3—11 突加阶跃扰动的过渡过程和抗扰动性能指标

1) 最大动态降落 $\Delta C_{max}\%$（最大动态速降 $\Delta n_{max}\%$）。最大动态速降是系统稳定运行时，在突加一个阶跃扰动作用 N 后，在系统过渡过程中所引起输出（转速）的最大降落值 ΔC_{max}（最大转速降落值 Δn_{max}），称为最大动态降落 $\Delta C_{max}\%$（最大动态速降 $\Delta n_{max}\%$）。通常采用百分数表示，即

$$\Delta C_{max}\% = \frac{\Delta C_{max}}{C_{\infty 1}} \times 100\% \text{ 或 } \Delta n_{max}\% = \frac{\Delta n_{max}}{n_{\infty 1}} \times 100\%$$

2) 恢复时间 t_v。恢复时间是从突加阶跃扰动作用开始到系统输出（转速）恢复到与新稳态值 $C_{\infty 2}$ 之差进入某基准值 C_b 的（±2% 或 ±5%）范围之内所需的时间。

对调速系统来说，系统动态降落 $\Delta C_{max}\%$（动态速降 $\Delta n_{max}\%$）越小，恢复时间 t_v 越小，说明系统的抗扰动能力越强。

三、转速负反馈直流调速系统

1. 转速负反馈直流调速系统的组成及工作原理

转速负反馈调速系统的原理图如图 3—12 所示。

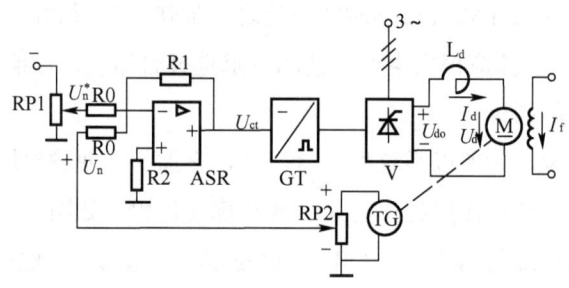

图 3—12　转速负反馈调速系统

转速负反馈直流调速系统由转速给定、转速调节器 ASR、触发器 GT、晶闸管变流器 V、测速发电机 TG 等组成。本系统用直流测速发电机 TG 作电动机转速 n 的检测元件,它与电动机 M 同轴连接(或经齿轮连接),其输出电压与电动机转速成正比。该电压经分压器 RP2 分压取出与转速 n 成正比的转速反馈电压 U_n。该转速反馈电压 U_n 与转速给定电压 U_n^* 相比较后,得到偏差 ΔU_n 经过转速调节器 ASR 放大后,产生触发器移相控制电压 U_{ct},从而控制晶闸管变流器输出电压 U_{do},用以控制电动机转速 n。本闭环调速系统只有一个转速反馈环,故称为单闭环调速系统。电位器 RP1 为转速给定电位器,电位器 RP2 为最高转速调整电位器(即调整转速负反馈系数 α 电位器)。

上述说明了转速负反馈直流调速系统的组成,下面让我们来分析说明该调速系统自动调节过程及其工作原理。设调速系统在负载 T_{L1} 时(相对应的电枢电流为 I_{d1}),电动机在转速 n_1 稳定运行,此时转速给定电压为 U_{n1}^*,转速反馈电压为 U_{n1},偏差信号 $\Delta U_n = U_{n1}^* - U_{n1}$,经过转速调节器 ASR 放大后输出电压为 U_{ct1},晶闸管整流器的控制角为 α_1,晶闸管整流器输出电压为 U_{do1}。当电动机负载 T_L 增加为 T_{L2} 时(相对应的电枢电流为 I_{d2}),电枢回路电压降 $I_d R_\Sigma$ 增大,电动机转速降 $\Delta n = \dfrac{I_d R_\Sigma}{C_e}$ 也增加,从而使电动机转速 n 下降,偏离转速 n_1。此时测速发电机输出电压及转速反馈电压 U_n 也相应下降,由于转速给定电压是不变的,仍为 U_{n1}^*,使偏差信号 ΔU_n 增加,通过转速调节器 ASR 自动调节,其输出电压 U_{ct} 增加,使晶闸管整流器的控制角从 α_1 变为 α_2,晶闸管整流器输出电压从 U_{do1} 增加为 U_{do2},于是电

动机转速 n 便相应自动回升，维持转速近似不变。系统自动调节过程可简述为：$T_L\uparrow\rightarrow I_d\uparrow\rightarrow I_dR_\Sigma\uparrow\rightarrow n\downarrow\rightarrow U_n\downarrow\rightarrow\Delta U_n\uparrow\rightarrow U_{ct}\uparrow\rightarrow\alpha\downarrow\rightarrow U_{do}\uparrow\rightarrow n\uparrow$。由上述分析可知，闭环调速系统能够减小稳态速降实质就在于它的自动调节作用，能随着负载的变化而自动调节晶闸管整流器输出电压。

闭环调速系统静特性和开环调速系统机械特性的关系如图 3—13 所示。

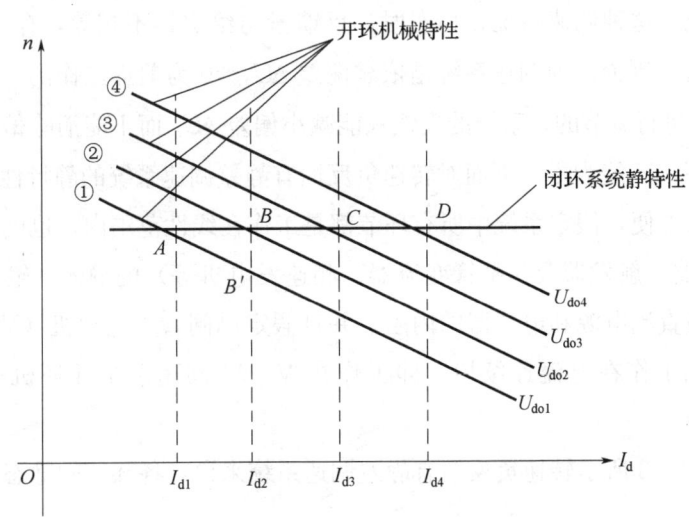

图 3—13 闭环调速系统静特性和开环调速系统机械特性的关系

在图 3—13 中，①②③④曲线是不同 U_{do} 之下的开环机械特性。设当负载电流为 I_{d1} 时，电动机运行在①机械特性的 A 点上。当负载电流增加为 I_{d2} 时，在开环系统中由于转速给定电压 U_{n1}^* 不变，晶闸管变流器输出电压 U_{do} 也不变，但由于电枢电流增加，电枢回路压降增加，电动机转速将由 A 点沿着①机械特性下降至 B' 点，转速只能相应下降。但在闭环系统中，由于有转速反馈装置，转速稍有降落，转速反馈电压 U_n 就相应减小，使偏差电压 ΔU_n 增加，通过转速调节器 ASR 自动调节，提高晶闸管变流器的输出电压 U_{do}，该电压由 U_{do1} 变为 U_{do2} 使系统工作在②机械特性上，电动机转速回升，最后稳定在②机械特性的 B 点上。同理，随着负载电流增加为 I_{d3}、I_{d4}，经过转速负反馈闭环系统自动调节作用，相应工作在③④机械特性上，稳定在③④机械特性的 C、D 点上。将 A、B、C、D 连接起来成 $ABCD$ 直线就是闭环调速系统的静特性。由图 3—13 可见，静特性的硬度比开环机械特性硬，转速降 Δn 要小。闭环调速系统静特性和开环调速系统机械特性虽然都表示电动机的转速—电流（或转矩）关系，但两者是不同的，开环系统的机械特性是对应某一电压 U_{do} 的固有特性，而闭环静特性是表示闭环系统电动机转速与电流（或转矩）的静态关系，不能反映动态过程。

2. 转速负反馈有静差直流调速系统及其静特性分析

（1）转速负反馈有静差直流调速系统及其静特性方程式

在图 3—12 所示的转速负反馈调速系统中，转速调节器 ASR 采用比例调节器（比例放大器）。此时，调速系统是依靠给定量与反馈量的偏差进行工作的，是有静差的调速系统。这种调速系统在稳态时，反馈量与给定量不相等，存在偏差 ΔU_n，$\Delta U_n = U_n^* - U_n$。因为这种调速系统是依靠偏差 $\Delta U_n \neq 0$ 为前提工作的，是通过偏差 ΔU_n 的变化来进行调节的，系统的反馈只能减小偏差 ΔU_n 而不能消除偏差，即偏差 ΔU_n 始终存在，不能为零。下面对转速负反馈有静差调速系统的静特性加以分析。

为了分析方便，假定系统中所有环节都是工作在线性范围内，也就是说各环节（如转速调节器、触发器及晶闸管变流器、测速发电机等）的输入、输出关系都是线性的，忽略直流电源和电位器的内阻；并且假定晶闸管—电动机（V—M）调速系统的电动机工作在电流连续段，即工作在 V—M 调速系统开环机械特性的连续段。

对于图 3—13 所示转速负反馈有静差调速系统来说，各环节的静态（稳态）关系如下：

1）转速调节器（比例放大器）

$$U_{ct} = K_P(U_n^* - U_n) = K_P \Delta U_n \tag{3—7}$$

式中　$K_P = \dfrac{R_1}{R_0}$——比例放大器的电压放大系数；

ΔU_n——偏差电压。

2）触发器与晶闸管整流器

$$U_{do} = K_s U_{ct} \tag{3—8}$$

式中　K_s——触发器与晶闸管整流器的电压放大倍数。

3）V—M 调速系统开环机械特性

$$n = \dfrac{U_{do} - I_d R_\Sigma}{C_e} \tag{3—9}$$

式中　$R_\Sigma = R_{rec} + R_a$——电枢回路总电阻；

R_{rec}——晶闸管整流器的内阻；

R_a——电枢回路电阻。

4）测速发电机

$$U_n = \alpha \cdot n \tag{3—10}$$

式中 α——转速反馈系数。

从式（3—7）~式（3—10）中，消去中间变量并整理后，即可求得转速负反馈有静差调速系统的静特性方程式为

$$n = \frac{K_P \cdot K_s \cdot U_n^*}{C_e(1+K)} - \frac{R_\Sigma}{C_e(1+K)} \cdot I_d = n_{0cl} - \Delta n_{cl} \quad (3—11)$$

式中 $K = K_P \cdot K_s \cdot \alpha / C_e$——闭环系统的开环放大系数；

n_{0cl}——闭环系统的理想空载转速；

Δn_{cl}——闭环系统的静态速降。

(2) 闭环调速系统的静特性和开环调速系统机械特性性能比较

在图3—12所示转速负反馈有静差调速系统中，当断开转速反馈回路时，即为开环调速系统，其机械特性为

$$n = \frac{K_P \cdot K_s \cdot U_n^*}{C_e} - \frac{R_\Sigma}{C_e} \cdot I_d = n_{0op} - \Delta n_{op} \quad (3—12)$$

式中 n_{0op}——开环调速系统的理想空载转速；

Δn_{op}——开环调速系统的静态速降。

由式（3—11）闭环调速系统的静特性和式（3—12）开环调速系统的机械特性的比较可得出以下结论：

1) 闭环调速系统静特性比开环调速系统机械特性硬得多。在相同负载条件下，闭环调速系统的静态转速降 Δn_{cl} 仅为开环调速系统静态转速降 Δn_{op} 的 $\frac{1}{1+K}$ 倍。

2) 闭环调速系统的静差率比开环调速系统的静差率小得多。当闭环调速系统的理想空载转速 n_{0cl} 和开环调速系统的理想空载转速 n_{0op} 相同时，闭环调速系统的静差率 s_{cl} 仅为开环调速系统静差率 s_{op} 的 $\frac{1}{1+K}$ 倍。

3) 在相同的静差率 s 要求时，闭环调速系统的调速范围比开环调速系统的调速范围大得多。

当系统的最高转速都为电动机的额定转速 n_{nom}，且所要求的静差率为 s 时，闭环调速系统的调速范围可达开环调速系统调速范围的 $(1+K)$ 倍。

3. 转速负反馈无静差直流调速系统

如上所述，当转速负反馈直流调速系统中转速调节器采用比例调节器时，系统是依靠偏差为前提工作的，是有静差的调速系统。为了实现无静差调速，转速调节器应采用积分调节器或比例积分调节器等。当转速负反馈调速系统中，转速调节器采用积分调节器或比例、积分调节器时，由于积分调节器或比例、积分调节器具有

积分控制作用，不仅依靠 ΔU_n 本身，还能依靠偏差 ΔU_n 的积累进行调节。当系统一出现偏差，ΔU_n 就进行调节以消除偏差，直到 $\Delta U_n = 0$，从而使调速系统在稳态时无静差，所以转速调节器采用积分调节器或比例、积分调节器的调速系统是无静差调速系统。

虽然采用积分调节器的调速系统是无静差调速系统，但它的动态响应速度很慢。当实际转速偏离给定转速时，在转速调节器 ASR（积分调节器）的输入端虽然立即产生偏差信号 ΔU_n，但其输出电压不是迅速地紧跟输入信号的变化而变化，而是随时间线性增加（或减小），动态响应速度很慢。因而，在实际应用中，转速调节器 ASR 很少采用积分调节器，都是采用比例、积分调节器。转速调节器 ASR 采用比例、积分调节器的转速负反馈无静差调速系统如图 3—14 所示。

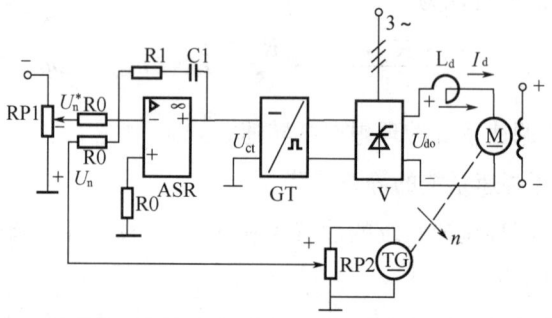

图 3—14 转速调节器 ASR 采用比例、积分调节器
的转速负反馈无静差调速系统

下面对比例、积分调节器（PI 调节器）加以分析说明。比例、积分调节器的电路如图 3—15 所示。

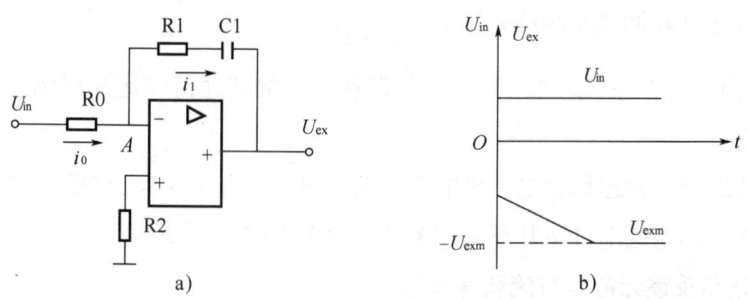

图 3—15 比例、积分调节器（PI 调节器）的电路图及输入、输出特性
a) PI 调节器电路图 b) PI 调节器输入、输出特性

图中，A 点为"虚地"，故

$$U_{ex} = -\left(R_1 i_1 + \frac{1}{C_1}\int i_1 \mathrm{d}t\right) = -\left(\frac{R_1}{R_0}U_{in} + \frac{1}{R_0 C_1}\int U_{in}\mathrm{d}t\right)$$

$$= -\left(K_{pi}U_{in} + \frac{1}{\tau}\int U_{in}\mathrm{d}t\right) \tag{3—13}$$

式中 负号（—）——输出电压 U_{ex} 与输入电压 U_{in} 反相；

$K_{pi} = \dfrac{R_1}{R_0}$——PI 调节器的比例系数；

$\tau = R_0 C_1$——PI 调节器的积分时间常数。

由式（3—13）可见，比例、积分调节器（PI 调节器）的输出电压 U_{ex} 由两部分组成，第一部分 $K_{pi}U_{in}$ 是比例部分，第二部分 $\dfrac{1}{\tau}\int U_{in}\mathrm{d}t$ 是积分部分。在输出电压 U_{ex} 为零初始状态和阶跃输入电压为 U_{in} 时，PI 调节器的输入、输出特性如图 3—15b 所示。当 $t=0$ 突加 U_{in} 瞬间，电容 C 相当于短路，反馈回路只有电阻 R1，此时相当于放大系数为 $K_p = \dfrac{R_1}{R_0}$ 的 P 调节器，输出电压 $U_{ex} = -K_p U_{in}$。此后，随着电容 C 被充电开始积分，输出电压 U_{ex} 不断线性增加，直到稳态。稳态时，C1 两端电压等于 U_{ex}，R1 已不起作用，和积分调节器一样，稳态等效放大倍数很大。只要输入电压 U_{in} 继续存在，U_{ex} 一直增加到饱和值（或限幅值）为止。

PI 调节器具有比例调节器的快速性和积分调节器的积累、存储保持性等特点，比例部分能快速响应控制作用，积分部分则实现稳态无静差。因而，PI 调节器具有动态等效放大系数小、静态等效放大系数大等特点，保证了系统的稳态无静差以及动态的快速性和稳定性。所以，PI 调节器在调速系统和其他控制系统中得到广泛应用。

四、带电流截止负反馈的转速负反馈直流调速系统

上述的转速负反馈单闭环直流调速系统虽然解决了转速调节问题，但存在突加给定启动和堵转时主电路电流过大等问题。例如系统突加给定电压 U_n^* 启动时，由于机械惯性作用，电动机转速不可能立即建立，转速反馈电压 $U_n = 0$，使转速调节器 ASR 输入偏差信号电压 $\Delta U_n = U_n^*$，从而晶闸管整流器输出很大的电压。而电动机在机械惯性的影响下转速从零开始逐渐加速，电动机反电动势从零开始逐渐建立。由于电动机的电枢电流 $I_d = \dfrac{U_d - E}{R_\Sigma}$，这样就使电动机主电路有很大的冲击电流，远远超过其允许值。这不仅影响直流电动机换向，可能还会损坏晶闸管，损坏电动机。因此，必须采取措施，限制系统启动时的冲击电流。

为了解决主电路电流过大的问题,系统中就必须设有限制电枢电流过大的保护环节。根据反馈控制原理,要维持某被调物理量基本不变,就应该引入该物理量的负反馈以调节控制系统工作。现在要想限制电流并保持电流基本不变,就应该引入电流负反馈。但是在转速负反馈单闭环直流调速系统中,如果始终存在电流负反馈将会使静特性变软,影响调速精度,为此应使电流负反馈在系统正常运行时即主电路电流小于某一定值(电动机的允许电流值)时不起作用,而在主电路电流大于电动机的允许电流值时才起作用,将电枢电流限制在允许值范围内,具有这样特性的电流负反馈被称为电流截止负反馈。

带电流截止负反馈的转速负反馈直流调速系统如图 3—16 所示。

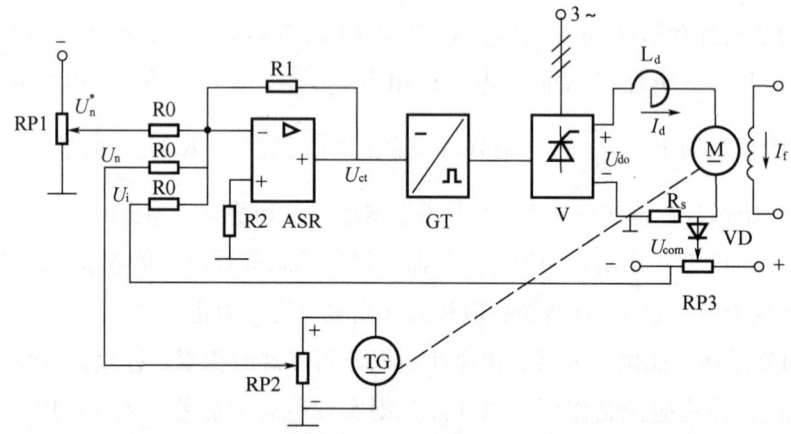

图 3—16　带电流截止负反馈的转速负反馈直流调速系统

由图 3—16 可知,电流反馈信号从串入电动机电枢回路的采样电阻 R_s 上取出,采样电阻 R_s 上的电压 $I_d R_s$ 大小就反映电枢电流 I_d 的大小。电流反馈电压 $I_d R_s$ 经二极管 VD 与比较电压 U_{com} 反极性串联后,再加到放大器的输入端,它们的差值 $U_i = I_d R_s - U_{com}$。在正常工作情况下,主回路电枢电流较小,此时 $I_d R_s \leqslant U_{com}$,二极管 VD 因承受反向电压而截止,电流截止负反馈环节被断开,整个系统与没有电流截止负反馈环节一样,即相当于转速负反馈的单闭环调速系统,静特性较硬,系统的静特性曲线如图 3—17 中直线 $n_0 - A$ 段所示。当主回路电枢电流过大,增大到某一值时,即 $I_d R_s > U_{com}$,二极管 VD 导通,电流截止负反馈环节起作用,因而随着负载电流的增加,电流反馈电压 U_i 增加,转速调节器输出电压 U_{ct} 迅速下降,晶闸管整流装置输出电压 U_{do} 也随之迅速下降,这样就限制了电枢电流的进一步增加。若负载继续增加,电动机转速迅速下降,直到电动机堵转,从而使静特性出现很陡的下垂特性,如图 3—17 的直线 $A-B$ 段。带电流截止负反馈的转速负反馈调速系统的两段式静特性,常被称为挖土机特性。在图 3—17 中,I_{dcr} 为临界截止电流,I_{dbl} 为堵转电流。

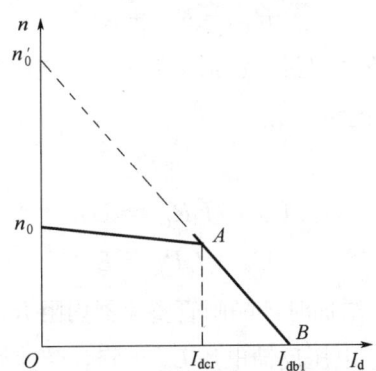

图 3—17 带电流截止负反馈的转速负反馈调速系统的静特性

五、带电流正反馈的电压负反馈的直流调速系统

如前所叙,转速负反馈调速系统必须配备如测速发电机等转速检测装置,这不仅增加了系统的总投资,而且增加了系统的维护工作量,因此在调速性能指标要求不高的场合,可采用电压负反馈或带电流正反馈的电压负反馈直流调速系统。下面简单介绍它们的工作原理及应用。

1. 电压负反馈直流调速系统

电压负反馈直流调速系统如图 3—18 所示。电压负反馈信号 U_u 由并接在电动机电枢两端的电位器 RP 组成的分压器取出,U_u 与转速给定电压 U_n^* 相比较,偏差电压 ΔU 送转速调节器 ASR(实际上为电压调节器)输入端,转速调节器 ASR 输出电压作为触发器移相控制电压,从而控制晶闸管整流器的输出电压 U_{do} 和电动机电枢电压 U_d,以达到控制电动机转速的目的。

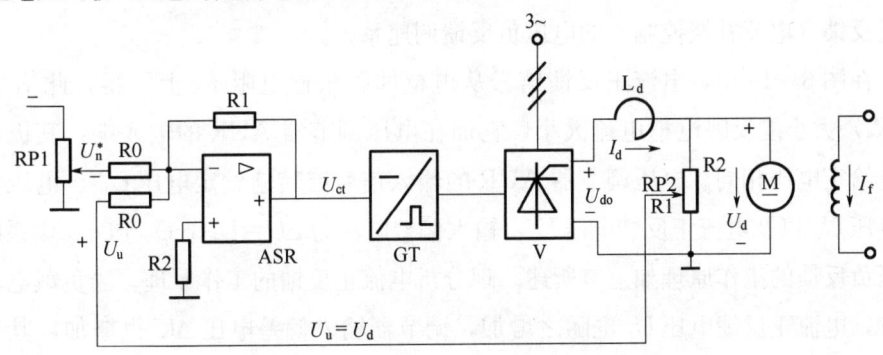

图 3—18 电压负反馈直流调速系统

电压负反馈取自电动机电枢电压 U_d，因而把电枢回路总电阻 R_Σ 分成 R_{rec} 和 R_a 两部分，即

$$R_\Sigma = R_{rec} + R_a \tag{3—14}$$

式中　R_{rec}——晶闸管整流器内阻（包括平波电抗器电阻）；

R_a——电动机电枢电阻。

由此可得

$$U_{do} - I_d R_{rec} = U_d$$
$$U_d - I_d R_a = E \tag{3—15}$$

当电动机负载电流 I_d 增加时，晶闸管整流器内阻 R_{rec} 的电压降 $R_{rec}I_d$ 增大，使电动机电枢电压 U_d 下降，电压反馈电压 U_u 下降，转速调节器 ASR 输入偏差电压 ΔU 增加，转速调节器 ASR 输出电压 U_{ct} 增加，晶闸管整流器输出电压 U_{do} 增加，以补偿主回路中 R_{rec} 的电阻压降，使电动机电枢电压 U_d 上升，维持电枢电压 U_d 基本不变，从而补偿晶闸管整流器内阻 R_{rec} 的电压降 $R_{rec}I_d$ 所引起的稳静态速降。

从上述可知，电压负反馈调速系统实际上是一个电压调节系统。当电流 I_d 变化时，能够维持电动机电枢电压 U_d 基本不变。电压负反馈能克服在主回路中 R_{rec} 上电阻压降所引起的转速降，然而，对主回路中电枢电阻 R_a 上产生电压降所引起的转速降则不起作用。因此，电压负反馈调速系统的性能指标比转速负反馈调速系统差一些，但该系统不需测速发电机等转速检测装置，结构简单，所以在调速性能指标要求不高的场合，仍然获得应用。在实际应用中，为了尽量减小转速降，电压负反馈的引出线尽可能靠近电动机电枢两端。

2. 带电流正反馈（电流补偿控制）的电压负反馈的直流调速系统

由以上分析可知，电压负反馈调速系统对于电动机的电枢电阻压降 $I_d R_a$ 所引起的转速降，不能进行补偿。为了提高电压负反馈调速系统静特性的硬度，减小静态速降，可在原电压负反馈系统中加入电流正反馈环节，组成图 3—19 所示的带电流正反馈（电流补偿控制）的电压负反馈调速系统。

在图 3—19 中，电流正反馈信号从电枢回路采样电阻 R_s 上取得，此信号 U_i（$I_d R_s$）大小能反映电枢电流大小，它加在电压调节器 AUR 的输入端，其极性与转速给定电压相同。电压调节器 AUR 的输入信号有转速给定电压 U_n^*、电压负反馈电压 U_u 以及电流正反馈电压 U_i，输入偏差电压为 $\Delta U = U_n^* - U_u + U_i$。该系统中电压负反馈的工作原理如上节所述。现分析电流正反馈的工作原理。当负载电流增加时，电流正反馈电压 U_i 也随之增加，调节器输入偏差电压 ΔU 也增加，其输出电压 U_{ct} 也增加，晶闸管变流器输出电压 U_{do} 也相应增加，其增量 ΔU_d 用以补偿电

动机电枢电阻压降所引起的转速降,从而使系统的静特性硬度增加、减小静态速降。上述调节过程可以表示为:$I_d\uparrow \to I_dR_s\uparrow \to U_i\uparrow \to \Delta U\uparrow \to U_{ct}\uparrow \to U_{do}\uparrow \to U_d\uparrow \to n\uparrow$。

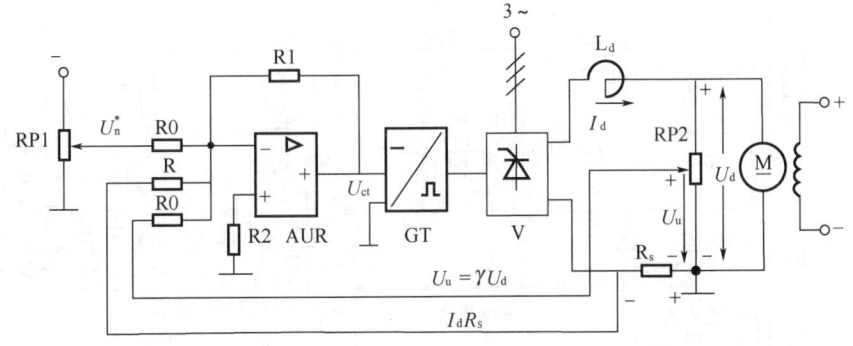

图 3—19　带电流正反馈(电流补偿控制)的电压负反馈调速系统

这里需要特别指出,电流正反馈和电压负反馈是性质完全不同的两种控制作用。电压负反馈是被控量的负反馈,属于反馈控制,而电流正反馈不属于反馈控制,而是扰动量的补偿控制,因而电流正反馈的作用又称为电流补偿控制。

从理论上分析,可适当选择参数,使电流正反馈作用所产生的转速升高完全补偿主回路电压降所引起的转速降。但实际上是很难办到的,因为在运行过程中电阻阻值会因发热而变化,有可能造成电流正反馈作用过强,形成过补偿状态,使系统的静特性上翘,引起系统的不稳定。因此,为了保证系统的稳定性,一般总是将电流正反馈调整得弱一些,使它处于欠补偿状态。

技能要求

晶闸管—电动机单闭环直流调速系统读图分析

一、操作要求

根据晶闸管—电动机单闭环直流调速系统图进行调速系统及主要控制单元电路工作原理分析,从而了解与熟悉晶闸管—电动机单闭环直流调速系统的读图与分析方法。晶闸管—电动机单闭环直流调速系统如图 3—20 所示。该直流调速系统的主电路采用单相桥式半控整流电路,控制系统采用具有电流截止负反馈环节的带电流正反馈(电流补偿控制)的电压负反馈调速系统,适用于 4 kW 以下直流电动机调速。

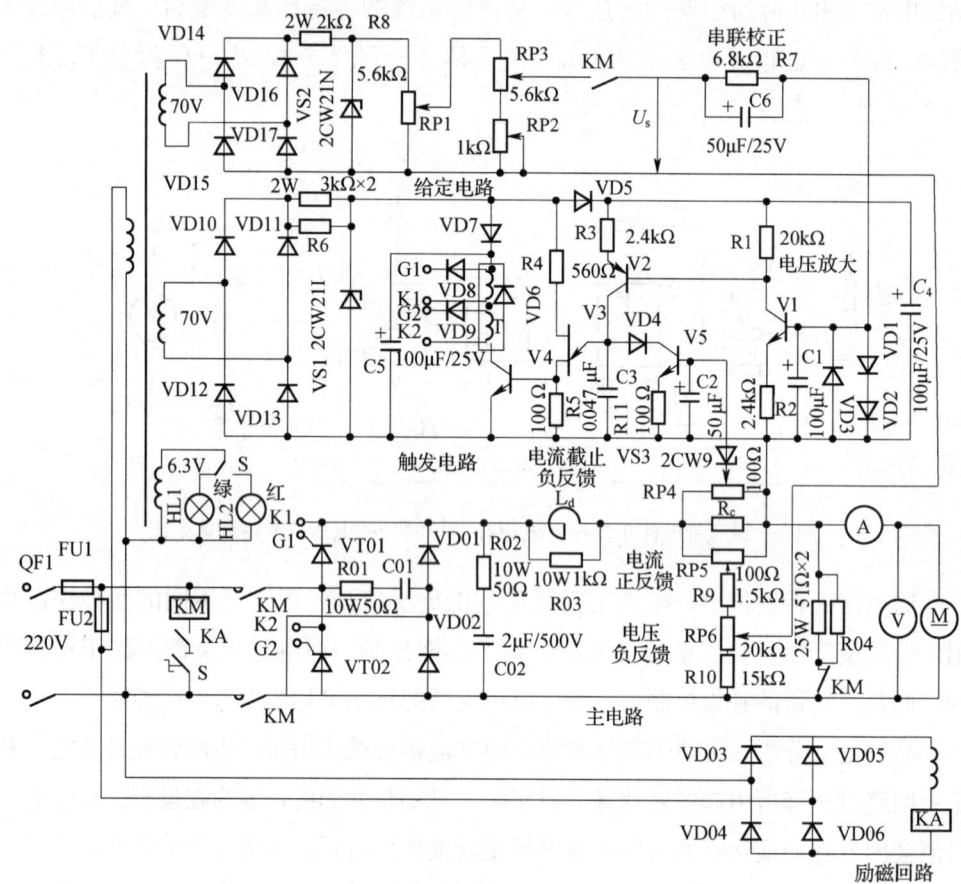

图 3—20 晶闸管—电动机单闭环直流调速系统图

二、操作步骤

晶闸管—电动机直流调速系统可分为主电路和控制系统两大部分，控制系统又可分成若干个控制单元电路。因而，对晶闸管—电动机直流调速系统进行读图分析时，首先应对晶闸管—电动机直流调速系统主电路进行分析，然后再对控制系统进行分析。

步骤 1 晶闸管—电动机单闭环直流调速系统主电路的读图与分析。

该直流调速系统主电路由单相交流 220 V 电源供电，通过断路器 QF1、进线接触器 KM、单相桥式半控整流电路和平波电抗器 L_d 给直流电动机供电。图中的 VT01、VT02、VD01、VD02 组成单相桥式半控整流电路，FU1 快速熔断器作为主电路和晶闸管的过电流保护。VT01、VT02 晶闸管和 VD01、VD02 二极管分接在两边桥臂上，这种接法可以使 VD01、VD02 二极管兼有续流二极管的作用，可节省一个续流二极管。但这种接法 VT01、VT02 两个晶闸管阴极间将没有公共端，脉冲变压器的两个二次绕组间将会有高压，因此对脉冲变压器两个二次绕组间的绝缘要求高。主电路设有 R01 和 C01 组成的交流侧 R-C 阻容吸收过电压保护电路和 R02 和 C02 组成的直流侧阻容 R-C 吸收过电压保护电路，以吸收浪涌电压。平波电抗器 L 的作用可以减少电流脉动和使电流连续，但会延迟晶闸管电流的建立，本系统采用单结晶体管触发电路的脉冲宽度较窄，可能会使晶闸管不能可靠导通。为保证晶闸管可靠导通，在电抗器两端并联一个电阻 R03，既可以减少晶闸管电流建立的时间。此外，也可以在主电路突然断电时，为平波电抗器提供放电回路。

本系统采用单相桥式半控整流电路，电动机不能实现回馈制动。为加快制动和停车，系统设有能耗制动回路，具体由能耗制动电阻 R04 和接触器 KM 的常闭触点组成。主电路中还设有直流电流表 A 和电压表 V。

电动机励磁由单独的单相桥式不可控整流电路供电，为了防止失磁而引起"飞车"事故，在励磁电路中串入欠电流继电器 KA，KA 的常开触点串入主电路的进线接触器 KM 的控制回路。当励磁电流大于某数值时，KA 动作，KA 的常开触点闭合，主电路的进线接触器 KM 才能吸合，使直流调速系统主电路接通电源。当失磁时，KA 的常开触点断开，主电路的进线接触器 KM 断开，起到失磁保护作用。

主电路中的 S 为手动开关，S 断开时，绿灯亮，表示控制电路和励磁电路已有电源，但进线接触器 KM 断开，直流调速系统主电路未接通电源；S 闭合后，红灯亮，同时进线接触器 KM 吸合，使直流调速系统主电路接通电源，系统可以启动运行。

步骤 2 直流调速系统控制系统及主要单元电路的读图分析。

直流调速系统控制系统由转速给定电路、触发电路、电压放大电路、电压负反馈和电流正反馈综合电路及电流截止负反馈电路等单元电路组成。下面对各单元电路进行分析说明。

(1) 转速给定电路

由 VD14~VD17 组成的单相桥式整流电路、电阻 R8 和稳压管 VS2 构成的稳压电源，作为转速给定电压给定电源。电位器 RP1 用来调整最高给定电压，RP2 用来调整最低给定电压，RP3 是速度给定电位器。

(2) 触发电路

采用带脉冲放大电路的单结晶体管触发电路。单结晶体管触发电路具体由二极管 VD10~VD13、稳压管 VS1、单结晶体管 V3、三极管 V2 及 V4、电阻 R3~R5、电容 C3 及脉冲变压器 T 等组成。在单结晶体管触发电路中，VD10~VD13、R6、

VS1组成同步电路,产生同步梯形波电压。此同步电路既作为触发电路同步电压又作为触发电路和下面电压放大电路工作供电电源。V2、V3、C3、R3、R4和R5组成弛张振荡电路。三极管V2相当于一个可变电阻,随输入电压(三极管V1集电极电压)的大小改变它的电阻,用来代替原来单结晶体管触发电路中的电容充电电阻,控制电容C3充电电流;充电电流大则电容C3充电快,输出的触发脉冲的控制角α小,充电电流小则电容C3充电慢,输出的触发脉冲的控制角α大。例如,当三极管V2基极电压(三极管V1集电极电压)降低时,V2基极电流增加,其集电极电流也随着增加,相当可变电阻减小,充电电流增大则电容C3充电快,输出的触发脉冲的控制角α减小,晶闸管整流器输出电压增加。功放管V4、二极管VD7、电容C5和脉冲变压器T组成脉冲放大电路。VD7为隔离二极管,它使电容C5两端电压能保持在整流电压的峰值。当V4导通时,C5放电,可增加触发脉冲的功率和前沿陡度。VD7的另一个作用是阻挡C5上的电压对单结晶体管同步电压的影响。脉冲变压器T两路输出分别触发主电路晶闸管VT01和VT02。VD1和VD2保证只能通过正向脉冲,保护晶闸管门极不受反向电压影响。

(3) 电压放大电路

电压放大电路由V1、R1、R2、VD1、VD2和VD3等组成。在电压放大器的输入端综合转速给定信号和电压负反馈、电流正反馈信号,经放大后输出信号控制触发电路中V2,以控制单结管触发电路的移相。两只串联的二极管VD1、VD2为正向输入限幅,VD3为反向输入限幅。

由于触发电路和电压放大器共用一个电源,此电源电压兼起同步电压作用。为使触发电路中V2和电压放大电路中V1供电电压平稳,为此并联电容器C4。但并联电容器C4将使电压过零点消失,会影响触发脉冲与主电路电压同步。为此,采用二极管VD5来隔离电容器C4对同步电压的影响。

(4) 转速给定电压、电压负反馈和电流正反馈控制信号的综合电路

本调速系统采用带电流正反馈(电流补偿控制)的电压负反馈电路,如图3—21所示。转速给定电压、电压负反馈和电流正反馈控制信号的综合电路如图3—21a所示。电压负反馈信号U_u取自电位器RP6,调节RP6可调节电压反馈值大小。电流反馈信号U_i取自电位器RP5,R_c为电流取样电阻,串联在电枢回路中,阻值很小。电流取样电阻R_c电压(I_dR_c)与电枢电流大小成正比。电位器RP5并联在电流取样电阻R_c两端。由RP5取出的U_i与I_dR_c成正比。转速给定U_n^*、电压负反馈U_u和电流正反馈U_i这3个信号按图示极性进行叠加,得到偏差电压ΔU_n,加在电压放大器V1的输入端,如图3—21b所示。在图3—21中,电

阻 R7、电容 C6 及 C1 组成串联校正电路，在保证系统稳态精度的同时，提高了系统的动态稳定性。

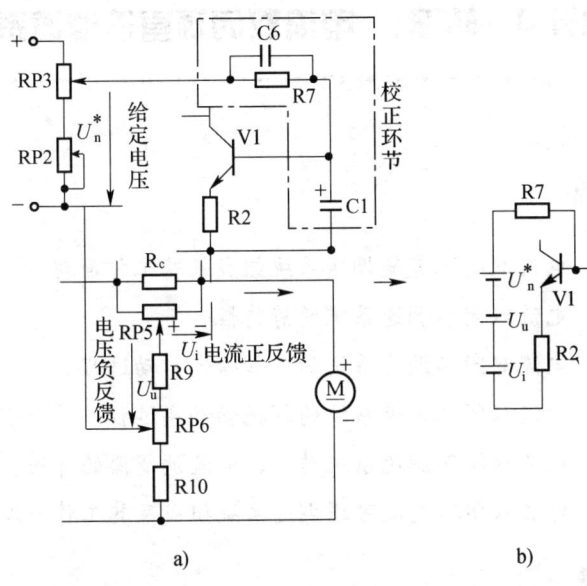

图 3—21　转速给定电压、电压负反馈和电流正反馈控制信号的综合电路
a）电压负反馈和电流正反馈电路　b）控制信号的综合

（5）电流截止负反馈电流电路

电流截止负反馈电流电路由 V5、VD4、R11、VS3、RP4、C2 及 R_c 组成，如图 3—22 所示。电流截止负反馈信号取自电位器 RP4，电位器 RP4 并联在电流取样电阻 R_c 两端。利用稳压管 VS3 产生比较电压，当电枢电流 I_d 超过截止电流时，稳压管 VS3 被 U_{i1} 击穿，V5 导通，将触发电路中的电容 C3 旁路，充电电流减小，触发脉冲后移，整流输出电压降低，使主电路电流下降。

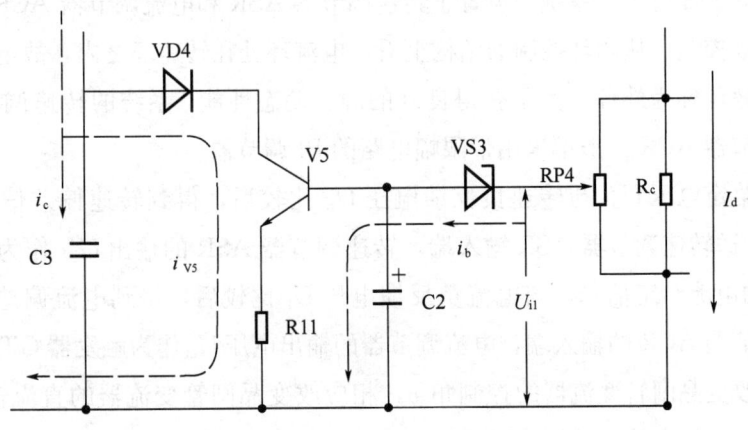

图 3—22　电流截止负反馈电流电路

学习单元3 转速、电流双闭环直流调速系统分析

学习目标

1. 熟悉转速、电流双闭环直流调速系统组成及其工作原理。
2. 熟悉转速、电流双闭环调速系统的静特性。
3. 熟悉转速、电流双闭环调速系统的突加给定启动过程。
4. 熟悉转速、电流双闭环调速系统的抗扰动态过程。
5. 熟悉转速、电流双闭环调速系统转速、电流调节器的作用。
6. 熟悉转速、电流双闭环直流可逆调速系统组成及其工作原理。

知识要求

一、转速、电流双闭环直流调速系统的组成及工作原理

在前面讨论的单闭环直流调速系统中,如转速调节器采用 PI 调节器后,既能够保证系统的稳定性,又能做到无静差;当调速系统中加入电流截止负反馈后,可限制主回路中电流冲击。但是,单闭环直流调速系统不具备对电动机在动态过程中电流(转矩)的控制能力,因而单闭环直流调速系统的动态性能不够理想。为了提高单闭环直流调速系统的动态性能,采用了图 3—23 所示的转速、电流双闭环直流调速系统。

由图 3—23 可知,系统中设置了转速调节器 ASR 和电流调节器 ACR,两者之间实行串级控制。从闭环控制的结构上看,电流环处在转速环之内,故电流环又称内环,转速环称为外环。为了获得良好的静、动态性能,系统的转速调节器 ASR 和电流调节器 ACR 一般都采用带限幅电路的 PI 调节器。

转速给定电压 U_n^* 与转速负反馈电压 U_n 比较后,得到转速偏差信号 $\Delta U_n = U_n^* - U_n$,送转速调节器 ASR 输入端,转速调节器 ASR 的输出 U_i^* 作为电流调节器 ACR 的电流给定信号,与电流负反馈电压 U_i 比较后,得到电流偏差信号 ΔU_i 送电流调节器 ACR 的输入端,电流调节器的输出电压 U_{ct} 作为触发器 GT 的控制电压,用以改变晶闸管变流器的控制角 α,相应改变晶闸管变流器的直流输出电压,从而保证电动机在给定的转速下运行。

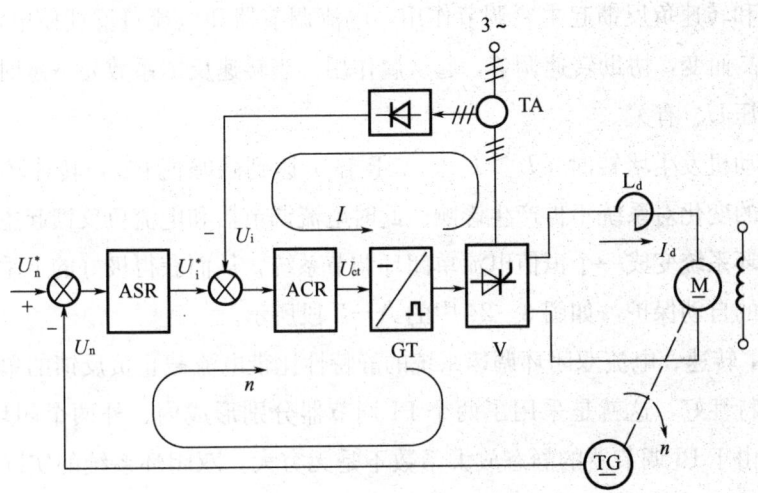

图 3—23　转速、电流双闭环调速系统

在图 3—23 中，转速调节器 ASR 和电流调节器 ACR 都带有限幅电路。转速调节器 ASR 的输出限幅电压是 U_{im}^*，它决定了电流调节器给定电压的最大值，即主回路（电动机电枢电路）中的最大电流，故其限幅值 U_{im}^* 整定的大小取决于电动机电枢电路的允许最大电流值。电流调节器的输出限幅电压是 U_{ctm}^*，它限制了晶闸管变流器的直流输出电压的最大值。

二、转速、电流双闭环调速系统的静特性

转速、电流双闭环调速系统的静特性如图 3—24 所示。

转速、电流双闭环调速系统在稳定运行（$I_d < I_{dm}$）时，转速调节器 ASR、电流调节器 ACR 都不饱和，它们的输入偏差电压均为零。

ASR 的输入偏差电压为

$$\Delta U_n = U_n^* - U_n = U_n^* - \alpha n = 0$$

由上式可得到

$$n = \frac{U_n^*}{\alpha} = n_0 \quad (3—16)$$

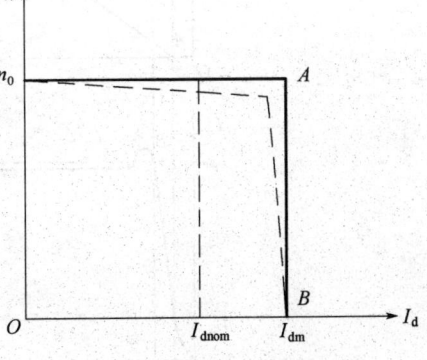

图 3—24　转速、电流双闭环调速系统的静特性

转速、电流双闭环系统的静特性如图 3—24 所示的静特性的 $n_0 - A$ 水平段所示。

由图 3—24 可知，当 ASR 不饱和时，静特性是很硬的，转速是无静差的。这时转

速调节器和转速负反馈起主要调节作用，电流调节器和电流负反馈使电流 I_d 跟随其给定 U_i^* 而变，协助转速调节，起从属作用。当转速反馈系数 α 一定时，转速只与给定电压 U_n^* 有关。

当电动机发生堵转时，$I_d \geqslant I_{dm}$，ASR 输出达到限幅值 U_{im}^*，转速环呈开环状态，转速的变化对系统不再产生影响。此时电流调节器和电流负反馈起主要调节作用，双闭环系统变成一个恒值电流单闭环调节系统，从而获得极好的下垂特性，得到过电流的自动保护，如图 3—24 中的 $A-B$ 段所示。

显然，转速、电流双闭环调速系统的静特性比带电流截止负反馈的单闭环调速系统的静特性好，这就是采用了两个 PI 调节器分别形成内、外两个闭环的效果。实际上，由于 PI 调节器的静态放大系数不是无穷大，双闭环系统的实际静特性与上述的静特性略有差异，如图中虚线所示。

三、转速、电流双闭环调速系统的突加给定启动过程分析

转速、电流双闭环调速系统突加给定电压 U_n^* 由静止状态启动时，启动过程中转速和电流波形如图 3—25 所示。整个启动过程可分为电流上升、恒流升速、转速调节 3 个阶段，在图中分别标以Ⅰ、Ⅱ、Ⅲ。

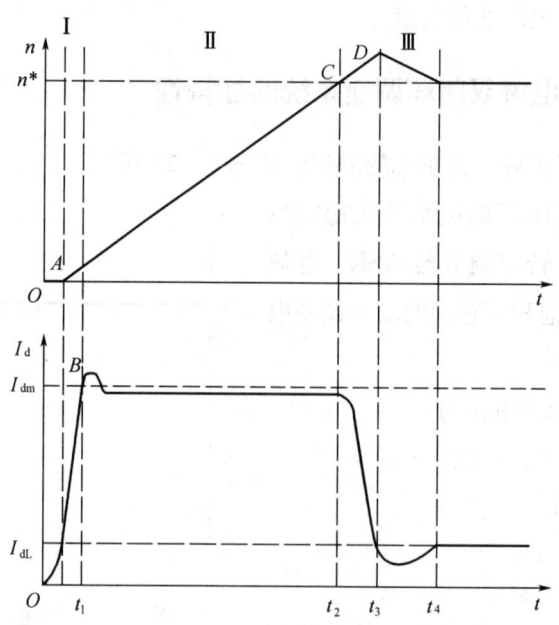

图 3—25　转速、电流双闭环调速系统突加给定电压启动过程中转速和电流波形

1. 电流上升阶段（$0 \sim t_1$）

系统突加转速给定电压 U_n^* 后，由于机电惯性，只有当 $I_d > I_L$ 时，转速 n 才从零开始逐步增加，转速负反馈电压 U_n 也只能从零开始逐步增加，因而偏差信号 $\Delta U_n = U_n^* - U_n$ 的数值较大，使转速调节器 ASR 的输出电压 U_i^* 很快达到限幅值 U_{im}^*。这个电压 U_{im}^* 加到电流调节器 ACR 输入端，作为最大的电流给定值，使 ACR 的输出电压 U_{ct} 迅速上升，晶闸管变流器输出电压 U_{do} 亦迅速上升，电枢电流 I_d 迅速从零开始上升，直到 I_{dm}（B 点为 $I_d = I_{dm}$）。

2. 恒流升速阶段（$t_1 \sim t_2$）

从 t_1 时刻电流上升到最大值 I_{dm} 开始，一直到 t_2，转速 n 上升到给定转速 n^*（C 点为 $n = n^*$）为止的这一阶段，是恒流升速阶段。恒流升速阶段是启动的主要加速阶段。在这阶段里，由 $n \leqslant n^*$，转速调节器 ASR 一直处于饱和（限幅）状态，其输出电压一直处于限幅最大值 U_{im}^* 不变，通过电流调节器 ACR 的调节作用力图使电枢电流 I_d 保持在最大值 I_{dm}，电动机以最大的启动转矩等加速度线性上升到给定转速 n^*。此阶段速度调节器 ASR 一直处于饱和（限幅）状态，转速环相当开环状态，双闭环系统表现为恒值电流调节系统。

3. 转速调节阶段（$t_2 \sim t_3 \sim t_4$）

当电动机转速经过恒流升速到给定转速 n^* 以后，就进入启动的最后阶段，即转速调节阶段。在 t_2 时，转速上升到给定转速 n^* 时，$n = n^*$、$\Delta U_n = 0$，转速调节器 ASR 的输出电压 U_i^* 仍为 U_{im}^*，故电动机仍在最大电流下加速，使转速超调，即 $n > n^*$、$U_i^* > U_i$、$\Delta U_n < 0$，使转速调节器 ASR 退出饱和限幅而起调节作用，其输出电压 U_i^*（即电流给定值）立即从限幅值 U_{im}^* 降下来，经过电流调节器 ACR 的调节作用使电枢电流 I_d 从 I_{dm} 下降。当 $I_d > I_L$ 时，电动机转速 n 仍继续上升；当 $I_d < I_L$，电动机转矩小于负载转矩，使电动机在负载转矩阻力作用下减速。经转速调节器 ASR 调节，最终使电动机保持在转速 $n = n^*$ 状态下稳定运行。本阶段转速调节器 ASR 和电流调节器 ACR 同时起调节作用，由于转速环是外环，转速调节器 ASR 的输出是电流调节器 ACR 的电流给定，ASR 处于主导作用，ACR 的作用是力图使电流 I_d 跟随电流给定变化。

综上所述，在突加给定的启动过程中电流上升阶段、恒流升速阶段，转速调节器 ASR 处于饱和限幅状态，转速环相当于开环运行，不起调节作用，而仅由电流调节器 ACR 起恒流调节作用，电动机以最大允许电流等加速启动。在启动过程中，转速调节阶段转速调节器 ASR 才退出饱和限幅状态参与转速调节作用。在突加给定的启动过程中,电流调节器 ACR 不饱和,处于线性调节状态。

四、转速、电流双闭环调速系统的抗扰动动态过程

1. 抗负载扰动动态过程

在图 3—23 所示的转速、电流双闭环直流调速系统中,在负载 T_{L1} 时(相对应的电枢电流为 I_{d1}),电动机在转速 n 稳定运行。此时转速给定电压为 U_{n1}^*,转速反馈电压为 U_{n1},偏差信号 $\Delta U_n = U_{n1}^* - U_{n1}$,转速调节器 ASR 输出电压为 U_{i1}^*,电流调节器 ACR 输出电压为 U_{ct1},晶闸管整流器的控制角为 α_1,晶闸管整流器输出电压为 U_{do1}。当电动机负载突加为 T_{L2} 时(相对应的电枢电流为 I_{d2}),将使电动机转速下降,转速反馈电压 U_n 也相应下降,由于转速给定电压是不变的,仍为 U_{n1}^*,使偏差信号 ΔU_n 增加,通过转速调节器 ASR 调节,其输出电压 U_i^* 增加,电流调节器 ACR 输出电压 U_{ct} 增加,使晶闸管整流器的控制角从 α_1 变为 α_2,晶闸管整流器输出电压从 U_{do1} 增加为 U_{do2},于是电动机转速 n 便相应自动回升,维持转速近似不变。双闭环调速系统抗负载扰动动态过程可简述为:$T_L\uparrow \to I_d\uparrow \to n\downarrow \to U_n\downarrow \to \Delta U_n\uparrow \to U_i^*\uparrow \to U_{ct}\uparrow \to \alpha\downarrow \to U_{do}\uparrow \to n\uparrow$。

由上分析可知,双闭环系统在负载扰动(如突加负载)时,将引起转速变化,转速调节器 ASR 和电流调节器 ACR 均参与调节作用,但转速调节器 ASR 处于主导作用,抗负载扰动只能靠转速调节器 ASR 来调节。

2. 抗电网电压扰动动态过程

在图 3—23 所示的转速、电流双闭环直流调速系统中,当电网电压波动(例如当电网电压下降)时,晶闸管变流器输出电压 U_{do} 也会随之下降,由于电动机机电惯性缘故,首先引起电枢电流 I_d 的下降,电流负反馈电压 U_i 亦下降,经电流调节器 ACR 调节作用,使晶闸管变流器的输出电压 U_{do} 上升,使电枢电流 I_d 基本保持不变,由于电流环的惯性远小于转速环的惯性,整个调节过程很快,使电动机转速几乎不受电网电压波动的影响。而在单闭环直流调速系统中只有一个转速环,当电网电压波动使转速变化时,才能通过转速调节器进行调节,因而转速、电流双闭环调速系统抗电网电压扰动性能比单闭环直流调速系统好得多。

五、转速、电流双闭环直流调速系统的转速、电流调节器的作用

1. 转速调节器的作用

(1) 使转速 n 跟随转速给定电压 U_n^* 变化,稳态无静差。

(2) 对负载变化起抗扰动作用。

(3) 其输出限幅值决定于允许的最大电枢电流。

2. 电流调节器的作用

(1) 启动过程保证获得允许最大电枢电流。

(2) 在转速调节过程中，使电流跟随其电流给定电压 U_i^* 变化。

(3) 对电网电压波动起及时抗扰动作用。

(4) 当电动机过载甚至于堵转时，限制电枢电流的最大值，从而起到快速的安全保护作用，并在故障消失后，系统能够自动恢复正常工作。

六、转速、电流双闭环可逆直流调速系统组成及其工作原理

前面所叙的转速、电流双闭环不可逆直流调速系统，适合于不要求改变电动机旋转方向，同时减速和停车的快速性又无特殊要求的设备。但是，在实际生产中，很多设备却要求电动机既能正、反转，又要求快速减速和停车。此时，这些设备的电气传动系统要采用可逆直流调速系统。可逆调速系统广泛采用电枢反并联可逆系统。电枢反并联可逆系统根据有无环流，可分为有环流可逆系统和无环流可逆系统。虽然有环流可逆调速系统具有反向快，过渡平滑等优点，但是需要设置环流电抗器，增加了系统的成本、装置的体积和功率损耗。因此，实际应用中常采用无环流可逆调速系统。实现无环流调速的基本原理是当可逆系统中一组晶闸管工作时，使另一组晶闸管处于完全阻断状态，确保两组晶闸管不同时工作，从根本上切断了环流的通路。按实现无环流的方式不同，无环流可逆调速系统又可分为逻辑无环流可逆调速系统和错位无环流可逆调速系统。其中，逻辑无环流可逆调速系统应用最广泛。逻辑无环流可逆调速系统实现无环流的基本原理是当一组晶闸管触发脉冲开放工作时，用逻辑电路（无环流逻辑控制器）封锁另一组晶闸管的触发脉冲，使它完全处于阻断状态，确保两组晶闸管不同时工作，从根本上切断了环流的通路。

1. 逻辑无环流可逆调速系统的组成

逻辑无环流可逆调速系统的原理框图如图 3—26 所示。主电路采用正向晶闸管 VF 与反向晶闸管 VR 组成电枢反并联可逆系统。在图 3—26 中，L_d 为平波电抗器，其作用是为了抑制电枢电流的脉动和保证电流的连续。控制系统采用前面所介绍的转速、电流双闭环系统。该线路设置了两个电流调节器（ACR1、ACR2）和两组触发器（GTF、GTR）。ACR1 用来控制正向组触发器 GTF，ACR2 控制反向组触发器 GTR。控制系统设置了反相器 AR，ACR1 的给定信号来自于转速调节器 ASR 输出电压 U_i^*。ASR 输出电压 U_i^* 经反相器 AR 反相后输出电压 $\overline{U_i^*}$ 作为 ACR2 的给定信号，从而可采用不反映极性的交流互感器和整流器组成的电流检测

器。系统中设置了无环流逻辑控制器 DLC，对正、反向组晶闸管触发脉冲实施封锁和开放控制，从而实现无环流。DLC 有两个输入信号 U_i^* 和 U_{io}。其中，U_i^* 为电流给定信号（转矩给定信号），U_{io} 为零电流检测信号；DLC 有两个输出信号 U_{blf} 和 U_{blr}。由于主电路不设环流电抗器，一旦出现环流将造成严重的短路事故，所以对系统工作时的可靠性要求特别高，为此在逻辑无环流系统中，无环流逻辑控制器 DLC 是系统中的关键部件，必须保证可靠工作。

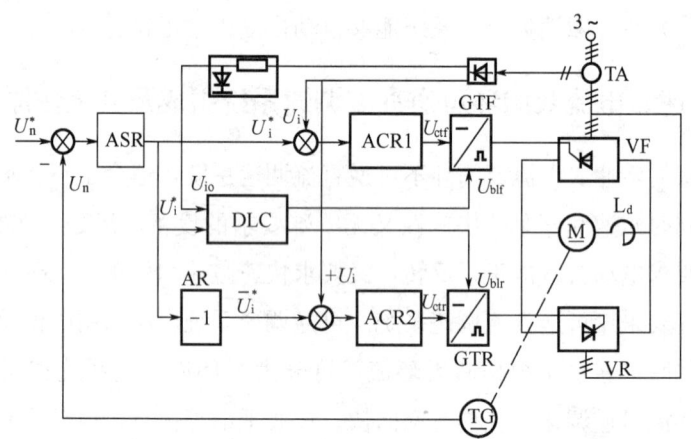

图 3—26 逻辑无环流可逆调速系统的原理框图

2. 可逆系统对无环流逻辑控制器的基本要求

无环流逻辑控制器 DLC 的任务是根据可逆系统运行状态，正确选择两组晶闸管中哪一组晶闸管脉冲开放工作，在正向组晶闸管 VF 脉冲开放工作时，封锁反向组晶闸管 VR 脉冲，在反向组晶闸管 VR 脉冲开放工作时，封锁正向组晶闸管 VF 脉冲。同时在许可条件下正确对两组晶闸管脉冲进行切换，两组晶闸管触发脉冲决不允许同时开放。

无环流逻辑控制器 DLC 的核心问题是根据什么条件来选择两组晶闸管中哪一组脉冲开放而导通工作，哪一组脉冲封锁而关断以及在什么许可条件下两组晶闸管脉冲进行切换？

首先应该根据系统中电枢电流的方向即电磁转矩的方向要求来选择两组晶闸管中哪一组脉冲开放而导通工作，哪一组脉冲封锁而关断。具体来说，当系统要求电枢电流（电磁转矩）方向为正即转速调节器 ASR 的输出 U_i^* 为负时，无环流逻辑控制器应开放正向组晶闸管 VF 的触发脉冲使正向组晶闸管工作，而封锁反向组晶闸管 VR 触发脉冲。反之，当系统要求电枢电流（电磁转矩）方向为负即转速调节器 ASR 的输出 U_i^* 为正时，无环流逻辑控制器应开放反向组晶闸管 VR 触发脉冲使反向组晶闸管工作，而封锁正向组晶闸管 VF 触发脉冲。由此可见，无环流逻辑控制器首先可用电流给定（转矩给定）信号 U_i^* 作为无环流逻辑控制器 DLC 的控制信号之一，即逻辑切换申请指令。

然而，仅用电流给定（转矩给定）信号 U_i^* 控制 DLC 还是不够。因为 U_i^* 极性改变只是说明正、反向两组晶闸管有切换的要求，只有在实际电流下降到零之后，才能封锁原工作组晶闸管（如正向组晶闸管）的触发脉冲，否则将会引起逆变颠覆造成严重事故。因此逻辑控制器 DLC 还需要另一个控制信号——零电流检测信号。零电流检测信号是逻辑切换许可指令，是逻辑切换的充分条件。U_i^* 的极性改变只是逻辑切换的必要条件，不是充分条件。逻辑控制器 DLC 只有在逻辑切换的必要条件和充分条件都满足情况下，并经过必要的逻辑判断后才能发出切换指令。

为了保证系统工作可靠，在逻辑切换指令发出后并不能立即执行，还需经过"封锁延时 t_{d1}"才允许封锁原工作组晶闸管的触发脉冲；再经过"开放延时 t_{d2}"才可以开放另一待工作组晶闸管的触发脉冲。对于三相桥式电路来说，一般取封锁延时 t_{d1} 为 2～3 ms，开放延时 t_{d2} 为 5～7 ms。

综上所述，可逆系统对无环流逻辑控制器 DLC 的基本要求如下：

(1) 在任何情况下，绝对不允许同时开放正、反向两组晶闸管变流器的触发脉冲，必须是一组晶闸管变流器触发脉冲开放而导通工作时，另一组晶闸管变流器的触发脉冲封锁而关断。

(2) 无环流逻辑控制器是由电流给定（转矩给定）信号 U_i^* 的极性（转矩极性）信号和零电流检测信号 U_{i0} 共同发出逻辑切换指令。转矩变极性信号是逻辑切换的申请指令，零电流检测信号是逻辑切换的许可指令。当转矩极性信号 U_i^* 改变极性时，必须等到有零电流检测信号后，才能发出逻辑切换指令。

(3) 为了系统工作可靠，在发出逻辑切换指令后，必须先经过封锁延时 t_{d1} 才能封锁原工作组晶闸管的触发脉冲，再经过开放延时 t_{d1} 后，才能开放另一工作组晶闸管的触发脉冲。

学习单元 4　转速、电流双闭环直流调速系统装调维修

学习目标

1. 熟悉欧陆 514C 型直流调速系统概况、组成及相关功能。

2. 能够进行转速、电流双闭环不可逆直流调速系统接线、调试、运行、测量及故障分析与处理。

3. 能够进行转速、电流双闭环可逆直流调速系统接线、调试、运行、测量及故障分析与处理。

知识要求

一、欧陆 514C 型直流调速系统概况及其主要技术参数

1. 欧陆 514C 型直流调速系统概况

欧陆 514C 型调速装置（简称 514C）是一种以运算放大器等元器件组成的模拟式逻辑选触无环流直流可逆调速系统，用于他励式直流电动机或永磁式直流电动机的速度控制。514C 型调速装置使用单相交流电源，主电源电压可以为交流 110～480 V，电源频率为 50/60 Hz。具体根据实际负载需要选择，并可外接整流变压器以提供适当的电源电压。514C 的交流辅助电源电压可以为 110/120 V 或 220/240 V，514C 型调速装置中专门设置了一个辅助电源电压选择开关，具体根据交流电源情况进行选择。

514C 型调速装置可以采用两种反馈方式：第一种可以采用外接的测速发电机组成带转速负反馈的转速、电流双闭环直流调速系统；第二种可以采用装置内部的电枢电压负反馈和电流补偿控制（电流正反馈）组成带电流补偿（电流正反馈）的电压、电流双闭环直流调速系统。514C 型调速装置中专门设置了一个反馈方式选择开关，具体根据调速性能要求等实际情况进行选择。

514C 型调速装置采用了开放式的框架结构，整个控制器以散热器为基座，两组反并联连接的晶闸管模块直接固定在散热器上，另外一块驱动电源印制电路板、一块控制电路印制电路板和一块面板以层叠式结构叠装在散热器上面。控制器整体尺寸为 160 mm×240 mm×130 mm（宽×高×厚）。实际使用时应将 514C 调速装置垂直安装。514C 型调速装置有 514C/04、514C/08、514C/16、514C/32 等 4 种不同规格的产品，分别可以提供 4 A、8 A、16 A、32 A 等不同的最大输出电流。当电流过载达到 1.5 倍额定电流时，故障检测电路发出报警信号，并在发生过载 60 s 后切断电源，以对电动机进行保护；而在发生短路时，系统可在瞬间实现过电流跳闸，以对调速装置进行有效的保护。

2. 欧陆 514C 型直流调速系统主要技术参数

额定输入主电源电压：交流 110～480 V±10%

电源频率：50/60 Hz±5 Hz

辅助电源电压：交流 110/120 V 或 220/240 V±10%

辅助电源额定电流：3 A（包括接触器线圈电流）

接触器线圈电流：不超过 3 A

额定输出电枢电压：交流 110/120 V 时为直流 90 V

　　　　　　　　交流 220/240 V 时为直流 180 V

　　　　　　　　交流 380/415 V 时为直流 320 V

最大电枢电流：直流 4 A、8 A、16 A、32 A±10%

电枢电流标定：0.1～最大电枢电流值，步距为 0.1 A

标称电动机功率（电枢电压为 320 V 时）：1.125 kW、2.25 kW、4.5 kW、9 kW

过载倍数：150%额定电流时 60 s

励磁电流：直流 3 A

励磁电压：0.9×主电源电压 V

环境要求：运行温度为 0～40℃（40℃以上，温度每升高 1℃额定电流降低 1.5%）

湿度：85%R.H（40℃时，无冷凝）

海拔：1 000 m 以上，海拔每升高 100 m 额定电流降低 1%

二、欧陆 514C 型直流调速系统的组成及相关功能说明

1. 514C 型直流调速系统的组成及工作原理

514C 型直流调速系统原理框图如图 3—27 所示。由图 3—27 可知，514C 型直流调速系统是逻辑选触无环流直流可逆调速系统。主电路采用两组单相桥式全控整流电路（即正向组晶闸管 VF 和反向组晶闸管 VR）组成的电枢反并联可逆电路，控制系统采用转速、电流双闭环系统。514C 型直流调速系统可以采用外接的测速发电机组成带转速负反馈的转速、电流双闭环直流调速系统，又可以采用电枢电压负反馈和电流补偿控制（电流正反馈）组成带电流补偿（电流正反馈）的电压、电流双闭环直流调速系统，反馈的形式由功能选择开关 SW1/3 进行选择。这里要引起注意的是当采用电压负反馈时，则可使用电流补偿（电流正反馈）调节电位器 RP8 加上电流补偿（电流正反馈）作为转速补偿作用；当采用转速负反馈时不能加电流补偿（电流正反馈），因此电位器 RP8 应调节到零，取消电流补偿。采用外接的测速发电机组成带转速负反馈的转速、电流双闭环直流调速系统时，可根据测速发电机的输出电压大小通过功能选择开关 SW1/1、SW1/2 来设定转速反馈电压的范围，

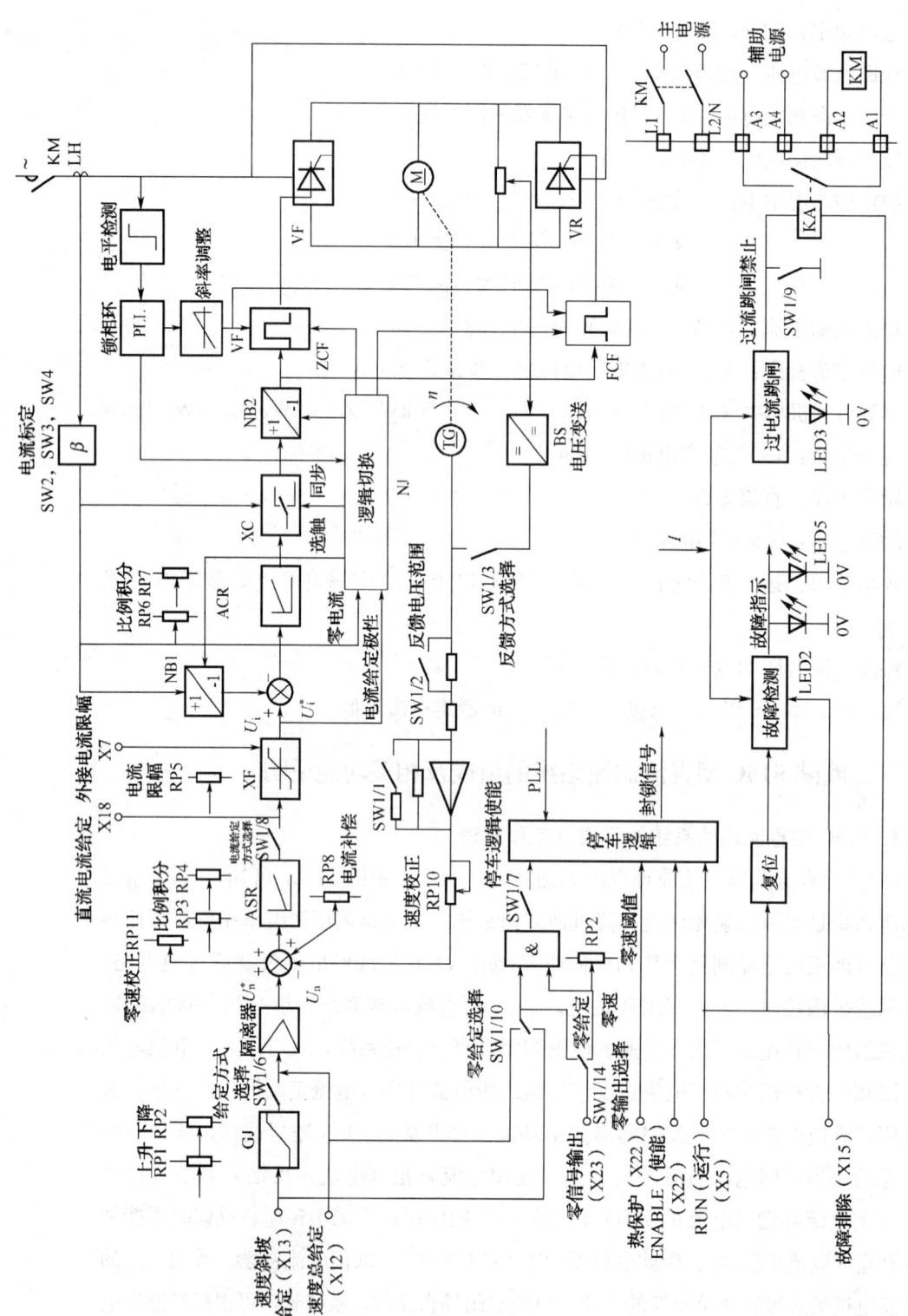

图3—27 514C型直流调速系统原理框图

并通过电位器 RP10 调整速度负反馈系数，从而调整电动机的最高转速。电位器 RP11 的作用为零速校正。

在图 3—27 中，GJ 为给定积分器，电位器 RP1、RP2 分别调节上升时间和下降时间。转速调节器 ASR 采用带限幅电路的 PI 调节器，RP3、RP4 分别为比例系数、积分时间常数调节电位器。转速调节器 ASR 的输出电压 U_i^* 经限幅后，作为电流给定信号，并与电流负反馈信号 U_i 进行比较，加到电流调节器的输入端，以控制电动机电枢电流。最大电枢电流值由 ASR 的限幅值以及电流负反馈系数 β 加以确定。ASR 的限幅值可以通过电位器 RP5 或接线端子 X7 上所接的外部电位器来调整的。在 X7 端子上未外接电位器时，可通过 RP5 可得到对应最大电枢电流为 1.1 倍标定电流的限幅值；而在 X7 端子上通过外接电位器输入 0~+7.5 V 的直流电压时，可得到最大电枢电流为 1.5 倍标定电流值。电流负反馈信号以内置的交流电流互感器从主回路中取出，并以 BCD 码开关 SW2、SW3、SW4 按电动机的额定电流来对电流反馈系数进行设置，得出标定电流值。例如控制器所控制的直流电动机的额定电流为 12.5 A，则 SW2~SW4 即分别设置为 1、2、5。注意：电流反馈系数的设定非常重要，一旦设定后，系统就按此标定值实行对电枢电流的控制，并按此标定值对系统进行保护。SW2~SW4 的最大设定不能超过控制器的额定电流，如 514C/16 的最大设定值不能超过 16 A。

该系统仅设置一个电流调节器 ACR，它亦采用带限幅电路的 PI 调节器，RP6、RP7 分别为比例系数、积分时间常数调节电位器。ACR 的给定信号是由转速调节器 ASR 提供的，由于 ASR 的输出电压 U_i^* 的极性是可变的，因此要求电流负反馈信号 U_i 的极性也要随着电枢电流的方向可以变化，但系统采用的是交流电流互感器，所取出的电流信号经整流以后得到的电流负反馈信号的极性始终是正极性的。为了保证电流环的负反馈性质，必须使电流负反馈信号的极性与 ASR 的输出电压 U_i^* 的极性相反，所以在电流反馈通道上设置了一个变号器 NB1，由逻辑切换装置 NJ 进行控制，在需要时对电流负反馈信号 U_i 的极性进行变号。电流调节器 ACR 的输出经过选触逻辑电路 XC 和变号器 NB2 送往正向组触发电路 ZCF 和反向组触发电路 FCF。选触逻辑电路 XC、变号器 NB2 和正向组触发电路 ZCF 和反向组触发电路 FCF 由逻辑切换装置 NJ 进行控制。在电动机处于正向电动或反向制动状态时开放正向组晶闸管 VF，封锁反向组晶闸管 VR；而在电动机处于反向电动或正向制动状态时开放反向组晶闸管 VR，封锁正向组晶闸管 VF。逻辑切换装置 NJ 对正、反两组晶闸管的切换是根据电动机各种运行状态所需的转矩极性，亦即电枢电流的给定极性来进行控制的，所以将转速调节器 ASR 的输出电压即电流给

定信号 U_i^* 作为逻辑切换装置 NJ 的逻辑切换申请指令。同时，在 U_i^* 的极性改变之后，还必须等电枢电流减小为零后才能进行正、反组的切换，因此，零电流信号是逻辑切换装置 NJ 的逻辑切换许可指令。此外，为了保证切换过程和主电路电压的同步，系统采用了锁相环技术，对主电源的电压进行取样、变换、整形后，产生同步信号，送往逻辑切换装置 NJ 进行同步；同时将此同步信号经自动斜率调整后，送往触发电路进行移相触发控制，产生触发脉冲。

514C 型直流调速系统还设置了停车逻辑、故障检测和过电流跳闸等保护电路，当发生故障后能及时报警并采取保护措施。停车逻辑电路的作用发出封锁信号，将整个控制系统中调节器全部封锁，使系统输出为零，电动机停止运行。图 3—27 中，X5 端为运行（RUN）控制端，当 X5 端为高电平（+24 V）时，内部继电器 KA 通电吸合，接触器 KM 接通，主电路通电；反之，当 X5 端为低电平（0 V）时，发出封锁信号，接触器 KM 断开。X20 端为使能（ENABLE）控制端，当 X20 端为高电平（+24 V）时发出使能信号，当 X20 端为低电平（0 V）时发出封锁信号。X22 端为电动机热保护控制输入端，接入电动机热敏元件，当 X22 端对公共地大于 1 800 Ω，表明电动机过热，发出封锁信号，如未使用电动机热保护时，应将 X22 端对公共地短接，否则系统无法运行。当锁相环 PLL 发生故障时，也将发出封锁信号。因此，要使系统能正常工作，应使锁相环正常工作，热保护 X22 端为低电平，RUN（X5 端）和 ENABLE（X20 端）为高电平。

故障检测电路对电枢电流进行监视，当发生过电流（电枢电流达到限幅值）时，发出故障信号，并点亮"电流限幅"指示灯 LED5；当电枢电流保持或超过限幅值 60 s 后，点亮"故障跳闸"指示灯 LED2。过电流跳闸电路在电枢电流超限且指示灯 LED3 点亮时，能自动断开内部继电器 KA 的线圈回路，使 KA 断电跳闸，从而切断电路电源。但若"过流跳闸禁止"开关 SW1/9 为"ON"时，此开关接通 0 V，使过电流跳闸电路不起作用，内部继电器 KA 始终通电不会跳闸。此外，当过电流达到 3.5 倍电流标定值以上即发生短路时，"过电流"指示灯 LED3 点亮并且内部继电器 KA 瞬时跳闸。

当系统发生故障跳闸或热保护停车后，可通过将 RUN（X5 端）信号断开，然后重新施加 RUN 信号而使故障复位，调速装置将重新启动。当发生短路故障引起"过电流"指示灯 LED3 点亮后，不能通过重新施加 RUN（X5 端）信号使故障复位，因为这种跳闸可以指示发生了重大故障。在排除短路故障后，可通过将交流辅助电源断开，然后重新接通而使故障复位，但需注意在重新接通交流辅助电源前，必须先将 RUN（X5 端）信号断开。

2. 欧陆 514C 型直流调速系统面板及有关接线端子、功能设置开关功能、电位器等功能说明

514C 型调速装置的面板及接线端子布置图如图 3—28 所示。

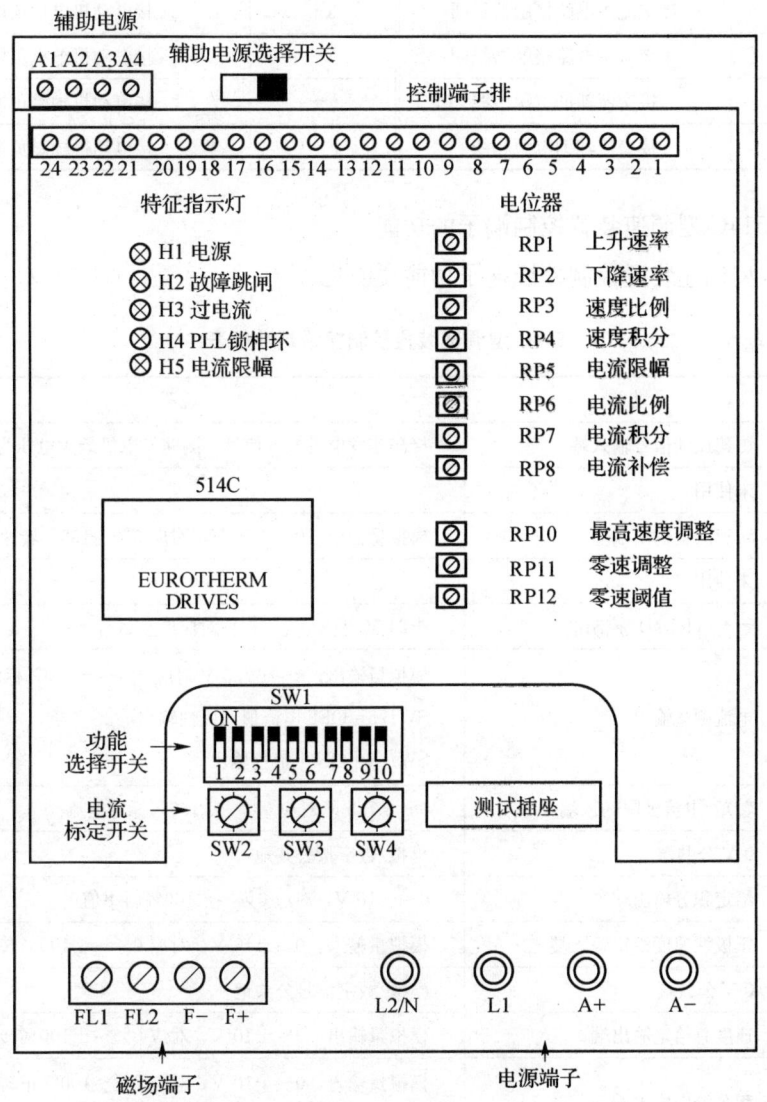

图 3—28　514C 型调速装置的面板及接线端子布置图

（1）514C 型调速装置电源接线端子的功能

514C 型调速装置电源接线端子的功能说明见表 3—1。

表 3—1　　　　　　　　　　　　　　主电源接线端子功能表

端子号	功能说明	端子号	功能说明
L1	接交流主电源输入相线 1	FL1	接励磁整流电路交流电源
L2/N	接交流主电源输入相线 2/中线	FL2	接励磁整流电路交流电源
A1	接交流主电路接触器线圈	A+	接电动机电枢正极
A2	接交流主电路接触器线圈	A−	接电动机电枢负极
A3	接交流辅助电源中线	F+	接电动机励磁正极
A4	接交流辅助电源相线	F−	接电动机励磁负极

（2）514C 型调速装置控制端子的功能

514C 型调速装置控制接线端子功能说明见表 3—2。

表 3—2　　　　　　　　　　514C 型调速装置控制接线端功能表

端子号	功能	说明
X1	测速反馈信号输入端	接测速发电机输入信号，测速发电机最大电压为 350 V
X2	未使用	
X3	转速测量输出端	模拟量输出，0～±10 V，对应 0%～100%转速
X4	未使用	
X5	运行（RUN）控制端	+24 V 对应运行，0 V 对应停止运行
X6	电流测量输出	模拟量输出，0～+7.5 V 对应 0%～±150%标定电流 SW1/5=OFF 电流值双极性输出 SW1/5=ON 电流值输出
X7	转矩/电流极限输入端	0～+7.5 V 对应 0%～±150%标定电流
X8	0 V 公共端	模拟/数字量公共地
X9	给定积分输出端	0～±10 V，对应 0%～±100%斜率值
X10	正极性速度给定输入端	模拟量输入：0～±10 V，对应 0%～±100%转速
X11	0 V 公共端	模拟/数字信号公共地
X12	速度总给定输出端	模拟量输出：0～±10 V 对应 0%～±100%转速
X13	积分给定输入端	模拟量输入：0～+10 V，对应 0%～100%正转速度 0～−10 V，对应 0%～100%反转速度
X14	+10 V 参考电压输出端	供转速/电流给定的+10 V 参考电压
X15	故障排除输入端	故障检测电路复位 输入+10 V 对应"故障排除"信号
X16	−10 V 参考电压输出端	供转速/电流给定的−10 V 参考电压

续表

端子号	功能	说明
X17	负极性速度给定输入端	模拟量输入：0～+10 V，对应0%～100%反转速度 0～-10 V，对应0%～100%正转速度
X18	电流直接给定输入/输出端	模拟量输入/输出：SW1/8＝OFF 对应电流给定输入 SW1/8＝ON 对应电流给定输出 0～±7.5 V 对应0%～±150%标定电流
X19	"正常"信号端	+24 V 对应"正常无故障"
X20	使能（ENABLE）输入端	使能输入：+10～+24 V 对应使能，0 V 对应禁用
X21	速度总给定反向输出端	模拟量输出：0～-10 V 对应0%～100%正转速度
X22	电动机热敏电阻/低温传感器（热保护）输入端	热敏电阻或低温传感器：<200 Ω（对公共端）为正常 >1 800 Ω（对公共端）为过热
X23	零速/零给定输出端	+24 V 为停止/零速给定 0 V 为运行/无零速给定
X24	+24 V 电源输出端	输出+24 V 电源（20 mA 仅供控制器使用）

注意：X24 端子输出的+24 V 电源仅能用于控制器自身，可被使用于 RUN 电路（X5 端子）和 ENABLE 电路（X20 端子）。绝对不要用这个+24 V 电源去对任何控制器以外的电路或设备供电，如外部继电器、可编程序控制器（PLC）或其他任何仪器设备等。否则，将导致控制器失灵、故障或损坏，导致所连接的设备损坏，甚至造成人身危险。

(3) 514C 型调速装置的功能设置开关的功能说明

514C 型调速装置功能设置开关的功能说明见表 3—3、表 3—4。

表 3—3 测速发电机反馈电压范围功能开关设置表

SW1/1	SW1/2	反馈电压范围	备注
OFF（断开）	ON（接通）	10～25 V	用电位器 RP10 调整达到最大速度时所对应的反馈电压数值
ON（接通）	ON（接通）	25～75 V	
OFF（断开）	OFF（断开）	75～125 V	
ON（接通）	OFF（断开）	125～325 V	

出厂时开关默认设置：SW1/1＝OFF，SW1/2＝ON

表 3—4　　　　　　　　　　　通用功能设置开关作用表

功能开关名称	状态	作用
速度反馈类型选择开关 SW1/3	OFF（断开）	采用测速发电机反馈方式
	ON（接通）	采用电枢电压反馈方式
零输出选择开关 SW1/4	OFF（断开）	零速度输出
	ON（接通）	零给定输出
电流测量输出选择开关 SW1/5	OFF（断开）	双极性输出
	ON（接通）	单极性输出
给定积分隔离选择开关 SW1/6	OFF（断开）	给定积分输出
	ON（接通）	给定积分隔离
停止逻辑使能开关 SW1/7	OFF（断开）	禁止
	ON（接通）	使能
电流给定选择开关 SW1/8	OFF（断开）	X18 端为直接电流给定输入
	ON（接通）	X18 端为电流给定输出
过流接触器跳闸禁止开关 SW1/9	OFF（断开）	过流时接触器跳闸
	ON（接通）	过流时接触器不跳闸
速度给定信号选择开关 SW1/10	OFF（断开）	总给定输入
	ON（接通）	积分给定输入

出厂时开关默认设置：SW1/3＝ON，SW1/4＝OFF，SW1/5＝OFF，SW1/6＝OFF，SW1/7＝OFF，SW1/8＝OFF，SW1/9＝OFF，SW1/10＝OFF。

(4) 514C 型调速装置的电位器功能说明

514C 型调速装置的面板上电位器功能说明见表 3—5。

表 3—5　　　　　　　　　　　面板电位器功能表

电位器名称	功能
上升斜率电位器 RP1	调整上升时间（线性 1～40 s）
下降斜率电位器 RP2	调整下降时间（线性 1～40 s）
速度环比例系数电位器 RP3	调整速度环比例系数
速度环积分系数电位器 RP4	调整速度环积分系数
电流限幅电位器 RP5	调整电流限幅值
电流环比例系数电位器 RP6	调整电流环比例系数
电流环积分系数电位器 RP7	调整电流环积分系数

续表

电位器名称	功能
电流补偿电位器 RP8	在采用电枢电压负反馈时，可调节电流补偿（电流正反馈）值，使转速得到最佳控制，提高精度
RP9	未使用
最高转速调整电位器 RP10	调整电动机最大转速
零速偏移电位器 RP11	零给定时，调节零速
零速检测阈值电位器 RP12	调整零速的检测门坎电平

（5）514C 型调速装置的面板 LED 指示灯的功能说明

514C 型调速装置的面板上 LED 指示灯的功能说明见表 3—6。

表 3—6　　　　514C 型调速装置面板 LED 指示灯功能表

指示灯	含义	显示方式	说明
LED1（H1）	电源	正常时灯亮	交流辅助电源供电
LED2（H2）	故障跳闸	故障时灯亮	当电枢电流保持或超过限幅值 60 s，转速环中的速度失控 60 s 后，"故障跳闸"灯亮
LED3（H3）	过电流	故障时灯亮	电枢电流超过 3.5 倍电流标定值，"过电流"灯亮
LED4（H4）	锁相	正常时灯亮	锁相环故障时闪烁
LED5（H5）	电流限幅	故障时灯亮	当电枢电流超过电流限幅值，"电流限幅"灯亮

技能要求 1

转速、电流双闭环不可逆直流调速系统接线、调试、运行、测量及故障分析与处理

一、操作要求

（1）了解与熟悉转速、电流双闭环不可逆直流调速系统的接线。

（2）了解与熟悉转速、电流双闭环不可逆直流调速系统调试、运行、测量及故障分析与处理。

二、操作准备（表3—7）

表3—7　　　　　　　　　　准备内容

序号	名称	规格型号	数量	备注
1	转速、电流双闭环直流调装置	欧陆514C型直流调速装置	1	
2	直流电动机—发电机组	直流电动机：Z400/20—220 P_N=400 W，U_N=220 V，I_N=3.5 A，n_N=2 000 r/min 直流测速发电机：55 V、2 000 r/min	1	
3	可变电阻箱	100～500 Ω	1	
4	万用表	指针式万用表或数字式万用表	1	

三、操作步骤

步骤1　按转速、电流双闭环不可逆直流调速系统的系统接线图进行接线。

转速、电流双闭环不可逆直流调速系统采用514C型直流调速装置，系统装置的主电路电源和交流辅助电源都采用交流220 V、50 Hz，并采用外接的测速发电机组成带转速负反馈的转速、电流双闭环直流调速系统。直流测速发电机为55 V、2 000 r/min。514C型直流调速装置需根据采用直流电动机—发电机组、测速发电机等数据对调速装置的相应功能设置开关进行设置。

转速、电流双闭环不可逆直流调速系统主电路设有低压断路器和熔断器保护，并设有电动机的电枢电流表、电枢电压表、励磁电流表、转速表，用以监视系统运行状况、系统调试、运行、测量用的给定电压和测速发电机输出电压。系统设有转速给定电位器，要求转速给定电压 U_n^* 为0～8 V时，电动机的转速为0～1 200 r/min。此外，系统还设有外接电流限幅调整电位器。系统采用电动机—发电机组和可变电阻箱作为负载。转速、电流双闭环不可逆直流调速系统接线如图3—29所示。

在图3—29中，RP1为转速给定电位器，RP2为外接电流限幅调整电位器。PA1为电枢电流表，PV为电枢电压表，PA2为励磁电流表，n为转速表，PV1为给定电压表，PV2为测速发电机输出电压表。电动机—发电机组和可变电阻箱作为负载，电枢电流表、电枢电压表、励磁电流表、转速表用以监视调速系统运行状况。按图3—29所示的转速、电流双闭环不可逆直流调速系统接线图在514C型直流调速装置上完成系统接线。接线完成后必须认真检查，只有接线正确并经许可后才能进行通电调试。

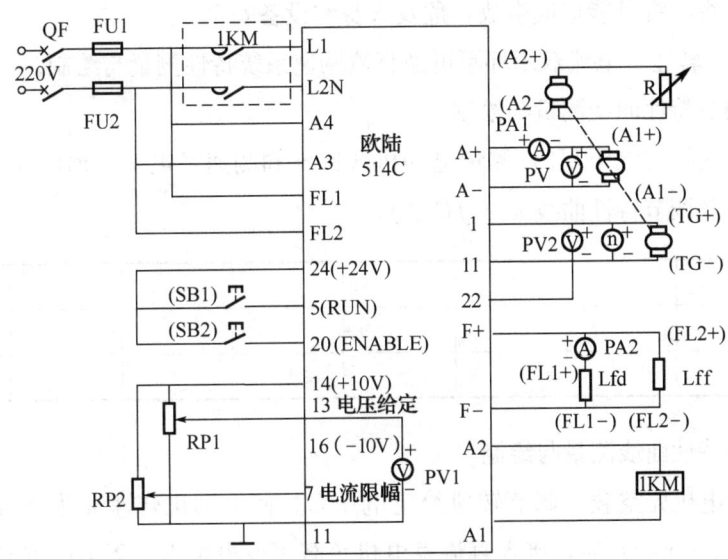

图 3—29 转速、电流双闭环不可逆直流调速系统接线图

步骤 2 转速、电流双闭环不可逆直流调速系统通电调试与运行。

通电调试前，应将可变电阻箱 R 调为最大值，使 R 全部串入电路，将运行（RUN）控制端 X5 按钮（SB1）和使能（ENABLE）控制端 X20 按钮（SB2）断开。合上电源开关 QF，调节转速给定电位器 RP1 使转速给定电压 U_n^*（X13 端对 X11 端）为 0 V，调节外接电流限幅调整电位器 RP2 使 X7 端对 X11 端为 +7.5 V，调节电流补偿电位器 RP8 使电流补偿作用为零（即取消电流补偿作用）。按下运行（RUN）控制端 X5 按钮（SB1），使 X5 端处于高电平 +24 V，接触器 1KM 接通，主电路通电，然后按下使能（ENABLE）控制端 X20 按钮（SB2），使 X20 端处于高电平 +24 V，系统使能，系统封锁解除。当转速给定电压 U_n^*（X13 端对 X11 端）为 0 V 时，如电动机转速不为零，则调节电位器 RP11 使电动机转速为零。然后调节转速给定电位器 RP1 使转速给定电压 U_n^* 逐渐增加到所要求的最大给定电压值（例如 +8 V），电动机则随之升速，根据控制要求，调节最高转速调整电位器 RP10 使电动机最高转速为所要求的值（例如 1 200 r/min）。根据系统运行情况，调节速度环比例系数电位器 RP3 和速度环积分系数电位器 RP4，从而调节速度调节器的 PI 参数，调节电流环比例系数电位器 RP6 和电流环积分系数电位器 RP7，从而调节电流调节器的 PI 参数，使系统稳定运行。

在通电调试过程中必须时刻观察电枢电流表 PA1、电枢电压表 PV、励磁电流表 PA2、转速表 n 以监视系统运行状况，如有不正常现象，应立即采取相应措施加以解决，否则将可能造成事故，危及人身和设备安全。

步骤3 转速、电流双闭环不可逆直流调速系统特性测量与绘制。

(1) 调节特性曲线测量与绘制

调节转速给定电压 U_n^*，测量电动机转速 n 和测速发电机输出电压 U_{Tn}，填入下表，并绘制调节特性曲线 $n = f(U_n^*)$。

n (r/min)							
U_n^* (V)							
U_{Tn} (V)							

(2) 静特性曲线测量与绘制

直流发电机先空载，调节转速给定电压 U_n^* 使电动机转速 n 为所要求的转速（如 $n=1\,000$ r/min）时，接入直流发电机负载可变电阻 R，逐渐改变负载可变电阻 R（即改变电动机负载），测量电动机电枢电流 I_d、电枢电压 U_d、转速 n 和直流测速发电机输出电压 U_{Tn}，填入下表，并绘制静特性曲线 $n=f(I_d)$。

I_d (A)							
U_d (V)							
n (r/min)							
U_{Tn} (V)							

步骤4 转速、电流双闭环不可逆直流调速系统故障分析与处理。

在直流调速系统装置中，人为设置一个故障点，根据故障现象，具体分析产生故障的可能原因，找出具体故障点并进行处理，使调速系统正常运行。

采用514C型直流调速装置的转速、电流双闭环不可逆直流调速系统在日常运行过程发生故障时，可以观察面板 LED 指示灯状态，如 LED2（H2）指示灯亮表示故障跳闸，此时故障原因可能是由于电枢电流大（保持或超过电流限幅值60 s）而引起。如 LED3（H3）指示灯亮表示过电流故障，此时故障原因可能是由于电枢电流特大（电枢电流超过3.5倍电流标定值）而引起。

在转速、电流双闭环不可逆直流调速系统中，经常发生的故障为电动机不启动，此时重点检查以下几项：

(1) 直流调速系统主电路的交流进线电源是否正常，有无交流电压；直流输出回路是否开路。

(2) 直流调速系统控制电路交流进线电源是否正常，有无交流电压；直流控制回路是否开路。

(3) 直流调速系统中转速给定电路是否开路，有无转速给定电压。

技能要求 2

转速、电流双闭环可逆直流调速系统接线、
调试、运行、测量及故障分析与处理

一、操作要求

(1) 了解与熟悉转速、电流双闭环可逆直流调速系统的接线。

(2) 了解与熟悉转速、电流双闭环可逆直流调速系统调试、运行、测量及故障分析与处理。

二、工作准备（表 3—8）

表 3—8　　　　　　　　　　　准备内容

序号	名称	规格型号	数量	备注
1	转速、电流双闭环直流调装置	欧陆 514C 型直流调速装置	1	
2	直流电动机—发电机组	直流电动机：Z400/20—220 $P_N=400$ W， $U_N=220$ V， $I_N=3.5$ A，$n_N=2\,000$ r/min 直流测速发电机：55 V，2 000 r/min	1	
3	可变电阻箱	100～500 Ω	1	
4	万用表	指针式万用表或数字式万用表	1	

三、操作步骤

步骤 1　按转速、电流双闭环可逆直流调速系统的系统接线图进行接线。

转速、电流双闭环可逆直流调速系统接线图如图 3—30 所示。转速、电流双闭环可逆直流调速系统主电路设有低压断路器和熔断器保护，并设有电动机的电枢电流表（PA1）、电枢电压表（PV）、励磁电流表（PA2）及转速表（n）以便监视系统运行状况。系统调试、运行、测量用的给定电压和测速发电机输出电压。直流调

速系统设有正向转速给定电位器 RP1 和反向转速给定电位器 RP2，要求转速给定电压 U_n^* 为 $0\sim\pm 8$ V，电动机的转速为 $0\sim\pm 1\,600$ r/min。系统还设有外接电流限幅调整电位器 RP3。系统采用电动机—发电机组和可变电阻箱作为负载。

按图 3—30 所示的转速、电流双闭环可逆直流调速系统接线图在 514C 型直流调速装置上完成系统接线。接线完成后必须认真检查，只有接线正确并经许可后才能进行通电调试。

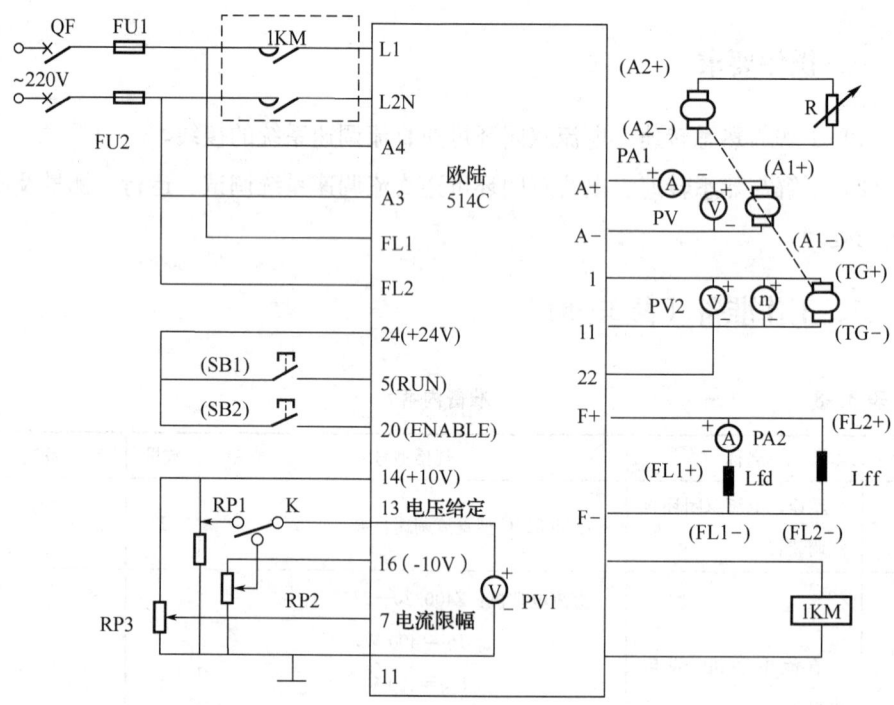

图 3—30　转速、电流双闭环可逆直流调速系统实训接线图

步骤 2　转速、电流双闭环可逆直流调速系统的通电调试与运行。

通电调试前，应将可变电阻箱 R 调为最大值，使 R 全部串入电路，将运行（RUN）控制端 X5 按钮（SB1）和使能（ENABLE）控制端 X20 按钮（SB2）断开（即使 X5、X20 端处于低电平 0 V）。合上电源开关，调节转速给定电位器 RP1、RP2 使转速给定电压 U_n^*（X13 端对 X11 端）为 0 V，调节外电流限幅电位器 RP3 使 X7 端对 X11 端为 +7.5 V，调节电流补偿电位器 RP8 使电流补偿作用为零（即取消电流补偿作用）。按下运行（RUN）控制端 X5 按钮（SB1），使 X5 端处于高电平 +24 V，接触器 KM 接通，主电路通电，然后按下使能（ENABLE）控制端 X20 按钮（SB2），使 X20 端处于高电平 +24 V，系统使能，系统封锁解除。当转速给定电压 U_n^*（X13 端对 X11 端）为 0 V 时，如电动机转速不为零，则调节电位器 RP11 使电动机转速为零。调节转速给定电位器 RP1 使转速给定电压 U_n^* 逐渐增加到所要求的最大给定电压值（如＋8 V），电动机则随之升速，根据控制要求，调节最高转速调整电位器 RP10 使电动机最高转速为所要求的值（如 1 600 r/min）。根据系统运行情况，调节电位器 RP3、RP4，从而调节转速调节器的 PI 参数，调节电位器 RP6、RP7，从而调节电流调节器的 PI 参数，使系统稳定运行。然后将正反向切换开关 K 转向反向，调节反向转速给定电位器 RP2 使转速给定电压 U_n^* 从零到负值（如－8～0 V）变化，电动机将从正转到反转（如 ＋1 600～－1 600 r/min）运行。

在通电调试过程中必须时刻观察电枢电流表、电枢电压表、励磁电流表、转速表以监视系统运行状况，如有不正常现象，应立即采取相应措施加以解决，否则将可能造成事故，危及人身和设备安全。

步骤 3 转速、电流双闭环可逆直流调速系统特性测试与绘制。

(1) 调节特性曲线测试与绘制

调节转速给定电压 U_n^*，测量电动机转速 n 和测速发电机两端电压 U_{Tn}，并绘制调节特性曲线 $n = f(U_n^*)$。

n (r/min)							
U_n^* (V)							
U_{Tn} (V)							

(2) 静特性曲线测试与绘制

发电机先空载，调节转速给定电压 U_n^* 使电动机转速 n 为所要求的转速（如 $n=$ －1 200 r/min）时，接入发电机负载可变电阻 R，逐渐改变负载可变电阻 R（即改变电动机负载），测量电动机电枢电流 I_d、电枢电压 U_d、转速 n 和测速发电机两端电压 U_{Tn}，并绘制静特性曲线 $n = f(I_d)$。

I_d (A)							
U_d (V)							
n (r/min)							
U_{Tn} (V)							

步骤 4 转速、电流双闭环可逆直流调速系统故障分析与处理。

在直流调速系统实训装置中，人为设置一个故障点，根据故障现象具体分析产生故障可能原因，找出具体故障点并进行处理，使调速系统正常运行。

采用514C型直流调速装置的转速、电流双闭环可逆直流调速系统在日常运行过程中发生故障时，可以观察面板LED指示灯状态，如LED2（H2）指示灯亮表示故障跳闸，此时故障原因可能是由于电枢电流大（保持或超过电流限幅值60 s）而引起。如LED3（H3）指示灯亮表示过电流故障，此时故障原因可能是由于电枢电流特大（电枢电流超过3.5倍电流标定值）而引起。

在转速、电流双闭环可逆直流调速系统中，经常发生的故障为电动机不启动，此时重点检查以下几项：

（1）直流调速系统主电路的交流进线电源是否正常，有无交流电压；直流输出回路是否开路。

（2）直流调速系统控制电路交流进线电源是否正常，有无交流电压；直流控制回路是否开路。

（3）直流调速系统中转速给定电路是否开路，有无转速给定电压。

四、注意事项

（1）接线完成后，必须认真检查，只有接线正确并经过授课老师许可后，才能进行通电调试。

（2）在通电调试过程中应观察电枢电流表、电枢电压表、励磁电流表、转速表以便监视系统运行状况，如有不正常现象，应立即采取相应措施加以解决，否则将可能造成事故。

（3）技能操作实训中必须用电安全，杜绝产生人身和设备安全事故。

第 2 节　交流传动系统分析

　**学习单元 1　电磁转差离合器调速系统读图分析**

1. 熟悉交流异步电动机的调速方法。

2. 熟悉交流调压调速系统。

3. 熟悉电磁转差离合器调速系统及其工作原理。

4. 能够进行电磁转差离合器调速系统读图分析。

 知识要求

在过去很长时间里,由于直流电动机具有良好的启、制动性能,在冶金轧机、机床、造纸、电梯等调速控制应用方面,直流电动机及其调速系统占据了主导地位。但直流电动机存在结构复杂、成本高、故障多、维护困难、应用环境受限制等缺点,而交流电动机特别是笼形转子异步电动机结构简单、成本低、可靠性高、维护方便。近年来,随着电力电子技术、微电子技术、自动控制技术、计算机应用技术的发展,交流调速系统得到了迅速的发展和广泛应用。

一、交流异步电动机的调速方法

交流异步电动机的转速表达式为

$$n = n_0(1-s) = \frac{60f_1}{p}(1-s) \tag{3—17}$$

式中 n——异步电动机的单转子转速;

n_0——异步电动机的同步转速;

p——异步电动机的磁极对数;

f_1——定子供电电源的频率;

s——转差率。

由式(3—17)可知,按交流异步电动机的参变量分类,交流异步电动机的调速方法可以分为下面几类。

1. 改变定子供电电源频率 f_1 调速——变频调速

当改变定子供电电源频率 f_1,异步电动机的同步转速 n_0 也随着 f_1 正比例变化,以达到调速目的。变频调速是一种无级调速方法,这种调速方法性能好,效率高,是交流电动机调速方法中应用最广泛的一种方法。

2. 改变磁极对数 p 调速——变极调速

当改变异步电动机的磁极对数 p,异步电动机的同步转速 n_0 也随之改变,以达到调速目的。变极调速是一种有级调速方法,一般只有 2~3 挡转速,只适用于笼形转子异步电动机。这种调速方法简单,但电动机结构复杂,较少应用。

3. 改变转差率 s 调速

改变转差率 s 调速的具体方法有下面几种：

（1）改变电动机定子电压调速——调压调速

调压调速是通过改变电动机定子外加电压来改变其机械特性（转速与转矩）的函数关系，从而达到改变电动机在一定输出转矩下转速的目的，也就是通过改变电动机定子外加电压改变转差率 s 进行调速。调压调速是一种简单、可靠、价格较便宜的调速方法，但其调速特性软，低速时转差功率损耗大，效率较低。调压调速常采用晶闸管组成的交流调压调速系统。

（2）改变绕线转子异步电动机转子回路附加电阻调速——串电阻调速

串电阻调速是通过改变绕线转子异步电动机转子回路的附加电阻值，从而改变转差率 s 进行调速，该调速方法是将转差功率变成热能消耗了。串电阻调速是一种有级调速方法，其调速特性软，低速时转差功率损耗大，效率低，但这种调速方法简单、可靠、价格便宜。

（3）改变绕线转子异步电动机转子回路附加电势调速——串级调速

串级调速是通过改变电动机转子回路的附加电势相位和幅值大小，从而改变转差率来实现无级调速，该调速方法是将转差功率回馈给交流电网（或再送回电动机轴上输出）。常采用晶闸管组成的串级调速系统，将转差功率回馈交流电网，这是一种经济、高效率的调速方法，应用较广泛。

（4）电磁转差离合器调速

由不调速的笼形异步电动机和靠励磁电流调速的电磁转差离合器组成电磁调速电动机（亦称为滑差电动机）。在该调速方法中，笼形异步电动机是不调速的原动机，只是改变电磁转差离合器的励磁电流大小来改变电磁调速电动机的转速。这种调速方法控制简单，价格比较便宜，可靠性高，维修容易，但低速运行时损耗大，效率低，一般应用在要求有一定调速范围又经常运行在高速的场合。

二、交流调压调速系统

交流调压调速是一种比较简单的调速方法。当异步电动机参数不变时，在相同的转速下，电动机的电磁转矩与定子电压的平方成正比。因此，改变电动机的定子外加电压就可以改变其机械特性的函数关系，从而达到改变电动机在一定输出转矩下的转速。

交流调压调速系统一般由三相交流调压器、异步电动机和控制器三部分组成。三相交流调压器以前主要采用自耦变压器或饱和电抗器。随着电力电子技术的发展,自耦变压器或饱和电抗器等比较笨重的交流调压器已被三相晶闸管交流调压器取代了。三相晶闸管交流调压器一般采用三对反并联的晶闸管或三只双向晶闸管组成,如图3—31所示。三相晶闸管交流调压器主电路接法有带中性线的星形联结的三相四线交流调压电路、三相三线交流调压电路、晶闸管与负载联结成内三角形的三相交流调压电路等形式。在实际应用中,广泛采用三相三线交流调压电路。三相晶闸管交流调压器采用相位控制改变输出电压。

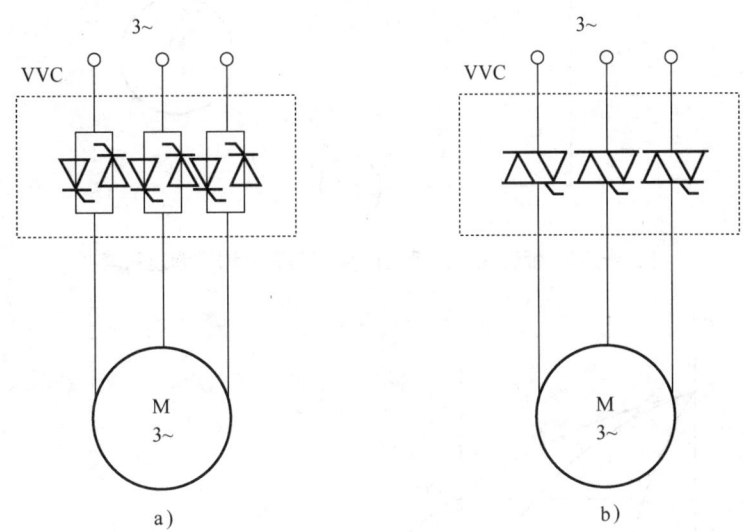

图3—31 晶闸管交流调压器
a) 3对反并联晶闸管 b) 3只双向晶闸管

采用一般异步电动机调压调速时,调速范围不大,并且低速时运行稳定性差。若采用高转子电阻的异步电动机(如力矩电动机)时,虽然可以增大调速范围,但是机械特性变软,负载变化时的静差率很大,开环控制很难解决这个问题。对于恒转矩负载,调速范围要求大于2以上的场合,往往采用带转速负反馈的闭环控制系统,如图3—32所示。

带转速负反馈的闭环控制交流调压调速系统的静特性如图3—33所示。

如果系统带负载 T_L 在某一条机械特性上 A 点运行,当负载增大引起转速下降,通过反馈控制作用使定子电压提高,从而在图右侧新的一条机械特性上 A' 点运行;同理,当负载降低时,通过反馈控制作用使定子电压降低,从而在图左侧新的一条机械特性上 A'' 点运行。按照反馈控制规律,将 A''、A'、A 点连接起来便是系统的静特性。虽然交流力矩电动机的机械特性很软,如果ASR采用PI调节器,仍可以做到无静差。改变转速给定信号 U_n^*,则静特性平行地上下移动,达到调速的目的。带转速负反馈的闭环控制交流调压调速系统的调速范围一般可达10∶1。

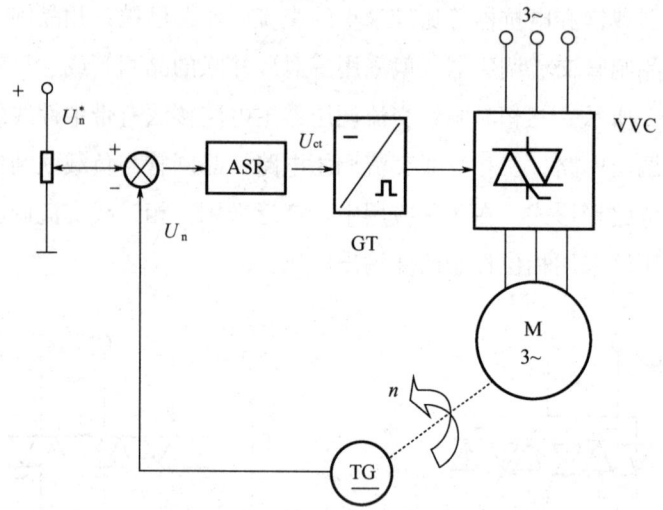

图 3—32　带转速负反馈的闭环控制交流调压调速系统

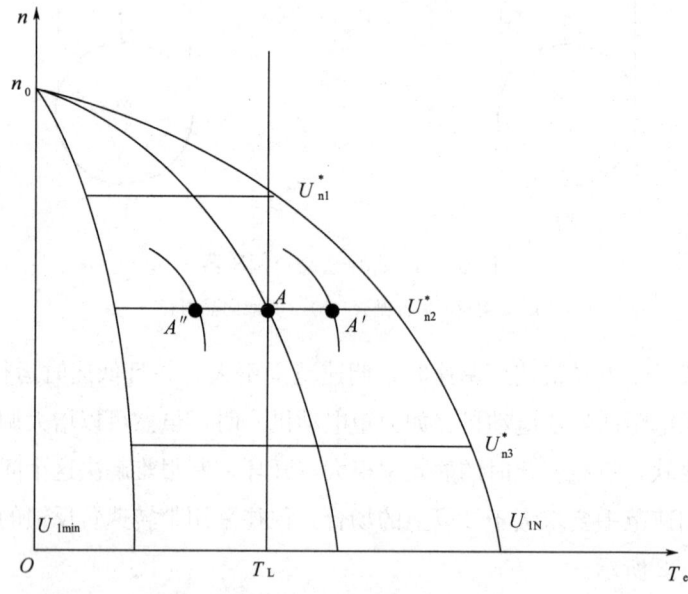

图 3—33　带转速负反馈的闭环控制交流调压调速系统的静特性

尽管交流异步电动机的开环机械特性和直流电动机的开环机械特性差别很大，但在不同开环机械特性上各取一相应的工作点所得到的闭环系统的静特性，对两种电动机的闭环系统是基本一致的。交流异步电动机闭环控制交流调压调速系统和直流电动机闭环控制调压调速系统不同的是：交流异步电动机在额定电压 U_{1N} 下的机械特性和 $U_{1\min}$ 下的机械特性是闭环系统静特性左、右两侧的极限。当负载变化时，如果定子电压调节到两侧极限时，闭环系统便失去控制能力，系统的工作点只能沿着左、右两边的极限开环机械特性变化。

三、电磁转差离合器调速系统及其工作原理

电磁转差离合器调速系统是由笼形异步电动机、电磁转差离合器及晶闸管控制装置三部分组成，如图3—34所示。笼形异步电动机作为原动机以恒速带动电磁转差离合器的主动部分电枢转动，电磁转差离合器的从动部分磁极与负载连在一起，它与主动部分电枢只有磁路的联系，没有机械联系。晶闸管控制装置通过对电磁转差离合器的励磁电流的控制，实现对其从动部分磁极与负载的转速调节。

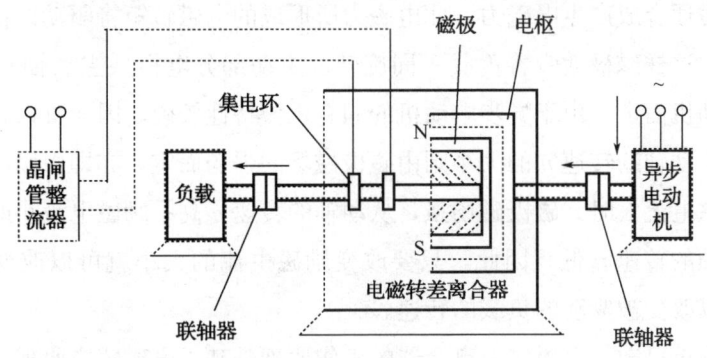

图3—34 电磁转差离合器调速系统

1. 电磁转差离合器的基本结构与工作原理

电磁转差离合器的基本结构示意图如图3—35所示。

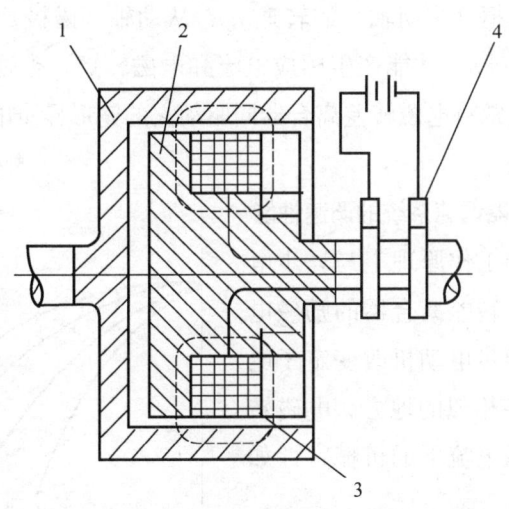

图3—35 电磁转差离合器基本结构示意图
1—电枢 2—磁极 3—励磁绕组 4—集电环与电刷

在图3—35中，1为主动部分电枢（主动轴），它是用高磁导率材料制成的圆筒，它直接套在作为原动机的笼形异步电动机轴上，由笼形异步电动机带动，以恒速旋转。2为从动部分磁极，在磁极上装有励磁绕组3，磁极2与励磁绕组3组成从动轴。被驱动的负载就连接在从动轴上。励磁绕组3的引线接于集电环上，通过电刷与直流整流电源接通。当励磁绕组通以直流电时，沿封闭的磁路就产生了主磁通，磁力线通过气隙—电枢—气隙—磁极—气隙而形成一个封闭回路。由于电枢为原动机所驱动，以恒定方向旋转，因此电枢与磁极间有相对运动，电枢切割磁场，以在电枢中产生感生电动势并产生电流（涡流），从而产生一个脉动的电枢反应磁场，它与主磁通合成产生电磁力。此电磁力所形成的电磁转矩将驱动磁极跟着电枢同方向运动，这样磁极就带着负载一同旋转。主动部分电枢（主动轴）的转速n_1是由异步电动机而定，由于异步电动机的固有机械特性较硬，因而可以认为是近似不变的。而从动轴的转速n的大小则由磁极磁场的强弱而定，亦即由励磁电流的大小而定。励磁电流大时，磁极磁场强，从动轴的转速n高；励磁电流小时，磁极磁场弱，从动轴的转速n低。因此，只要改变励磁电流的大小就可以改变磁极的转速，也就可以改变被驱动的负载的转速。

由上述分析可知，电磁转差离合器的工作原理是基于电磁感应原理。当励磁电流为零时，磁极是不会转动的，这就相当于被驱动的负载与主动部分电枢（主动轴）"脱开"。一旦加上励磁电流，磁极就会转动起来，这就相当于被驱动的负载与主动部分电枢（主动轴）"合上"。在电磁转差离合器中，从动轴（磁极）的转速n始终低于主动部分电枢（主动轴）的转速n_1，从动轴（磁极）与主动轴电枢之间一定要有转速差（n_1-n）才能产生感应电流和电磁转矩，否则就不可能产生感应电流和电磁转矩。通常将电磁转差离合器同驱动它的笼形异步电动机一起称为"滑差电机"。

2. 电磁转差离合器调速系统的调速性能

由于转差离合器工作原理上与异步电动机相似，因此改变转差离合器的励磁电流时的调速特性与异步电动机改变定子电压的调速特性有很多相似的地方。电磁转差离合器在不同励磁电流下的机械特性如图3—36所示。

从图3—36中可以看出，电磁转差离合器的机械特性较软，励磁电流越小，机

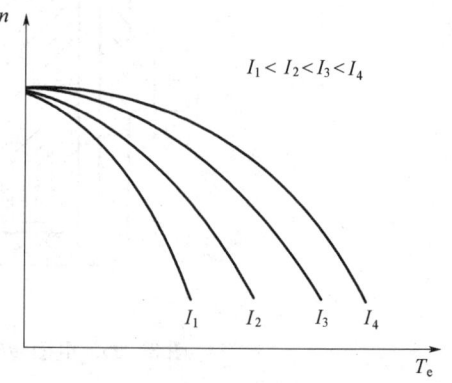

图3—36 电磁转差离合器的机械特性

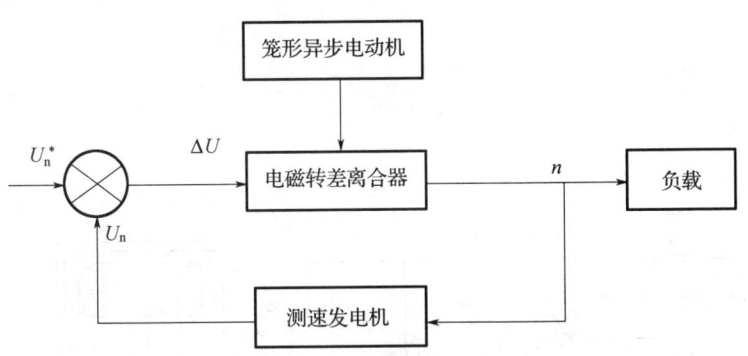

图 3—37 采用转速负反馈闭环控制的电磁转差离合器调速系统

械特性越软,调速性能差。这种软的机械特性在许多情况下,不能满足生产机械的要求。为了获得范围较广、平滑而稳定的调速特性,在实际应用中,电磁转差离合器调速系统都采用转速负反馈组成闭环控制调速系统,如图 3—37 所示。采用转速负反馈闭环控制的电磁转差离合器调速系统的静特性如图 3—38 所示。

由图 3—38 可知,采用转速负反馈闭环控制后,电磁转差离合器调速系统的静特性比较硬,调速性能较好。这是由于转速负反馈的作用,当负载增加使转速下降,

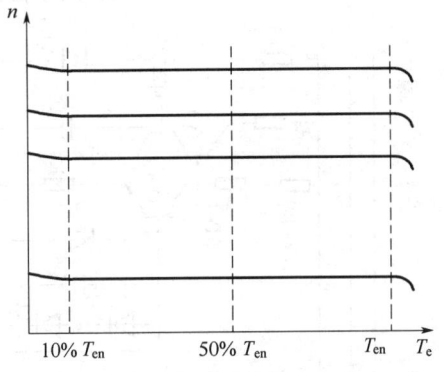

图 3—38 采用转速负反馈闭环控制的电磁转差离合器调速系统的静特性

$\Delta U_n = U_n^* - U_n$ 增加,励磁电流增加,从而使转速上升,达到稳定转速的目的。采用转速负反馈闭环控制的电磁转差离合器调速系统可获得 10∶1 的调速范围。

 技能要求

电磁转差离合器调速系统读图分析

一、操作要求

根据电磁转差离合器调速系统图进行调速系统主电路及主要控制单元电路工作原理分析,从而了解电磁转差离合器调速系统的读图与分析方法。电磁转差离合器调速系统如图 3—39 所示。该调速系统的主电路采用单相半波可控整流电路,控制系统采用转速负反馈闭环控制调速系统。

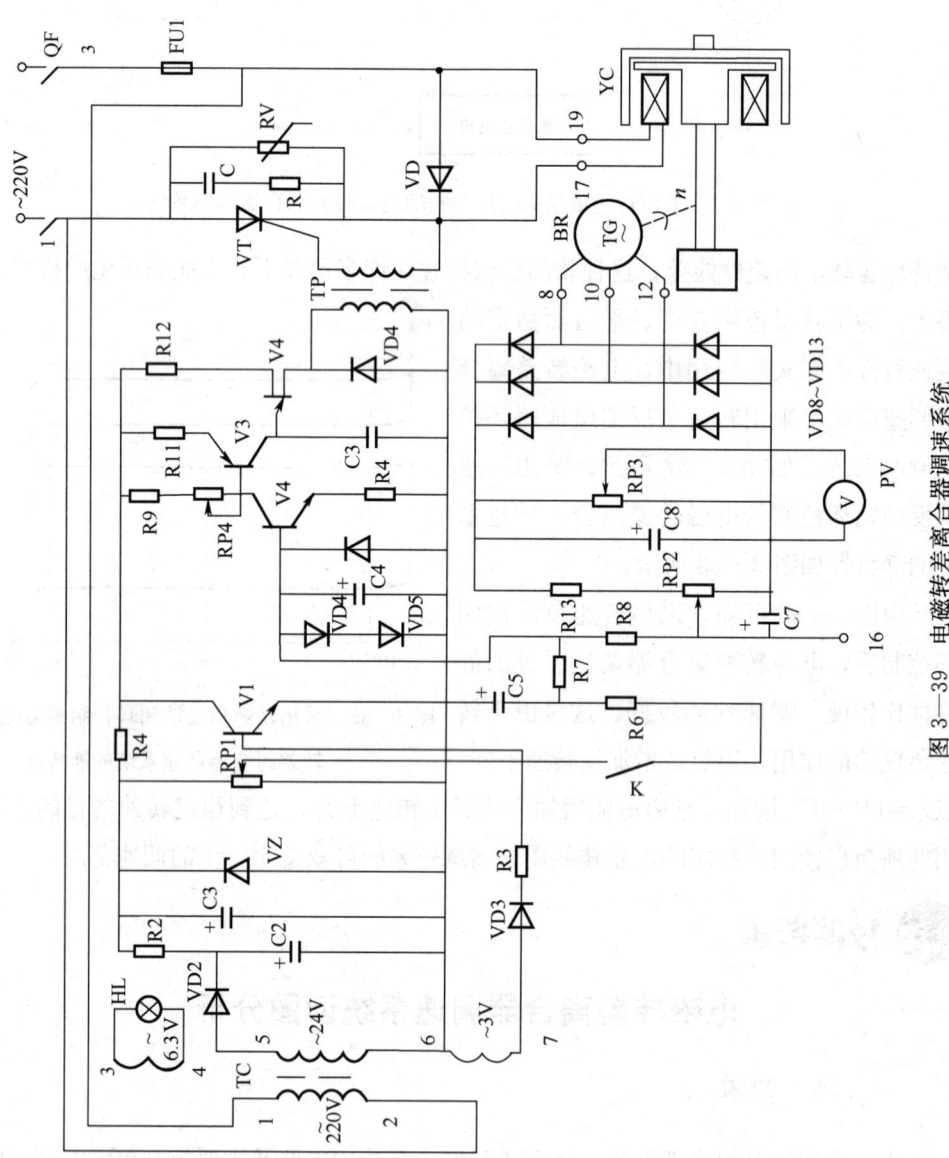

图 3—39 电磁转差离合器调速系统

二、操作步骤

电磁转差离合器调速系统可分为主电路和控制系统两大部分，控制系统又可分成若干个控制单元电路。因而，对电磁转差离合器调速系统进行读图分析时，首先应对电磁转差离合器调速系统主电路进行分析，然后再对控制系统进行分析。

步骤1 电磁转差离合器调速系统主电路的读图与分析。

该电磁转差离合器调速系统主电路采用带续流二极管的单相半波可控整流电路，该输出供给电磁转差离合器的励磁绕组。主电路由单相交流220 V电源供电，并用压敏电阻 RV 和 RC 阻容元件作为过电压保护。FU1熔断器作为主电路和晶闸管的过电流及短路保护。

步骤2 电磁转差离合器调速系统控制系统及主要单元电路的读图分析。

电磁转差离合器调速系统控制系统原理框图如图 3—40 所示。由图可知，控制系统由转速给定电路、放大电路、触发电路以及转速负反馈等单元电路组成。下面对各单元电路进行分析说明。

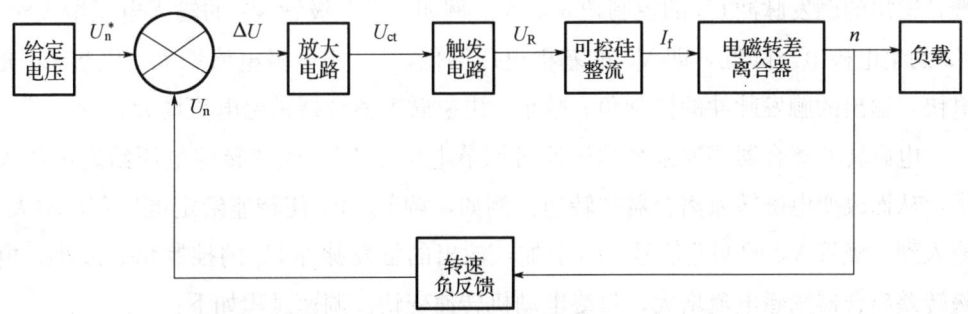

图 3—40 电磁转差离合器调速系统控制系统原理方框图

（1）转速给定电路

给定电路由变压器 TC 二次侧 24 V 的交流电压供电，24 V 的交流电压经 VD2 整流并经 C2、R2、C3 滤波和 VZ 稳压，得到稳定的直流电压。

（2）转速负反馈电路

电磁转差离合器调速系统采用三相交流测速发电机 TG，所得交流电压经 VD8～VD13 整流和 C8 滤波后得到直流反馈电压。转速负反馈电压经过 RP2、R8 送至放大电路的输入端，其中 RP2 对转速反馈电压进行调节。RP3 用来调节转速表 PV 的刻度值。

（3）放大电路

放大电路是由三极管 V2 与二极管 VD4、VD5、VD6 组成。其中二极管 VD4、VD5、VD6 用作双向限幅保护。给定电压 U_n^* 与转速反馈电压 U_n 通过电阻 R6、R7 和 R8 进行比较，形成输入偏差信号 ΔU，这个偏差信号 ΔU 经三极管 V2 放大，改变三极管 V2 的集电极电压，从而对单结晶体管触发脉冲形成电路进行控制。

（4）触发电路

触发电路是由三极管 V3、R11、C6、单结晶体管 V4 及脉冲变压器 TP 等组成的单结晶体管触发电路。单结晶体管触发电路电源是由三极管 V1、VD3、R4 与变压器 TC 二次侧 6、7 端交流电压等组成的电路控制。当 TC 二次侧 6、7 端输出交流电压为负半周期时，三极管 V1 截止，V1 集射极间电压为 16 V，放大电路与触发电路可以工作。当 TC 二次侧 6、7 端输出交流电压为正半周期时，经 VD3 整流后加到 V1 的基射极上使 V1 饱和导通，放大电路与触发电路不能工作。单结晶体管触发电路中，三极管 V3 相当于一个可变电阻，随输入电压（三极管 V2 集电极电压）的大小改变它的等效电阻，从而控制电容 C6 充电电流。如充电电流大则电容 C6 充电快，输出的触发脉冲 U_g 的控制角 α 减小；如充电电流小则电容 C6 充电慢，输出的触发脉冲 U_g 的控制角 α 增大。例如，当三极管 V2 的输入电压增大时，V2 的集电极电压降低，即 V3 的基极电压降低，V3 集电极电流增大，电容 C6 充电快，输出的触发脉冲的控制角 α 减小，电磁转差离合器励磁电流增大。

电磁转差离合器调速系统的转速可调节电位器 RP1 改变转速电压给定电压大小，从而改变电磁转差离合器的转速。例如，调节 RP1 使转速给定电压 U_n^* 增大，输入到三极管 V2 的偏差信号 ΔU 增加，输出的触发脉冲 U_g 的控制角 α 减小，电磁转差离合器励磁电流增大，最终电动机转速变快。调速过程如下：

$$U_n^* \uparrow \rightarrow \Delta U \uparrow \rightarrow \alpha \downarrow \rightarrow I_f \uparrow \rightarrow n \uparrow$$

 学习单元 2　交流变频调速系统分析

 **学习目标**

1. 熟悉交流变频调速系统工作原理和基本控制方式。
2. 熟悉变频器类型及其特点。

3. 熟悉正弦波脉宽调制型（SPWM）变频器。

4. 熟悉变频器的组成及其性能规格。

5. 熟悉通用变频器端子接线图与端子功能。

6. 熟悉通用变频器的主电路外围设备的配置。

7. 熟悉变频器的安装与接线。

 **知识要求**

一、变频调速的工作原理和基本控制方式

1. 变频调速的工作原理

异步电动机的转速表达式为

$$n = \frac{60 f_1}{p}(1-s) = n_0(1-s)$$

由式（3—17）可知，改变异步电动机的定子的电源频率 f_1，就可以改变异步电动机的同步转速 n_0，从而改变异步电动机的转速 n，这就是变频调速的基本工作原理。

由电机学相关原理可知，在三相异步电动机中存在下列关系。

$$E_q = 4.44 f_1 N_1 k_{N1} \phi_m$$

如忽略定子阻抗压降，则

$$U_1 \approx E_q = 4.44 f_1 N_1 k_{N1} \phi_m \qquad (3-18)$$

式中　U_1——定子相电压，V；

E_q——气隙磁通在定子每相绕组中感应电动势的有效值，V；

f_1——定子的电源频率，Hz；

N_1——定子每相绕组串联匝数；

k_{N1}——基波绕组系数；

ϕ_m——每极气隙磁通量，Wb。

由式（3—18）可知，如果定子电压 U_1 保持不变，只改变定子电源频率 f_1 调速，例如减小 f_1，则 ϕ_m 将增加。由于电动机设计时，ϕ_m 一般选择在定子铁心的临界饱和点，因而减小 f_1，则 ϕ_m 增加将会使铁心饱和，从而使励磁电流急剧升高，导致铁心损耗急剧增加，严重时会因过热而损坏电动机。因此，要求在改变频率 f_1 的同时改变定子电压 U_1，以维持磁通 ϕ_m 基本不变，即异步电动机变频调速必须对电压和频率进行协调控制。

2. 变频调速的基本控制方式

（1）基频（额定频率 f_{1N}）以下调速控制方式

由式（3—18）可知，在基频（额定频率 f_{1N}）以下变频调速时，当频率 f_1 从额定值 f_{1N} 向下调节时，如要保持 ϕ_m 不变，应同时调节 E_q，使 $\dfrac{E_q}{f_1}$ = 常数，即采用恒定电动势频率比的控制方式。由于采用这种控制方式时感应电动势 E_q 难以直接控制，可采用 $\dfrac{U_1}{f_1}$ = 常数，即采用恒压频率比的控制方式，使 ϕ_m 保持基本不变。采用恒压频率比的控制方式时要注意一个问题，由于低频时，U_1 和 E_q 都较小，定子阻抗压降所占的分量就比较显著，不能忽略，因而必须对 U_1 进行定子阻抗压降补偿，人为地把电压 U_1 提高一些，尽可能维持磁通 ϕ_m 基本不变，如图3—41所示。对于不同的电动机参数其补偿程度也不同，目前各厂商生产的变频器中都设置了不同补偿控制特性，供选择使用。

（2）基频（额定频率 f_{1N}）以上调速控制方式

基频（额定频率 f_{1N}）以上调速时，由于电压 U_1 一般不能超过电动机的额定电压 U_{1N}，只能保持在电动机的额定电压 U_{1N} 上，因此基频（额定频率 f_{1N}）以上调速时采用磁通 ϕ_m 与频率成反比控制方式，相当于直流电动机的弱磁升速的情况，如图3—41所示。把基频以下和基频以上两种调速控制方式结合起来可得到异步电动机变频调速控制特性，如图3—41所示。由图可知，基频以下调速属于恒转矩调速，基频以上调速属于恒功率调速。

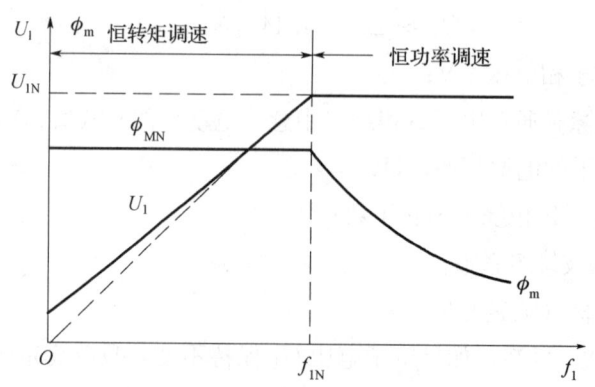

图3—41 异步电动机变频调速的控制特性

二、变频器类型及其特点

为实现异步电动机变频调速，必须设置专门的变频装置把电网供给的恒压、恒频的交流电源变换成变电压和变频率的交流电源供给异步电动机。过去是采用旋转式变频机组，由直流电动机驱动交流同步发电机，调节直流电动机的转速来改变交流同步发电机输出的交流电压和频率，从而实现异步电动机变频调速。这种旋转式变频机组体积大，效率低，维护困难，现在已被电力电子器件组成的静止式变频器所替代，静止式变频器已得到广泛应用。静止式变频器从整体结构上可分为交—直—交变频器和交—交变频器。

交—直—交变频器先将电网供给的恒压、恒频的交流电通过整流器变换成直流电，再通过逆变器将直流电变换成变压和变频的交流电，如图3—42所示。

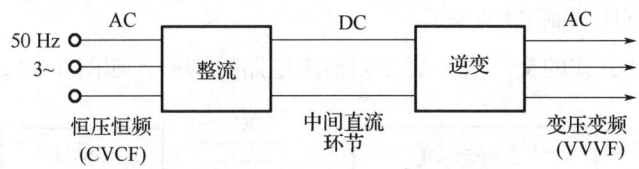

图3—42 交—直—交变频器结构图

交—交变频器将电网供给的恒压、恒频的交流电直接变换成变压和变频的交流电，如图3—43所示。

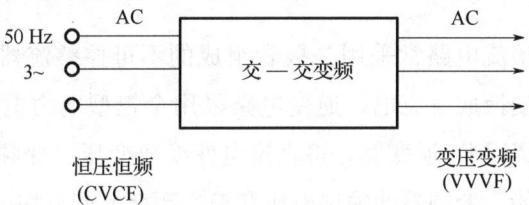

图3—43 交—交变频器结构图

在实际应用中，大部分的变频器都为交—直—交变频器，下面对交—直—交变频器及其分类作一说明。

1. 按变频器的输出电压、频率控制方式分类

交—直—交变频器有不同的电路和控制方式，可分为脉冲幅度调制（PAM）和脉冲宽度调制（PWM）两大类。

（1）脉冲幅度调制（PAM）

采用PAM方式的交—直—交变频器主电路结构形式如图3—44所示。

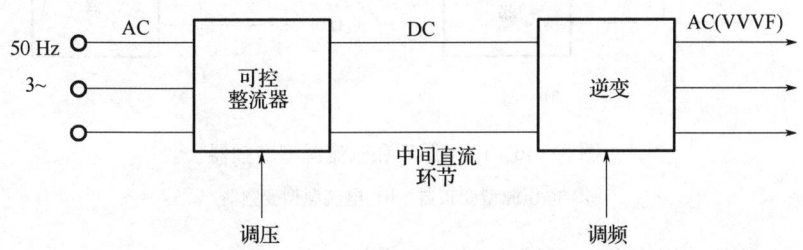

图3—44 采用PAM方式的交—直—交变频器主电路结构图

这类变频器中整流电路采用晶闸管可控整流器,将电网供给的恒压、恒频的交流电变换成可变压直流电;逆变电路采用晶闸管组成三相六拍逆变器,将直流电变换成变频的交流电。变频器的输出电压由图中可控整流器调节直流电压来实现,变频器的输出频率由图中逆变器部分负责调节。这类变频器存在功率因数较低,输出的谐波较大等缺点,目前较少应用。

(2) 脉冲宽度调制(PWM)

采用 PWM 方式的交—直—交变频器主电路结构形式如图 3—45 所示。

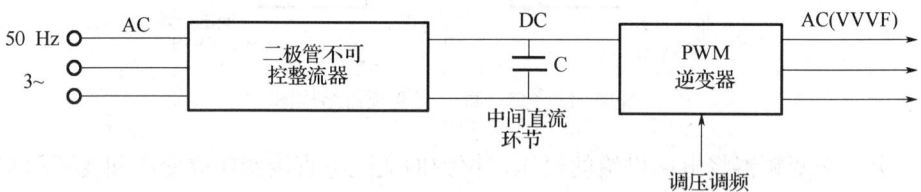

图 3—45 采用 PWM 方式的交—直—交变频器主电路结构图

这类变频器中整流电路常采用二极管组成的不可控整流器,将电网供给的恒压、恒频的交流电变换成直流电;逆变电路采用全控型电力电子器件(如 IGBT)组成的脉宽调制(PWM)逆变器,将直流电变换成变压、变频的交流电,同时起到变压和变频的功能。变频器的输出电压和输出频率的调节均由变频器的 PWM 逆变器完成。为使逆变器输出电压波形趋近于正弦波,常采用正弦 PWM 调制方式(简称 SPWM)。目前这类交—直—交变频器应用最广泛。

2. 按主回路中间直流环节性质分类

交—直—交变频器根据主回路中间直流环节直流电源性质可分成电压源型变频器和电流源型变频器两大类。电压源型和电流源型变频器如图 3—46 所示。

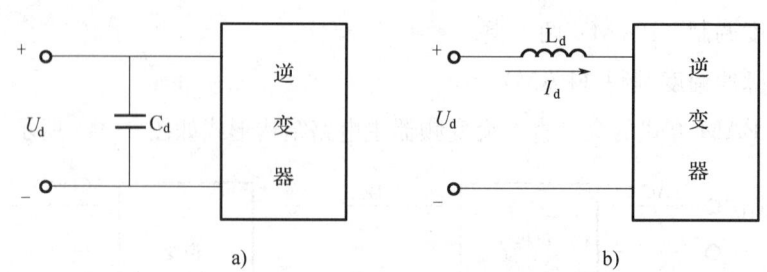

图 3—46 电压源型和电流源型变频器
a) 电压源型变频器 b) 电流源型变频器

(1) 电压源型变频器(简称电压型变频器)

交—直—交电压源型变频器主电路结构图如图 3—47 所示。由图可知,变频器主电路的中间直流环节采用大电容滤波，整流器输出电压经大电容的滤波作用后，使直流侧电压波形比较平直。此时在逆变器前级的整流、滤波电路可认为是内抗阻小的恒压源，逆变器输出交流电压波形为矩形波。

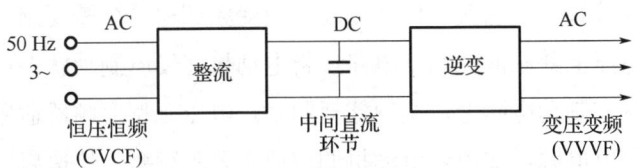

图 3—47　交—直—交电压源型变频器主电路结构图

在变频调速系统中，变频器的负载是异步电动机，属于感性负载。在中间直流环节与电动机之间，除了有功功率的传递外，还存在无功功率的交换。因而，电压源型变频器中间直流环节储能元件采用大电容器，电容器除了滤波外还起无功能量缓冲的作用。

(2) 电流源型变频器（简称电流型变频器）

交—直—交电流源型变频器主电路结构图如图 3—48 所示。由图可知，变频器主电路的中间直流环节采用大电感滤波，大电感的滤波作用使直流侧电流波形比较平直。此时在逆变器前级的电路可认为是内抗阻很大的恒流源，逆变器输出交流电流波形为矩形波。

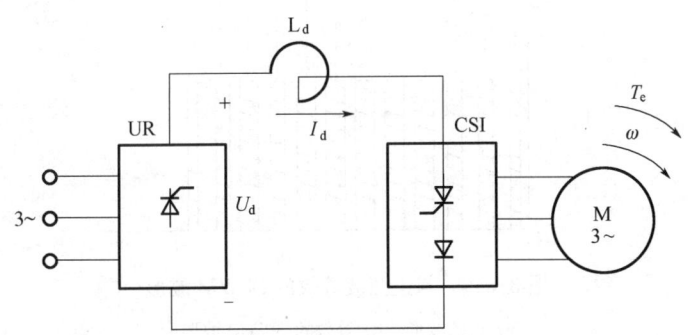

图 3—48　交—直—交电流源型变频器主电路结构图

电流型变频器主电路的中间直流环节的储能元件采用大电感，大电感除了滤波外还起无功能量缓冲的作用。

电压源型变频器和电流源型变频器在主电路上区别仅仅是中间直流滤波环节的不同，但就造成两类变频器具有完全不同的性能。采用电流源型变频器给异步电动机供电的电流源型变频调速系统的最大特点是容易实现回馈制动，从而实现变频调速电动机的四象限运行，因而适用于单台电动机调速且要求快速启动、制动，频繁可逆运行场合。采用电压源型变频器给异步电动机供电的电压源型变频调速系统要实现回馈制动和四象限运行却比较困难。因为电压源型变频器采用大电容滤波，由于大电容上电压的极性不能迅速反向，而且电流受到器件单向导电性的制约也不能反向，所以在原装置上无法实现回馈制动。当变频调速系统需要制动时，可以在变频器中间直流电路上并联能耗制动电路，将电动机在发电制动状态反送到中间直流电路的能量消耗在制动电阻上，实现能耗制动。电压源型变频器适用于多台电动机同步运行时的供电电源，或单台电动机调速但不要求频繁、快速启、制动场合。

三、正弦波脉宽调制型（SPWM）电压型变频器

1. 正弦波脉宽调制（SPWM）基本概念

所谓正弦波脉宽调制（SPWM）波形，就是脉冲的宽度按正弦规律变化并与正弦波等效的一系列等幅不等宽的矩形脉冲波形，如图3—49b所示。

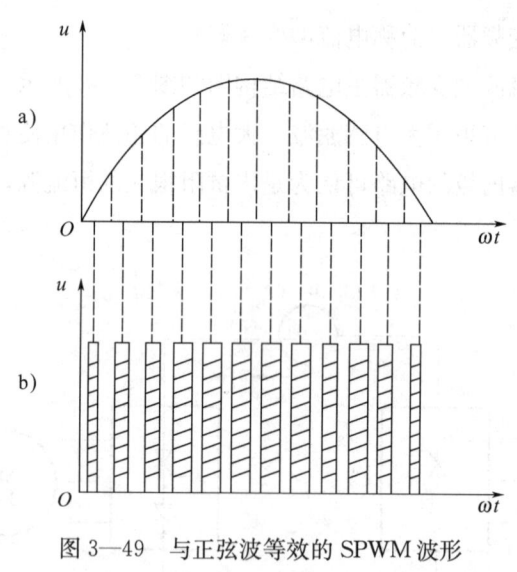

图3—49　与正弦波等效的SPWM波形
a）正弦波形　b）等效的SPWM波形

如果把图3—49a所示的一个正弦半波波形分成N等分（图中$N=12$），然后把每一等分的正弦曲线与横轴所包围的面积都用一个与此面积相等的矩形脉冲来代替，并使矩形脉冲的幅值不变，各矩形脉冲的中点和相应正弦波每一等分的中点重合，就可得到图3—49b所示的与正弦波的半周等效的一系列等幅不等宽的矩形脉冲波形，即SPWM波形。对于正弦波的负半周，也可以用同样的方法得到相应的一系列等幅不等宽的矩形脉冲波形。由图3—49可以看出，各矩形脉冲的幅值是不变，但其宽度是按正弦规律变化的，当正弦波幅值发生变化时，各矩形脉冲的宽度

也随之发生变化。传统的模拟控制系统中,脉宽调制(SPWM)是采用正弦波作为基准的调制波,等腰三角波作为载波。

2. SPWM 电压型变频器的组成及其工作原理

在交—直—交变频器中,当前应用最广的是 SPWM 电压型变频器,如图 3—50 所示。

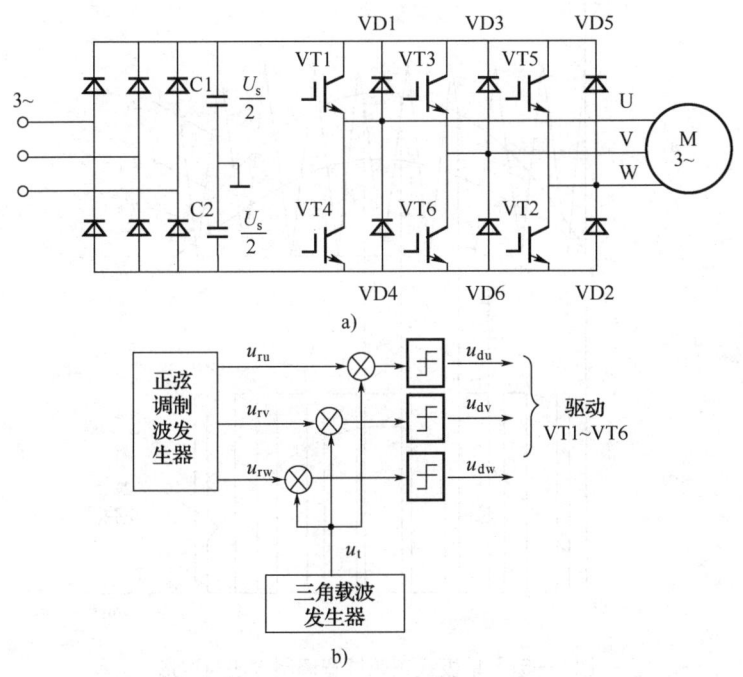

图 3—50 SPWM 交—直—交电压型变频器原理框图
a) 主电路 b) 控制电路

SPWM 电压型变频器的主电路如图 3—50a 所示。它的整流器是采用二极管组成的三相桥式不可控整流器,中间直流环节并采用大电容器 C1 滤波,逆变器中 6 个功率开关器件 VT1~VT6 采用全控型电力电子器件(如 IGBT),它们各有一个续流二极管反并联,如 VD1~VD6。

SPWM 电压型变频器传统的模拟控制电路如图 3—50b 所示。在图 3—50b 中,正弦调制波发生器提供一组三相对称的正弦调制波信号 u_{ru}、u_{rv}、u_{rw},其频率决定逆变器输出的基波频率,可在所要求的输出频率范围内调节;正弦调制波电压的幅值也可在一定范围内变化,以决定逆变器输出基波电压的大小。三角波载波发生器提供三角波载波信号 u_t 是共用的,分别与每相正弦调制波电压比较后,经过相应比较器,就可产生 SPWM 脉冲序列波 u_{du}、u_{dv}、u_{dw},作为逆变器 VT1~VT6 这 6 个功率开关器件的驱动控制信号。SPWM 控制方式可以是单极式，也可以是双极式。

现以单极式控制为例说明。单极式控制时，在正弦波的半个周期内，变频器的主电路每相只有一个开关器件开通或关断。例如，U 相正半周时 VT1 反复通断，而 VT4 关断。图 3—51 表示了此时的调制情况。

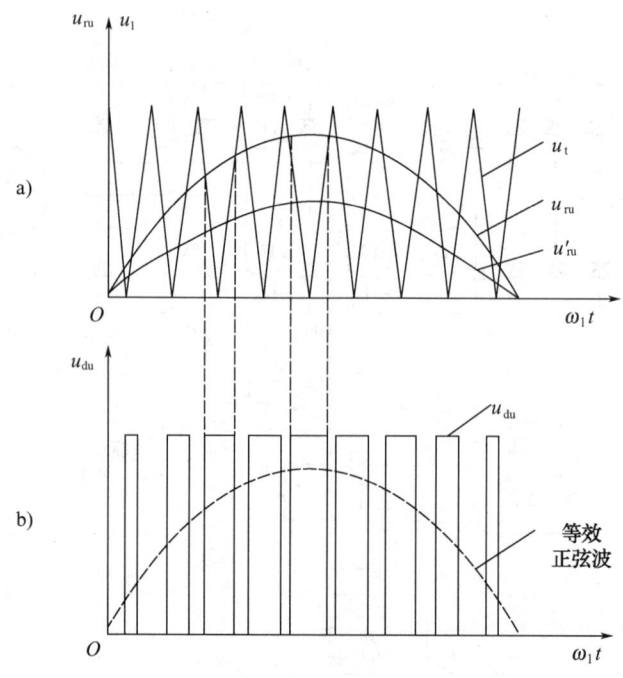

图 3—51 单极式正弦脉宽调制方法与波形

当正弦调制波电压 u_{ru} 高于三角波载波电压 u_t 时，相应比较器的输出电压 u_{du} 为"正"电平；当正弦调制波电压 u_{ru} 低于三角波载波电压 u_t 时，相应比较器的输出电压 u_{du} 为"零"电平。只要正弦调制波电压 u_{ru} 最大值小于三角波载波电压 u_t 最大值，由图 3—51a 的调制结果必然形成图 3—51b 所示的等幅不等宽的矩形脉冲波形，即 SPWM 波形。当比较器的输出电压 u_{du} 为"正"电平时，使相应的功率开关器件 VT1 导通，输出正的脉冲电压，其幅值为 $U_s/2$；当比较器的输出电压 u_{du} 为"零"电平时，使相应的功率开关器件 VT1 关断，输出电压为零。由于功率开关器件 VT1 在正半周内反复导通和断开，在逆变器的输出端可获得重现 u_{du} 的 SPWM 相电压，脉冲电压的幅值为 $U_s/2$，脉冲的宽度按正弦规律变化，如图 3—51b 所示。当改变正弦调制波电压的幅值，例如降低其幅值如 u'_{ru} 时，各段脉冲的宽度都将变窄，从而使逆变器输出基波电压的幅值也相应减小，也就是说改变正弦调制波电压的大小可改变逆变器输出基波电压的大小。同样分析，可得到另一个结论，当改变正弦调制波电压的频率时，逆变器输出电压基波的频率也随着改变。

由于单极式控制的性能不够理想，实际上很少使用，更多采用双极式控制。双极式控制时，变频器的主电路逆变器同一桥臂上下两个功率开关器件交替导通与断开，处于互补的工作方式。如 U 相正半周时 VT1 与 VT4 交替导通与断开。

由以上分析可知，在 SPWM 电压型变频器中，采用脉宽调制（SPWM）方法，即通过改变 SPWM 矩形脉冲的宽度来改变逆变器输出交流基波电压的幅值，通过改变调制周期来改变逆变器输出频率，从而在逆变器上同时实现调压和调频的功能。

四、通用变频器的组成及其性能规格

1. 通用变频器的组成及主要单元功能

通用变频器的基本组成如图 3—52 所示。由图 3—52 可知，它是交—直—交电压型变频器，其主电路由整流电路、中间直流滤波电路、制动电路、逆变电路等组成。

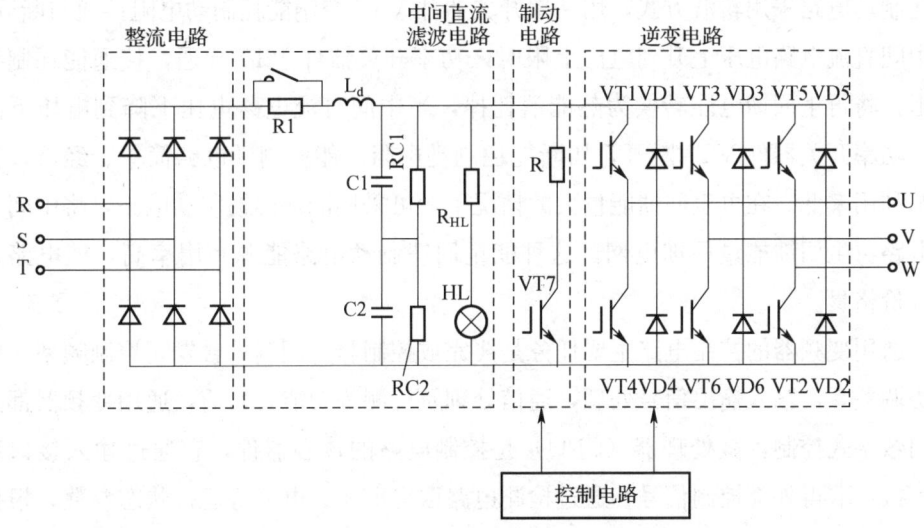

图 3—52 通用变频器的基本组成

（1）整流电路

整流电路的作用是把交流电压变为直流电压。其电路形式随变频器的容量大小不同而异。大部分变频器一般都采用三相 380 V 交流电源，其整流电路采用二极管三相桥式不可控整流电路。小容量变频器采用单相 220 V 交流电源，其整流电路采用二极管单相桥式不可控整流电路。

（2）中间直流滤波电路

中间直流滤波电路采用大电容滤波，如图 3—52 中的 C1、C2。RC1、RC2 为均压电阻,其作用是使两组电容器组 C1 和 C2 承受电压相等。当电容器在刚接通电路时,可能会产生一个很大的冲击电流,为了限制冲击电流,在整流电路和滤波电路之间接入一个限流电阻 R1。为了减小电网交流侧高次谐波,使输入电流连续,并提高变频器的功率因数,常采用在中间直流滤波电路中串接直流电抗器 L_d。中间直流滤波电路还设有直流电压指示环节,如图 3—52 中的 R_{HL} 和 HL。

(3) 逆变电路

逆变电路采用 SPWM 逆变电路,其功能把直流电转换成频率、电压可调的三相交流电。目前中小容量的通用变频器中,SPWM 逆变电路中的功率开关器件一般都采用 IGBT,它由六只 IGBT 组成三相桥式结构,每个桥臂上反并联了反馈二极管。IGBT 器件需要有自己特有的驱动电路、保护电路和缓冲电路。

(4) 制动电路

图 3—52 中的制动电路为能耗制动电路,它由 VT7 和能耗制动电阻 R 组成。能耗制动电路采用斩波方式,用功率开关器件 VT7 控制能耗制动电阻接通与断开,当中间直流电路电压上升到电压上限时,功率开关器件 VT7 导通,接通能耗制动电阻,将再生回馈电能转换为热能消耗掉,当中间直流电路电压下降到电压下限时,功率开关器件 VT7 断开,切断能耗制动电阻。能耗制动电路简单、经济,但能源利用率低。在再生回馈能量大的情况下,可采用能量回馈制动电路,将中间直流电路再生回馈能量回馈电网。这种能量回馈制动电路能源利用率高,但电路复杂、价格贵。

通用变频器的控制电路主要任务是要完成控制脉宽调制的触发,控制频率、电压协调关系,输入输出信号处理,通信处理及检测等功能。目前,通用变频器都是采用数字式控制,微处理器(CPU)是控制电路的核心器件,它通过输入接口和通信接口取得外部控制信号,通过检测电路取得电压、电流等运行状态参数,根据设置的运行要求,产生输出逆变器等所需要的各种驱动信号。这些信号是受外部指令决定的,有频率给定、频率上升、下降速率、外部通与断控制以及变频器侧内部各种各样的保护和反馈信号的综合控制等。微处理器的控制程序存储在存储器中,用户可通过参数设置改变所需要的控制程序,达到变频器的控制运行要求。

2. 通用变频器的性能规格

在使用通用变频器时,必须要了解与熟悉通用变频器的性能规格。生产通用变频器厂家会提供各种类型变频器的产品样本及使用说明书,介绍变频器的系列型号、特长以及变频器性能规格和功能。例如,三菱公司 FR-A540 系列变频器的技术数据见表 3—9。

第3章 交直流传动系统装调维修

表3-9 三菱FR-A540(400V)系列变频器技术数据表

型号 FR-A540-□K-CH	0.4	0.75	1.5	2.2	3.7	5.5	7.5	11	15	18.5	22	30	37	45	55
适用电动机容量 (kW) (注1)	0.4	0.75	1.5	2.2	3.7	5.5	7.5	11	15	18.5	22	30	37	45	55
输出 额定容量 (kV·A) (注2)	1.1	1.9	3	4.2	6.9	9.1	13	17.5	23.6	29	32.8	43.4	54	65	84
输出 额定电流 (A)	1.5	2.5	4	6	9	12	17	23	31	38	43	57	71	86	110
输出 过载能力 (注3)	150% 60 s，200% 0.5 s (反时限特性)														
输出 再生制动转矩 电压	三相 380~480 V　50 Hz/60 Hz														
输出 再生制动转矩 最大值/时间	100% 5 s									20 (注5)					
输出 再生制动转矩 允许使用率	2% ED									连续 (注5)					
输出 额定输入交流电压、频率	三相 380~480V　50/60 Hz														
电源 交流电压允许波动范围	323~528 V														
电源 允许频率波动范围	±5%														
电源 电源容量 (kV·A) (注6)	1.5	2.5	4.5	5.5	9	12	17	20	28	34	41	52	66	80	100
保护结构 (JEM1030)	封闭型 (ZP20 NEMA1) (注7)														
冷却方式	自冷					强制风冷									
大约重量 (kG) 连同 DU	3.5	3.5	3.5	3.5	3.5	6.0	6.0	13.0	13.0	13.0	13.0	24.0	35.0	35.0	36.0

注：1. 表示适用电动机容量是使用三菱标准4极电动机时的最大适用容量。
2. 额定输出容量是假定400 V系列变频器的输出电压为440 V。
3. 过载能力是以过电流与变频器的额定电流之比的百分数 (%) 表示，反复使用时，必须等待变频器和电动机降到100%负荷时的温度以下。
4. 最大输出电压不能大于电源电压，在电源电压以下值可以任意设定最大输出电压。
5. FR-A540-7.5K-CH以上型号变频器设有安装内置制动回路 (制动单元和制动电阻)，转矩是以从60 Hz减速到100%值表示的，并且随着电动机的损耗有所变化。
6. 电源容量随着电源侧的阻抗 (包括输入电抗器和电线) 的值而变化。

由表3—9可知，通用变频器的性能规格主要有电源侧（输入侧）和输出侧等的额定数据。下面对变频器的额定数据加以说明。

(1) 电源侧（输入侧）的额定数据

变频器对电源侧（输入侧）的要求主要有额定电压、额定频率、电压与频率允许波动范围3个方面。

1) 额定电压。通用变频器大部分都采用三相380 V交流电源，表3—9所示的三菱FR－A540（400 V）系列变频器采用三相380 V交流电源，亦有部分小容量通用变频器采用单相220 V交流电源。

2) 额定频率。50 Hz或60 Hz。

3) 电压与频率允许波动范围。它是指输入交流电源电压幅值和频率的允许波动的范围。一般电压允许波动范围为额定电压的±10％左右，而频率波动范围一般允许为额定频率的±5％。

(2) 输出侧的额定数据

变频器的输出侧的额定数据主要有最大适配电动机的容量（kW）、额定容量（kV·A）、额定输出电流（A）、过载能力、输出电压及输出频率等。

1) 最大适配电动机的容量（kW）。最大适配电动机的容量是指变频器允许配用的最大电动机的容量。应该注意，这种表达方式是有条件的，这个容量一般是以标准4极电动机为对象，是针对一种特定电动机而标出，可视为一种参考值。因此，在驱动6极以上电动机及特殊电动机时，就不能单单依据此项指标选择变频器。

2) 额定容量（kV·A）。额定容量一般是指变频器在额定输出电压和额定输出电流下的三相视在输出的功率（kV·A）。由于变频器的额定容量与额定输出电压有关，因此变频器的额定容量不能确切表达变频器的负载能力，只能作为变频器的负载能力的一种辅助参考值。

3) 额定输出电流（A）。额定输出电流为输出线电流，这是反映变频器容量的最关键的参数，是变频器中功率开关器件所能承受的电流耐量，是反映变频器的负载能力的最关键的参数，是用户选择变频器的主要依据。

由以上分析可知，选择变频器时，只有额定输出电流是反映变频器的负载能力的最关键的参数，是用户选择变频器的主要依据。选择变频器时主要采用额定输出电流这个参数，要考虑变频器的额定输出电流是否满足电动机的运行要求，负载总电流不能超过变频器的额定输出电流。

4) 过载能力。变频器的过载能力是以过电流与变频器的额定电流之比的百分数（％）表示。各种通用变频器的过载能力不完全相同，有的通用变频器的过载能力为150％额定电流、60 s，有的通用变频器的过载能力为120％额定电流、60 s。变频器的过载能力与异步电动机的过载能力相比较，通用变频器的过载能力小，允许过载时间短，在应用通用变频器时必须注意。

5）输出电压。由于变频器变频时同时变压，因此随着输出频率变化，输出电压也随之变化。变频器的性能规格表给出输出电压是变频器的最大输出电压，变频器的最大输出电压不能大于输入交流电源电压。

6）输出频率。输出频率是指变频器的输出频率的调节范围。

五、通用变频器端子接线图与端子功能

各种型号的通用变频器都有各自的端子接线图，其端子名称与功能各不相同，但是它们都是大同小异，变频器的端子分为主电路端子和控制回路外接控制端子两个部分。现以西门子公司 MICROMASTER440（简称 MM440）通用型变频器端子接线图为例进行介绍说明。西门子公司 MM440 通用型变频器端子接线图如图 3—53 所示。

1. 主电路端子功能及其接线

(1) 主电路交流电源输入端子

根据变频器采用三相交流电源或单相交流电源有所不同，如在图 3—53 中，采用三相交流电源的变频器，主电路交流电源输入端子用 L1、L2、L3（有的变频器用 R、S、T）表示；采用单相交流电源的变频器，主电路交流电源输入端子用 L、N 表示。三相交流电源变频器可以通过断路器（或快速熔断器、进线接触器）接至主回路电源端子 L1、L2、L3（或 R、S、T），电源连接时不需要考虑相序。

(2) 变频器输出端子（U、V、W）

变频器输出端子 U、V、W，连接到三相交流电动机。在变频器实际应用中，交流电源绝对不能接到变频器输出端子（U、V、W），否则将损坏变频器；也不能将电力电容器、浪涌抑制器接到变频器输出端，否则将导致变频器故障或电容和浪涌抑制器的损坏。

(3) 制动电阻连接端子（B+端、B−端）

西门子 MM440 系列变频器（A~F）内部已设置制动单元，只需在制动电阻连接端子 B+、B− 外接制动电阻。

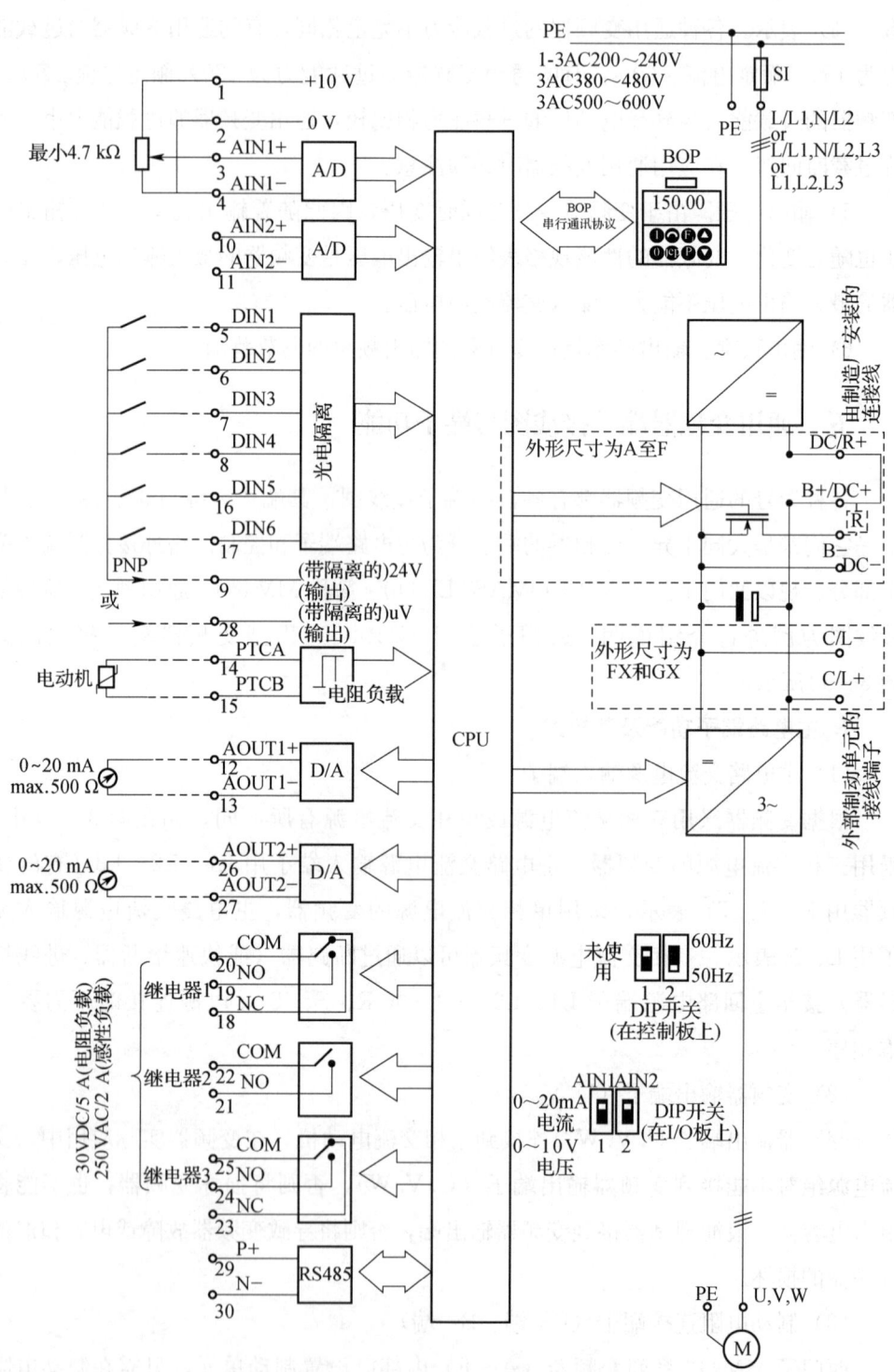

图 3—53　MM440 通用型变频器端子接线图

(4) 外部制动单元连接端子（C/L＋端和D/L－端）

西门子MM440系列变频器（FX和FG）内部未设置制动单元，需要在连接端子C/L＋和D/L－处外接制动单元。变频器与制动单元，制动单元与电阻单元之间的距离一般限制在5 m之内，若超过5 m，请用双绞线，但不能超过10 m。

(5) 直流电抗器的连接端子（DC/R＋端和B＋/DC＋端）

当不用直流电抗器时，DC/R＋端和B＋/DC＋端应连接，如图3—53所示，当使用直流电抗器时，应将DC/R＋端和B＋/DC＋端连接线拆开，在DC/R＋端和B＋/DC＋端之间接入直流电抗器。

(6) 接地端子（PE）

为了安全和减小干扰与噪声，变频器接地端子（PE）必须接地，接地电缆尽量用粗线径的，接地点尽量靠近变频器，接地线越短越好。

2. 控制回路外接控制端子功能及其接线

控制回路外接控制端子可分为模拟量输入端子，开关量（数字量）输入端子，模拟量输出端子，开关量（数字量）输出端子和通信端子等。模拟量输入端子可作为变频器的调速控制（如频率给定）的输入端口。开关量（数字量）输入端子可作为变频器的运行控制（如启动、停止、正转、反转等）和调速控制（多段速）的控制端口。开关量（数字量）输出端子主要作为变频器的运行状态的输出端口，用于变频器的运行状态显示、故障报警和其他控制功能。模拟量输出端子可用于变频器的运行状态如输出频率和输出电流等参数显示。因此，要熟悉和掌握外接控制端子（外接输入端子，外接输出端子）的功能和参数设置。各种型号变频器控制回路外接控制端子名称、功能和参数设置都不相同，具体可参阅变频器使用手册或使用说明书。下面对MM440通用型变频器的外接控制端子（外接输入端子，外接输出端子）功能进行一些说明。

(1) 模拟量输入端子

模拟量输入端子可作为变频器的调速控制（如频率给定）的输入端口。通常变频器都有2～3组模拟量输入端子，西门子MM440通用型变频器有两组模拟量输入端子，如图3—53中的3～4端、10～11端。

(2) 开关量（数字量）输入端子

开关量（数字量）输入端子可作为变频器的运行控制（如启动、停止、正转、反转等）和调速控制（多段速）的控制端口。变频器中开关量（数字量）输入端一般都是可编程输入端子，其端子功能与参数设置有关，随着参数设置不同，其端子功能也不同，也称为多功能输入端子。西门子MM440通用型变频器有 6 个开关量（数字量）输入端，如图 3—53 中的 5～8 端、16～17 端（即 DIN1～DIN6）。这 6 个开关量（数字量）输入端的功能分别可用对应参数 P0701～P0706 来设置，例如 P0701=1，则 5 端对应于正转运行/停止。当 5～9 端接通时，电动机正转；当 5～9 端断开时，电动机停车。开关量（数字量）输入端的功能及参数设置可以查阅功能参数表。

（3）模拟量输出端子

模拟量输出端子可用于变频器的运行状态如输出频率、输出电压和输出电流等参数显示。例如可通过模拟量输出端子连接频率表、电压表、电流表，可以观察和监视变频器和电动机运行情况。在 PLC 控制系统中，可通过模拟量输出端子将变频器的运行参数（如输出频率、电流等）及系统其他参数传送给 PLC，实现各种控制功能。

西门子 MM440 通用型变频器有两组模拟量输出端子，如图 3—53 中的 12～13 端、26～27 端。输出模拟量信号为电流信号（0～20 mA）。模拟量输出端子的功能由用对应参数 P0771 来设置。例如 P0771 设置为"27"，输出模拟量信号则对应于输出电流。

（4）开关量（数字量）输出端子

开关量（数字量）输出端子主要作为变频器的运行状态的输出端口，用于变频器的运行状态显示、故障报警和其他控制功能。开关量（数字量）输出端子一般也是多功能输出端，其功能随着参数设置不同而不同。

开关量（数字量）输出端有继电器输出和三极管集电极开路输出两种方式。继电器输出方式对于电压和连接方式没有特别要求，可用于交流 220 V，因此比较方便；而三极管集电极开路输出方式要求输出电路电压为直流 24 V 或者 48 V，并且有连接极性要求。西门子 MM440 通用型变频器有 3 组多功能开关量（数字量）输出端，它采用继电器输出方式，如图 3—53 中的继电器 1（18、19、20 端）、继电器 2（21、22 端）、继电器 3（23、24、25 端）。这 3 组开关量（数字量）输出端的功能要用对应参数 P0731～P0733 来设置。

（5）通信端子

西门子 MM440 通用型变频器 P+、N− 为 RS−485 通信端子。

六、通用变频器的主电路外围设备的配置

变频器的主电路外围设备配置示意图如图 3—54 所示。

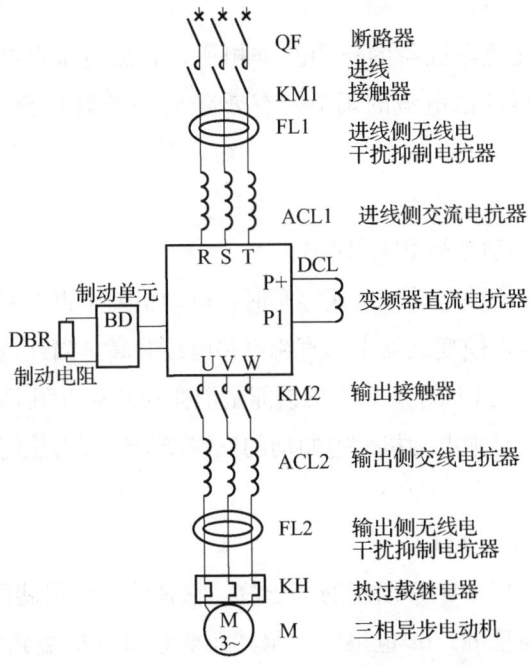

图 3—54 变频器的主电路外围设备配置示意图

1. 进线断路器 QF

它除了变频器接通电源外,还具有以下作用:

(1) 保护作用

进线断路器具有过电流保护和欠电压等保护功能,能对变频器电路进行短路保护及其他保护,可自动切断电源供电,防止事故扩大。

(2) 安全隔离作用

当变频器需要维修时,可安全切断电源。

2. 进线接触器 KM1

变频器主电路不一定要配置进线接触器 KM,没有进线接触器 KM 也可以使用。进线接触器 KM 用于接通或断开变频器的电源,并可以和变频器的故障报警输出端子配合,当变频器因故障而跳闸时,使变频器迅速地脱离电源。

3. 输入交流电抗器 ACL1

输入交流电抗器 ACL1 用于改善变频器输入电流波形,有效抑制输入侧谐波干扰,削弱输入电路中的浪涌电压、电流对变频器的冲击以及电源电压不平衡的影响,有效降低变频器整流器件的电流最大瞬时值,提高整流器和电解滤波电容器寿命,并有效抑制变频器对局部电网的干扰,提高功率因数。

4. 直流电抗器 DCL

直流电抗器与交流电抗器的作用基本相似,直流电抗器接在滤波电容器前,它限制电容器滤波后冲击电流的幅值,有效降低变频器整流器件的电流最大瞬时值,提高整流器和电解滤波电容器寿命,降低母线交流脉动,提高功率因数。

5. 制动单元和制动电阻 BD、DBR

当变频器降低频率使电动机减速停车时,电动机处于再生发电制动状态。电动机发电制动的反馈能量使变频器中间直流电路电压升高,当该电压升到直流电路电压上限值时,制动单元 BD 导通,将反馈能量消耗在制动电阻 DBR 上。由于制动单元和制动电阻的作用是把电动机发电制动的反馈能量转换为热能消耗,故称为能耗制动。

6. 输出交流电抗器 2ACL

变频器的输出是经 PWM 调制的电压波,它是前后沿很陡的一系列脉冲方波,存在较大的谐波,并且 dU/dt 也很大,尤其在变频器输出端到电动机的传输线路长度很长情况下,传输线路中分布电容因素不可忽略,这些谐波和 dU/dt 将会危害电动机和变频器。为了减轻变频器输出 dU/dt 对外界的干扰,降低输出波形畸变,减少对电动机和变频器的危害,尤其当变频器输出到电动机的电缆长度大于产品规定值时,有必要增设输出交流电抗器。

7. 输出接触器 KM2

在一台变频器驱动一台电动机的情况下,一般不设置输出接触器。但在变频器变频运行和工频运行进行切换场合及一些特殊场合(如电梯应用),为了安全,需要配置输出接触器。当变频器和电动机间设置输出接触器后,原则上禁止在运行中切换。输出接触器必须在变频器停止输出后才能进行切换。

8. 热继电器 KH

在一台变频器驱动一台电动机的情况下,因为变频器内部有电子热保护功能,所以不需要设置热继电器。在一台变频器驱动多台电动机的场合,各台电动机需要配置热继电器,防止电动机过热。

七、变频器的安装与接线

1. 变频器的安装

(1) 变频器的安装

变频器是精密的电力电子设备,为确保其稳定运行,对其使用环境和安装的场所有一定的要求，以使其发挥出应有的功能。

(2) 安装环境与场所

1) 环境温度。变频器工作环境温度一般规定为 $-10 \sim +40$ ℃。当工作环境温度高于 $+40$ ℃时，变频器运行容量要相应降低。

2) 相对湿度。20%～90%RH。

3) 标高。海拔 1 000 m 以下。当使用环境为海拔 1 000 m 以上时，变频器的额定容量应随之降低。

4) 振动。5.9 m/s² (0.6 g) 以下。

安装场所应避免受潮，无易燃、易爆气体及腐蚀性气体，粉尘少；同时变频器的安装场所要便于对变频器进行维修和检查。

(3) 变频器的通风与散热及其安装空间

变频器在运行中会产生热量，其散热片及制动电阻的附近温度很高，可高达 90℃。因此，在变频器安装时，要考虑变频器的通风及散热。为了便于通风、散热，变频器应垂直安装，变频器周围应留有足够空间，以确保良好的通风、散热，具体要求如图 3—55 所示。

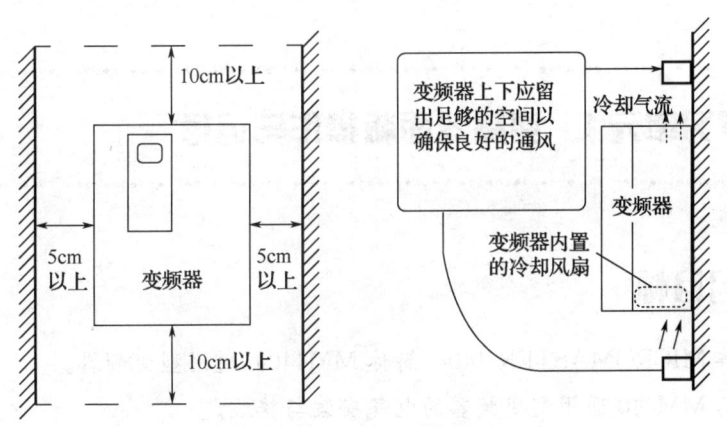

图 3—55 变频器安装空间

变频器安装在电气控制柜内时，应注意良好的通风与散热，一般应考虑强制通气，在空气吸入口要设有空气过滤器，门扉部设屏蔽垫，电缆引入口有精梳板以防吸入尘埃。当一个电气控制柜内安装两台或两台以上变频器时，应尽可能采用并列安装，以便于变频器的通风与散热，以确保变频器周围温度在允许值内。如安装位置不正确，会使变频器周围温度上升、降低通风与散热效果。

2. 变频器的接线

变频器的接线分为主电路和控制电路两大部分,具体可按照通用变频器端子接线图进行。进行变频器的接线时应注意以下几点:

(1) 变频器的主电路交流电源输入端 L1、L2、L3(或 R、S、T)和输出端(U.V.W)绝对不能接错,如将主电路交流输入电源接到变频器的输出端 U、V、W 上,将会损坏变频器。同理,主电路交流电源线也不能接到变频器外接控制电路端子上,否则也将会损坏变频器。

(2) 变频器与电动机之间的连接线长度不能超过变频器允许的最大接线距离,否则应加装交流输出电抗器。

(3) 控制电路连接线应采用屏蔽线。对于控制电路地线、公共端、零线的接法,必须符合要求。

第3节 交流传动系统装调与维修

学习单元1 变频器面板操作与运行

学习目标

1. 了解 MICROMASTER 440(简称 MM440)通用型变频器。
2. 熟悉 MM440 通用型变频器的电气安装与接线。
3. 熟悉 MM440 通用型变频器操作面板(BOP)及其使用。
4. 熟悉 MM440 通用型变频器有关参数功能说明。
5. 能够进行通用型变频器的接线、面板操作与基本参数设置运行。

知识要求

一、MICROMASTER 440(简称 MM440)通用型变频器概述

西门子 MICROMASTER(MM4)系列变频器有 MICROMASTER410

(MM410)、MICROMASTER420（MM420）、MICROMASTER430（MM430）、MICROMASTER440（MM440）等通用型变频器。MM410 通用型变频器为"廉价型"变频器，MM420 通用型变频器为"通用型"变频器，MM430 通用型变频器为"水泵和风机专用型"变频器，MM440 通用型变频器为"适用于一切传动装置的矢量型"变频器。MM440 通用型变频器是适合用于三相异步电动机速度控制和转矩控制的变频器，变频器的功率范围从 0.12～250 kW（变转矩方式）或从 0.12～200 kW（恒转矩方式）。

MM440 通用型变频器由微处理器控制，并采用具有现代先进技术水平的绝缘栅双极型晶体管（IGBT）作为功率输出器件。MM440 采用现代先进技术的矢量控制系统，保证传动装置在出现突加负载时仍然具有很高的品质。MM440 脉冲宽度调制的开关频率是可选的，因而可降低了电动机运行的噪声。MM440 具有全面而完整的保护功能，能为变频器和电动机提供良好的保护。

MM440 通用型变频器可以作为许多生产设备的传动装置，例如物料运输系统、纺织工业、电梯、起重设备、机械加工设备以及食品、饮料和烟草工业。它既可用于单机驱动系统，也可集成到"自动化系统"中，还可以与 SIMATIC S7-200 PLC 链接，或集成到 SIMATIC 和 SIMOTION 的 TIA 系统中。

MM440 通用型变频器技术规格见表 3—10。

表 3—10　　　　　　**MICROMASTER 440 变频器的技术规格**

特性	技术规格
电源电压和功率范围	1 AC 200～240 V　10% CT：0.12～3.0 kW　（0.16～4.0 hp） 3 AC 200～240 V　10% CT：0.12～45.0 kW　（0.16～60.0 hp） 　　　　　　　　　　VT：5.50～45.0 kW　（7.50～60.0 hp） 3 AC 380～480 V　10% CT：0.37～200 kW　（0.50～268 hp） 　　　　　　　　　　VT：7.50～250 kw　（10.0～335 hp） 3 AC 500～600 V　10% CT：0.75～75.0 kW　（1.00～100 hp） 　　　　　　　　　　VT：1.50～90.0 kW　（2.00～120 hp）
输入频率	47～63 Hz
输出频率	0～650 Hz
功率因数	0.95
变频器的效率	外形尺寸 A～F：　　96%～97% 外形尺寸 FX 和 GX：　97%～98%

续表

特性		技术规格
过载能力	恒转矩（CT）	外形尺寸 A 至 F：1.5×额定输出电流（即 150%过载），持续时间 60 s，间隔周期时间 300 s 以及 2×额定输出电流（即 200%过载），持续时间 3 s，间隔周期时间 300 s 外形尺寸 FX 和 GX：1.36×额定输出电流（即 136%过载），持续时间 57 s，间隔周期时间 300 s 以及 1.6×额定输出电流（即 160%过载），持续时间 3 s，间隔周期时间 300 s
	变转矩（VT）	外形尺寸 A 至 F：1.1×额定输出电流（即 110%过载），持续时间 60 s，间隔周期时间 300 s 以及 1.4×额定输出电流（即 140%过载），持续时间 3 s，间隔周期时间 300 s 外形尺寸 FX 和 GX：1.1×额定输出电流（即 110%过载），持续时间 59 s，间隔周期时间 300 s 以及 1.5×额定输出电流（即 150%过载），持续时间 1 s，间隔周期时间 300 s
合闸冲击电流		小于额定输入电流
最大启动频率		外形尺寸 A～E：每 30 s 一次 外形尺寸 F：每 150 s 一次 外形尺寸 FX 和 GX：每 300 s 一次
控制方法		V/f 控制，输出频率为 0～650 Hz 线性 V/f 控制，带 FCC（磁通电流控制）功能的线性 V/f 控制，抛物线 V/f 控制，多点 V/f 控制，适用于纺织工业的 V/f 控制，适用于纺织工业的带 FCC 功能的 V/f 控制，带独立电压设定值的 V/f 控制 矢量控制，输出频率为 0～200 Hz 无传感器矢量控制，无传感器矢量转矩控制，带编码器反馈的速度控制，带编码器反馈的转矩控制
脉冲调制频率		外形尺寸 A～C：1/3AC 200 V 至 5.5 kW（标准配置 16 kHz） 外形尺寸 A～F：其他功率和电压规格：2～16 kHz（每级调整 2 kHz）（标准配置 4 kHz） 外形尺寸 FX 和 GX：2 kHz 至 4 kHz（每级调整 2 kHz）标准配置 2 kHz（VT），4 kHz（CT）
固定频率		15 个，可编程
跳转频率		4 个，可编程
设定值的分辨率		0.01 Hz 数字输入，0.01 Hz 串行通信的输入，10 位二进制模拟输入（电动电位计 0.1 Hz）0.1%（在 PID 方式下）

续表

特性	技术规格
数字输入	6个，可编程（带电位隔离），可切换为高电平/低电平有效（PNP/NPN）
模拟输入	2个，可编程，两个输入可以作为第7和第8个数字输入进行参数化 0～10 V，0～20 mA 和 -10～+10 V（ADC1） 0～10 V 和 0～20 mA（ADC2）
继电器输出	3个，可编程 30 V DC/5 A（电阻性负载），250 V AC 2 A（电感性负载）
模拟输出	2个，可编程（0～20 mA）
串行接口	RS-485，可选 RS-232
电磁兼容性	外形尺寸 A～C：选择的 A 级或 B 级滤波器，符合 EN55011 标准的要求 外形尺寸 A～F：变频器带有内置的 A 级滤波器 外形尺寸 FX 和 GX：带有 EMI 滤波器（作为选件供货）时，其传导性辐射满足 EN55011，A 级标准限定值的要求（必须安装进线电抗器）
制动	直流注入制动，复合制动 动力制动　外形尺寸 A～F：带内置制动单元（斩波器） 　　　　　　外形尺寸 FX 和 GX：带外接制动单元（斩波器）
防护等级	IP20
温度范围	外形尺寸 A～F：-10～+50℃（14～122°F）　（CT） 　　　　　　　-10～+40℃（14～104°F）　（VT） 外形尺寸 FX 和 GX：0～+40℃（32～104°F），至 55℃（131°F）
存放温度	-40～+70℃（-40～158°F）
相对湿度	<95%RH-无结露
工作地区的海拔高度	外形尺寸 A～F：　海拔 1000 m 以下不需要降低额定值运行 外形尺寸 FX 和 GX 海拔 2000 m 以下不需要降低额定值运行
保护的特征	欠电压，过电压，过负载，接地，短路，电动机失步保护，电动机锁定保护，电动机过温，变频器过温，参数联锁
标准	外形尺寸 A～F：UL，cUL，CE，C-tick 外形尺寸 FX 和 GX：UL（认证正在准备中），cUL（认证正在准备中），CE
CE 标记	符合 EC 低电压规范 73/23EEC 和电磁兼容性规范 89/336/EEC 的要求

由表3—10可知，MM440通用型变频器具有6个多功能数字量输入端，2个模拟输入端，3个多功能继电器输出端，2个模拟量输出端。MM440具有矢量控制方式和V/f两种控制方式。矢量控制方式有无传感器矢量控制（SLVC）和带编码器的矢量控制（VC）两种。V/f控制方式又有线性V/f控制、多点V/f控制、磁通电流控制（FCC）等。MM440具有直流注入制动，外形尺寸为A～F的MM440通用型变频器带内置的制动单元（斩波器），外形尺寸FX和GX的MM440通用型变频器需带外接制动单元（斩波器）。此外，MM440还具有过电流保护、过电压/欠电压保护、变频器过温保护、电动机过温保护等功能。

二、MM440通用型变频器的电气安装与接线

MM440通用型变频器端子接线图如图3—53所示。由图可知，MM440变频器是交—直—交电压型变频器，整流器采用二极管桥式整流电路，把交流电源变换为直流电源。中间直流环节（滤波回路）采用大电容滤波。为了达到更好滤波效果和提高功率因数，可以在中间直流电路中DC/R＋端和B＋/DC＋端串入直流电抗器。逆变器采用绝缘栅双极型晶体管IGBT作为功率输出器件，将直流电变换为频率与电压可调的交流电。MM440通用型变频器接线端子可分为主电路接线端子和控制回路接线端子，主电路接线端子布置图如图3—56所示，控制电路接线端子布置图如图3—57所示，具体接线端子功能参见上节介绍与说明。

1. 电源和电动机的连接

打开变频器的盖子后就可以连接电源和电动机的接线端子，根据MM440通用型变频器不同型号，电源和电动机的接线方法稍有区别，具体如图3—58～图3—60所示。必须按照图3—58～图3—60所示的方法进行，同时接线时应将主电路接线与控制电路接线分别走线，控制电缆要用屏蔽电缆。

2. 变频器的电气安装与接线时注意事项

通常变频器的设计允许它在具有很强电磁干扰的工业环境下运行，如果安装的质量良好，就可以确保安全和无故障的运行。电气安装与接线时应注意以下几点：

（1）变频器投入运行时必须可靠接地。

（2）变频器的主电路接线与控制电路接线分别走线，控制电缆要用屏蔽电缆。变频器的控制电缆、电源电缆和与电动机的连接电缆的走线必须相互隔离，不要把它们放在同一个电缆线槽中或电缆架上。

（3）控制电缆的布线应尽可能远离供电电源线，使用单独的走线槽，在必须与电源线交叉时相互应采取90°直角交叉。

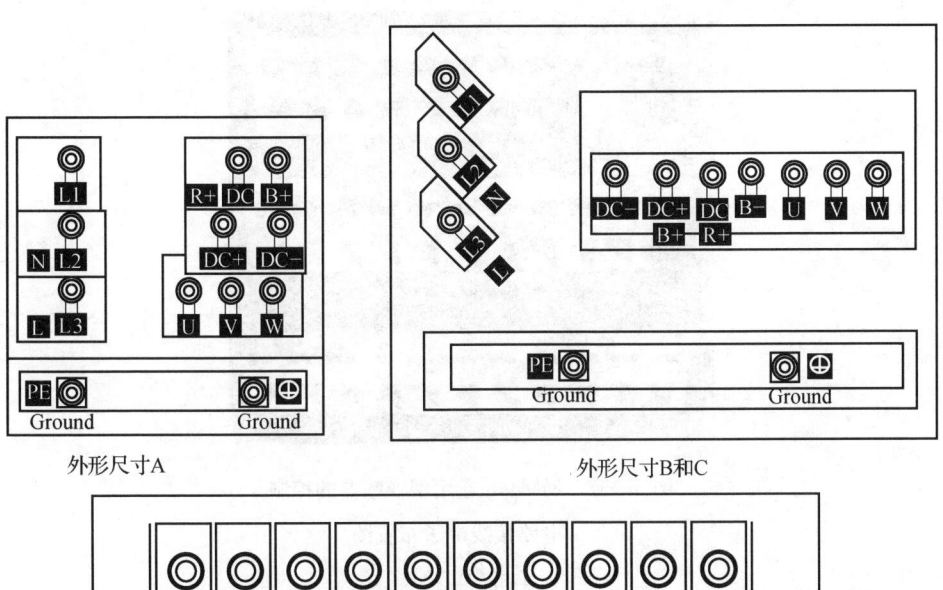
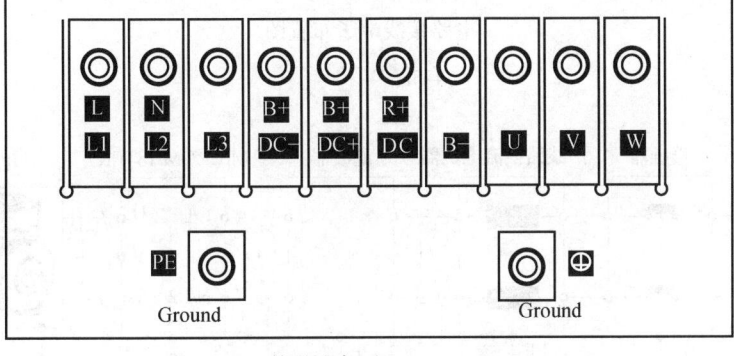

图 3—56　MM440 通用型变频器主电路接线端子布置图

图 3—57 MM440 通用型变频器的控制
电路接线端子布置图

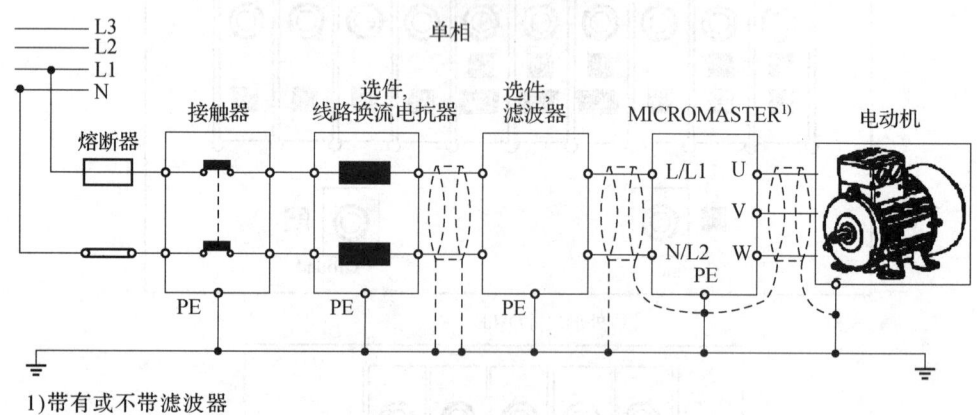

1)带有或不带滤波器

图 3—58 MM440 通用型变频器（外形尺寸 A～F 型
单相变频器）电源和电动机的接线方法

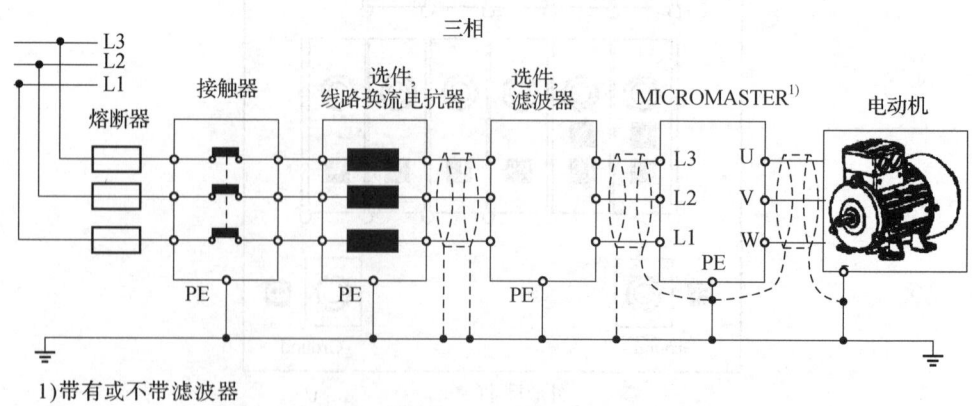

1)带有或不带滤波器

图 3—59 MM440 通用型变频器（外形尺寸 A～F 型
三相变频器）电源和电动机的接线方法

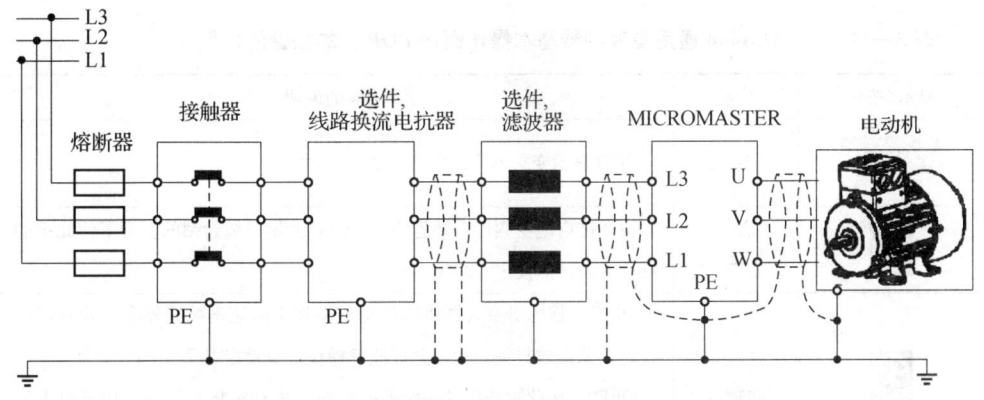

图 3—60　MM440 通用型变频器（外形尺寸 FX 和 GX 型三相变频器）电源和电动机的接线方法

（4）由电动机返回的接地线直接连接到控制该电动机的变频器的接地端子 PE 上。

（5）机柜内安装的接触器，应是带阻尼的即是说在交流接触器的线圈上连接有 RC 阻尼回路；在直流接触器的线圈上连接有续流二极管。安装压敏电阻对抑制过电压也是有效的，当接触器由变频器的继电器进行控制时，这一点尤其重要。

（6）到电动机的连接线应采用屏蔽的或带有铠甲的电缆并用电缆接线卡子将屏蔽层的两端接地。

三、MM440 通用型变频器操作面板（BOP）及其使用

1. MM440 通用型变频器操作面板（BOP）

MM440 通用型变频器操作面板（BOP）如图 3—61 所示。各按键的作用见表 3—11。

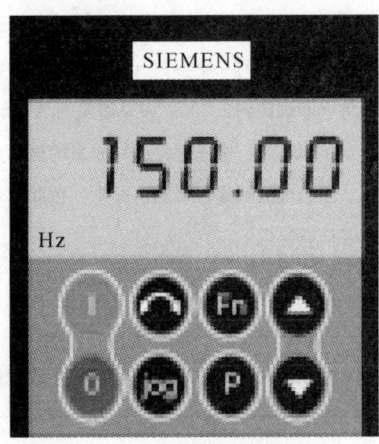

图 3—61　MM440 通用型变频器操作面板（BOP）

表 3—11　　MM440 通用型变频器基本操作面板 BOP 上的按键的作用

显示/按钮	功能	功能的说明
`r0000`	状态显示	LCD 显示变频器当前的设定值
I	启动变频器	按此键启动变频器。缺省值运行时，此键是被封锁的。为了使此键的操作有效，应设定 P0700=1
O	停止变频器	OFF1：按此键变频器将按选定的斜坡下降速率减速停车。缺省值运行时，此键被封锁，为了允许此键操作，应设定 P0700=1 OFF2：按此键两次或一次但时间较长电动机将在惯性作用下自由停车。此功能总是"使能"的
⟲	改变电动机的转动方向	按此键可以改变电动机的转动方向。电动机的反向用负号表示或用闪烁的小数点表示。缺省值运行时，此键是被封锁的，为了使此键的操作有效，应设定 P0700=1
jog	电动机点动	在变频器"准备运行"的状态下，按此键将使电动机启动并按预设定的点动频率运行。释放此键时，变频器停车。如果变频器/电动机正在运行，按此键将不起作用
Fn	功能	此键用于浏览辅助信息。变频器运行过程中，在显示任何一个参数时，按下此键并保持不动 2 s，将显示以下参数值 (1) 直流回路电压下角标用 d 表示，单位：V (2) 输出电流（A） (3) 输出频率（Hz） (4) 输出电压下角标用 □ 表示，单位：V (5) 由 P0005 选定的数值 连续多次按下此键将轮流显示以上参数 跳转功能 在显示任何一个参数（r×××× 或 P××××）时短时间按下此键，将立即跳转到 r0000，如果需要的话，您可以接着修改其他的参数跳转到 r0000 后，按此键将返回原来的显示点 在出现故障或报警的情况下，按此键可以将操作板上显示的故障或报警信息复位
P	访问参数	按此键即可访问参数
▲	增加数值	按此键即可增加面板上显示的参数数值
▼	减少数值	按此键即可减少面板上显示的参数数值

2. MM440 通用型变频器操作面板（BOP）操作方法

现介绍将参数 P0010 设置值由默认值 0 更改为 30 数值操作步骤，并以 P0304 为例说明修改下标参数的数值操作步骤。以这两个典型例子说明变频器操作面板（BOP）设置与更改变频器参数方法。按照介绍的类似方法，可以用操作面板（BOP）更改任何一个变频器参数。

（1）将参数 P0010 设置值由默认值 0 改为 30 数值的操作步骤

1）变频器送电后，操作面板（BOP）显示 0.00。

2）按"P"键 访问参数，操作面板（BOP）显示 r0000。

3）按"▲"键直到操作面板（BOP）显示 P0010。

4）按"P"键进入参数数值访问级，操作面板（BOP）显示参数默认的数值 0。

5）按"▲"键达到参数所需要的设定值 30，操作面板（BOP）显示需要的设定值 30。

6）按"P"键确认并存储参数的数值，操作面板（BOP）显示 P0010，参数 P0010 由原来 0 改为 30。

7）按"▼"键直到操作面板（BOP）显示 r0000，或按功能键（Fn 键）返回 r0000。

（2）修改下标参数 P0304 操作步骤

1）按"P"键访问参数操作面板（BOP）显示 r0000。

2）按"▲"键直到操作面板（BOP）显示 P0304。

3）按"P"键进入参数数值访问级，操作面板（BOP）显示 |∩000。

4）按"P"键显示当前的设定值 400。

5）按"▼"键达到参数所需要的设定值 380，操作面板（BOP）显示设定值 380。

6）按"P"键确认和存储这一数值，操作面板（BOP）显示 P0304，参数 P0304 由原来 400 改为 380。

7）按"▼"键直到显示出 r0000 或按功能键（Fn 键）返回 r0000。

按照上述方法可对变频器的其他参数进行设置，当所有参数设置完毕，可按功能键（Fn 键）返回 r0000。

四、MM440 通用型变频器有关参数功能说明

1. 驱动装置的显示参数 r0000

功能：显示用户选定的由 P0005 定义的输出数据。

说明：按下 Fn 键并持续 2 s，用户就可看到直流回路、输出电流、输出频率的数值以及选定的 r0000（设定值在 P0005 中定义）。

2. 用户访问级参数 P0003

功能：用于定义用户访问参数组的等级。

说明：默认设置值为 1。

其中，P0003＝0：用户定义的参数表。

P0003＝1：标准级，可以访问最经常使用的一些参数。

P0003＝2：扩展级，允许扩展访问参数的范围例如变频器的 I/O 功能。

P0003＝3：专家级，只供专家使用（注意如要 P0005＝22，显示转速，必须设定 P0003＝3）。

P0003＝4：维修级，只供授权的维修人员使用并具有密码保护。

3. 选择参数 P0005

功能：用于选择参数 r0000（驱动装置的显示）要显示的参量。

说明：默认设置值为 21。

其中，P0005＝21：实际频率。

P0005＝22：实际转速。

P0005＝25：输出电压。

P0005＝26：直流回路电压。

P0005＝27：输出电流。

4. 参数过滤器 P0010

功能：用于对与调试相关的参数进行过滤，只筛选出那些与特定功能组有关的参数。

说明：默认设置值为 0。

P0010＝0：变频器准备运行，在变频器投入运行前应将 P0010＝0。

P0010＝1：快速调试，在快速调试时，应将 P0010＝1；电动机额定参数 P0304～P0311 只能在 P0010＝1 时改变。

P0010＝30：工厂的设定值，与 P0970＝1 一起用于变频器位（复位为缺省设置值）。

5. 使区参数 P0100

功能：用于确定功率设定值，例如铭牌的额定功率 P0307 的单位是 [kW] 还是 [hp]。

说明：除了基准频率 P2000 以外，还有铭牌的额定频率默认值 P0310 和最大电动机频率 P1082 的单位也都在这里自动设定。

默认设置值为 0。本参数只能在 P0010=1 快速调试时进行修改。

其中，P0100=0：欧洲——[kW]，频率默认值 50 Hz。

P0100=1：北美——[hp]，频率默认值 60 Hz。

P0100=2：北美——[kW]，频率默认值 60 Hz。

6. 电动机的额定电压参数 P0304

功能：用于设置电动机铭牌数据中额定电压。

说明：本参数只能在 P0010=1（快速调试时）进行修改，设定值的单位为 [V]。

设定范围：10～2 000 V。

出厂默认值：400 V。

7. 电动机额定电流参数 P0305

功能：用于设置电动机铭牌数据中额定电流。

说明：本参数只能在 P0010=1（快速调试时）进行修改，设定值的单位为 [A]。

8. 电动机额定功率参数 P0307

功能：用于设置电动机铭牌数据中额定功率（kW/hp）。

说明：当 P0100=0 时，额定功率为 kW、频率默认值为 50 Hz。本参数只能在 P0010=1（快速调试时）进行修改。

9. 电动机的额定功率因数参数 P0308

功能：用于设置电动机铭牌数据中额定功率因数。

说明：默认设置值为 0.000，本参数只能在 P0010=1（快速调试时）进行修改。

10. 电动机的额定频率参数 P0310

功能：用于设置电动机铭牌数据中额定频率（Hz）。

说明：默认设置值为 50.00。本参数只能在 P0010=1（快速调试时）进行修改。

11. 电动机的额定转速参数 P0311

功能：用于设置电动机铭牌数据中额定转速（r/min）。

说明：本参数只能在 P0010=1（快速调试时）进行修改。

12. 选择命令源参数 P0700

功能：用于选择数字的命令信号源。

说明：默认设置值为 2。

其中，P0700=1 时，数字操作面板（BOP）设置，即数字操作面板（BOP）控制操作方式。

P0700=2 时，由端子排输入，即控制端子运行控制操作方式。

13. 频率设定值的选择参数 P1000

功能：用于选择频率设定值的信号源。

说明：默认设置值为 2。

P1000＝1 时，频率设定值由数字操作面板（BOP）电动电位器设定值提供。

P1000＝2 时，频率设定值由模拟量设定值提供。

P1000＝3 时，频率设定值由固定频率设定值提供。

14. MOP 设定值参数 P1040

功能：用于确定电动电位计设定（P1000＝1）时的频率设定值。

说明：设定值的单位为［Hz］。

设定范围：－650.00～650.00 Hz。默认设置值为 5.00 Hz。

15. 最低频率参数 P1080

功能：用于设定最低的电动机运行频率。

说明：设定值的单位为［Hz］。

设定范围：0.00～650.00 Hz，默认设置值为 0.00 Hz。

16. 最高频率参数 P1082

功能：用于设定最高的电动机运行频率。

说明：设定值的单位为［Hz］。

设定范围：0.00～650.00 Hz，默认设置值为 50.00 Hz。

17. 斜坡上升时间参数 P1120

功能：用于设定斜坡函数曲线不带平滑圆弧时，电动机从静止状态加速到最高频率 P1082 所用的时间，如图 3—62 所示。

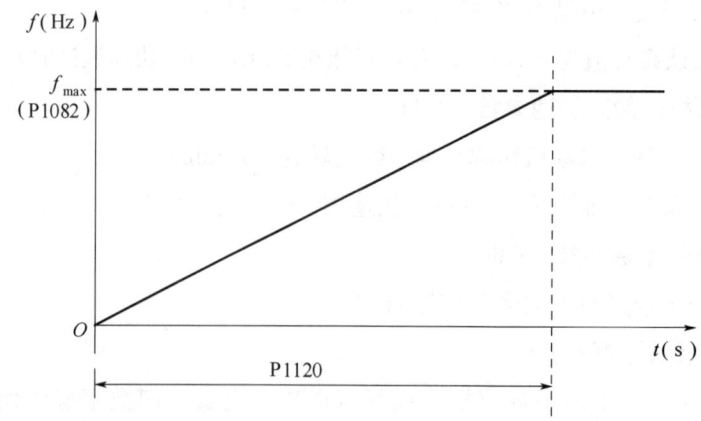

图 3—62 斜坡上升时间（P1120）的函数曲线

说明：如果设定的斜坡上升时间太短，就有可能导致变频器跳闸（过电流）。

设定范围：0.00～650.00 s，默认设置值为 10.00 s。

18. 斜坡下降时间参数 P1121

功能：用于设定斜坡函数曲线不带平滑圆弧时，电动机从最高频率 P1082 减速到静止停车所用的时间，如图 3—63 所示。

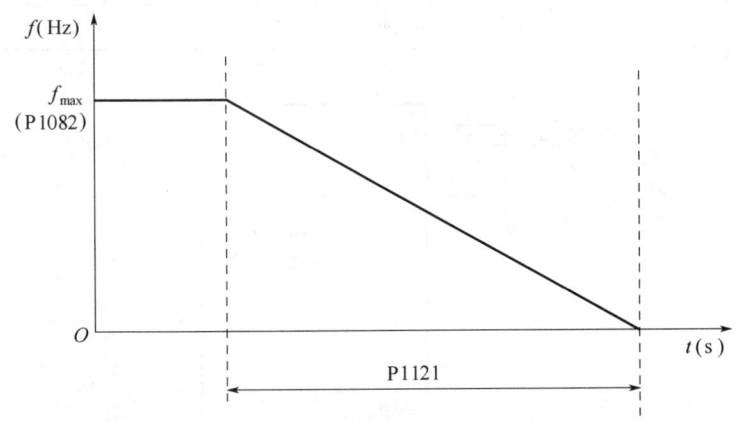

图 3—63　斜坡下降时间（P1121）的函数曲线

说明：如果设定的斜坡下降时间太短，就有可能导致变频器跳闸（过电压/过电流）。

设定范围：0.00～650.00 s。默认设置值为 10.00 s。

 技能要求

通用型变频器的接线、面板操作与基本参数设置运行

一、操作要求

(1) 了解与熟悉变频器安装与接线。

(2) 了解与熟悉变频器的基本参数设置，能使用操作面板控制变频器运行。

二、工作准备（表 3—12）

三、操作步骤

步骤 1　按系统接线图及要求，在 MM440 交流变频调速装置上完成接线。

MM440 通用型变频器面板操作控制接线如图 3—64 所示。当变频器只使用面板操作时，只需要接主电路的接线即可满足控制要求。

表 3—12　　　　　　　　　　　准备内容

序号	名称	规格型号	数量	备注
1	交流变频调速装置	西门子 MM440 交流变频调速装置	1	
2	三相异步电动机	YSJ7124　$P_N=370$ W, $U_N=380$ V, $I_N=1.12$ A, $n_N=1\,400$ r/min, $f_N=50$ Hz	1	
3	万用表	指针式万用表或数字式万用表	1	

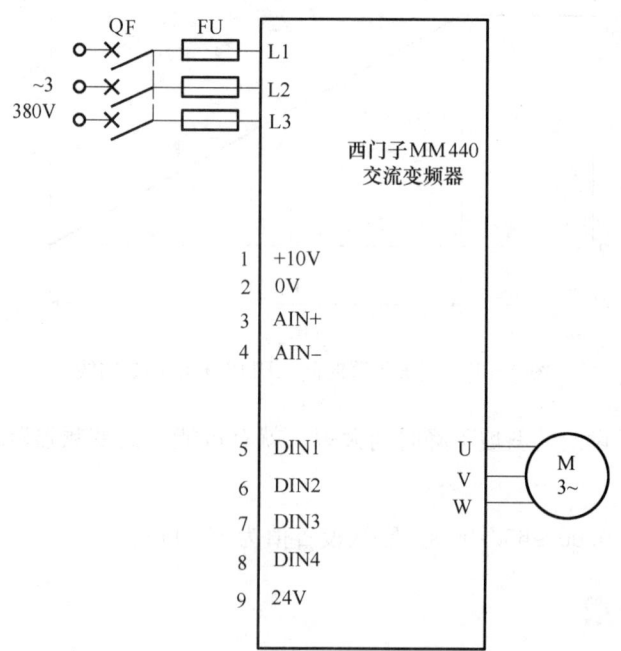

图 3—64　MM440 通用型变频器面板操作控制接线图

步骤 2　按要求在 MM440 交流变频调速装置上进行变频器参数设置。

按图 3—64 所示的变频器面板操作控制接线图，在 MM440 交流变频调速装置上完成接线后，经检查无误后可通电，进行参数设置。

(1) 将变频器复位为工厂的默认设定值

1) 设置 P0010=30。

2) 设置 P0970=1，恢复出厂设置。

需要 1~3 min 才能完成复位过程，将变频器的参数复位为工厂的默认设置值。

(2) 快速调试

1) P0003=3。

2) P0010=1：快速调试。

3) P0100=0：功率用[kW]，频率缺省值为50 Hz。

4) P0304=380：电动机额定电压（V）。

5) P0305=1.12：电动机额定电流（A）。

6) P0307=0.37：电动机额定功率（kW）。

7) P0310=50：电动机额定频率（Hz）。

8) P0311=1400：电动机额定转速（r/min）。

9) P1080=0：最低频率。

10) P1082=50：最高频率。

11) P1120=5：斜坡上升时间。

12) P1121=5：斜坡下降时间。

(3) 面板操作控制

1) P0010=0：为了正确地进行运行命令的初始化，即使变频器准备运行。

2) P0700=1：使能BOP的启动/停止按钮，即选择命令源。

3) P1000=1：使能电动电位计的设定值，即选择由键盘（电动电位计）输入设定值。

4) P1040=30：设定键盘（电动电位计）控制的设定频率。

步骤3 按要求在MM440交流变频调速装置上完成变频器面板操作调试及运行。

(1) 在变频器的操作面板（BOP）上按下绿色 ◉ 运行键，电动机将按P1120所设定的上升时间（5s）升速，并运行在由P1040所设定的频率值（30Hz）上。

(2) 如果需要，可直接通过操作面板（BOP）上的增加键 ◉ 或减少键 ◉ 来改变电动机的转速。

(3) 可用变频器的操作面板（BOP）◉ 键来改变电动机的旋转方向。

(4) 在变频器的操作面板（BOP）上按下红色 ◉ 停止键，电动机将按P1121所设定的下降时间（5 s）减速直至停止运行。

四、注意事项

(1) 接线完成后，必须认真检查，只有接线正确才能进行通电调试。

(2) 在通电调试过程中，应观察变频器面板显示器以监视系统运行状况，如有不正常现象，应立即采取相应措施加以解决，否则将可能造成事故。

(3) 在技能操作实训中，必须注意用电安全，杜绝产生人身和设备安全事故。

学习单元 2　变频器模拟量给定和开关量控制运行

学习目标

1. 熟悉通用型变频器的操作运行控制及频率给定功能。
2. 熟悉 MM440 型通用变频器有关参数功能说明及快速调试。
3. 熟悉变频器的调试及试运行。
4. 能够进行变频器模拟量给定和开关量控制运行及其参数设置运行。

知识要求

一、通用型变频器的操作运行控制

1. 操作运行控制方式

变频器的操作运行控制包括变频器的启动、停止控制，正、反转运行及点动控制等功能。变频调速系统的操作运行控制，一般有下面 3 种方式：

(1) 数字面板操作运行控制

这种操作运行是在变频器的数字面板（BOP）上进行，一般用于变频器的调试，在正常运行中，较少采用这种操作方式。数字面板的操作很简单，只要按动数字面板上的运行（RUN）、停止（STOP）正转、反转、点动等按键即可。

(2) 控制输入端操作运行控制

通过变频器的外接控制端子接收运行操作命令，控制变频器的启动、停止控制，正、反转运行及点动等控制。

(3) 通信方式操作运行控制

通过变频器的外接通信端口控制变频器的启动、停止控制，正、反转运行及点动等控制。

变频器可以设置功能参数来选择某一种操作运行控制方式。如西门子 MM440 通用型变频器，可以用功能参数 P0700 来选择。当 P0700＝1 时，为数字面板操作运行控制；当 P0700＝2 时，为控制输入端操作运行控制；当 P0700＝4、5 时，为通信方式操作运行控制。

2. 控制外接输入端操作运行控制应用

在上述 3 种操作运行控制方式中，在一般单机生产设备情况下，控制输入端操作运行控制应用较多。在自动化程度高的生产流水线自动控制系统中，主要采用通信方式操作运行控制。现介绍控制外接输入端操作运行控制应用。

（1）电动机的正转、反转运行控制

通用型变频器外接控制端子控制电动机的正转、反转运行有下面两种方法：

1）两个外接开关量输入端子分别控制电动机的正转、反转运行。MM440 通用型变频器可用多功能输入端⑤～⑧端、⑯～⑰端中两个外接开关量输入端（如⑤端、⑥端）分别控制电动机的正转、反转运行，如图 3—65 所示。

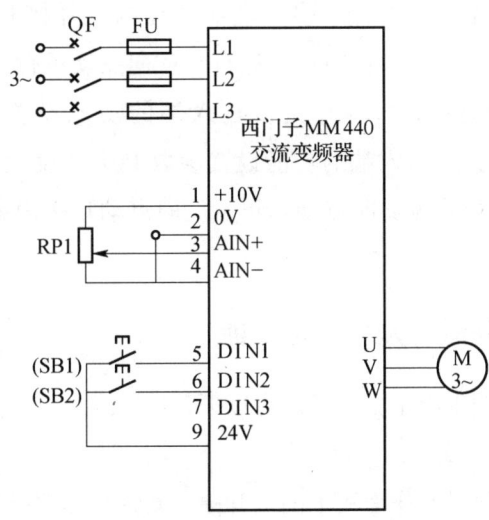

图 3—65 MM440 通用型变频器电动机的正转、反转运行控制

此时，要将对应于⑤端开关量输入端的功能设置参数 P0701 设置为"1"，对应⑤端为正转指令，对应于⑥端开关量输入端的功能设置参数 P0702 设置为"2"，对应⑥端为反转指令。当⑤～⑨端接通时，电动机正转；当⑤～⑨端断开时，电动机停止运行。当⑥～⑨端接通时，电动机反转；当⑥～⑨端断开时，电动机停止运行。

这种正转、反转运行控制方法的缺点是如果正转和反转两个指令同时到达会产生冲突，变频器会判断为错误操作信号，变频器不运行。

2）两个外接开关量输入端子分别控制电动机的运行与正转、反转转向切换。MM440 通用型变频器可用多功能输入端⑤～⑧端、⑯～⑰端中两个外接开关量输入端（如⑤端、⑥端）分别控制电动机的运行与正转、反转转向切换。变频器接线仍如图 3—65 所示，此时⑤端外接开关量输入端控制电动机的运行与停止，⑥端外接开关量输入端控制电动机的正转、反转转向切换。此时对应于⑤端开关量输入端的功能设置参数 P0701 设置为"1"，对应⑤端为运行指令，对应于⑥端开关量输入端的功能设置参数 P0702 设置为"12"，对应⑥端为正转、反转转向切换指令。当⑤～⑨端接通时，电动机运行（正转）；当⑤～⑨端断开时，电动机停止运行。当⑥～⑨端接通时，电动机转向切换即反转运行；当⑥～⑨端断开时，电动机运行（正转）。这种正转、反转运行控制方法避免了指令冲突现象。

(2) 点动运行操作

点动操作指的是指令有效时，变频器以预先设定的点动频率正向或者反向运行，指令撤销即停止，点动操作通常用于运行调整。西门子 MM440 通用型变频器，可将多功能输入端⑤～⑧端、⑯～⑰端中任两个外接开关量输入端（如⑤端、⑥端）分别控制电动机的正向点动运行与反向点动运行。变频器接线仍如图 3—65 所示，此时将对应于⑤端开关量输入端的功能设置参数 P0701 设置为"10"，对应于⑥端开关量输入端的功能设置参数 P0702 设置为"11"，则对应⑤端为正向点动，对应⑥端为反向点动。正、反向点动频率用参数 P1058 和 P1059 分别设置。

二、通用型变频器的频率给定功能

通用型变频器的频率给定方式常用有以下几种方式：

1. 操作面板给定方式

这种给定方式是通过操作面板上的上升键（▲键）和下降键（▼键）来设定变频器的频率给定值。这种给定方式一般用于调试，也可以用于简单的运行。

2. 模拟量给定方式

这种给定方式是通过变频器的模拟量输入端子，如 MM440 通用型变频器模拟量输入端子（③端、④端）输入模拟量信号（电压或电流）进行变频器的频率给定，并通过调节给定信号的大小来调节变频器的输出频率。

3. 多段速（固定频率）给定方式

这种给定方式是通过变频器的多个开关量输入端子，如 MM440 通用型变频器开关量输入端子（⑤～⑧端、⑯～⑰端）进行控制，对应变频器内部预先设置的频率给定值。

4. 通信给定方式

这种给定方式是通过变频器的通信端口进行频率给定。

上述不同的频率给定方式可用变频器设置参数来选择。MM440通用型变频器，可用变频设定值参数P1000来设置。当P1000＝1、P700＝1时，为操作面板给定方式；当P1000＝2、P700＝2时，为模拟量给定方式；当P1000＝3、P700＝2时，为多段速（固定频率）给定方式。

三、通用型变频器的控制方式

通用变频器的控制方式一般有V/f控制方式和矢量控制方式。V/f控制方式又有各种类型V/f控制；矢量控制方式又有无传感器的矢量控制和带有传感器的矢量控制。在通用变频器实际应用时，应根据负载性质及系统控制性能要求选择与设置通用变频器的控制方式。例如，应用于控制性能要求不高的一般生产设备的通用变频器，它的控制方式一般可采用V/f控制方式。又如，应用于离心式风机/水泵的通用变频器，它的控制方式一般可采用带平方曲线特性的V/f控制方式。又如，应用于控制性能要求高的生产设备的通用变频器，它的控制方式应采用无传感器的矢量控制方式或带有传感器的矢量控制方式。通用变频器的控制方式是通过变频器的控制方式选择功能参数来完成的。MM440通用型变频器是通过选择控制方选择功能参数P1300来设定控制方式，共有12种类型。其中，P1300＝0时为线性V/f控制；P1300＝1时为带FCC（磁通电流控制）功能的V/f控制；P1300＝2时为带平方曲线特性的V/f控制，适宜用于离心式风机/水泵的驱动控制；P1300＝3时为可编程的V/f控制；P1300＝5时为用于纺织机械的V/f控制；P1300＝6时为用于纺织机械带FCC功能的V/f控制；P1300＝20时为无传感器的矢量控制；P1300＝21时为带有传感器的矢量控制；P1300＝22时为无传感器的矢量－转矩控制；P1300＝23时为带有传感器的矢量－转矩控制。

选择了矢量控制方式就必须将电动机的铭牌上的额定数据以及有关数据输入变频器，同时必须进行电动机参数自动检测和识别。MM440通用型变频器通过选择电动机数据自动检测参数P1910来设定电动机数据自动检测方式。其中，当P1910＝1时，所有参数都自动检测，并改写参数数值；当P1910＝3时，饱和曲线自动检测，并改写参数数值。采用矢量控制方式时要注意，一台通用变频器只能连接一台电动机，一台通用变频器连接多台电动机时，则不可以采用矢量控制方式。另外，采用矢量控制方式时，电动机的容量应该与通用变频器使用说明书中所规定的电动机容量相匹配，选择通用变频器的容量时要注意这个问题。

四、MM440 型通用变频器有关参数功能说明

1. 数字输入 1 的功能参数 P0701

功能：用于选择数字输入 1（5♯引脚）的功能。

说明：默认设置值为 1。

P0701＝0：禁止数字输入。

P0701＝01：接通正转/停车命令 1。

P0701＝02：接通反转/停车命令 1。

P0701＝10：正向点动。

P0701＝11：反向点动。

P0701＝12：反转（转向切换）。

P0701＝13：MOP 升速（增加频率）。

P0701＝14：MOP 降速（减少频率）。

P0701＝15：固定频率设置（直接选择）。

P0701＝16：固定频率设置（直接选择＋ON 启动命令）。

P0701＝17：固定频率设置（二进制编码选择＋ON 启动命令）。

2. 数字输入 2 的功能参数 P0702

功能：选择数字输入 2（6♯引脚）的功能。

说明：默认设置值为 12。

P0701＝0：禁止数字输入。

P0701＝01：接通正转/停车命令 1。

P0701＝02：接通反转/停车命令 1。

P0701＝9：故障确认。

P0701＝10：正向点动。

P0701＝11：反向点动。

P0701＝12：反转。

P0701＝13：MOP 升速（增加频率）。

P0701＝14：MOP 降速（减少频率）。

P0701＝15：固定频率设置（直接选择）。

P0701＝16：固定频率设置（直接选择＋ON 启动命令）。

P0701＝17：固定频率设置（二进制编码选择＋ON 启动命令）。

3. 数字输入 3 的功能参数 P0703

功能：用于选择数字输入 3（7♯引脚）的功能。

说明：默认设置值为 9。

P0701＝0：禁止数字输入。

P0701＝01：接通正转/停车命令 1。

P0701＝02：接通反转/停车命令 1。

P0701＝9：故障确认。

P0701＝10：正向点动。

P0701＝11：反向点动。

P0701＝12：反转。

P0701＝13：MOP 升速（增加频率）。

P0701＝14：MOP 降速（减少频率）。

P0701＝15：固定频率设置（直接选择）。

P0701＝16：固定频率设置（直接选择＋ON 启动命令）。

P0701＝17：固定频率设置（二进制编码选择＋ON 启动命令）。

4. 数字输入 4 的功能参数 P0704

功能：用于选择数字输入 4（8♯引脚）的功能。

说明：默认设置值为 15。

P0701＝0：禁止数字输入。

P0701＝01：接通正转/停车命令 1。

P0701＝02：接通反转/停车命令 1。

P0701＝9：故障确认。

P0701＝10：正向点动。

P0701＝11：反向点动。

P0701＝12：反转。

P0701＝13：MOP 升速（增加频率）。

P0701＝14：MOP 降速（减少频率）。

P0701＝15：固定频率设置（直接选择）。

P0701＝16：固定频率设置（直接选择＋ON 启动命令）。

P0701＝17：固定频率设置（二进制编码选择＋ON 启动命令）。

5. 数字输入 5 的功能参数 P0705

功能：用于选择数字输入 5（16♯引脚）的功能。

说明：默认设置值为 15。

P0701＝0：禁止数字输入。

P0701＝01：接通正转/停车命令 1。

P0701＝02：接通反转/停车命令 1。

P0701＝10：正向点动。

P0701＝11：反向点动。

P0701＝12：反转。

P0701＝13：MOP 升速（增加频率）。

P0701＝14：MOP 降速（减少频率）。

P0701＝15：固定频率设置（直接选择）。

P0701＝16：固定频率设置（直接选择＋ON 启动命令）。

P0701＝17：固定频率设置（二进制编码选择＋ON 启动命令）。

6. 数字输入 6 的功能参数 P0706

功能：用于选择数字输入 6（17♯引脚）的功能。

说明：默认设置值为 15。

P0701＝0：禁止数字输入。

P0701＝01：接通正转/停车命令 1。

P0701＝02：接通反转/停车命令 1。

P0701＝10：正向点动。

P0701＝11：反向点动。

P0701＝12：反转。

P0701＝13：MOP 升速（增加频率）。

P0701＝14：MOP 降速（减少频率）。

P0701＝15：固定频率设置（直接选择）。

P0701＝16：固定频率设置（直接选择＋ON 启动命令）。

P0701＝17：固定频率设置（二进制编码选择＋ON 启动命令）。

7. 正向点动频率参数 P1058

功能：用于选择正向点动频率的功能。

说明：默认设置值为 5.00。

8. 反向点动频率参数 P1059

功能：用于选择反向点动频率。

说明：默认设置值为 5.00。

9. 点动斜坡上升时间参数 P1060

功能：用于选择点动斜坡上升时间。

说明：默认设置值为 10.00。

10. 点动斜坡下降时间参数 P1061

功能：用于选择点动斜坡下降时间。

说明：默认设置值为 10.00。

11. 变频器的控制方式参数 P1300

功能：用于选择变频器的控制方式。

说明：默认设置值为 0。

P1300＝0：线性特性的 V/f 控制。

P1300＝1：带 FCC（磁通电流控制）功能的 V/f 控制。

P1300＝2：带抛物线特性（平方特性）的 V/f 控制。

P1300＝20：无传感器的矢量控制（SLVC）。

P1300＝21：带传感器的矢量控制（VC）。

12. 结束快速调试参数 P3900

功能：用于完成优化电动机的运行所需的计算，在完成计算以后，P3900 和 P0010 自动复位为 0。

说明：本参数只是在 P0010＝1（快速调试）时才能改变。默认设置值为 0。

P3900＝0 时，不用快速调试。

P3900＝1 时，结束快速调试，并按工厂设置参数复位。

P3900＝3 时，结束快速调试，只进行电动机数据的计算。

五、MM440 型通用变频器的快速调试

快速调试是西门子 MM440 系列变频器在调试阶段最重要的工作之一，它对于变频器长期安全稳定运行是非常关键的。一般步骤如下：

P0003＝3：专家级，否则有些参数无法访问。

P0010＝1：开始快速调试。

P100＝0：功率单位为 kW，f 的缺省值为 50 Hz。

P0205：变频器的应用对象：0——恒转矩；1——变转矩。这一参数只对 ≥5.5 kW/400 V 变频器有效。

P0300：电动机类型，1——异步机，2——同步机。

P0304：电动机额定电压（V）。

P0305：电动机额定电流（A）。

P0307：电动机额定功率（kW）。

P0308：电动机额定功率因数。

P0310：电动机额定频率（Hz）。

P0311：电动机额定速度（r/min）。

P0320：电动机的磁化电流。

P0335：电机冷却方式。

P0640：电动机的过载因子。

P0700：选择命令源，1——基本操作面板（BOP），2——控制端子（数字输入）控制。

P1000：选择频率设定值，1——电动电位计设定值，2——模拟设定值1，3——固定频率设定值。

P1080：电动机最小频率。

P1082：电动机最大频率。

P1120：斜坡上升时间。

P1121：斜坡下降时间。

P1300：控制方式，0——线性V/f控制，1——带FCC的V/f控制，2——抛物线V/f控制，3——多点V/f控制，20——无传感器矢量控制，21——带传感器矢量控制，22——无传感器的矢量转矩控制，23——带传感器的矢量转矩控制。

P1500：转矩设定值选择。

P3900：结束快速调试，1——结束快速调试并按工厂设置使参数复位，3——结束快速调试只进行电动机数据的计算。

在下面变频器的应用技能实例的快速调试中，省略了P205、P320、P335、P640、P1500等功能参数。此时，快速调试的流程图如图3—66所示。

六、变频器的调试及试运行

1. 通电前检查

首先检查变频器的安装空间和安装环境是否合乎要求，然后检查变频器的主电路接线和控制电路接线是否合乎要求。检查变频器是否与驱动的电动机相匹配。在检查过程中，重点应检查以下几方面：

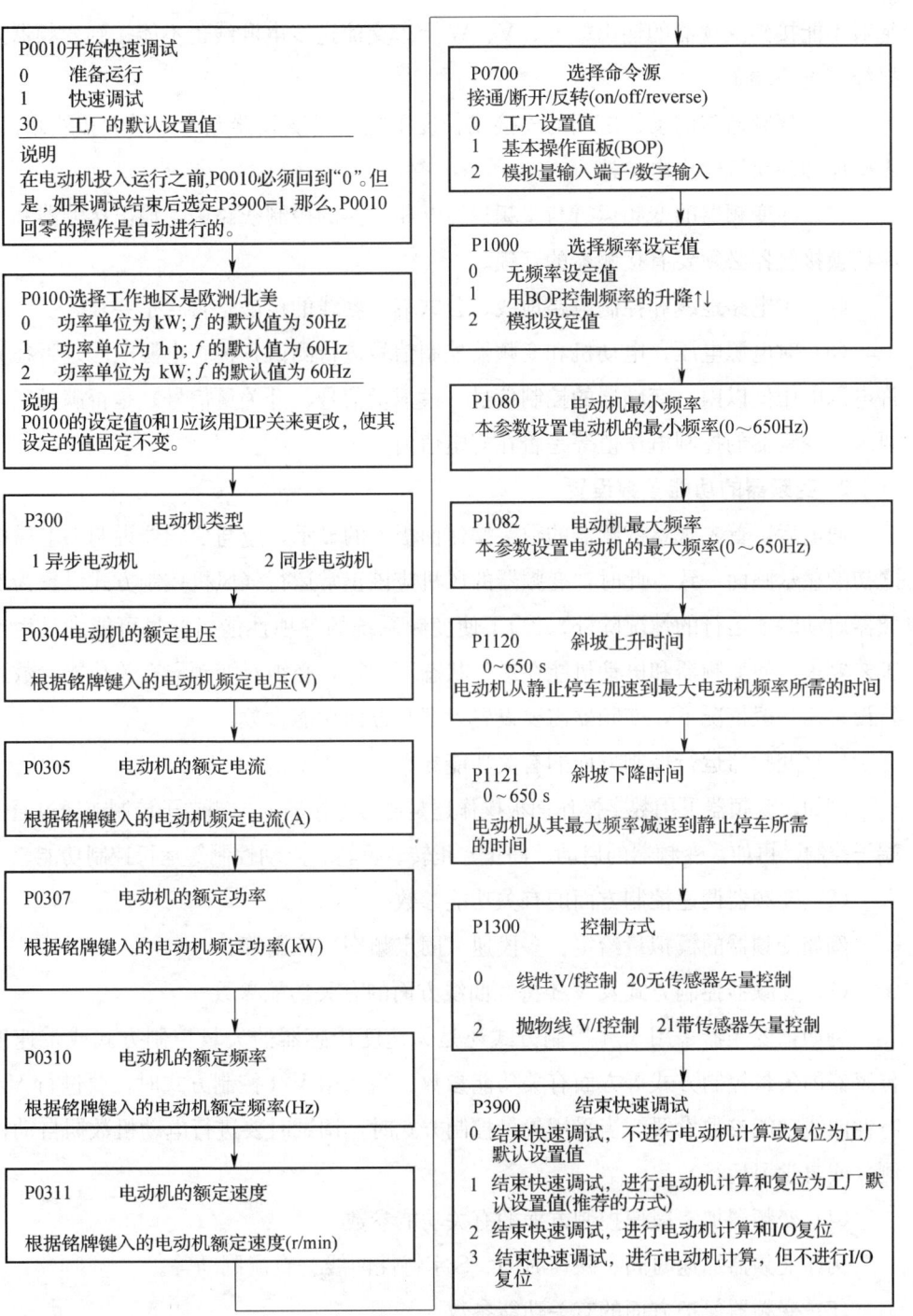

图 3—66 MM440 型通用变频器的快速调试的流程图

（1）交流进线电源只能接到变频器的电源输入端 L1、L2、L3（或 R、S、T），绝对不能接到变频器的输出端 U、V、W 上。交流进线电源线也不能接到变频器外接控制电路端子上。

（2）变频器与电动机之间的连接线长度不能超过变频器允许的最大接线距离，否则应加装交流输出电抗器。

（3）在变频器的变频运行与工频运行互相切换的控制线路中，输出接触器和工频切换接触器必须要有接触器的互锁。

（4）主电路地线和控制电路地线、公共端、零线的接法是否合乎要求。

（5）对电源电压、电动机和变频器控制信号进行测试，检查电源电压是否在允许电源电压值以内，变频器的控制信号（模拟量信号、开关量信号）是否满足工艺要求，变频器的控制电压值等是否在规定值内。

2. 变频器的功能参数设置

通电后，首先观察变频器的数字操作面板上的显示，应与变频器说明书上通电之初的显示画面一致。此时，变频器的风机应该正常运行（风机控制方式设置为变频器启动时才运行的情况除外）。为了使变频系统的各项性能指标尽可能满足生产工艺要求，使变频器和电动机能在最佳状态下运行，必须对变频器有关功能参数进行设置。一般情况下，变频器需要设置以下几方面功能参数：

（1）变频器运行控制方面的有关功能参数

例如，变频器采用数字操作面板操作还是通过外接输入控制端子控制或通过通信端子控制。再如，变频器的启动、停止、正转、反转、点动控制等运行控制功能。

（2）变频器调速控制方面的有关功能参数

例如变频器的模拟量给定、多段速（固定频率）控制等。

（3）变频器控制方式及 V/f 特性曲线方面的有关功能参数

例如，变频器采用 V/f 控制方式还是无速度传感器的矢量控制方式或带速度传感器的矢量控制方式等方面有关功能参数。当采用 V/f 控制方式时，要进行 V/f 特性曲线功能参数设置。当采用矢量控制方式时，调试时要进行电动机数据自动检测（或自学习运行）。

（4）变频器加、减速控制方面的有关功能参数

例如变频器加速时间、减速时间、S 字特性曲线、直流制动等。

（5）变频器保护方面的有关功能参数

例如变频器与电动机过载保护、防止失速保护等。

上述控制功能参数设置牵涉到很多具体参数内容，因此在参数设置前应根据系

统控制要求，做好变频器的具体功能参数设置表编写工作。上述控制功能中有一些功能参数设置如变频器的加、减速控制功能（加速时间、减速时间、S字特性曲线、直流制动）需要在负载调试中设置与修改。

3. 变频器的空载及带负载调试与运行

（1）变频器的空载调试与运行

变频器的功能参数设置完成以后，首先应进行变频器的空载调试与运行。在电动机不带机械负载的情况下，启动电动机进行空载运行。空载调试与运行时，首先应设置一个较低频率给定，检查电动机运转声音是否正常，旋转方向是否正确。如果旋转方向不正确，则调换变频器的输出端 U、V、W 与电动机的连接线相序，使电动机旋转方向正确。在较低频率给定下，变频器和电动机运行正常后，再进行中频和高频下空载调试与运行。对于正转、反转可逆系统，要在正转、反转两个方向进行空载调试与运行。运行中注意观察变频器显示的输出频率、输出电流等参数，检查电动机运转声音是否正常。空载调试与运行的任务是使变频调速系统的操作控制功能正常，电动机运转正常。

（2）变频器的带负载调试与运行

空载调试与运行完成后，将电动机和机械负载连接起来进行负载调试与运行。负载调试与运行的任务是使变频调速系统的各项性能指标尽可能满足生产工艺要求，使变频器和电动机能在最佳状态下运行。在负载调试与运行时，对变频器的加、减速控制功能（加速时间、减速时间、S字特性曲线、直流制动）中设置参数进行调整与修改。按照生产工艺要求进行各种控制功能的调试与运行，运行中注意观察变频器显示的输出频率、输出电流等参数，检查电动机运转声音是否正常，变频器和电动机的温升是否正常，电动机的加、减速是否正常。负载调试与运行时，机械设备已经开始运行，需要格外注意调试时的人身及设备安全，应该会同机械专业人员一起进行负载调试与运行。

技能要求

变频器模拟量给定和开关量控制运行及其参数设置运行

一、操作要求

（1）了解与熟悉变频器模拟量给定和开关量控制运行时的系统接线图及其接线。

（2）了解与熟悉变频器的模拟量给定和开关量控制运行及其参数设置。

二、操作准备（表3—13）

表3—13　　　　　　　　　　　准备内容

序号	名称	规格型号	数量	备注
1	交流变频调速装置	西门子MM440交流变频调速装置	1	
2	三相异步电动机	YSJ7124　$P_N=370$ W，$U_N=380$ V，$I_N=1.12$ A，$n_N=1\,400$ r/min，$f_N=50$ Hz	1	
3	万用表	指针式万用表或数字式万用表	1	

三、操作步骤

步骤1　按系统接线图及要求在MM440交流变频调速装置上完成接线。

变频器模拟量给定和开关量控制运行是指用变频器的数字（开关量）输入端控制变频器的运行（如正转运行、反转运行及停止等），而变频器的输出频率调节，即电动机转速调节由模拟量给定来调节。MM440通用型变频器模拟量给定和开关量控制运行系统接线如图3—67所示。在图3—67中，自锁按钮SB1、SB2分别接到变频器的数字（开关量）输入端⑤、⑥端，控制变频器的运行（如正转运行、反转运行及停止等）。电位器RP1为变频器模拟量给定电位器，模拟量给定从变频器的模拟量输入1（③、④）端输入，调节电位器RP1就可以调节变频器的输出频率，即电动机转速。按图3—67所示及要求在MM440交流变频调速装置上完成接线。

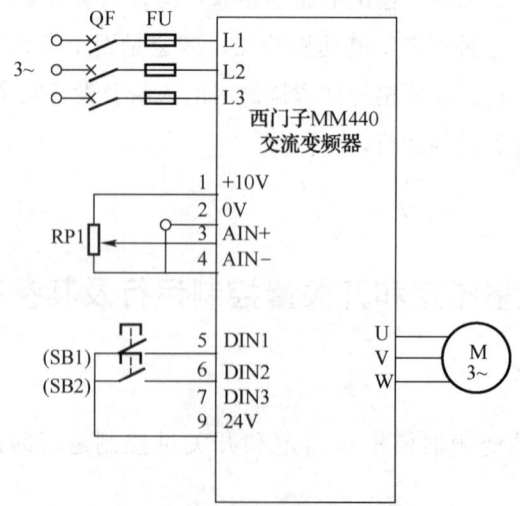

图3—67　MM440通用型变频器模拟量给定和开关量控制运行系统接线图

步骤 2 按要求在 MM440 交流变频调速装置上进行变频器参数设置。

按图 3—67 所示的变频器模拟量给定和开关量控制运行系统在 MM440 交流变频调速装置上完成接线后,经检查无误后可通电,进行参数设置。

(1) 将变频器复位为工厂的默认设定值

设定 P0010＝30。

设定 P0970＝1,恢复出厂设置。

(2) 快速调试

P0003＝3。

P0010＝1：快速调试。

P0100＝0：功率用 [kW],频率默认为 50 Hz。

P300＝1：异步电动机。

P0304＝380：电动机额定电压 (V)。

P0305＝1.12：电动机额定电流 (A)。

P0307＝0.37：电动机额定功率 (kW)。

P0310＝50：电动机额定频率 (Hz)。

P0311＝1 400：电动机额定转速 (r/min)。

P0700＝2：选择由控制端子运行控制。

P1000＝2：选择由模拟量给定。

P1080＝0：最低频率。

P1082＝50：最高频率。

P1120＝6：斜坡上升时间 (根据要求设定)。

P1121＝6：斜坡下降时间 (根据要求设定)。

P1300＝0：采用线性 V/f 控制。

P3900＝3：结束快速调试。

快速调试结束,变频器进入"运行准备就绪"状态。为了使电动机开始运行,必须将 P0010 返回到"0",即 P0010＝0,否则电动机不会开始运行。当 P3900＝3 时,快速调试结束后,自动将 P0010 返回到"0",即 P0010＝0,变频器进入"运行准备就绪"状态。

(3) 运行工艺参数

P0005＝22。

P0701＝1：运行指令,SB1 接通 (ON)——正转运行；SB1 断开 (OFF)——停止运行。

P0702=12：反转（转向切换）指令，SB2 断开（OFF）——正转运行；SB2 接通（ON）——反转运行。

步骤 3 变频器模拟量给定和开关量控制运行系统操作。

按下自锁按钮 SB1，⑤端接通，电动机正转运行，其转速由外接模拟量给定电位器 RP1 控制。调节 RP1 使给定电压达到所要求值，记录此时转速、输出频率、输出电压、输出电流等数据。断开 SB1，⑤端断开，则电动机将减速停车。

按下自锁按钮 SB1、SB2，⑤端、⑥端接通，电动机反转运行。调节 RP1 使给定电压达到所要求值，记录此时转速、输出频率、输出电压、输出电流等数据。断开 SB1，⑤端断开，则电动机将减速停车。如果自锁按钮 SB1 仍闭合，即⑤端仍接通，而断开 SB2，即⑥端断开，此时电动机将由反转运行转为正转运行。

由上可知，上述 MM440 通用型变频器开关量控制电动机正反转运行，采用 SB1（⑤端）控制变频器（电动机）运行与停止，SB2（⑥端）控制变频器（电动机）反转（转向切换），此时参数设置中运行工艺参数（P0701=1、P0702=12）。

除了上述的控制方法外，还可采用下面控制方法，采用 SB1（⑤端）控制变频器（电动机）正转运行，采用 SB2（⑥端）控制变频器（电动机）反转运行，此时运行工艺参数设置为下面数据：

P0701=1　正转运行指令，SB1 接通（ON）——正转运行，SB1 断开（OFF）——停止运行。

P0702=2　反转运行指令，SB12 接通（ON）——反转运行，SB2 断开（OFF）——停止运行。

此时模拟量给定和开关量控制运行系统操作为：按下自锁按钮 SB1，⑤端接通，电动机正转运行，其转速由外接模拟量给定电位器 RP1 控制。调节 RP1 使给定电压达到所要求值，记录此时转速、输出频率、输出电压、输出电流等数据。断开 SB1，⑤端断开，则电动机将减速停车。按下自锁按钮 SB2，⑥端接通，电动机反转运行。调节 RP1 使给定电压达到所要求值，记录此时转速、输出频率、输出电压、输出电流等数据。断开 SB2，⑥端断开，则电动机将减速停车。

从上述例子可看出，变频器参数设置可以有不同方法，在变频器应用中要熟悉并灵活使用。

四、注意事项

（1）接线完成后必须认真检查接线，只有接线正确并经过许可后才能进行通电调试。

（2）在通电调试过程中应观察变频器面板显示器以监视系统运行状况，如有不正常现象，应立即采取相应措施加以解决，否则将可能造成事故。

（3）技能操作实训中，必须注意用电安全，杜绝产生人身和设备安全事故。

学习单元 3　变频器多段速运行

学习目标

1. 熟悉变频器固定频率（多段速）给定方式。
2. 熟悉变频器的加、减速功能及常用保护功能。
3. 熟悉 MM440 通用型变频器有关参数功能说明。
4. 掌握变频器的维护和故障分析。
5. 能够进行变频器多段速（多段固定频率）运行控制。

知识要求

一、变频器固定频率（多段速）给定方式

变频器频率给定方式除了上面介绍的数字面板电动电位计和模拟量给定方式以外，还有广泛采用的固定频率（多段速）给定方式。变频器固定频率给定方式是将变频器的一组（通常为 2~4 个）开关量输入端作为变频器固定频率（多段速）给定控制端，通过开关量输入端导通组合来选择变频器固定频率（多段速）给定值。2 个开关量输入端可选择 3~4 个不同频率给定值，3 个外接开关量输入端可选择 7~8 个不同频率给定值，4 个外接开关量输入端可选择 15~16 个不同频率给定值，不同的频率给定值通过变频器功能参数预先设定。这种给定方式精度高，不受干扰，但是有级变化的，在实际工程中应用广泛、实用价值高。例如电梯、桥式起重机等变频器频率给定方式都采用固定频率（多段速）给定方式。

MM440 通用型变频器固定频率给定方法有直接选择、直接选择＋启动（ON）命令、二进制编码选择＋启动（ON）命令 3 种固定频率给定方法，具体可由参数 P0701~P0706 设置来选择。MM440 通用型变频器采用固定频率给定方法时，首先应将频率设定值参数 P1000 设定为"3"，即 P1000＝3，此时相应的固定频率设

定值（FF1～FF15）可在固定频率 1～15 参数 P1001～P1015 中设置。MM440 通用型变频器可将数字（开关量）输入端⑤、⑥、⑦、⑧、⑯、⑰等作为固定频率（多段速）给定控制端，MM440 变频器的固定频率（多段速）给定控制原理图如图 3—68 所示。

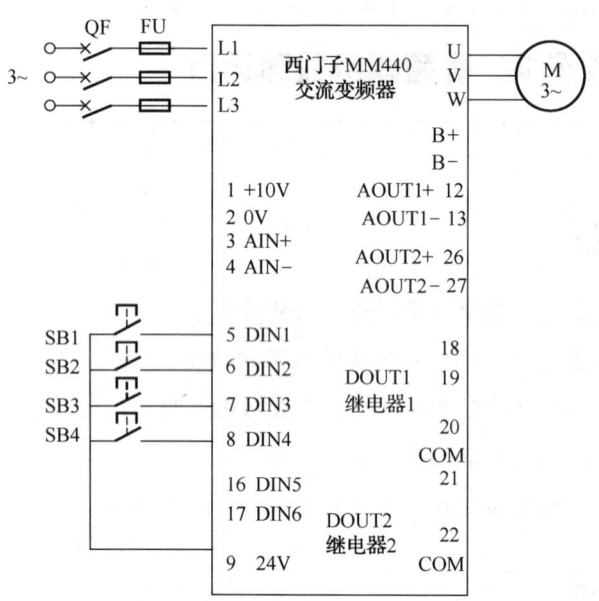

图 3—68　MM440 通用型变频器的固定频率
（多段速）给定控制原理图

1. 直接选择

将 P0701～P0706 参数设置为 15。在这种操作方式下，一个数字（开关量）输入端选择一个固定频率。如果有几个固定频率输入同时被激活，选定的固定频率值是它们的总和，如 FF1＋FF2＋FF3＋FF4＋FF5＋FF6。例如，可通过自锁按钮 SB1、SB2、SB3、SB4 分别控制⑤、⑥、⑦、⑧端选择输出的固定频率值（FF1、FF2、FF3、FF4）。当⑤端接通时，选择 FF1（P1001 中设置的固定频率值），⑥端接通时，选择 FF2（P1002 中设置的固定频率值），⑦端接通时，选择 FF3（P1003 中设置的固定频率值），⑧端接通时，选择 FF4（P1004 中设置的固定频率值）。当⑤、⑥端同时接通时，选择的固定频率值为 FF1＋FF2。

这里需要注意，自锁按钮 SB1、SB2、SB3、SB4 控制的⑤、⑥、⑦、⑧端仅仅是选择输出的固定频率值（FF1、FF2、FF3、FF4），此时必须设置变频器启动、停止等运行控制信号，才能使变频器投入运行。

2. 直接选择＋启动（ON）命令

将 P0701～P0706 参数设置为 16，这种操作方式与直接选择操作方式不同之处在于，直接选择＋启动（ON）命令操作方式选择固定频率时，既有选定的固定频率，又带有启动（ON）命令，把它们组合在一起。一个数字量输入端选择一个固定频率。如果有几个固定频率输入同时被激活，选定的固定频率值是它们的总和，如 FF1＋FF2＋FF3＋FF4＋FF5＋FF6。例如，可通过自锁按钮 SB1、SB2、SB3、SB4 分别控制⑤、⑥、⑦、⑧端，既可选择输出的固定频率值（FF1、FF2、FF3、FF4），又可控制变频器启动、停止等。当⑤端接通时，变频器以 FF1 固定频率值（P1001 中设置的固定频率值）运行，当⑤端断开时，变频器停止运行。同理，当⑥端接通时，变频器以 FF2 固定频率值（P1002 中设置的固定频率值）运行；当⑦端接通时，变频器以 FF3 固定频率值（P1003 中设置的固定频率值）运行。当⑤、⑥端同时接通时，变频器以 FF1＋FF2 的固定频率值运行。这种操作方式不需再设置变频器启动、停止等运行控制信号，变频器就可运行。

3. 二进制编码选择＋启动（ON）命令

将 P0701～P0704 参数均设置为 17。在这种操作方式下，选择固定频率时，既有选定的固定频率，又带有启动（ON）命令，把它们组合在一起。此时最多可选择 15 个固定频率，各个固定频率的选择方式见表 3—14。表中，输入高电平代表"1"，输入低电平代表"0"。对应的 15 个预置固定给定信号由 P1001～P1015 设置。例如，可通过自锁按钮 SB1、SB2、SB3、SB4，分别控制⑤、⑥、⑦、⑧端，既可选择输出的固定频率值（FF1～FF15），又可控制变频器启动、停止等。例如，当⑤输入端接通时，二进制编码为 0001，对应 FF1 频率给定值，即由 P1001 设置的频率给定值。当⑤、⑥输入端接通时，二进制编码为 0011，对应 FF3 频率给定值，即由 P1003 设置的频率给定值。如果不需要这么多频率给定值，可以只使用部分输入端。例如，使用⑤、⑥、⑦这 3 个输入端可实现 7 段固定频率（转速）控制。

表 3—14　　　　　　　　二进制编码选择固定频率表

	⑧（P0704=17）	⑦（P0703=17）	⑥（P0702=17）	⑤（P0701=17）
FF1（P1001）	0	0	0	1
FF2（P1002）	0	0	1	0
FF3（P1003）	0	0	1	1
FF4（P1004）	0	1	0	0

续表

	⑧ (P0704=17)	⑦ (P0703=17)	⑥ (P0702=17)	⑤ (P0701=17)
FF5 (P1005)	0	1	0	1
FF6 (P1006)	0	1	1	0
FF7 (P1007)	0	1	1	1
FF8 (P1008)	1	0	0	0
FF9 (P1009)	1	0	0	1
FF10 (P1010)	1	0	1	0
FF11 (P1011)	1	0	1	1
FF12 (P1012)	1	1	0	0
FF13 (P1013)	1	1	0	1
FF14 (P1014)	1	1	1	0
FF15 (P1015)	1	1	1	1
OFF (停止)	0	0	0	0

二、变频器的加、减速功能

1. 变频器的启动与加速功能

变频器启动时，变频器的输出频率从最低频率按设置的变频器加速时间（或称为斜坡上升时间）逐渐上升，变频器的输出电压也从最低电压开始逐渐上升。因此，变频器启动时，可限制电动机启动电流。启动过程中的加速过程取决于变频器中所设置"加速时间"，用户可以根据生产工艺的要求来设置"加速时间"这个参数。加速时间一般指的是变频器的输出频率从 0 Hz 上升到最高频率所需要的时间，如图 3—69 所示。西门子 MM440 变频器的加速时间采用斜坡上升时间参数 P1120 设置，最高频率采用最高频率参数 P1082 设置。

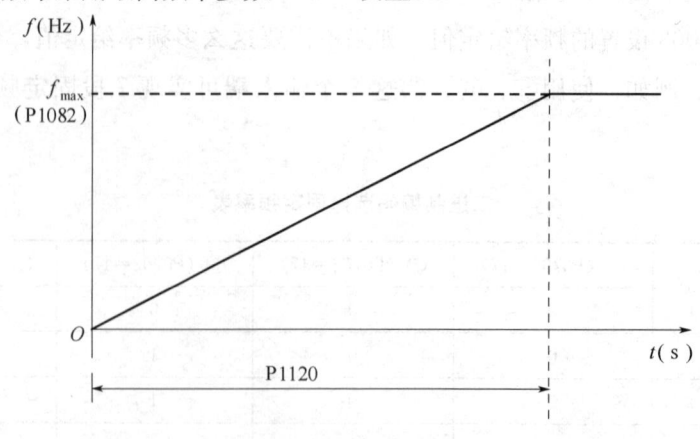

图 3—69 变频器的加速时间（上升时间）

变频器的加速时间长短对电动机启动电流大小有很大影响。加速时间长，变频器的输出频率上升慢，电动机启动电流也较小。反之，变频器的加速时间短，变频器的输出频率上升快，电动机启动电流也增大。如果变频器的加速时间过短，有可能产生过电流故障。在实际应用中，加速时间要根据负载情况和生产工艺要求来设置。有些负载如风机、水泵对启动加速时间无特别要求，则可以将加速时间设置长一些。

2. 变频器的变频减速停车与减速功能

变频器变频减速停车时，变频器的输出频率从工作频率按设置的变频器减速时间（或称为斜坡下降时间）逐渐下降为0，电动机转速也从工作转速逐渐下降为0。变频器变频减速停车时，电动机处于发电再生制动状态，发出的电能将通过反馈二极管反馈到中间直流电路，使中间直流电路的电压升高（也称为泵升电压）。当中间直流电压上升到一定限值时，将通过相应电路（如能耗制动电路）把反馈电能转为热能消耗掉。变频减速过程中的减速过程取决于变频器中所设置"减速时间"，用户可以根据生产工艺的要求来设置"减速时间"，减速时间一般指的是变频器的输出频率从最高频率下降到0 Hz所需要的时间，如图3—70所示。西门子MM440变频器的减速时间采用斜坡下降时间参数P1121设置，最高频率采用最高频率参数P1082设置。

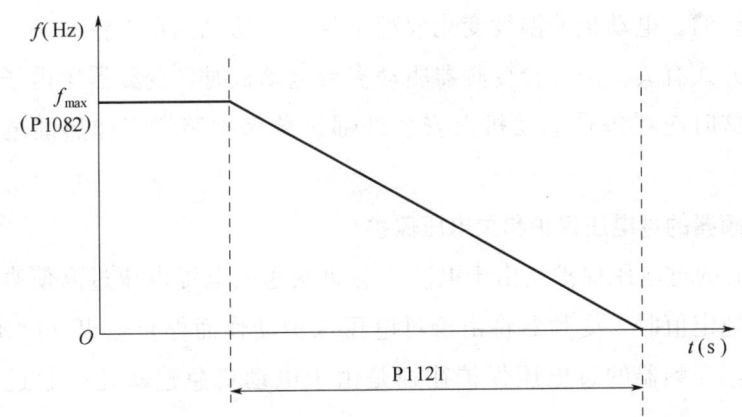

图3—70 变频器的减速时间（下降时间）

变频器的减速时间长短对中间直流电压大小有很大影响。减速时间长，变频器的输出频率下降慢，中间直流电路的泵升电压也较小。反之，减速时间短，变频器的输出频率下降快，中间直流电路的泵升电压也较大。如果减速时间过短，将导致中间直流电压过高,产生过电压故障。在实际应用中,减速时间要根据负载情况和生产工艺要求来设置。有些负载如风机、水泵对减速时间无特别要求,则可以将减速时间设置长一些。

三、变频器的常用保护功能

通用变频器内部有针对变频器自身及电动机的一系列保护功能,其中许多基本的保护功能用户是不能进行参数设置和修改的,但也有一部分保护功能可以通过变频器的参数设置来修改其保护功能作用方式。下面对通用变频器的常用保护功能作一说明。

1. 变频器的过电流保护

变频器的过电流保护是由于变频器输出侧发生相间短路或接地等外部故障、变频器内部故障和电动机快速启动时过电流,当超过变频器的过电流设定值时,变频器将由于过电流保护动作而停止输出(也称为跳闸)。

2. 电动机的过载保护

对电动机进行过载保护的目的,是使电动机不因过热而烧坏。过载保护具有反时限特性,电动机的过载电流越大,保护动作的时间也越短。变频器一般配置了电子热保护功能,通常是以电动机的温度变化模型来仿真计算电动机温升并提供保护的。电动机的温度变化模型不仅与电动机额定电流有关,也与电动机的散热方式有关。当一台变频器驱动多台电动机时,变频器中电子热保护功能无效,这时应在每台电动机上安装外部过载保护装置(如热继电器)予以保护。

3. 变频器的过电压保护和欠电压保护

变频器的过电压保护是由于电动机急速减速或电源电压过高使直流回路的电压超出规定值时,变频器将由于过电压保护动作而停止输出(跳闸)。在实际应用中,变频器的过电压保护往往是由于电动机急速减速引起过电压保护动作。

欠电压保护是由于电源电压过低(如瞬时断电、瞬时低电压和电源缺相)及变频器整流电路故障使直流回路的电压低于规定值时,变频器将由于欠电压保护动作而停止输出。

4. 防止失速控制功能

当电动机的负载惯性较大,如果变频器的加速时间设置太短,在加速时会因为驱动系统（电动机）的转速跟不上变频器输出频率变化而引起变频器过电流保护动作，使变频器停止输出（亦称为跳闸）；在减速时，如果变频器的减速时间设置太短，在减速时会因为驱动系统的动能释放得太快而引起变频器过电压保护动作，使变频器停止输出（跳闸）；在运行时，由于瞬时负载太大，可能会引起变频器过电流保护动作，使变频器停止输出（跳闸）。这些情况下变频器的保护动作使变频器停止输出（跳闸），电动机会失去正常速度并且停止运行，称为在加速、减速和运行期间失速。在许多实际应用中，电动机失速是不希望发生甚至是不允许发生的。因此，部分变频器针对上述电动机失速情况专门设计了防止失速控制功能。在加速过程中，当电流超过了设定值（即加速电流的最大允许值）时，变频器的输出频率将不再增加，暂缓加速，待电流下降到上限值以下后再继续加速，这样就不会因为过电流保护动作而停止输出（跳闸）而失速了，这就是加速中防止失速功能的含义。同理，在减速过程中，如果直流电压超过了上限值，变频器的输出频率将不再下降，暂缓减速，待直流电压下降到上限值以下后再继续减速，这样就不会因为过电压保护动作而停止输出（跳闸）而失速了，这就是减速中失速防止功能的含义。

四、MM440 通用型变频器有关参数功能说明

1. 数字输出 1 的功能参数 P0731

功能：用于定义数字输出 1 的功能（信号源）。

说明：默认设置值为 52.3。

P0731＝52.0：变频器准备。

P0731＝52.1：变频器运行准备就绪。

P0731＝52.2：变频器正在运行。

P0731＝52.3：变频器故障。

P0731＝52.4：OFF2，停车命令有效。

P0731＝52.5：OFF3，停车命令有效。

P0731＝52.6：禁止合闸。

P0731＝52.7：变频器报警。

P0731＝52.B：电动机电流极限报警。

P0731＝52.C：电动机抱闸（MHB）投入。

P0731＝52.D：电动机过载。

P0731=52.E：电动机正向运行。

P0731=52.F：变频器过载。

P0731=53.0：直流注入制动投入。

2. 数字输出 2 的功能参数 P0732

功能：用于定义数字输出 2 的功能（信号源）。

说明：默认设置值为 52.7。

P0732=52.0：变频器准备。

P0732=52.1：变频器运行准备就绪。

P0732=52.2：变频器正在运行。

P0732=52.3：变频器故障。

P0732=52.4：OFF2，停车命令有效。

P0732=52.5：OFF3，停车命令有效。

P0732=52.6：禁止合闸。

P0732=52.7：变频器报警。

P0732=52.B：电动机电流极限报警。

P0732=52.C：电动机抱闸（MHB）投入。

P0732=52.D：电动机过载。

P0732=52.E：电动机正向运行。

P0732=52.F：变频器过载。

P0732=53.0：直流注入制动投入。

3. 数字输出 3 的功能参数 P0733

功能：用于定义数字输出 3 的功能（信号源）。

说明：默认设置值为 0.0。

P0733=52.0：变频器准备。

P0733=52.1：变频器运行准备就绪。

P0733=52.2：变频器正在运行。

P0733=52.3：变频器故障。

P0733=52.4：OFF2，停车命令有效。

P0733=52.5：OFF3，停车命令有效。

P0733=52.6：禁止合闸。

P0733=52.7：变频器报警。

P0733=52.B：电动机电流极限报警。

P0733=52.C：电动机抱闸（MHB）投入。

P0733=52.D：电动机过载。

P0733=52.E：电动机正向运行。

P0733=52.F：变频器过载。

P0733=53.0：直流注入制动投入。

4. 模拟输出（DAC）的功能参数 P0771

功能：用于定义模拟输出（DAC）的功能。

说明：P0771[0]，模拟输出 1（DAC 1）；P0771[1]，模拟输出 2（DAC 2）。默认设置值为 21.0。

设定值：

P0771=21：实际频率（按 P2000 标定）。

P0771=24：实际输出频率（按 P2000 标定）。

P0771=25：实际输出电压（按 P2001 标定）。

P0771=26：实际直流回路电压（按 P2001 标定）。

P0771=27：实际输出电流（按 P2002 标定）。

5. 固定频率 1~15 参数 P1001~P1015

功能：用于定义固定频率 1~15 的设定值。

说明：有三种选择固定频率的方法。

(1) 直接选择（P0701-P0706=15）

在这种操作方式下，一个数字输入选择一个固定频率。如果有几个固定频率输入同时被激活，选定的频率是它们的总和。例如，FF1+FF2+FF3+FF4+FF5+FF6。

(2) 直接选择+ON 命令（P0701-P0706=16）

选择固定频率时，既有选定的固定频率，又带有 ON 命令，把它们组合在一起。在这种操作方式下，一个数字输入选择一个固定频率。如果有几个固定频率输入同时被激活，选定的频率是它们的总和。例如，FF1+FF2+FF3+FF4+FF5+FF6。

(3) 二进制编码选择+ON 命令（P0701-P0706=17）

使用这种方法最多可以选择 15 个固定频率。各个固定频率的数值根据下表选择：

		DIN4	DIN3	DIN2	DIN1
	OFF	不激活	不激活	不激活	不激活
P1001	FF1	不激活	不激活	不激活	激活
P1002	FF2	不激活	不激活	激活	不激活
P1003	FF3	不激活	不激活	激活	激活
P1004	FF4	不激活	激活	不激活	不激活
P1005	FF5	不激活	激活	不激活	激活
P1006	FF6	不激活	激活	激活	不激活
P1007	FF7	不激活	激活	激活	激活
P1008	FF8	激活	不激活	不激活	不激活
P1009	FF9	激活	不激活	不激活	激活
P1022	FF10	激活	不激活	激活	不激活
P1011	FF11	激活	不激活	激活	激活
P1012	FF12	激活	激活	不激活	不激活
P1013	FF13	激活	激活	不激活	激活
P1014	FF14	激活	激活	激活	不激活
P1015	FF15	激活	激活	激活	激活

1) 基准频率参数 P2000

功能：用于定义模拟 I/O 满刻度频率设定值。

说明：默认设置值为 50.0 Hz。

2) 基准电压参数 P2001

功能：用于定义模拟 I/O 满刻度输出电压设定值。

说明：默认设置值为 1 000。

3) 基准电流参数 P2002

功能：用于定义模拟 I/O 满刻度输出电流设定值。

说明：默认设置值为 0.10。

五、变频器的维护和故障分析

1. 变频器的日常检查与维护

变频器是一种精密的静止型电力电子装置，其核心部件基本上可以视为免维护的，但部分元件（如通风扇、滤波电解电容器等）是损耗件。在变频器的日常运行中，变频器发生故障主要是由于变频器使用环境（如供电电源）、变频器的通风散热以及变频器的部分损耗件的老化和磨损等原因引起。因此，在变频器的日常检查与维护中，主要是对变频器运行情况（如电源电压和控制电压、输出电流）、变频器的通风散热、变频器的部分损耗件（如通风扇、滤波电解电容器等）的老化和磨损等问题进行检查与维护。

在变频器的日常运行检查与维护中，应经常检查变频器的供电电源电压、输出电流等数据，如果发现变频器的输出电流在同样工况下高于平时输出电流值，应查明原因，是机械设备方面的原因还是电气方面的原因，应及时进行处理。

在变频器的日常运行检查与维护中，应经常检查变频器的通风散热情况，如室内空调设备、电气控制柜通风机以及变频器内部通风机是否正常工作，发现问题及时处理。

检查变频器时必须切断电源，还要注意主电路电容器充分放电，确认电容器放电完后再进行检查，以避免电容器残存的电压引起触电危险。变频器中冷却通风扇等属于变频器的损耗件，需要定期更换。冷却通风扇的更换标准通常是2～3年。

2. 变频器的常见故障分析及处理

变频器在日常运行中出现变频器故障时，可以查看变频器显示故障信息，然后根据显示故障信息代码，进行变频器故障分析。因此，用户要熟悉所使用的变频器有关故障显示功能的步骤与方法。变频器常见故障有以下几种：

（1）过电流

过电流故障是由于变频器的输出电流超过变频器的允许电流值引起。在变频器中都有显示过电流故障信息代码，如西门子MM440变频器显示"F0001"故障信息代码。造成过电流故障可能原因有变频器输出侧发生短路、接地、变频器的容量太小、负载过大、加速与减速时间太短等。在变频器调试与日常使用中遇到最多的情况是由于加速时间设置太短，使得电流保护动作，此时只要适当延长加速时间可以解决。如果变频器输出侧未发生短路、接地故障，延长加速时间仍出现过电流故障，说明所选择变频器的容量太小，与电动机负载不相匹配，这时只好增大变频器的容量。

（2）过电压

过电压故障是由于变频器的直流回路电压超过允许值引起的保护动作。在变频器中都有显示过电压故障信息代码，如西门子MM440变频器显示"F0002"故障信息代码。造成过电压故障可能原因有变频器电源电压过高、减速时间太短、制动电路设计不当或者制动电路部件故障。对于加、减速性能无特殊要求的非位能性负载，在变频器调试与日常使用中遇到最多的情况是由于减速时间设置太短，使过电压保护动作，此时只要适当延长减速时间可以解决。对于位能性负载来说，多数情况是由于制动电路设计不当或者制动电路自身故障引起过电压保护动作，为此必须修改制动电路设计，或者排除制动电路的自身故障。在制动单元内装设了保护熔断器时，熔断器熔断是制动电路最容易出现的故障形式，引起熔断器熔断的原因却很可能是制动电阻阻值与制动单元不匹配。

(3) 欠电压

欠电压故障是由于变频器的直流电压低于下限引起的保护动作。在变频器中都有显示欠电压故障信息代码，如西门子 MM440 变频器显示"F0003"故障信息代码。造成欠电压故障可能原因有变频器输入电源发生缺相、瞬时停电、瞬时电压降低、输入电源的接线松动等。此时应检查与了解变频器的输入电源有否瞬时停电、瞬时电压降低情况，重点检查变频器输入电源有否缺相、输入电源的接线是否松动。

(4) 变频器过温（过热）

变频器过温（过热）保护是针对变频器自身的保护，是由于变频器的散热片温度超过允许值产生。在变频器中有显示过温（过热）故障信息代码，如西门子 MM440 变频器显示"F0004"故障信息代码。造成这种故障可能原因有变频器的冷却风量不足、周围环境温度过高等。此时应重点检查变频器的冷却风扇工作是否正常，空调设备工作是否正常。

3. MM440 通用型变频器的故障及其排除

MM440 通用型变频器在日常运行中发生故障时，变频器跳闸，并在显示屏出现一个故障码。因此，MM440 通用型变频器在日常运行中发生故障后，可以利用基本操作面板（BOP）查看变频器显示故障信息，然后根据显示故障信息代码进行变频器故障分析，确定变频器的故障类型。在基本操作面板（BOP）上以 F×××× 表示故障信号，如"F0001"故障信息代码表示过电流故障信号。以 A×××× 表示报警信号，如 A0501 表示电流限幅报警信号。MM440 通用型变频器部分故障信号和报警信号分别见表 3—15、表 3—16。

为了使 MM440 通用型变频器的故障码复位，可以按下基本操作面板（BOP）上的⊙键。也可以重新给变频器加上电源电压。

第3章 交直流传动系统装调维修

表3—15 MM440通用型变频器部分故障信号

故障	引起故障可能的原因	故障诊断和应采取的措施	反应
F0011 电动机过温	电动机过载	检查以下各项： (1) 负载的工作/间隙周期必须正确 (2) 标称的电动机温度超限值（P0626—P0628）必须正确 (3) 电动机温度报警电平（P0604）必须匹配 如果 P0601=0 或 1，请检查以下各项： (1) 检查电动机的铭牌数据是否正确（如果没有进行快速调试） (2) 正确的等值电路数据可以通过电动机数据自动检测（P1910=1）来得到 (3) 检查电动机的重量是否合理，必要时加以修改 (4) 如果用户实际使用的电动机不是西门子生产的标准电动机，可以通过参数 P0626、P0627、P0628 修改标准过温值 如果 P0601=2，请检查以下各项： (1) 检查 r0035 中显示的温度值是否合理 (2) 检查温度传感器是否是 KTY84（不支持其他型号的传感器）	Off1
F0012 变频器温度信号丢失	变频器（散热器）的温度传感器断线		Off2
F0015 电动机温度信号丢失	电动机的温度传感器开路或短路。如果检测到信号已经丢失，温度监控开关切换为监控电动机的温度模型		Off2
F0020 电源断相	如果三相输入电源电压中的一相丢失，便出现故障，但变频器的脉冲仍然允许输出，变频器仍然可以带负载	检查输入电源各相的线路	Off2

续表

故障	引起故障可能的原因	故障诊断和应采取的措施	反应
F0021 接地故障	如果相电流的总和超过变频器额定电流的 5% 时将引起这一故障		Off2
F0022 功率组件故障	在下列情况下将引起硬件故障（r0947=22 和 r0949=1）： (1) 直流回路过流=IGBT 短路 (2) 制动斩波器短路 (3) 接地故障 (4) I/O 板插入不正确 外形尺寸 A～C (1), (2), (3), (4) 外形尺寸 D～E (1), (2), (4) 外形尺寸 F (2), (4) 由于所有这些故障只指定了功率组件的一个信号来表示，不能确定实际上是哪一个组件出现了故障 当 r0947=22 和故障值 r0949=12，或 13，或 14 （根据 UCE 而定）时，检测 UCE 故障 外形尺寸 FX 和 GX	检查 I/O 板，它必须完全插入	Off2
F0023 输出故障	输出的一相断线		Off2
F0024 整流器过温	(1) 通风量不足 (2) 冷却风机没有运行 (3) 环境温度过高	检查以下各项： (1) 变频器运行时冷却风机必须处于运转状态 (2) 脉冲频率必须设定为缺省值 (3) 环境温度可能高于变频器允许的运行温度	Off2

第3章 交直流传动系统装调维修

表 3—16 MM440 通用型变频器部分报警信号

报警信息	引起报警可能的原因	报警诊断和应采取的措施
A0501 电流限幅	(1) 电动机的功率与变频器的功率不匹配 (2) 电动机的连接导线太短 (3) 接地故障	检查以下各项： (1) 电动机的功率 (P0307) 必须与变频器功率 (P0206) 相对应 (2) 电缆的长度不得超过最大允许值 (3) 电动机电缆和电动机内部不得有短路或接地故障 (4) 输入变频器的电动机参数必须与实际使用的电动机一致 (5) 定子电阻值 (P0350) 必须正确无误 (6) 电动机的冷却风道是否堵塞，电动机是否过载 措施： (1) 增加斜坡上升时间 (2) 减少"提升"的数值
A0502 过压限幅	达到过压限幅值 斜坡下降时，如果直流回路控制器无效 (P1240=0) 就可能出现这一报警信号	(1) 电源电压 (P0210) 必须在铭牌数据限定的数值以内 (2) 禁止直流回路电压控制器 (P1240=0)，并正确地进行参数化 (3) 斜坡下降时间 (P1121) 必须与负载的惯性相匹配 (4) 要求的制动功率必须在规定的限度以内
A0503 欠压限幅	供电电源故障 供电电源电压 (P0210) 和与之相应的直流回路电压 (r0026) 低于规定的限定值 (P2172)	(1) 电源电压 (P0210) 必须在铭牌数据限定的数值以内 (2) 对于瞬间的掉电或电压下降必须是不敏感的，使能动态缓冲 (P1240=2)
A0504 变频器过温	变频器散热器的温度 (P0614) 超过了报警电平，将使调制脉冲的开关频率降低和/或输出频率降低（取决于 (P0610) 的参数化）	检查以下各项： (1) 环境温度必须在规定的范围内 (2) 负载状态行时，风机必须投入运行 (3) 变频器运行时，风机必须投入运行 (4) 脉冲频率 (P1800) 必须设定为缺省值
A0505 变频器过载	如果进行了参数化 (P0294) 时，超过报警电平 (P0290)，输出频率和/或脉冲频率将降低	(1) 检查"工作—停止"周期间的工作时间应在规定范围内 (2) 电动机的功率 (P0307) 必须与变频器的功率相匹配

在 MM440 通用型变频器应用中，如果变频器的运行控制"ON"命令发出以后，电动机不启动，此时重点检查以下几项：

(1) 检查参数 P0010 设置是否正确，只有 P0010＝0，变频器才能运行。

(2) 检查命令源选择参数 P0700 设置是否正确，当采用数字输入端控制时，P0700＝2；当采用基本操作面板（BOP）控制时，P0700＝1。

(3) 检查频率设定值选择参数 P1000 设置是否正确，并根据频率设定值选择参数 P1000 设置的不同，检查设定值是否存在或输入的频率设定值参数号是否正确。例如模拟量给定方式（P1000＝2）时，端子③与端子④之间应有 0～10 V 输入电压。

(4) 检查变频器的运行控制"ON"信号是否正常。

如果在上述检查工作完成后，电动机仍然不启动，此时只好将变频器复位到工厂设定的默认参数值。具体设定参数 P0010＝30 和 P0970＝1，并按下基本操作面板（BOP）上的键，变频器就可以复位到工厂设定的默认参数值。然后将电动机的额定数据输入变频器，这时可在变频器的数字输入端⑤和⑨（见图 3—65）之间用开关接通，变频器（电动机）运行在与模拟量输入给定电压相对应的设定频率上。

技能要求

变频器多段速（多段固定频率）运行控制

一、操作要求

(1) 了解与熟悉变频器多段速运行控制的接线。

(2) 了解与熟悉变频器多段速运行控制及其参数设置、调试、运行与维修。

二、操作准备（表 3—17）

表 3—17　　　　　　　　　　　准备内容

序号	名称	规格型号	数量	备注
1	交流变频调速装置	西门子 MM440 交流变频调速装置	1	
2	三相异步电动机	YSJ7124　P_N＝370 W，U_N＝380 V，I_N＝1.12 A，n_N＝1 400 r/min，f_N＝50 Hz	1	
3	万用表	指针式万用表或数字式万用表	1	

三、操作步骤

步骤 1 按系统接线图及要求在 MM440 交流变频调速装置上完成接线。

变频器多段速运行控制是指用变频器的数字（开关量）输入端控制变频器的运行（如正转运行、反转运行及停止等）及多段固定频率给定值，从而实现变频器的输出频率（多段固定频率）调节，即电动机转速（多段速）调节。现以下面多段速（固定频率）运行控制要求为例，说明多段速（固定频率）运行控制时，变频器参数设置及其操作。

多段速（固定频率）运行控制控制要求是：第一段转速为正向 20 Hz；第二段转速为正向 40 Hz；第三段转速为正向 5 Hz；第四段转速为反向 20 Hz；第五段转速为反向 45 Hz；第六段转速为反向 5 Hz；加速上升时间为 6 s，减速下降时间为 4 s。变频器的控制方式采用线性 V/f 控制方式。

MM440 通用型变频器固定频率给定方法有直接选择、直接选择＋启动（ON）命令、二进制编码选择＋启动（ON）命令 3 种固定频率给定方法。采用固定频率给定方法不同，MM440 通用型变频器多段速（固定频率）运行控制系统接线原理及变频器参数设置也不同。现以二进制编码选择＋启动（ON）命令固定频率给定方法为例加以说明。MM440 通用型变频器多段速（固定频率）运行控制系统接线如图 3—71 所示。

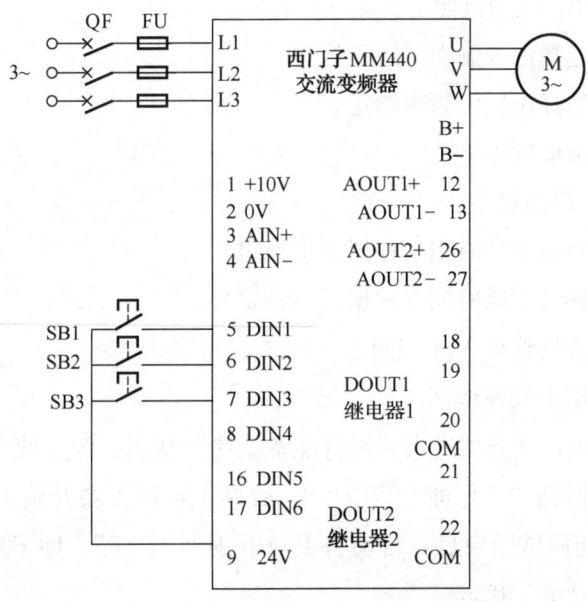

图 3—71　MM440 通用型变频器多段速（固定频率）运行控制系统接线图

在图 3—71 中，SB1、SB2、SB3 采用自锁按钮，控制变频器多段速（固定频率）运行。按图 3—71 所示的 MM440 通用型变频器多段速（固定频率）运行控制系统接线图进行接线。在确定接线无误的情况下，经检查后合上电源开关通电。在变频器运行前，首先应根据要求进行变频器参数设置，在变频器所需要参数设置完成后，就可以进行变频器运行操作。

步骤 2　多段速（固定频率）运行时变频器参数设置。

(1) 将变频器复位为工厂的默认设定值

P0010＝30。

P0970＝1：恢复出厂设置。

(2) 快速调试

P0003＝3。

P0010＝1：快速调试。

P0100＝0：功率用（kW），频率默认为 50 Hz。

P0300＝1：异步电动机。

P0304＝380：电动机额定电压（V）。

P0305＝1.12：电动机额定电流（A）。

P0307＝0.37：电动机额定功率（kW）。

P0310＝50：电动机额定频率（Hz）。

P0311＝1 400：电动机额定转速（r/min）。

P0700＝2：选择由控制端子运行控制。

P1000＝3：选择由固定频率给定。

P1080＝0：最低频率。

P1082＝50：最高频率。

P1120＝6：斜坡上升时间（根据要求设定）。

P1121＝4：斜坡下降时间（根据要求设定）。

P1300＝0：采用线性 V/f 控制。

P3900＝3：结束快速调试。

快速调试结束，变频器进入"运行准备就绪"状态。为了使电动机开始运行，必须将 P0010 返回到"0"，即 P0010＝0，否则电动机不会开始运行。当 P3900＝1、2、3 时，快速调试结束后，自动将 P0010 返回到"0"，即 P0010＝0，变频器进入"运行准备就绪"状态。

(3) 运行工艺参数

P0005=22。

P0701=17：固定频率设置（二进制编码选择+启动命令）。

P0702=17：固定频率设置（二进制编码选择+启动命令）。

P0703=17：固定频率设置（二进制编码选择+启动命令）。

P0704=17：固定频率设置（二进制编码选择+启动命令）。

P1001=20：FF1 第一段固定频率为 20 Hz。

P1002=40：FF2 第二段固定频率为 40 Hz。

P1003=5：FF3 第三段固定频率为 5 Hz。

P1004=−20：FF4 第四段固定频率为 −20 Hz。

P1005=−45：FF5 第五段固定频率为 −45 Hz。

P1006=−5：FF6 第六段固定频率为 −5 Hz。

步骤 3 多段速（固定频率）运行控制操作。

按下自锁按钮 SB1，⑤端接通时，电动机以 FF1（20 Hz）固定频率正转运行，断开 SB1，⑤端断开，则电动机将减速停车。同理，按下自锁按钮 SB2，⑥端接通，电动机以 FF2（40 Hz）固定频率正转运行；按下自锁按钮 SB1、SB2，⑤端、⑥端同时接通时，电动机以 FF3（5 Hz）固定频率正转运行；按下自锁按钮 SB3，⑦端接通，电动机以 FF4（−20 Hz）固定频率反转运行；按下自锁按钮 SB1、SB3，⑤端、⑦端同时接通时，电动机以 FF5（−45 Hz）固定频率反转运行；按下自锁按钮 SB2、SB3，⑥端、⑦端同时接通时，电动机以 FF6（−5 Hz）固定频率反转运行。

读出并记录以上各段速（固定频率）时对应的转速、输出频率、输出电压、输出电流等数据，并填入表 3—18。

表 3—18　　　　　　　　　　　　各段速数据表

项目	第一段	第二段	第三段	第四段	第五段	第六段
频率（Hz）						
转速（r/min）						
电流（A）						
电压（V）						

步骤 4 MM440 通用型变频器多段速（固定频率）运行控制系统故障分析及处理。

MM440通用型变频器在日常运行中发生故障时，变频器跳闸，并在显示屏出现一个故障码。因此，MM440通用型变频器在日常运行中发生故障后，可以利用基本操作面板（BOP）查看变频器显示故障信息，然后根据显示故障信息代码，进行变频器故障分析，确定变频器的故障类型。例如，基本操作面板（BOP）显示故障信息代码为F0023，根据故障信息代码可以确定是变频器输出故障（缺相）。此时，可重点检查变频器输出U、V、W与电动机电源输入端连接线是否开路。

(1) 变频器多段速（固定频率）运行控制系统电动机不转动故障分析及处理

对于电动机不转动故障，重点应检查下面几项：

1) 检查参数P0010设置是否正确，应为P0010=0。

2) 检查命令源选择参数P0700设置是否正确，应为P0700=2。

3) 检查频率设定值选择参数P1000设置是否正确，应为P1000=3

4) 检查固定频率给定方法［二进制编码选择＋启动（ON）命令］选择参数，P0701～P07040设置是否正确，应为P0701=17，P0702=17，P0703=17，P0704=17。

5) 检查变频器的运行控制"ON"信号是否正常。

(2) 变频器多段速（固定频率）运行控制系统转速不正常，电动机虽然能运行，但其中有几段（固定频率）不正确。

对于多段速（固定频率）运行控制系统转速不正常故障，重点应检查下面几项：

1) 检查固定频率设定值选择参数P1001～P1006设置是否正确，应为P1001=20，P1002=40，P1003=5，P1004=-20，P1005=-45，P1006=-5。

2) 检查变频器的运行控制"ON"信号是否正常。

四、注意事项

(1) 接线完成后必须认真检查接线，只有接线正确并经过许可后才能进行通电调试。

(2) 在通电调试过程中应观察变频器面板显示器以监视系统运行状况，如有不正常现象应立即采取相应措施加以解决，否则将可能造成事故。

(3) 技能操作中必须注意用电安全，杜绝产生人身和设备安全事故。

第 4 节　步进电动机及步进电动机驱动器

学习目标

1. 熟悉步进电动机的分类、基本结构及工作原理。
2. 熟悉步进电动机驱动器及其应用。

知识要求

一、步进电动机

步进电动机是一种把电脉冲信号转变成角位移或直线位移的开环执行元件。每输入一个脉冲,步进电动机就转过一个固定的角度,并转化成与之相对应的角位移或直线位移,这是步进电动机区别于其他电动机的最大特点。步进电动机的角位移量或直线位移量与输入的脉冲个数成正比,其速度与脉冲频率成正比,不受电压波动和负载变化的影响。因此,只要控制输入脉冲的数量、频率和电动机绕组的接通顺序,就可获得所需的转角、速度和方向。

由于步进电动机能直接接受数字量的控制,所以特别适宜采用可编程序控制器(PLC)及微机等进行控制,便于与其他数字控制系统进行配套,因此,步进电动机的应用日益广泛,例如打印机、复印机、传真机、材料输送机、数控机床、机器人等应用场合。

1. 步进电动机的分类及基本结构

步进电动机按工作原理可分为反应式步进电动机、永磁式步进电动机和混合式步进电动机 3 种类型。

(1) 反应式步进电动机

反应式步进电动机分为定子和转子两大部分。定子由硅钢片叠成,定子上装有多相定子绕组,由步进电动机驱动器输出的电脉冲信号对多相定子绕组按一定控制顺序进行轮流供电。转子用硅钢片叠成或由软磁材料制成,转子本身不安装励磁绕组。反应式步进电动机一般为三相,可实现大转矩输出,但噪声和振动都较大。

(2) 永磁式步进电动机

永磁式步进电动机与反应式步进电动机相比,结构上转子加有永磁体以提供软磁材料的工作点,制成的 p 对极星形磁钢,而定子励磁只需提供变化的磁场而不必提供软磁材料工作点的耗能,因此永磁式电动机效率较高,电流小,噪声低,低频振动小。一般为两相,转矩和体积较小。

(3) 混合式步进电动机

混合式步进电动机综合了永磁式和反应式的优点而设计的步进电动机。它又分为两相和五相。两相混合式步进电动机步进角一般为 $1.8°$,而五相混合式步进电动机步距角一般为 $0.72°$。目前,两相混合式步进电动机最常用。

现以反应式步进电动机为例,说明步进电动机基本结构。反应式步进电动机结构示意图如图 3—72 所示。电动机的定子由硅钢片叠成,定子上有 6 个均布的磁极,其夹角是 $60°$,每两个相对的磁极上装有一相绕组,按图 3—72 所示连成 A、B、C 三相绕组。转子上有 4 个齿,齿距角为 $90°$。

上述这种结构的步进电动机的步距角太大,不能适应一般的要求。为了减少步距角,实际的小步距步进电动机采用图 3—73 所示的结构。它的转子外圆和定子内圆均有齿。转子上不只 4 个齿(齿距角为 $90°$),而有 40 个齿(齿距角为 $9°$)。为了使转子齿与定子齿对齐,转子与定子两者齿宽和齿距相等。因此,定子上除了 6 个均布的磁极以外,在每个极面上还有 5 个和转子齿一样的小齿。这种小步距步进电动机的步距角为 $1.5°$ 或 $3°$。

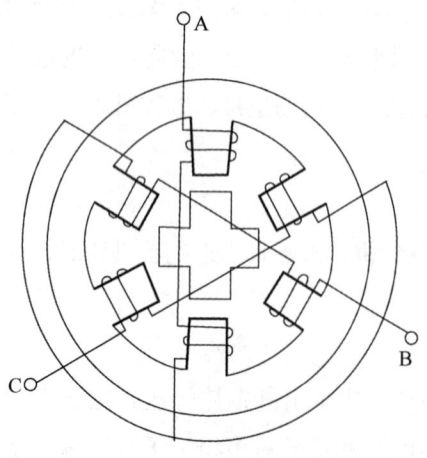

图 3—72 反应式步进电动机结构示意图

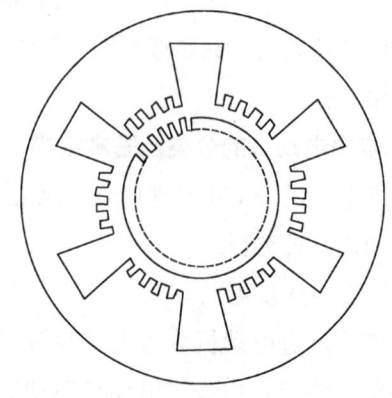

图 3—73 小步距反应式步进电动机结构示意图

2. 步进电动机的工作原理

现以三相反应式步进电动机为例，说明步进电动机的工作原理。三相步进电动机一般有三相单三拍、三相六拍及三相双三拍等通电方式。所谓"单"，是指每次切换前后只有一相绕组通电，从一种通电状态换接到另一种通电状态叫做一"拍"。三相步进电动机若按 A－B－C－A 的方式循环通电，每一次只有一相绕组通电，而每一个循环只有3次通电，这种三相依次通电的运行方式称为三相单三拍运行方式。所谓"双"，是指每次有二相绕组通电。三相步进电动机若按 A－AB－B－BC－C－CA－A 的方式循环通电，就称为三相六拍运行方式。三相步进电动机若按 AB－BC－CA－AB 顺序两相同时通电的运行方式就称为三相双三拍运行方式。下面着重说明步进电动机三相单三拍、三相六拍通电方式的工作原理。

(1) 步进电动机三相单三拍的工作原理

现以图 3—74 所示的三相反应式步进电动机为例，说明步进电动机三相单三拍的工作原理。步进电动机的工作原理实际上就是电磁铁的工作原理。当某相定子绕组通电励磁后，它吸引转子，转子的齿与该相定子磁极上的齿对齐，转子转过一个角度。换一相定子绕组通电时，转子又转过一个角度。如果每相定子绕组轮流通电，则转子不停转动。由步进电动机驱动器输出的脉冲信号对步进电动机三相定子绕组轮流通电。当 A 相绕组通电，B、C 相绕组不通电时，产生 A－A′轴线方向的磁通，并通过转子形成闭合回路。这时 A－A′极就成为电磁铁的 N、S 极。由于磁场作用，转子总是力图转到磁阻最小的位置，也就是齿1、3 与 A 相磁极对齐，如图 3—74a 所示。此时转子只受径向力而无切向力，故转子因转矩为零而自锁。同理，当 A 相绕组断电，而 B 相绕组通电时，则转子齿2、4 与 B 相磁极对齐，此时转子向右（顺时针）转过 30°，如图 3—74b 所示。然后，当 B 相绕组断电，而 C 相绕组通电时，则转子齿1、3 与 C 相磁极对齐，此时转子又向右转（顺时针）过 30°，如图 3—74c 所示。如果不断地按 A→B→C→A……顺序给三相定子绕组轮流通电，转子便按顺时针方向一步一步转动，每步转过 30°。显然，如果按 A→C→B→A……顺序给三相定子绕组轮流通电，则步进电动机将按逆时针方向转动，即步进电动机反向转动。

(2) 步进电动机三相六拍的工作原理

现以图 3—75 所示的三相反应式步进电动机为例，说明步进电动机三相六拍的工作原理。当 A 相绕组通电，B、C 相绕组不通电时，转子齿1、3 与 A－A′极对齐，如图 3—75a 所示。然后在 A 相继续通电情况下，接通 B 相，即 A、B 相绕组通电时，B－B′极对转子齿2、4 产生磁拉力，使转子向右（顺时针）转动，但是

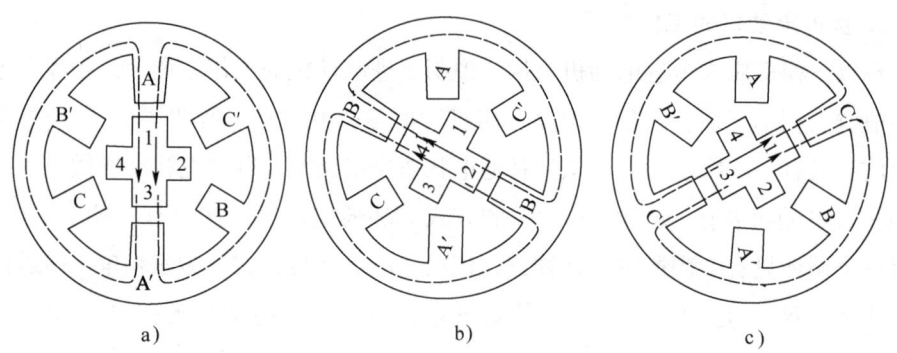

图 3—74 步进电动机三相单三拍的工作原理

a) A 相通电　b) B 相通电　c) C 相通电

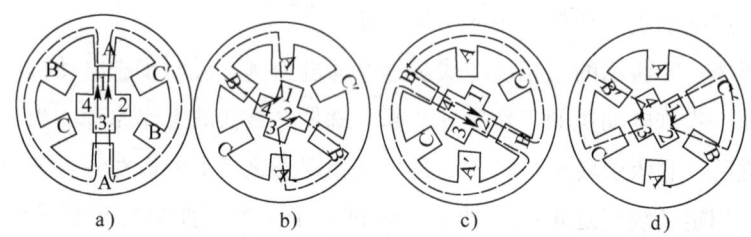

图 3—75 步进电动机三相六拍的工作原理

a) A 相通电　b) A、B 相通电　c) B 相通电　d) B、C 相通电

A—A′极继续拉住转子齿 1、3。因此，转子向右（顺时针）转动到两个磁拉力平衡位置，即转子从图 3—75a 所示位置向右（顺时针）转过 15°，如图 3—75b 所示。接着 A 相绕组断电，B 相继续通电，这时转子齿 2、4 和定子 B—B′极对齐，如图 3—75c 所示。转子又从图 3—75b 所示位置向右（顺时针）转过 15°。接着在 B 相继续通电情况下，接通 C 相，即 B、C 相绕组通电时，转子又从图 3—75c 所示位置向右（顺时针）转过 15°，如图 3—75d 所示。如果不断地按 A→A、B→B→B、C→C→C、A→A……顺序给三相定子绕组轮流通电，转子便按顺时针方向一步一步转动，每步转过 15°。

(3) 步进电动机的步距角

步进电动机转子上相邻两齿间的夹角称为齿距角。显然，齿距角 ϑ_t 与转子的齿数 N 之间关系为 $\vartheta_t = 360°/Z$。对于图 3—72 所示的三相反应式步进电动机，$Z=4$，故 $\vartheta_t = 90°$。步进电动机从一种通电状态依次转换到另种通电状态时，转子所转过的角度称为步距角 ϑ_s。从上面的分析可知，步进电动机经过一次完整的通电状态循环，即三相绕组轮流通电一次，转子转过一个齿距角。因此，步距角 ϑ_s 为

$$\vartheta_s = \frac{\vartheta_t}{N} = \frac{360°}{NZ} = \frac{360°}{ZKm} (\text{deg}) \qquad (3-19)$$

式中　N——运行拍数；

　　　Z——转子齿数；

　　　K——与通电方式有关系数（单三拍，双三拍时，$K=1$；六拍时，$K=2$）；

　　　m——定子绕组相数。

例如，对于图 3—72 所示的三相反应式步进电动机，$Z=4$。在三相单三拍，双三拍通电方式运行时，步距角为 $\vartheta_s = \frac{360°}{3 \times 1 \times 4} = 30°$。若按三相六拍通电方式运行时，步距角为 $\vartheta_s = \frac{360°}{3 \times 2 \times 4} = 15°$。

由此可见，步进电动机的转子齿数 Z、定子绕组相数 m 和运行拍数 N 越多，则步距角 ϑ_s 越小，控制精度越高。上述步进电动机的步距角 ϑ_s 显然太大，不能满足工艺控制要求。在实际应用中采用小步距步进电动机。小步距步进电动机的结构图如图 3—73 所示。该步进电动机的转子上不是 4 个齿（齿距角 $\vartheta_t = 90°$），而有 40 个齿（齿距角 $\vartheta_t = 9°$）。定子上除了 6 个磁极外，每个磁极的极面上也有 5 个和转子齿一样的小齿，且定子齿和转子齿的齿距和齿宽均相同。小步距步进电动机的 $Z=40$，当三相单三拍，双三拍通电方式运行时，步距角为 $\vartheta_s = \frac{360°}{3 \times 1 \times 40} = 3°$。若按三相六拍通电方式运行时，步距角为 $\vartheta_s = \frac{360°}{3 \times 2 \times 40} = 1.5°$。

当定子绕组按一定顺序不断地轮流通电时，步进电动机就持续不断地旋转。当外加一个控制脉冲，即改变一次通电状态时，步进电动机的转子转过 $1/NZ$ 转。因此，步进电动机的转速为

$$n = \frac{60f}{NZ} = \frac{60f}{KmZ} (\text{r/min}) \qquad (3-20)$$

式中　f——脉冲频率，Hz。

3. 步进电动机的主要性能指标

（1）步距角

步距角是指对应一个脉冲信号，步进电动机转子转过的角位移。它与步进电动机的结构和运行方式有关。步距角是步进电动机的主要性能指标之一。一般二相步进电动机的步距角为 1.8°，即步进电动机运动 200 步为一周。

（2）步距角精度

步距角精度是指步进电动机每转过一个步距角的实际值与理论步距角值的误

差。步距角精度用百分比表示：（误差/步距角）×100%。

(3) 静转矩

静转矩是指步进电动机通以额定电流但没有转动时，定子锁住转子的力矩。它是步进电动机主要性能指标之一。

(4) 最大空载启动频率

步进电动机在某种驱动形式、电压及额定电流下，在不加负载的情况下，能够直接启动的最大频率。

(5) 最大空载的运行频率

步进电动机在某种驱动形式、电压及额定电流下，在不带负载时的最高运行频率。

(6) 矩频特性

步进电动机在某种测试条件下，测得运行中输出力矩与脉冲频率关系的曲线称为矩频特性，这是步进电动机诸多动态曲线中最重要的，也是步进电动机选择的根本依据。随着步进电动机速度的增加，其输出力矩有所下降。

二、步进电动机驱动器及其应用

步进电动机控制系统如图3—76所示。由图可知，步进电动机控制系统由控制器、步进电动机驱动器和步进电动机三大部分组成。步进电动机必须有驱动器和控制器才能正常工作。控制器的作用是发出控制脉冲信号和方向信号。控制器一般可以采用PLC可编程控制器组成。步进电动机驱动器的作用是接受控制器发出控制脉冲信号和方向信号，并对控制脉冲信号进行环形分配、功率放大（亦称功率驱动电路），使步进电动机绕组按一定顺序通电。例如，以图3—76中两相步进电动机为例，当控制器给步进电动机驱动器一个脉冲信号和一个正方向信号时，步进电动机驱动器经过环形分配器和功率放大后，给步进电动机绕组通电的顺序为 $A\overline{A} \to B\overline{B} \to A\overline{A} \to B\overline{B}$，其4个状态周而复始进行变化，步进电动机顺时针转动。若方向信号变为负时，通电时序就变为 $\overline{A}A \to \overline{B}B \to \overline{A}A \to \overline{B}B$，步进电动机按逆时针转动。

步进电动机与步进电动机驱动器是一个相互联系的整体，步进电动机的运行性能是由步进电动机与步进电动机驱动器两者配合所形成的综合效果，步进电动机的运行性能很大程度上取决于步进电动机驱动器的性能。

步进电动机驱动器的基本结构如图3—77所示。步进电动机控制器给出控制脉冲信号和方向信号，它们在脉冲环形分配器中经逻辑组合，转化成各相通断的时序

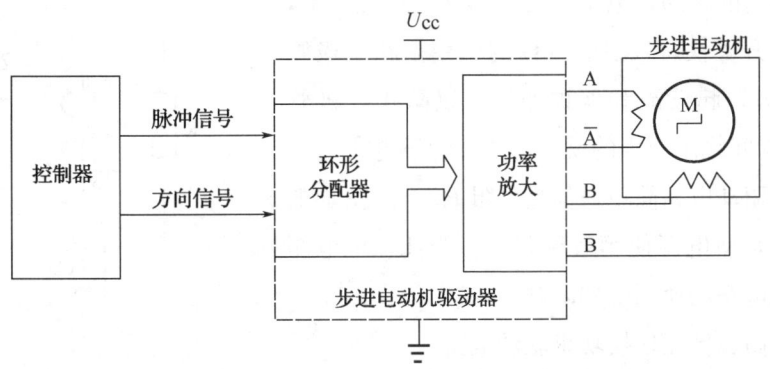

图 3—76 步进电动机控制系统

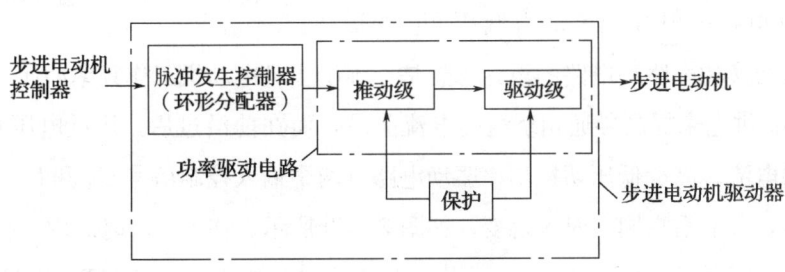

图 3—77 步进电动机驱动器框图

逻辑信号。脉冲环形分配器输出的毫安级小电流，必须经过功率放大，控制逻辑信号送至推动级以及驱动级后，转化成其内部功率开关的基级（或栅级）驱动信号。推动级和驱动级除了包括功率开关及其驱动电路外，还包括限流、限压、过热保护等辅助保护电路。

1. 步进电动机驱动器的功率放大电路

步进电动机驱动器中对步进电动机性能有明显影响的部分是功率放大电路（功率驱动电路）。功率放大电路（功率驱动电路）有单电压驱动电路，双电压驱动电路，高、低压切换驱动电路及恒流斩波驱动电路等类型。下面对单电压驱动电路，高、低压切换驱动电路原理进行分析说明。

（1）单电压功率驱动电路

单电压功率驱动电路如图 3—78 所示。在图 3—78 中，L 为步进电动机（A 相）绕组，在电动机绕组回路中串有电阻 R_s。电阻 R_s 的作用是减小电动机回路时间常数，缩短绕组中电流上升的过渡过程，从而提高了工作速度。在电阻 R_s 两者并有加速电容 C。加速电容 C 的作用是利用电容上电压不能突变的特点，在绕组由截止到导通的瞬间，电源由压全部降落在绕组上，使电流上升更快。二极管 VD 的作用是在三极管 V2 截止时，起续流和保护作用，以防止三极管 V2 截止瞬间绕组产生的反电势造成管子击穿。

这种驱动电路简单，但是电阻 R_S 上有附加的功耗损耗，使电源使用效率降低，为此，单电压功率驱动电路的使用受到限制。

（2）高、低压切换功率驱动电路

高、低压切换功率驱动电路如图 3—79 所示。这种功率驱动电路中，采用高压 U_H 和低压 U_L 两种电压供电，一般高压 U_H 为低压 U_L 的数倍。

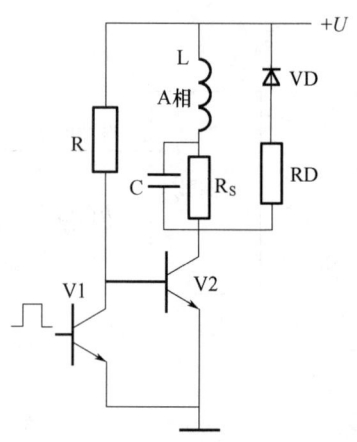

图 3—78 单电压功率驱动电路

高、低压切换功率驱动电路的设计思想是：不论步进电动机工作频率如何，均利用高电压 U_H 供电来提高导通相绕组的电流前沿，而在前沿过后，用低电压 U_L 来维持绕组的电流。高、低压切换功率驱动电路有两个输入控制信号 U_h 和 U_l，它们应保持同步，且前沿在同一时刻跳变，如图 3—79 所示。在 $t_1 \sim t_2$ 时间内，控制信号 U_h 和 U_l 为高电平，VT_H 和 VT_L 均饱和导通，高压电源 U_H 经 VT_H 和 VT_L 加到电动机绕组上，使电流迅速上升，当时间到达 t_2 时，控制信号 U_h 为低电平，VT_H 截止，电动机绕组由低压电源 U_L 供电，电动机绕组的电流由低压电源 U_L 经 VT_L 来维持。VT_H 的导通时间 $t_1 \sim t_2$ 不能太长，也不能太短：太长时，电动机电流过载；太短时，动态性能改善不明显。t_3 时控制信号 U_l 也为低电平，VT_L 管截止，电动机绕组的电流下降到零。

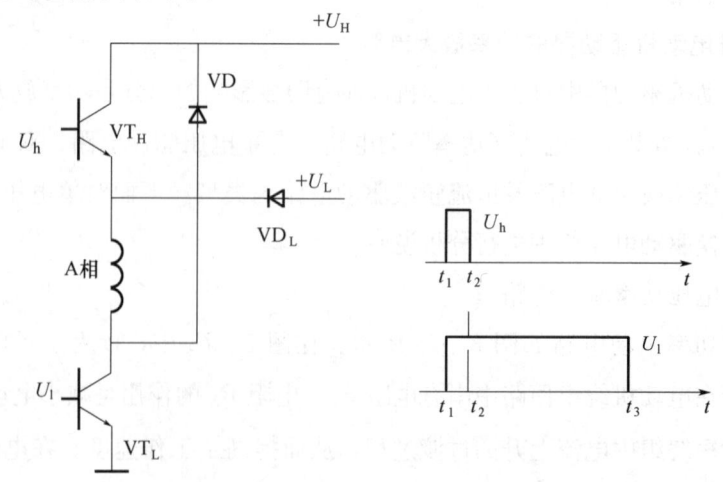

图 3—79 高、低压切换功率驱动电路

这种驱动电路功耗小，启动力矩大，突跳频率和工作频率高，但功率放大管的数量多且需要高、低压两组供电电源。

除了上述介绍的单电压驱动电路，高、低压切换驱动电路外，现在较多采用恒流斩波驱动电路。恒流斩波驱动电路的基本原理是在电动机绕组回路中，串联一个电流检测回路，当电动机绕组电流降低到某一下限值时，电流检测回路发出信号，控制高压开关管导通，让高压电源再次作用在电动机绕组上，使绕组电流重新上升；当电流回升到上限值时，高压电源又自动断开。重复上述过程，使电动机绕组电流的平均值恒定，电流波形的波峰维持在预定数值上。这种驱动电路的高频响应大大提高，接近恒转矩输出特性，使电动机在低频段力矩增大，但电路较复杂。

2. 步进电动机驱动器及其使用

（1）步进电动机驱动器性能

步进电动机驱动器类型较多，现以 SH－20803N 两相混合式步进电动机驱动器为例，说明步进电动机驱动器的使用。SH－20803N 两相混合式步进电机驱动器如图 3—80 所示。本步进驱动器采用直流 DC24～70 V 供电，最大输出驱动电流为 3.1 A/相，输入信号光电隔离，具有过流、过压和错相保护及脱机保持功能。它采用全新的双极恒流加细分控制模式，可提供 A 型、B 型两种细分，其中 A 型最大 64 细分，B 型最大 40 细分。

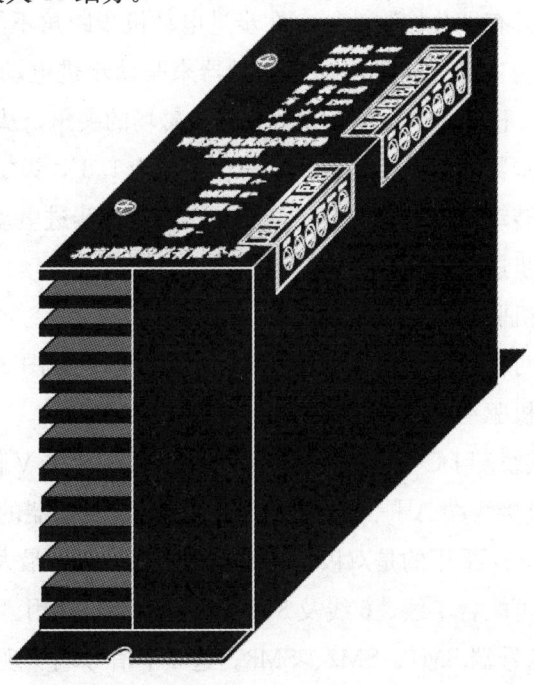

图 3—80　SH－20803N 两相混合式步进电动机驱动器

SH－20803N 两相混合式步进电动机驱动器性能指标如下：

1）电气性能（环境温度 $T_j=25℃$ 时）

供电电源：24～70 VDC，容量 0.2 kVA。

输出电流：峰值 3.1 A/相（MAX），输出电流可由面板拨码开关设定。

驱动方式：恒电流 PWM 控制。

励磁方式：A 型，即整步、半步、4 细分、8 细分、16 细分、32 细分、64 细分；B 型，即整步、半步、4 细分、5 细分、8 细分、10 细分、20 细分、40 细分。

绝缘电阻：在常温常压下大于 500 MΩ。

绝缘强度：在常温常压下 0.5 kV，1 min。

2）使用环境及参数

冷却方式：强制风冷。

使用环境：场合：尽量避免粉尘、油雾及腐蚀性气体。

温度：－5～＋40℃。

湿度：＜80％R. H，无冷凝，无结霜。

振动：5.9 m/s^2 max。

外形尺寸：133 mm×77 mm×46 mm。

重量：0.52 kg。

本步进驱动器具有细分控制功能。在步进电动机步距角不能满足使用要求时，可采用具有细分控制功能的步进电动机驱动器来驱动步进电动机。细分控制原理是：通过改变 A、B 相电流的大小，以改变合成磁场的夹角，从而可将一个步距角细分为多步。细分步数相对整步而言，如驱动整步为 1.8°，设定整步运行时，一个脉冲使步进电动机转动 1.8°；半步运行时，一个脉冲使步进电动机转动 0.9°；4 细分时，一个脉冲使步进电动机转动 0.45°，依次类推。

（2）步进电动机驱动器的端子功能

SH－20803N 两相混合式步进电动机驱动器接线图，如图 3—81 所示。现对两相混合式步进电动机驱动器端子功能加以说明。

1）供电电源接线端 DC＋、DC－。采用直流 DC24～70 V 供电。

2）步进电动机接线端 A＋、A－、B＋、B－。本驱动器的设计为配合两相混合步进电动机使用，所采用的是双极恒流的控制方式，可以最大限度的利用步进电动机的铁磁材料，可配合 4 线、6 线及 8 线的步进电动机使用。

3）细分选择信号端 SM1、SM2、SM3。这 3 个信号端实现通过上位控制器输出信号设定细分模式和细分模式在线自动切换功能。信号端子外加低电平时内部的

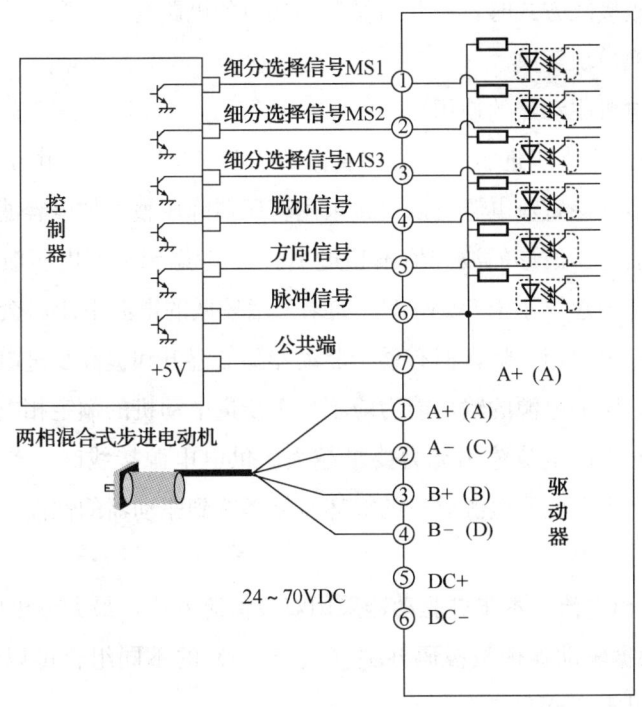

图 3—81 SH-20803N 两相混合式步进电动机驱动器接线图

光耦导通，等同于对应的现细分选择拨码开关置于 ON 侧的效果。应确保细分选择信号优先于脉冲信号输入至少 10 μs 建立，从而避免驱动器对脉冲的错误响应。当不需用此功能时，细分选择信号端可悬空。

4）脱机信号输入端。输入低电平时，步进电动机相电流被切断，转子处于自由状态。当不用此功能时，信号端可悬空。

5）方向信号输入端。该端的高电平和低电平被解释为步进电动机运行的两个方向，信号的改变将使步进电动机运行的方向发生变化。该端的悬空被等效认为输入高电平。应确保方向优先于脉冲输入至少 10 μs 建立，从而避免驱动器对脉冲的错误响应。当不需换向时，方向信号输入端可悬空。

6）脉冲信号输入端。信号从高到低的下跳变被驱动器解释为一个脉冲，此时驱动器将按照相应的时序，驱动步进电动机运行一步。脉冲低电平的持续时间不应少于 300 μs。本驱动器最高响应频率为 2 MHz。

7）公共端 COM。本驱动器的输入信号采用共阳极接线方式，用户应将控制信号的正电源连接到该端子上，信号输出线连接到相应的信号端子上，当信号输入端出现低电平时，相对应的内部光耦开通，将信号输入驱动器中。当用户系统的信号无法提供共阳极接线方式时,需要另做转换接口的电路与之匹配,也可以使用厂家提供的信号转换模块解决。

(3) 步进电机驱动器的使用

1) 供电电源。本步进驱动器采用直流 DC24~70 V 供电,由机壳正面的红色电源指示灯显示。该直流电源可以直接采用变压器降压整流加电容滤波后供电,但注意应使整流后电压波形的波峰值不超过 70 V。考虑到电网电压波动,变压器二次侧空载输出电压建议小于 50 VAC。如果采用较低的电源电压,会使步进电动机高速运行时的输出力矩下降,但有助于驱动器降低温升和提高步进电动机在低速运行时的平稳性。所加电源的输出能力应不少于步进电动机的额定相电流。供电电源电压越低,则对电源电流输出能力要求越大。供电电源接线时,务必注意电源正负,以免接反。供电电源电源质量的好坏直接影响到驱动器的性能,应注意提高电源的质量。

2) 设定输出电流。本步进驱动器采用双极恒流方式,最大输出电流为 3.1 A/相(峰值),根据驱动器侧板拨码开关(4、5、6)的不同组合可以选择 8 种电流值,具体设置见表 3—19。

表 3—19　　电流设置表

输出电流	开关 4	开关 5	开关 6
3.1 A	OFF	OFF	OFF
2.5 A	OFF	OFF	ON
2.8 A	OFF	ON	OFF
2.0 A	OFF	ON	ON
2.9 A	ON	OFF	OFF
2.3 A	ON	OFF	ON
2.1 A	ON	ON	OFF
1.5 A	ON	ON	ON

3) 细分运行模式选择。本步进驱动器细分有 A、B 两种类型,每种类型各提供 8 种细分运行模式。对于 A 型,可提供整步、半步、4 细分、8 细分、16 细分、32 细分、64 细分模式。对于 B 型,可提供整步、半步、4 细分、5 细分、8 细分、10 细分、20 细分及 40 细分模式。细分运行模式选择方式可采用侧板拨码开关(1、2、3)设置,也可以使用端子上提供的 MS1、MS2、MS3 这 3 个接口由系统选择。细分步数相对整步而言,如驱动整步为 1.8°,设定整步运行时,一个脉冲使步进电动机转动 1.8°;半步运行时,一个脉冲使步进电动机转动 0.9°;4 细分时,一个脉

冲使步进电动机转动 0.45°，依次类推。

A 型细分运行模式选择方式可采用侧板拨码开关（1、2、3）设置，具体设置见表 3—20。

表 3—20　　　　　　　　A 型细分运行模式设置表

细分功能	开关 1	开关 2	开关 3
端子控制	OFF	OFF	OFF
整步	OFF	OFF	ON
半步	OFF	ON	OFF
4 细分	OFF	ON	ON
8 细分	ON	OFF	OFF
16 细分	ON	OFF	ON
32 细分	ON	ON	OFF
64 细分	ON	ON	ON

B 型细分运行模式选择方式可采用侧板拨码开关（1、2、3）设置，具体设置见表 3—21。

表 3—21　　　　　　　　B 型细分运行模式设置表

细分功能	开关 1	开关 2	开关 3
端子控制及整步	OFF	OFF	OFF
半步	OFF	OFF	ON
4 细分	OFF	ON	OFF
5 细分	OFF	ON	ON
8 细分	ON	OFF	OFF
10 细分	ON	OFF	ON
20 细分	ON	ON	OFF
40 细分	ON	ON	ON

用户除了可以通过上面介绍的驱动器面板上的拨码开关选择细分运行模式，还可以通过在细分选择信号端 SM1、SM2、SM3 上加对应的输入信号来选择细分运行模式。细分选择信号端 SM1、SM2、SM3 和细分拨码开关一一对应。SM1 对应细分选择拨码开关 1，SM2 对应细分选择拨码开关 2，SM3 对应细分选择拨码开关 3。细分选择拨码开关置于"ON"时，等效于对应的细分选择信号输入端子输入低电位（内部光耦导通）。当拨码开关设定和输入端子信号不一致时，以细分选择拨

码开关置于"ON"和端子低电平为优先。当要使用输入信号端子控制细分运行模式时，应将细分拨码开关1、2、3全部设置为OFF状态。

4）输入接口电路。本步进驱动器输入控制信号采用内置光耦隔离，采用共阳极接法。为确保内置光耦可靠导通，要求控制信号至少6 mA的电流。内置光耦的限流电阻为330 Ω，适合TTL电平信号接口（$U_{CC}=5$ V）。当输入信号不是TTL电平时，必须加限流电阻，12 V时加1 kΩ限流电阻，24 V时加2 kΩ限流电阻。每路输入控制信号回路要使用单独的限流电阻，而不要采用共用限流电阻。

第4章 电子电路装调维修

第1节 电子线路板测绘、分析

学习单元 单面印制电路板的测绘

学习目标

1. 掌握单面印制板电路图识读和测绘的基础知识。
2. 掌握单面印制电路板布线图。

知识要求

一、单面印制板电路图识读

1. 印制电路板简介

印制电路板是采用电子印刷术制作,故又称为"印刷"电路板。印制电路板是组装电子零件用的基板,是在通用基材上按预定设计,形成点间连接及印制元件的印制板。印制电路板图如图4—1所示。

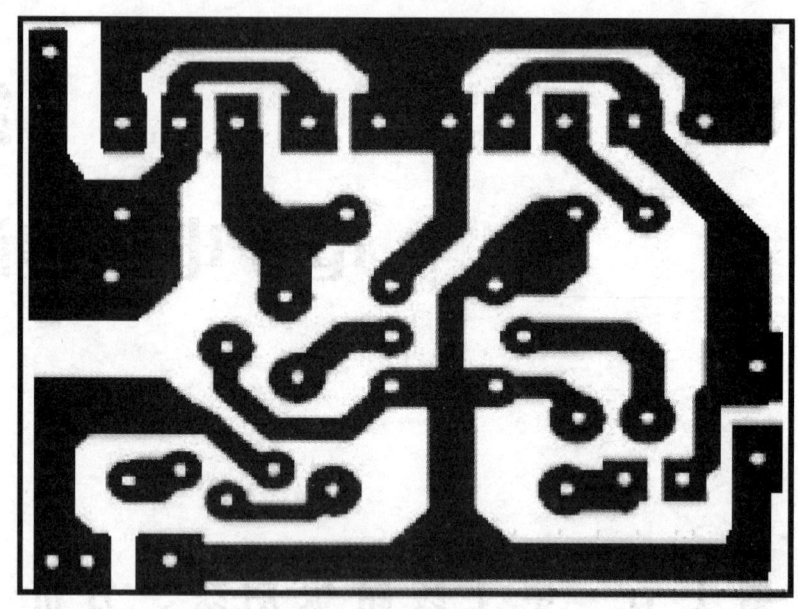

图 4—1 印制电路板图

其主要功能是使各种电子零组件形成预定电路的连接，起中继传输的作用，是电子产品的关键电子互连件，有"电子产品之母"之称。印制电路板作为电子零件装载的基板和关键互连件，任何电子设备或产品均需配备。

印制电路板由绝缘底板、连接导线和插装元件的焊盘组成，具有导电线和绝缘底板的双重作用。印制电路板上电路图形的设计，主要依据电路原理图，并考虑好诸多因素，选择最佳位置，按工艺要求和正确比例，确定好元器件的布局和导线的走向等，画出设计图。底图的设计和绘制质量将直接影响印制电路板的质量。

2. 单面印制板电路图种类

（1）图样表示方式

用一张图样（印制板电路图）画出各元器件的分布和它们之间的连接情况，这是传统的表示方式，在过去大量使用。其特点是由于印制板电路图可以拿在手中，在印制板电路图中找出某个所要找的元器件相当方便，但是在图上找到元器件后，还要用印制板电路图到印制板上对照后才能找到元器件实物，有两次寻找、对照过程，比较麻烦。另外，图样容易丢失。

（2）直标方式

没有一张专门的印制板电路图样，而是采取在印制板上直接标注元器件编号的方式，如在印制板某电容器附近标有 C3，这 C3 是该电容器在电原理图中的编号，同样方法将各种元器件的电路编号直接标注在印制板上。其特点是在印制板上找到了某元器件编号便找到了该元器件，所以只有一次寻找过程。另外，这份"图样"永远不会丢失。不过，当印制板较大、有数块印制板或印制板在机壳底部时，寻找就比较困难。印制电路板直标图如图 4—2 所示。

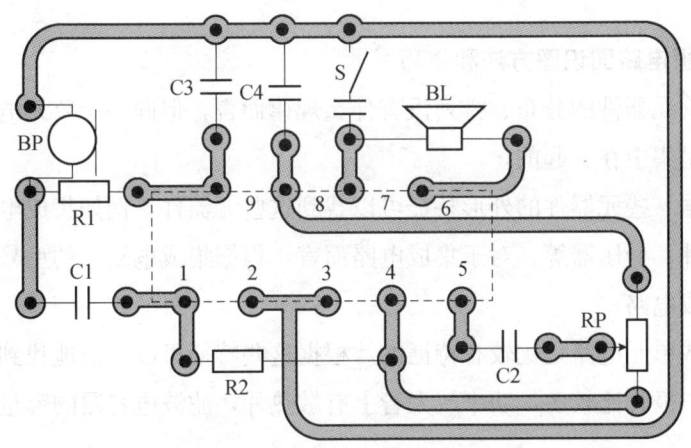

图 4—2　印制电路板直标图

3. 单面印制板电路图功能

印制板电路图是专门为元器件装配和机器修理服务的图，它与各种电路图有着本质上的不同。印制板电路图的主要功能如下：

（1）印制板电路图起到电原理图和实际印制板之间的沟通作用，是方便修理不可缺少的图样资料之一，没有印制板电路图将影响修理速度，甚至妨碍正常检修思路的顺利展开。

（2）印制板电路图是一种十分重要的修理资料，它将印制板上的情况一比一地画在印制板电路图上。

（3）印制板电路图表示了电原理图中各元器件在印制板上的分布状况和具体的位置，给出了各元器件引脚之间连线（铜箔线路）的走向。

（4）通过印制板电路图可以方便地在实际印制板上找到电原理图中某个元器件的具体位置，没有印制板电路图时的查找就不方便。

4. 印制板电路图特点

（1）印制板电路图表示元器件时用电路符号，表示各元器件之间连接关系时不用线条而用铜箔线路，有些铜箔线路之间还用跨导通连接，此时采用导线连接，所以印制板电路图看起来很"乱"，这些都影响识图。

（2）从印刷电路设计的效果出发，印制板上的元器件排列、分布不像电原理图那么有规律,这给印制板电路图的识图带来了诸多不便。

(3) 铜箔线路排布、走向比较"乱",而且经常遇到几条铜箔线路并行排列,给观察铜箔线路的走向造成不便。

(4) 印制板电路图上画有各种引线,而这些引线的画法没有固定的规律,给识图造成不便。

5. 印制板电路图识图方法和技巧

(1) 尽管元器件的分布、排列没有什么规律而言,但同一个单元电路中的元器件相对而言是集中在一起的。

(2) 根据一些元器件的外形特征可以找到这些元器件,例如集成电路、功率放大管、开关件、变压器等。对于集成电路而言,根据集成电路上的型号可以找到某个具体的集成电路。

(3) 一些单元电路是比较有特征的,根据这些特征可以方便地找到它们。如整流电路中的二极管比较多,功率放大管上有散热片,滤波电容器的容量最大、体积最大等。

(4) 找某个电阻器或电容器时,不要直接去找它们,因为电路中的电阻器、电容器很多,找起来很不方便,可以间接地找到它们,方法是先找到与它们相连的三极管或集成电路,再找到它们。

(5) 找地线时,印制板上大面积铜箔线路是地线,一块线路板上的地线是相连的。另外,一些元器件的金属外壳是接地的。找地线时,上述任何一处都可以作为地线使用。在一些机器的各层线路板之间,它们的地线也是相连接的,但是当每层之间的接插件没有接通时,各层之间的地线是不通的,这一点在检修时要注意。

(6) 观察印制板上元器件与铜箔线路连接情况、观察铜箔线路走向时,可以用灯照着,将灯放置在有铜箔线路的一面,在装有元器件的一面可以清晰、方便地观察到铜箔线路与各元器件的连接情况,这样可以省去印制板的翻转。不断翻转印制板不但麻烦,而且容易折断印制板上的引线。

(7) 印制板电路图与实际线路板对照过程中,在印制板电路图和线路板上分别画一致的识图方向,以便拿起印制板电路图就能与线路板有同一个识图方向,省去每次都要对照识图的方向。

二、单面印制板电路图测绘方法

遇到无图样的电子产品时,需要根据单面印制板实物画出电路原理图。

(1) 选择体积大、引脚多并在电路中起主要作用的元器件如集成电路、变压器、晶体管等作画图基准件,然后从选择的基准件各引脚开始画图,可减少出错。

(2) 若印制板上标有元件序号(如 RP1、R2、C3 等),由于这些序号有特定的规则,英文字母后首位阿拉伯数字相同的元件属同一功能单元,因此画图时应巧加利用。正确区分同一功能单元的元器件,是画图布局的基础。

(3) 如果印制板上未标出元器件的序号,那么为便于分析与校对电路,最好自己给元器件编号。制造厂在设计印制板排列元器件时,为使铜箔走线最短,一般把同一功能单元的元器件相对集中布置。找到某单元起核心作用的器件后,只要顺藤摸瓜就能找到同一功能单元的其他元件。

(4) 正确区分印制板的地线、电源线和信号线。以电源电路为例,电源变压器二次绕组所接整流管的负端为电源正极,与地线之间一般均接有大容量滤波电容器,该电容器外壳有极性标志,也可从三端稳压器引脚找出电源线和地线。工厂在印制板布线时,为防止自激、抗干扰,一般把地线铜箔设置得最宽(高频电路则常有大面积接地铜箔),电源线铜箔次之,信号线铜箔最窄。此外,在既有模拟电路又有数字电路的电子产品中,印制板上往往将各自的地线分开,形成独立的接地网,这也可作为识别判断的依据。

(5) 为避免元器件引脚连线过多使电路图的布线交叉穿插,导致所画的图杂乱无章,电源和地线可大量使用端子标注与接地符号。如果元器件较多,则还可将各单元电路分开画出,然后组合在一起。

(6) 画草图时,推荐采用透明描图样,用多色彩笔将地线、电源线、信号线、元器件等按颜色分类画出。修改时,逐步加深颜色,使图样直观醒目,以便分析电路。

(7) 熟练掌握一些单元电路的基本组成形式和经典画法,如整流桥、稳压电路和运放、数字集成电路等。先将这些单元电路直接画出,形成电路图的框架,可提高画图效率。

(8) 画电路图时,应尽可能地找到类似产品的电路图做参考,会起事半功倍的作用。

三、单面印制电路板布线图

1. 单面印制电路板布线图基本方法

首先对所选用组件器及各种插座的规格、尺寸、面积等有完全的了解;对各部件的位置安排做合理的、仔细的考虑,主要是从电磁场兼容性、抗干扰的角度,走线短,交叉少,电源、地的路径及去耦等方面考虑。各部件位置定出后,就是各部件的联机，按照电路图连接有关引脚，完成的方法有多种，印制电路板线路图的设计有计算机辅助设计与手工设计方法两种。

最原始的是手工排列布图。这比较费事，往往要反复几次，才能最后完成，这在没有其他绘图设备时也可以，这种手工排列布图方法对刚学习印制电路板图设计者来说也是很有帮助的。计算机辅助制图，现在有多种绘图软件，功能各异，但总的说来，绘制、修改较方便，并且可以存盘储存和打印。

接着，确定印制电路板所需的尺寸，并按原理图，将各个元器件位置初步确定下来，然后经过不断调整使布局更加合理，印制电路板中各组件之间的接线安排方式如下：

(1) 印制电路中不允许有交叉电路，对于可能交叉的线条，可以用"钻""绕"两种办法解决。也就是说，让某引线从别的电阻器、电容器、三极管脚下的空隙处"钻"过去，或从可能交叉的某条引线的一端"绕"过去，在特殊情况下，如果电路很复杂，为简化设计也允许用导线跨接，解决交叉电路问题。

(2) 电阻器、二极管、管状电容器等组件有"立式""卧式"两种安装方式。立式指的是组件体垂直于电路板安装、焊接，其优点是节省空间；卧式指的是组件体平行并紧贴于电路板安装、焊接，其优点是组件安装的机械强度较好。对于这两种不同的安装组件，印制电路板上的组件孔距是不一样的。

(3) 同一级电路的接地点应尽量靠近，并且本级电路的电源滤波电容器也应接在该级接地点上。特别是，本级三极管基极、发射极的接地点不能离得太远，否则因两个接地点间的铜箔太长会引起干扰与自激，采用这样"一点接地法"的电路，工作较稳定，不易自激。

(4) 总地线必须严格按高频—中频—低频一级一级地按弱电到强电的顺序排列原则，切不可随便翻来覆去乱接，级与级间宁肯可接线长点，也要遵守这一规定。特别是变频头、再生头、调频头的接地线安排要求更为严格，如有不当就会产生自激以致无法工作。调频头等高频电路常采用大面积包围式地线，以保证有良好的屏蔽效果。

(5) 强电流引线（公共地线，功放电源引线等）应尽可能宽些，以降低布线电阻及其电压降，可减小寄生耦合而产生的自激。

(6) 阻抗高的走线尽量短，阻抗低的走线可长一些，因为阻抗高的走线容易发串和吸收信号，引起电路不稳定。电源线、地线、无反馈组件的基极走线、发射极引线等均属低阻抗走线，射极跟随器的基极走线、收录机两个声道的地线必须分开，各自成一路，一直到功效末端再合起来，如两路地线连来连去，极易产生串音，使分离度下降。

2. 单面印制电路板布线图基本要求

（1）布线方向

从焊接面看，组件的排列方位尽可能保持与原理图相一致，布线方向最好与电路图走线方向相一致，因生产过程中通常需要在焊接面进行各种参数的检测，故这样做便于生产中的检查，调试及检修（注：指在满足电路性能及整机安装与面板布局要求的前提下）。

（2）各组件排列

分布要合理和均匀，力求整齐，美观，结构严谨的工艺要求。

（3）电阻器、二极管的放置方式

分为平放与竖放两种：

1）平放。当电路组件数量不多，而且电路板尺寸较大的情况下，一般是采用平放较好；对于1/4W以下的电阻器平放时，两个焊盘间的距离一般取4/10英寸，1/2W的电阻器平放时，两焊盘的间距一般取5/10英寸；二极管平放时，1N400X系列整流管，一般取3/10英寸；1N540X系列整流管，一般取4/10~5/10英寸。

2）竖放。当电路组件数较多，而且电路板尺寸不大的情况下，一般是采用竖放，竖放时两个焊盘的间距一般取1/10~2/10英寸。

（4）电位器、IC座的放置原则

1）电位器。在稳压器中，用来调节输出电压，故设计电位器应满足顺时针调节时输出电压升高，反时针调节器节时输出电压降低的要求；在可调恒流充电器中，电位器用来调节充电电流的大小，设计电位器时应满足顺时针调节时，电流增大的要求。

电位器安放位置应当满足整机结构安装及面板布局的要求，因此应尽可能放置在板的边缘，旋转柄朝外。

2）IC座。设计印制电路板图时，在使用IC座的场合下，一定要特别注意IC座上定位槽放置的方位是否正确，并注意各个IC脚位是否正确，例如第①脚只能位于IC座的右下角线或者左上角，而且紧靠定位槽（从焊接面看）。

（5）进、出接线端布置

1）相关联的两引线端不要距离太大，一般为2/10~3/10英寸左右较合适。

2）进、出线端尽可能集中在1~2个侧面，不要太过离散。

（6）设计布线图时要注意管脚排列顺序，组件脚间距要合理。

（7）在保证电路性能要求的前提下，设计时应力求走线合理，少用外接跨线，并按一定顺序要求走线，力求直观，便于安装、焊接和检修。

（8）设计布线图时走线尽量少拐弯，力求线条简单明了。

（9）布线条宽窄和线条间距要适中，电容器两焊盘间距应尽可能与电容器引线脚的间距相符。

（10）设计应按一定顺序方向进行。例如，可以由左往右和由上而下的顺序进行。

第2节　方波—三角波发生器电路装调维修

学习单元1　方波—三角波发生器电路读图分析

 学习目标

1. 熟悉运算放大器的基本结构。
2. 掌握运算放大器的线性应用和非线性应用。

 知识要求

一、运算放大器的基本结构

1. 集成运算放大器的结构组成

集成电路（IC）：采用专门的制造工艺，将元器件及连线组成的完整电路制作在一块基片上，并完成特定的功能。集成运算放大器是高放大倍数的直接耦合放大器。图4—3所示为集成运算放大器结构图。

图4—3中的差动输入级是采用差动电路，是集成运算放大器的关键组成部分。电压增益级的功能是提供尽可能大的电压放大倍数。输出及保护级有较大的电压输出幅度，能向负载提供一定的正、负向输出电流以及应具有尽可能低的输出阻抗，此外

还应有保护功能。偏置电路是为各级提供稳定的偏置电流,使各级电路能稳定工作。

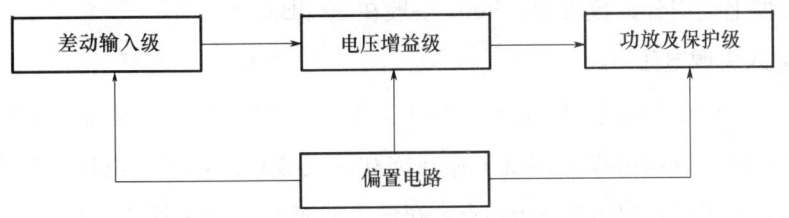

图 4—3　集成运算放大器结构图

2. 集成运算放大器电路符号

图 4—4 给出集成运算放大器的电路符号。

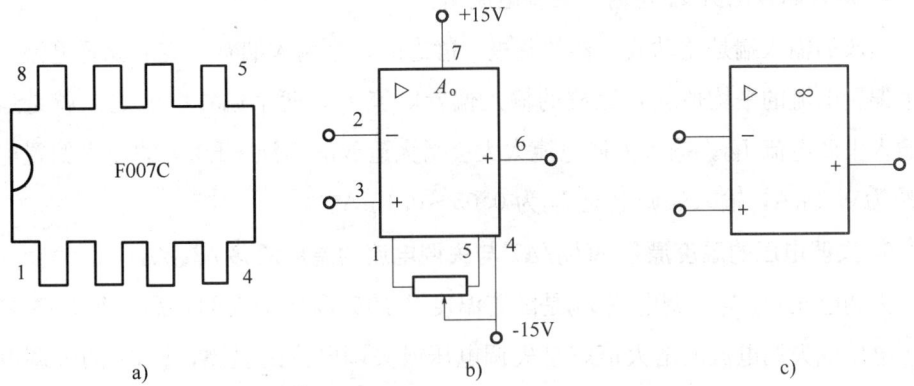

图 4—4　集成运算放大器的电路符号

二、运算放大器的主要技术指标

1. 开环差模放大倍数 A_{od}

其指运放在没有反馈时的差模电压放大倍数,习惯上运放的 A_{od} 值是用分贝数(dB)来表示的,换算公式如式(4—1),分贝数与倍数的对照表见表 4—1。

$$分贝数(dB) = 20 \lg 倍数 \quad (4—1)$$

表 4—1　　　　　　　　分贝数与倍数的对照表

倍数	0.1	1	10	100	1 000	10 000
分贝数	−20 dB	0 dB	20 dB	40 dB	60 dB	80 dB

运放的开环差模放大倍数都很高,典型的运放 F007 开环差模放大倍数约在 100 dB 以上,好的运放 A_{od} 可达 140 dB。

2. 共模抑制比 CMRR

其习惯上也用分贝数表示，F007 一般在 80 dB 以上。

3. 输入失调电压 U_{IO}

由于运放的放大倍数 A_{od} 极大，开环工作时，即使输入为 0，输出端的零漂还是十分严重的，故输出级通常就工作在饱和区或截止区，输出电压接近为电源电压。此时，为了使输出电压为 0，需要在输入端加入一个微小的电压，调整这一电压的大小可以使输出电压为 0，这一电压就称为"输入失调电压"，以符号 U_{IO} 表示，显然 U_{IO} 越小就说明运放的零漂越小，F007 的 U_{IO} 为 2～10 mV，低零漂的运放 U_{IO} 可达 1 mV 以下。

4. 输入偏置电流 I_B 与输入失调电流 I_{IO}

运放的输入端是差动放大器的基极，静态时两个输入端有一定的偏置电流，这两个偏置电流的平均值就是运放的输入偏置电流 I_B，两个偏置电流之差就是运放的输入失调电流 I_{IO}。输入失调电流太大会增大运放的零漂，F007 的输入偏置电流 I_B 约为 0.2 μA，输入失调电流 I_{IO} 为 0.05～0.1 μA。

5. 失调电压的温度漂移 $\Delta U_{IO}/\Delta T$ 与失调电流的温度漂移 $\Delta I_{IO}/\Delta T$

失调电压 U_{IO} 与失调电流 I_{IO} 是随着温度 T 的升高而增大的，温度每升高 1℃，失调电压或失调电流的增大值就是失调电压或失调电流的温漂，F007 的失调电压温漂 $\Delta U_{IO}/\Delta T$ 为 20～30 μV/℃，温漂值当然是越小越好。

6. 输入电阻

由于运放输入信号极其微小，所以输入级一般都可用微电流源作为偏置以提高输入电阻，输入电阻一般都很大，F007 的输入电阻约为 2 MΩ。

7. 最大差模输入电压 U_{idmax}

其指两个输入端之间所能承受的最大电压，超过这一电压将可能使运放的输入端击穿，F007 约为 30 V。

8. 最大共模输入电压 U_{icmax}

其指运放所能承受的最大共模电压，超过这一电压将使运放的共模抑制比显著下降，F007 约为 ±13 V。

三、运算放大器的线性应用

在分析线性应用的运放电路时，按照深度负反馈电路的分析方法，可以遵循两个原则：

1. 运放的两个输入端的电位相等

这是因为运放本身的放大倍数极大，有限的输出量除以放大倍数得到的净输入量是极其微小的，因此可以认为运放两个输入端之间的净输入电压为 0，或者说可以认为运放的两个输入端的电位是相等的，以图 4—5 所示的反相比例放大电路图为例。

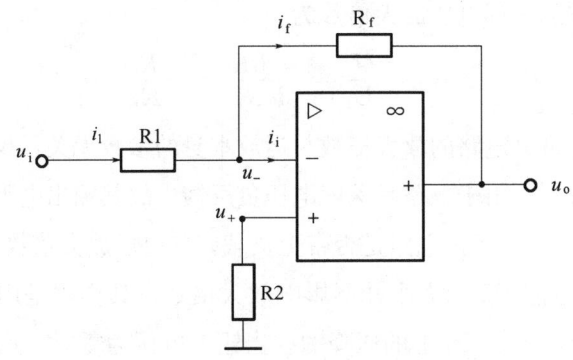

图 4—5　反相比例放大电路图

如果以 U_- 表示反相端的电位、以 U_+ 表示同相端的电位，可以得出

$$U_- = U_+ \tag{4—2}$$

这种情况称为"虚短"，意思是两个输入端犹如短路一样，其电位是相等的，当然这不是真正的短路，所以称为"虚短"。

2. 运放两个输入端的输入电流为 0

这是因为运放的输入电阻很大，在极小的净输入电压作用下，可以认为运放两个输入端的输入电流为 0，同样以图 4—5 所示的反相比例放大电路为例。

可以认为

$$I_i = 0$$

按照这两个原则去分析以下所有的运放线性应用电路，就很容易得出其输入、输出的运算关系了。

四、反相比例放大电路

图 4—5 所示为反相比例放大电路，输入信号 U_i 经过电阻 R1 输入到运放的反相输入端，输出信号通过反馈电阻 R_f 反馈到反相输入端，运放的同相端通过电阻 R2 接地。

这一电路的反馈组态是电压并联负反馈。按照运算放大器工作在线性区时的两个特点,运放的同相输入端接地,电阻 R2 上又没有电流,因此同相输入端的电位 U_+ 为 0,按照"虚短"的原则,反相输入端的电位 U_- 也应为 0,由于 0 电位就是地电位,因此对于这一特殊情况,可以把反相端的电位称之为"虚地"。同时,由于输入端的电流为 0,可以得出以下结论。

$$I_1 = I_f \tag{4—3}$$

由此可得电路的闭环电压放大倍数为

$$A_{uf} = \frac{U_o}{U_i} = \frac{-I_f R_f}{I_1 R_1} = -\frac{R_f}{R_1} \tag{4—4}$$

由式(4—4)可见电路的放大倍数与运放本身的参数无关,仅仅取决于外接的反馈电路的元件参数,由于电路是深度电压负反馈,故其输出电阻近似为零,从式(4—4)中也可以看出,无论电路是否带上负载,其电压放大倍数不变。

图 4—5 中的电阻 R2 的大小并不影响放大倍数,其作用是用来平衡运放输入端的静态电流在电阻 R1、R_f 上的压降的。当输入电压为零时,运放的两个输入端都有静态电流 I_B 流入,尽管这一电流很小,但是在电阻 R1、R_f 上还是会产生压降,这一电压加到输入端,就会使输出电压产生偏差。为了平衡这一电压,就需要在同相输入端接上电阻 R2,其阻值应与电阻 R1、R_f 的并联阻值相等,这样就可以使得两个输入端的静态电位相等,达到静态平衡的目的。

电路的放大倍数取决于电阻 R_f、R_1 之比,因此两个电阻如果同时增大或减小若干倍,是不影响放大倍数的,但是如果电阻取得过小,因为电路的输入电阻就是 R1,输入电阻过小会使得信号源的负载过重;如果电阻取得过大,则会加大输入失调电流 I_{IO} 引起的零漂,一般可以取 10~100 kΩ。

五、同相比例放大电路

图 4—6 所示为同相比例放大电路,即输入信号 U_i 经过电阻 R2 输入到运放的同相输入端,输出信号通过反馈电阻 R_f 反馈到反相输入端,运放的反相端通过电阻 R1 接地。

这一电路的反馈组态从输出端来看是电压反馈,从输入端来看因为两个输入端之间的净输入电压是输入电压 U_i 减去电阻 R1 上的反馈电压 U_f,所以可以确定是串联反馈,因此反馈组态是电压串联负反馈。按照上面的两个分析原则,运放的同相输入端接输入信号 U_i,电阻 R2 上又没有电流,因此同相输入端的电位 U_+ 为 U_i,按照"虚短"的原则,反相输入端的电位 U_f 也应等于 U_i,同时,由于输入端的净输入电流为 0,电阻 R_f 与 R1 通过的是同一个电流,可以用串联电路的分析方

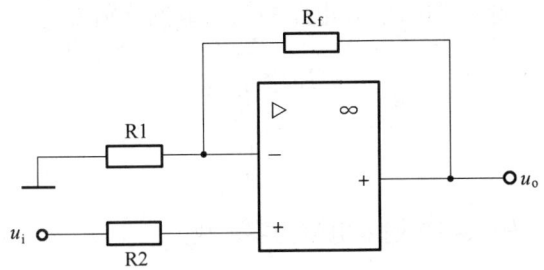

图 4—6 同相比例放大电路图

法，按照分压公式得出

$$U_i = U_f = U_o \frac{R_1}{R_1 + R_f}$$

由此可得电路的闭环电压放大倍数

$$A_{uf} = \frac{U_o}{U_i} = \frac{R_1 + R_f}{R_1} = 1 + \frac{R_f}{R_1} \tag{4—5}$$

与反相比例放大电路相比较，同相比例放大电路作为深度电压串联负反馈电路，具有输入电阻接近无穷大的特点，但是同相比例放大电路的输入端上有较大的共模信号，运算误差较反相比例电路大一些。

如果把电阻 R1 断开，并把电阻 R_f 与 R2 短接，电路就成为图 4—7 所示的电路，称为"电压跟随器"，

它是同相比例放大电路的一个特例，其电压放大倍数为 1，即输出电压等于输入电压。电路起到了隔离信号源与负载的作用，即负载上的电压、电流是由运放提供的，信号源不输出电流。

六、加法运算电路

图 4—8 所示为加法运算电路，其输入可以有几个端子，输出电压 U_o 与输入端上的每一个输入电压都成线性关系，因此称为"加法运算电路"或"加法器"。

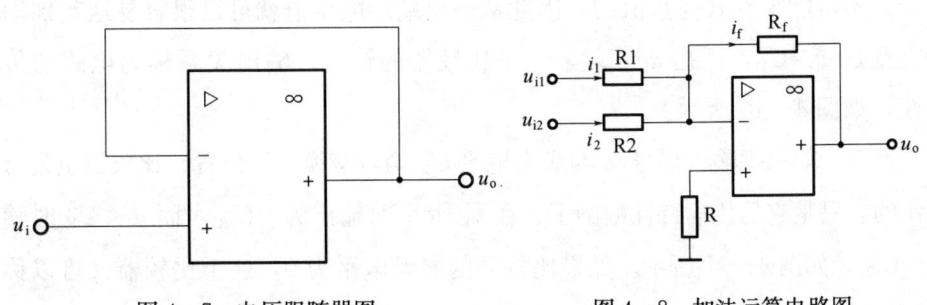

图 4—7 电压跟随器图 　　　　图 4—8 加法运算电路图

电路的反相输入端为"虚地",电路的输入电流分别为

$$I_1 = \frac{U_1}{R_1}$$

$$I_2 = \frac{U_2}{R_2}$$

因为运放的反相输入端净输入电流为零,故

$$I_f = I_1 + I_2 = \frac{U_1}{R_1} + \frac{U_2}{R_2}$$

由此可得输出电压

$$U_\circ = -I_f R_f = -(I_1 + I_2)R_f = -\left(\frac{R_f}{R_1}U_1 + \frac{R_f}{R_2}U_2\right) \quad (4\text{—}6)$$

由此可见电路的输出是与两个输入信号都成线性关系的,只是由于信号是从反相输入端输入的,因此输出与输入是反相的,如果要使输出与输入同相,可以在加法器的后面再加上一级反相比例放大电路。或者把输入信号全都从同相端输入叠加,组成同相输入的加法电路。

七、运算放大器的非线性应用

1. 电平比较器

电平比较器电路如图 4—9 所示。

电平比较器工作原理是开环使用的,运放的同相输入端接输入信号 u_i,反相输入端接参考电平 U_R,由于运放有极大的电压放大倍数,因此输入电压 u_i 只要略大于参考电压 U_R,那么输出端似乎就应该得到一个极大的正电压,但是由于受到运放电源电压的限幅,因此输出电压 $u_\circ$ 就接近于正电源电压 $+U_{CC}$;反之,如果输入电压 u_i 略小于参考电压 U_R,那么输出电压 $u_\circ$ 就接近于负电源电压 $-U_{CC}$。从上述得知,在开环状态下,运放的输出不是正电源电压就是负电源电压,是不可能得到其他数值的,因此从输出端的电压值就可以很容易地判别输入端究竟是 $u_i > U_R$,还是 $u_i < U_R$。电平比较器的输入、输出关系称为电路的传输特性,如图 4—10 所示。

显然,如果把输入信号 u_i 与参考电平 U_R 两者交换一下位置,比较器也是可以工作的,只是它的传输特性颠倒了,在 $u_i > U_R$ 时输出为 $-U_{CC}$,而 $u_i < U_R$ 时输出为 $+U_{CC}$,如图 4—11 所示。如果比较器的参考电平为 0,这个比较器又可以称为"过零比较器",电路用于判别输入信号是大于零还是小于零。

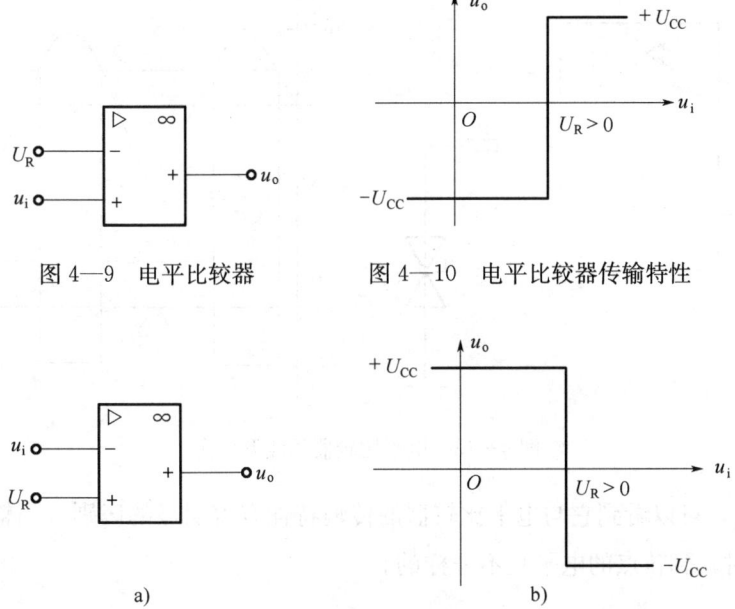

图 4—9 电平比较器　　图 4—10 电平比较器传输特性

图 4—11 反相端输入时的传输特性
a) 过零比较器　b) 传输特性

由于运算放大器作为比较器使用时，运放的两个输入端之间存在有较大的电压，为了避免损坏运放，可以在两个输入端之间接上两个反并联的二极管以限制输入电压，输出电压的大小也可以用双向稳压管来达到限幅的目的。图 4—12 所示为带有输入、输出限幅电路的过零比较器。

电平比较器可以用作波形变换，即把输入连续变化的波形变换成矩形波，也可以用来检测某一电压是否超过了规定的数值，与传感器配合则可以用来检测某一物理量（例如温度、压力、位移等）是否超过了整定值。在图 4—13 所示的电路中，如果取参考电压 U_R 为 4 V，则可见输入电压为 10 V 峰值的正弦波。

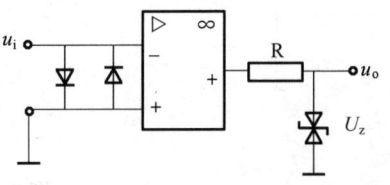

图 4—12 带限幅电路的过零比较器

由于输入电压是从反相输入端输入的，故按照电平比较器的特性，在输入电压小于 4 V 时，输出为正电压（电压值约为稳压管的稳定电压）；在输入电压大于 4 V 时，输出电压为负电压，因此对应的输出电压的波形如图 4—13 所示。

2. 滞回特性比较器

滞回特性比较器是由电平比较器加上正反馈电路构成的，其传输特性如图

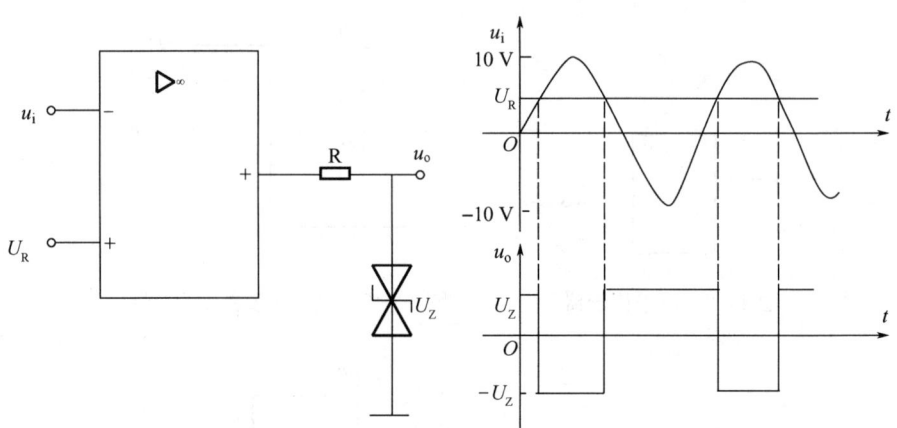

图 4—13 电平比较器的波形变换

4—14 所示,可以看到它与电平比较器的传输特性有着明显的区别,当输入电压增大与减小时,翻转点的电平是不一样的。

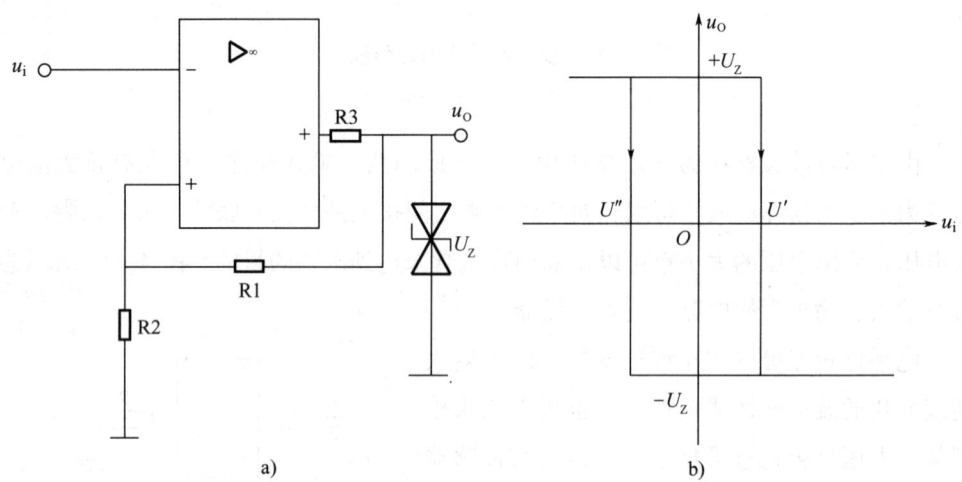

图 4—14 滞回特性比较器

a) 电路图　b) 传输特性

具体工作原理分析如下:设双向稳压管的稳定电压为 U_z,当输入电压为较大的负值时,输出电压应为 $+U_z$,对应此时运放同相端的电压(即翻转电压)应为

$$U' = U_z \frac{R_2}{R_1 + R_2} \tag{4—7}$$

当输入电压逐渐增大到略大于 U' 时,输出电压翻转为 $-U_z$,由于正反馈的作用,故这一翻转的过程是很快的,此时运放同相端的电压也相应改变为负值,即

$$U'' = -U_z \frac{R_2}{R_1 + R_2} \qquad (4-8)$$

在输出翻转之后，如果输入电压减小到比原来的翻转电压 U' 略小一些，由于同相端的翻转电压已经变为负值（U''），因此电路不可能再次翻转。这一情况一直要维持到输入电压减小到比 U'' 略小一些之后，才会再次翻转，传输特性如图 4—14b 所示。

显然，如果用这样的电路来实现波形的变换，只要输入电压在大于 U' 使得输出翻转之后，即使有些波动，只要电压不小于 U''，电路是不会再次发生翻转的，这就大大地提高了电路的抗干扰能力。

3. 非正弦波发生器

（1）矩形波发生器

矩形波发生器的电路图与波形图如图 4—15 所示。

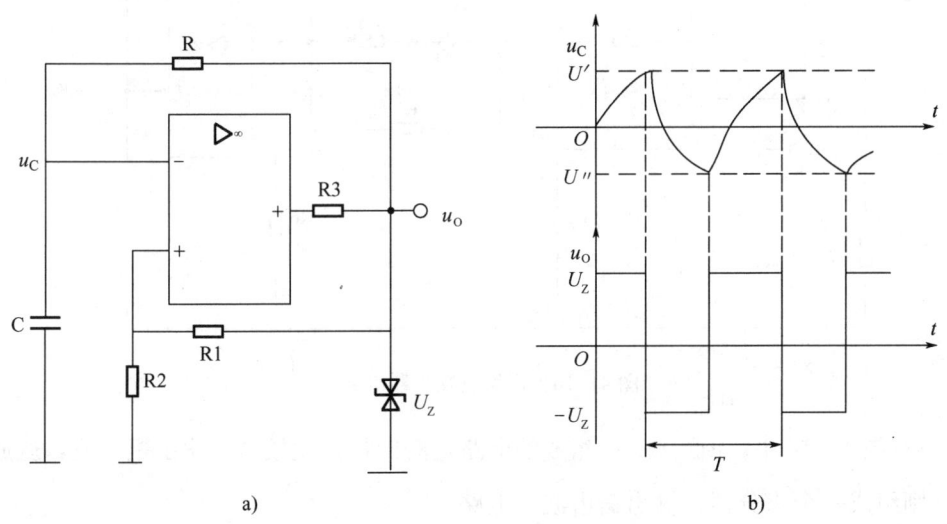

图 4—15 矩形波产生器
a）电路图　b）波形图

电路是由滞回特性比较器与 RC 充放电电路组成的，当比较器输出电压为正值时，输出电压 u_o 通过电阻 R 对电容 C 充电，电容电压 u_C 随指数规律上升，待电容电压上升到翻转电压 U' 时，输出翻转为负值，电容放电，（放电完毕，随之又反向充电）电容电压随指数规律下降，待电压下降到翻转电压 U'' 时，输出电压又翻转为正值……如此周而复始，反复振荡，电容电压 u_C 与输出电压 u_o 的波形如图 4—15b 所示。

由于电路充电与放电的时间常数相同，翻转点的电压 U' 与 U'' 的绝对值也相同,因此充、放电的时间是相同的,电路输出的波形是正、负半周对称的矩形波,矩形波的幅度为双向稳压管的稳定电压$\pm U_z$,电容充放电波形的幅度为比较器的翻转电压U'与U''。

电路振荡的周期显然与电路的RC时间常数有关,也和翻转点的电压U'与U''的大小有关,也就是说与电阻R1、R2的比值有关,用RC电路的三要素法可以求得,其振荡周期为

$$T = 2RC\ln\left(1 + \frac{2R_2}{R_1}\right) \tag{4—9}$$

(2) 锯齿波发生器

图4—16是锯齿波发生器的电路图。

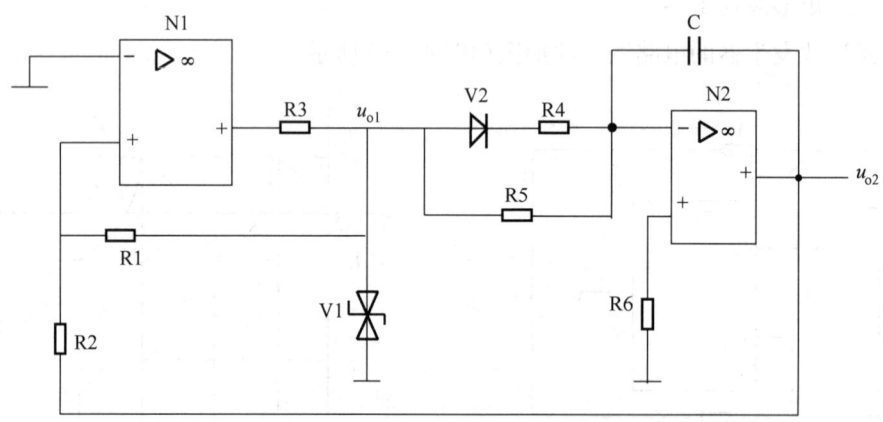

图4—16 锯齿波发生器电路图

在图4—16中,由运放N1组成的电路是滞回特性比较器,输出矩形波,运放N2则组成一个积分器,输出锯齿波。电路的工作原理分析如下:

运放N1组成的滞回特性比较器输出u_{o1}不是$+U_z$就是$-U_z$,比较器是在运算放大器同相输入端的电压过0时翻转的,同相输入端的电压比0略大就输出$+U_z$,否则就输出$-U_z$,比较器的输入电压就是积分器的输出电压u_{o2},它的传输特性如图4—17所示。

不难求得当运算放大器同相输入端的

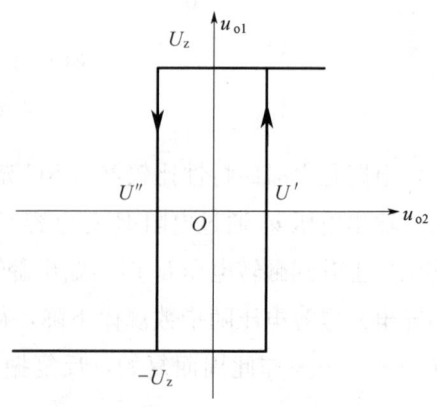

图4—17 锯齿波发生器传输特性

电压过 0 时，电压 u_{o2}（即翻转点的电压）应该为

$$U' = -U'' = \frac{R_2}{R_1}U_z \qquad (4—10)$$

设比较器初始时输出正电压 U_z，积分器在输入的正电压作用下，二极管 V2 导通，积分器通过电阻 R4 对电容充电，运放 N2 输出线性下降的负电压，待输出电压 u_{o2} 达到翻转电压 U'' 时，比较器输出翻转，u_{o1} 输出负电压 $-U_z$。此时积分器的输出电压 u_{o2} 上升，二极管 V2 截止，积分器只有通过电阻 R5 才能使电容放电（接着反向充电）。由于电阻 R5 比 R4 要大得多，电路的积分时间常数大大增大，输出电压 u_{o2} 的上升速度就大大减慢，待电压上升到了翻转电压 U' 时，比较器输出再次翻转，u_{o1} 输出正电压 $+U_z$，积分器输出电压 u_{o2} 又会以较快的速度下降，达到 U'' 时，电路又一次翻转……如此振荡不已。

电路输出的锯齿波上升时的斜率为 U_z/R_5C，电压从 U'' 上升到 U'，其上升的幅度为 $2U'$，由此可得

$$2U' = \frac{U_z}{R_5 C} T_1$$

因为 $U' = \frac{R_2}{R_1}U_z$，可得上升时间 T_1。

$$T_1 = 2\frac{R_2}{R_1}R_5 C \qquad (4—11)$$

如果忽略二极管的正向压降，可以估算下降时间 T_2。

$$T_2 = 2\frac{R_2}{R_1} \times \frac{R_4 R_5}{R_4 + R_5} C \qquad (4—12)$$

整个波形的周期 T 为上升时间 T_1 与下降时间 T_2 之和，考虑到 R5 远大于 R4，即 $T_1 \gg T_2$ 可得

$$T = T_1 + T_2 \approx T_1$$

输出的矩形波幅度为 $\pm U_z$，锯齿波的幅度为 U' 和 U''，波形如图 4—18 所示。

这一电路的缺点是锯齿波的幅度与频率不能分别调节，调节锯齿波的幅度需要改变电阻 R2 与 R1 的比值，但此时输出的频率也改变了。

（3）三角波发生器

图 4—19 是一个用三个运算放大器组成的三角波发生器。

此三角波发生器电路图的优点是可以做到调节三角波的输出幅度时不影响到频率，调节频率时也不影响到幅度，即幅度与频率可以分别调节，下面介绍它的工作原理。

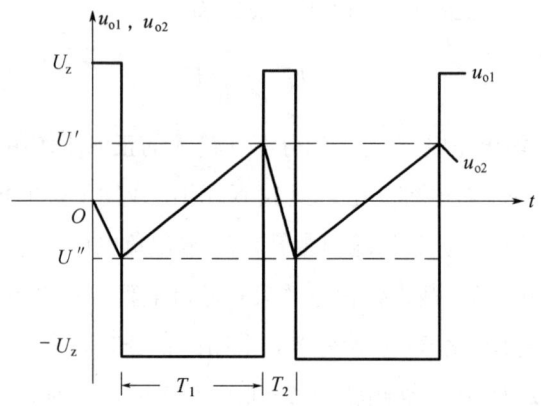

图 4—18 锯齿波发生器波形图

在图 4—19 中，运放 N1 是积分器，输出三角波，积分器的输入电压的大小由电位器 RP1 调节，起到调节振荡频率的作用；N2 是电平比较器，它的两个输入端通过电阻 R3、R4 分别与电压 u_{o1}、u_{o3} 相接，当这两个输入端的电压 u_{o1}、u_{o3} 大小相等、极性相反时，N2 的输出就会翻转，其输出电压受二极管 VD1、VD2 的限幅为 ±0.7 V 的方波；N3 也是一个电平比较器，输出矩形波，它的输出端接有限幅电路，可以通过电位器 RP2 调节输出矩形波的正向幅度，通过电位器 RP3 调节输出矩形波的负向幅度，如果 RP2、RP3 采用同轴电位器，则输出的电压正、负幅度相等，由一个电位器调节。

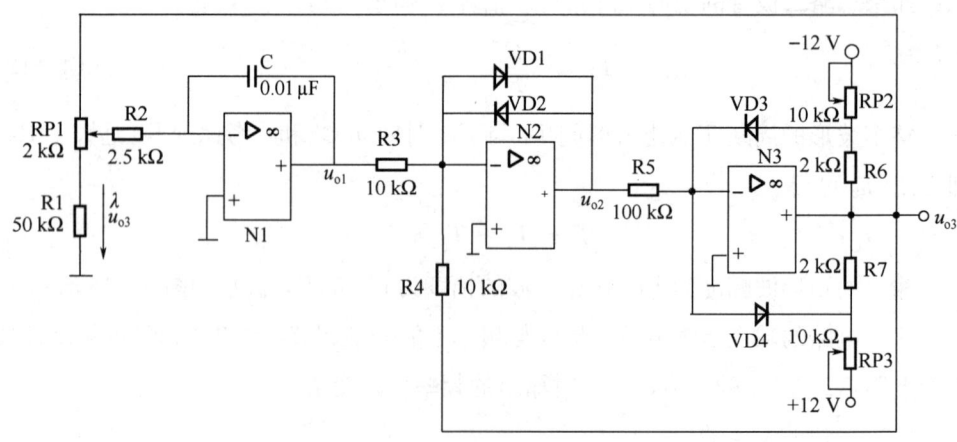

图 4—19 三角波发生器电路图

电路的振荡过程分析如下：设电路输出的 u_{o3} 为正电压，则积分器在输入正电压的作用下输出线性下降的负电压 u_{o1}，当电压 u_{o1} 下降到与 u_{o3} 的幅度相同（极性相反）时，N2 的输出由原来的 −0.7 V 翻转为 +0.7 V，N3 的输出 u_{o3} 也随之翻转为负电压。由于积分器输入电压极性的翻转，积分器输出电压开始上升，直至输出 u_{o1} 上升到与 u_{o3} 幅度相等（极性相反）时，N2、N3 再次翻转……如此振荡不已。

图 4—20 是输出限幅正、负幅度相同时的波形图。

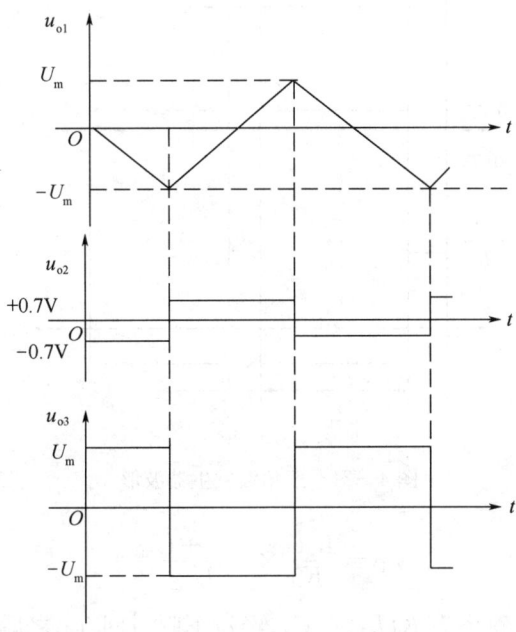

图 4—20　三角波发生器波形图 1

设 N3 输出波形的幅度为 U_m，经过电位器 RP1 分压后的电压为 KU_m（K 为小于 1 的系数，由电位器调节），则积分器输出的三角波的斜率为 KU_m/R_2C，经过半个周期之后，电压的变化幅度为 $2U_m$，即

$$\frac{kU_m}{R_2C} \times \frac{T}{2} = 2U_m$$

由此可求得振荡周期为

$$T = \frac{4R_2C}{K} \tag{4—13}$$

图 4—21 是 N3 输出正、负幅度不同时的波形图。

设输出正向的幅度为 U_{m1}，负向的幅度为 U_{m2}，则三角波上升时的斜率为 KU_{m2}/R_2C，经过上升时间 T_1 之后，电压的变化幅度为 $U_{m1}+U_{m2}$，即

$$\frac{kU_{m2}}{R_2C} \times T_1 = U_{m1} + U_{m2}$$

由此可求得上升时间为

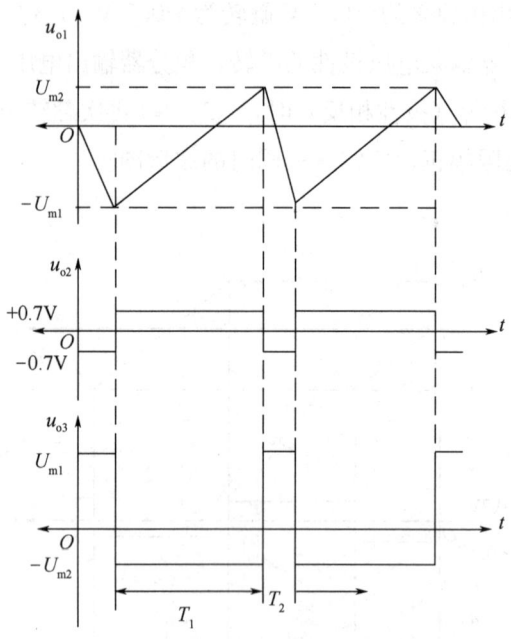

图 4—21 三角波发生器波形

$$T_1 = \frac{R_2C}{K} \times \frac{U_{m1}+U_{m2}}{U_{m2}} \tag{4—14}$$

三角波下降时的斜率为 KU_{m1}/R_2C，经过下降时间 T_2 之后，电压的变化幅度也是 $U_{m1}+U_{m2}$，即

$$\frac{kU_{m1}}{R_2C} \times T_2 = U_{m1}+U_{m2}$$

由此可求得下降时间为

$$T_2 = \frac{R_2C}{K} \times \frac{U_{m1}+U_{m2}}{U_{m1}} \tag{4—15}$$

整个周期为

$$T = T_1 + T_2$$

由图 4—21 可见，尽管电路的名称为"三角波"发生器，但是在输出矩形波正、负幅度不同时，积分器输出的 u_{o1} 是锯齿波，u_{o3} 输出的矩形波的平均值为零（因为 $T_1U_{m2}=T_2U_{m1}$），没有直流分量。但是输出的锯齿波的平均值不为零，带有一定的直流分量，直流分量的大小取决于 U_{m1}、U_{m2} 的比值。

最后分析一下比较器 N3 的输出限幅电路，看看 U_{m1}、U_{m2} 的大小与哪些因素有关。当 N2 输出 -0.7 V 时，N3 输出正电压，此时二极管 VD4 因受反向电压而截止，在正电压达到一定的幅度时，二极管 VD3 导通，电路可以等效成如图 4—22

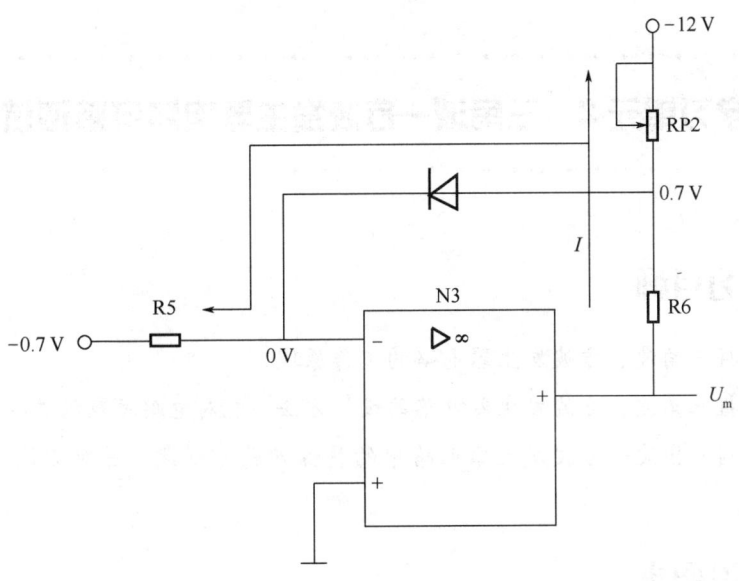

图 4—22 限幅电路

所示。

此时电阻 R6 上的电流为

$$I = \frac{12.7}{RP_2} + \frac{0.7}{R_5}$$

输出的正向电压幅度为

$$U_{m1} = IR_6 + 0.7 = \left(\frac{12.7}{RP_2} + \frac{0.7}{R_5}\right)R_6 + 0.7$$

如果忽略二极管的 0.7 V 压降，图 4—22 电路就是加法电路，对 -12 V 电压的放大倍数为 $-R_6/RP_2$，对 -0.7 V 电压的放大倍数为 $-R_6/R_5$。换句话说，在二极管 VD3 导通时，建立了负反馈，此时 N3 已经不是比较器，而是一个线性应用的加法运算电路了，因此输出电压也不是电源电压，而是按加法电路的运算法则决定的，输出电压的大小主要取决于电阻 R6 与电位器 RP2 的电阻之比。调节电位器 RP2，就可以调节输出的正向电压的幅度，即

$$U_{m1} \approx \frac{R_6}{RP_2} \times 12$$

同样的道理，在 N2 输出 $+0.7$ V 时，N3 输出负电压，此时二极管 VD3 因受反向电压而截止，在负电压达到一定的幅度时，二极管 VD4 导通，输出负电压的幅度可以由电位器 RP3 调节，即

$$U_{m2} \approx \frac{R_7}{RP_3} \times 12$$

学习单元 2 三角波—方波发生器电路安装调试及维修

 学习目标

1. 掌握三角波、方波发生器电路的工作原理。
2. 掌握三角波、方波发生器电路的设计方法,能对电路参数的选择。
3. 能对三角波—方波发生器电路中的关键点进行测试,并对测试数据进行分析、判断。

 知识要求

一、三角波—方波发生器电路组成

三角波—方波发生器是由三级运放电路组成的三角波发生器电路,如图 4—23 所示。

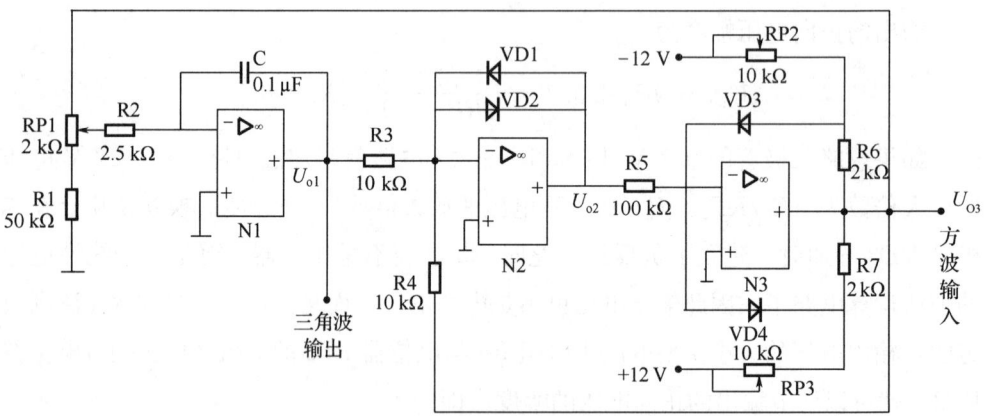

图 4—23 三角波—方波发生器电路图

在图 4—23 中,N1 为积分电路构成的三角波发生器,N2、N3 分别构成两个电平比较运算放大器,N2 带的二极管 VD1、VD2 有双向限幅作用,输出电压幅度为 ±0.7 V,它可将前一级 N1 输出的三角波整形为 ±0.7 V 的方波,并两次反相。N3 运算放大器组成一个带双向限幅输出电压可调的电压比较器电路。调节 RP2、RP3 可使 N1 运放电路输出 U_{o1} 的三角波双相电压幅度可调,RP1 是频率调节变阻器。该电路的特点是：在调节三角波幅度时，其频率不受干扰。

二、三角波—方波发生器电路工作原理

在某一时刻 N3 的输出方波 U_{o3} 为正电压时，送入 N1 反相积分器，则积分器的输出为线性下降的负电压 U_{o1}，并随时间增延，负电压逐步增大，当 U_{o1} 负电压通过 R3 电阻、U_{o3} 正电压通过 R4 电阻在 N2 输入端叠加，当负电压大于正电压，也就是 N2 的输入端电压小于零时，N2 的输出由原来的 -0.7 V 翻转为 $+0.7$ V，这时 N3 的输出也由原来的正电压翻转为负电压，并再送入到 N1 反相积分器，负电压送入积分器时，输出电压由原来的线性下降改为线性上升，直到 U_{o1} 上升到大于 U_{o3} 负电压，N2 的输入端电压大于零时，N2 翻转、N3 翻转……如此不断翻转，形成振荡。

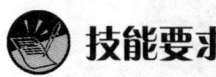 **技能要求**

三角波—方波发生器电路的安装调试及故障排除

一、操作要求

（1）能进行集成运算放大器电路的接线安装。

（2）能对三角波—方波发生器电路参数的选择。

（3）会使用各种仪器仪表，能对三角波—方波发生器电路中的关键点进行测试。

（4）三角波—方波发生器电路的故障诊断和故障排除。

二、操作准备（表 4—2）

表 4—2　　　　　　　　　　　　准备内容

序号	名称	规格型号	数量	备注
1	单相交流电源	~220 V	1 台	
2	电子元件（电阻器、电容器、二极管、稳压管、集成芯片等）	自选	1 套	
3	连接导线（连接元器件用）	自选	100 根	
4	万用表	自选	1 台	
5	双踪示波器	自选	1 台	
6	函数信号发生器	自选	1 台	

三、操作步骤

步骤 1 三角波—方波发生器电路的安装接线。

三角波—方波发生器电路接线设备如图 4—24 所示。按图 4—23 所示接好三角波—方波发生器电路的接线。

图 4—24 三角波—方波发生器电路接线设备

步骤 2 接通电源并进行必要的检查并调试。

步骤 3 用双踪示波器观察电路各主要点的波形。

用示波器实测波形图 U_{o1}、U_{o2}、U_{o3} 的波形。三角波—方波发生器电路波形图如图 4—25a、b、c 所示。

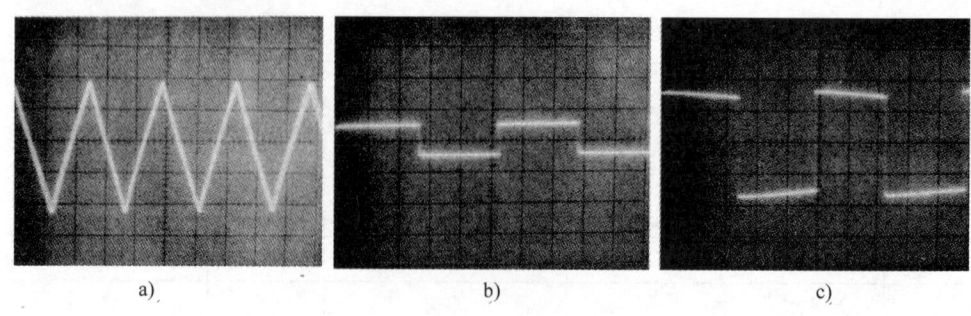

图 4—25 三角波—方波发生器电路波形图
a)U_{o1} 波形 b)U_{o2} 波形 c)U_{o3} 波形

四、常见故障诊断和故障排除(表4—3)

表4—3　　　　　　　　常见故障诊断和故障排除

序号	故障现象	故障分析	排除步骤	注意事项
1	电路不起振	(1) 电源问题 (2) 极性不正确 (3) 元件参数选择不合适	(1) 检查电源线是否断路 (2) 检查电源极性是否接反 (3) 检查元件参数及检查元器件是否接触不良	
2	只有高电平	连接线故障	检查低电平电源线是否断路	

五、注意事项

(1) 装接前须检查器件的好坏,核对元件参数和规格。
(2) 正确连接测量仪器,进行调试。

第3节　脉冲顺序控制器电路装调维修

学习单元1　脉冲顺序控制器电路读图分析

学习目标

1. 掌握集成555定时器组成多谐振荡器的原理及应用。
2. 掌握组合逻辑控制电路的原理及应用。
3. 掌握计数器电路的原理及应用。

 知识要求

一、集成 555 定时器

集成 555 定时器是一种将模拟电路与数字电路的功能巧妙结合在一起的多用途单片集成电路,如在其外部配接上阻容元件,便能构成多谐振荡器、单稳态触发器和施密特触发器等多种应用电路,如图 4—26 所示。由于其性能优良、可靠性强、使用灵活方便,因而在波形的产生与变换、测量与控制中都得到了广泛的应用。

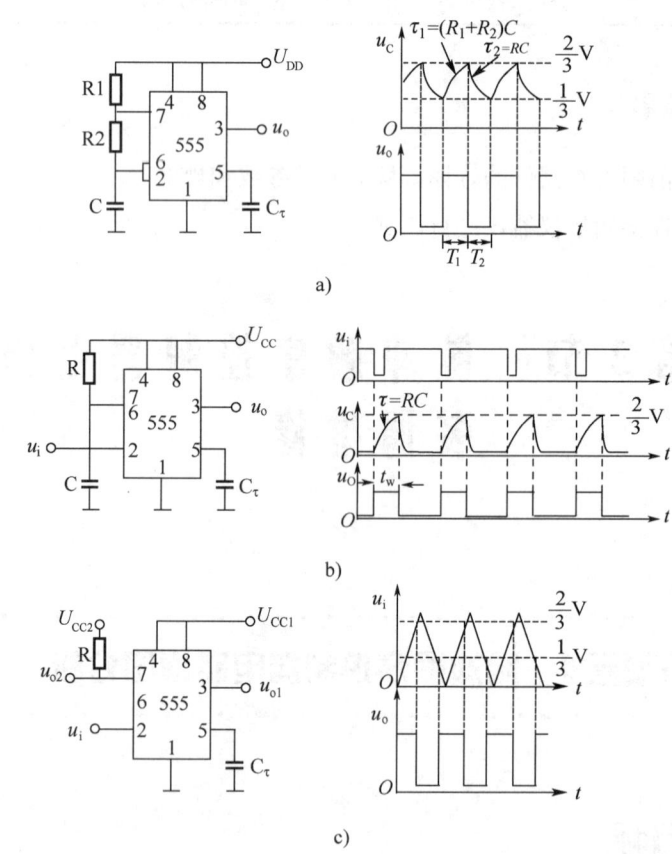

图 4—26 集成 555 定时器电路图及波形
a) 多谐振荡器 b) 单稳态触发器 c) 施密特触发器

1. 集成 555 定时器电路结构

集成 555 定时器电路结构图及引出端功能图如图 4—27 所示。

由图 4—27 可见,集成 555 定时器主要由 3 个 5 kΩ 电阻组成的分压器、两个高精度电压比较器、一个基本 RS 触发器、一个 NMOS 开关管及输出缓冲器组成。

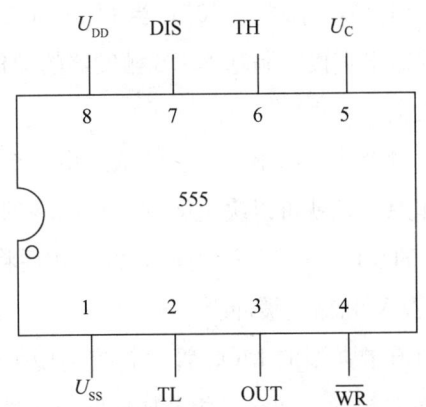

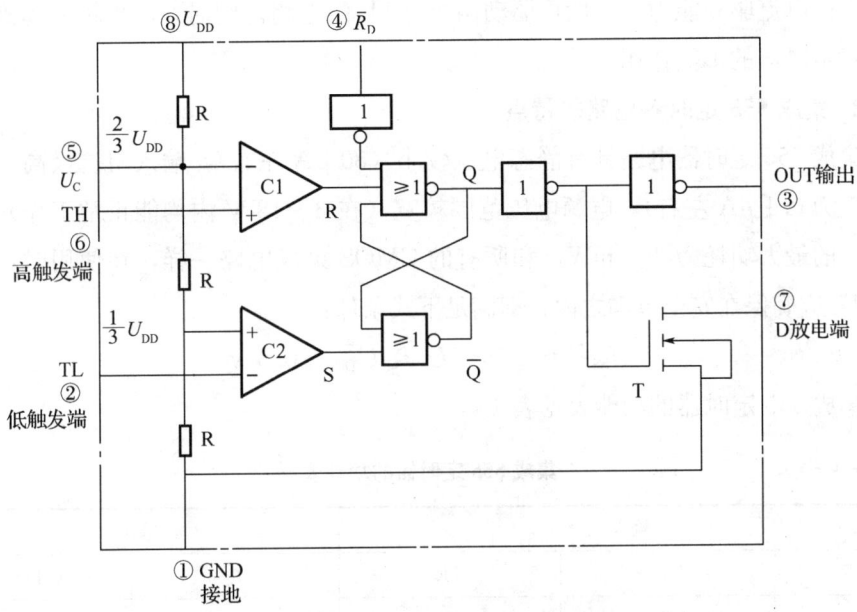

图 4—27 集成 555 定时器结构图及引出端功能图

(1) 分压器

分压器是由 3 个 5 kΩ 电阻组成的,它的作用是为两个比较器提供基准电平。如 CO 端悬空,则比较器 A 的基准电平为 $2/3U_{DD}$,比较器 B 的基准电平为 $1/3U_{DD}$,改变 CO 端的接法,可改变比较器 A、B 的基准电平。

(2) 比较器

比较器 A、B 是两个结构完全相同的高精度电压比较器。A 的输入端为 TH 高触发端,当 $U_{TH} > 2/3U_{DD}$ 时,A 端输出为高电平,即逻辑"1";当 $U_{TH} < 2/3U_{DD}$ 时,A 端输出为低电平,即逻辑"0"。B 的输入端为 TR 低触发端,当 $U_{TR} >$

$1/3U_{DD}$ 时，B 输出为低电平，即逻辑"0"；当 $U_{TR}<1/3U_{DD}$ 时，B 输出为高电平，即逻辑"1"。A、B 的输出直接控制基本 RS 触发器的动作。

(3) 基本 RS 触发器

基本 RS 触发器由两个或非门组成。它的状态由两个比较器的输出控制，根据基本 RS 触发器的工作原理，就可以决定触发器输出端的状态。反端是专门设置的可从外部进行置"0"的复位端，当 $\overline{R}=0$ 时，经反相后将或非门封锁输出为 0。

(4) NMOS 开关管 V 和输出缓冲级

开关管 V 是 N 沟道增强型的 MOS 管，其控制栅为低电平时开关管截止；当控制栅为高电平时开关管导通。两级反相器构成输出缓冲级，反相器的设计考虑了有较大的电流驱动能力，一般可驱动两个 TTL 门电路。同时，输出级还起到隔离负载对定时器的影响作用。

2. 集成 555 定时器电路的特点

集成 555 定时器电路具有静态电流较小（80 μA 左右），输入阻抗极高（输入电流仅为 0.1 μA 左右），电源电压范围较宽（在 3～18 V 内均能正常工作）等特点。它的最大功耗为 300 mW，和所有的 CMOS 集成电路一样，在使用时，输入电压 U_i 应确保在安全范围之内，即满足下式条件：

$$U_{SS}-0.5\text{ V}\leqslant U_i \leqslant U_{DD}+0.5\text{ V}$$

集成 555 定时器的功能表见表 4—4。

表 4—4　　　　　　　　集成 555 定时器的功能表

输入			输出	
R	TH	TR	Q	D
0	X	X	0	0（V 导通）
1	$>2/3U_{DD}$	$\geqslant 1/3U_{DD}$	0	0（V 导通）
1	$\leqslant 2/3U_{DD}$	$<1/3U_{DD}$	1	悬空（V 截止）
1	$\leqslant 2/3U_{DD}$	$\geqslant 1/3U_{DD}$	不变	不变

3. 555 多谐振荡器的工作原理

555 多谐振荡器是一种无稳态电路，只具有两个暂态。暂态的时间长短由电路的定时元件确定，电路工作就在两个暂态之间来回转换。

在接通电源前，电容器两端电压 $u_C=0$，电源刚接通时，因输入为 0（$<1/3U_{DD}$），所以 Q=1，u_o 为高电平，D 端处于悬空状态。电源电压通过 R1、R2 对 C 进行充电，此时充电电路的三要素为

$$u_C(0_+) = 0$$
$$u_C(\infty) = U_{DD}$$
$$\tau_{充} = (R_1 + R_2)C$$

当电容电压 u_C 上升到 $2/3U_{DD}$ 时，Q=0，输出 u_o 为低电平，D 端接地（开关管 V 导通），这段时间称为第一暂态。

开关管 V 导通时，电容 C 通过电阻 R2 和开关管放电，电路进入第二暂态期，其放电过程三要素为

$$u_c(0_+) = 2/3U_{DD}$$
$$u_c(\infty) = 0$$
$$\tau_{放} = R_2 C$$

但当电容 C 放电到 $u_C \leqslant 1/3U_{DD}$ 时，触发器状态变为 Q=1，输出 u_o 为高电平，开关管截止，U_{DD} 再次对电容进行充电。如此反复进行，就可输出如图 4—26 所示的矩形波形。

此电路的振荡周期可按以下公式计算：

$$T = 0.7(R_1 + 2R_2)C \tag{4—16}$$

输出矩形波的频率 $f=1/T$。可见，通过改变 R1、R2 和 C 的值即可改变振荡频率。实际上，也可以通过改变 CO 端电压 U_{CO} 来改变参考电压，从而达到改变振荡频率的目的。由于矩形波中的谐波分量很多，因此常称为多谐振荡器。

二、集成逻辑门电路

1. 基本逻辑门电路

基本逻辑门电路是数字电路的最基本的单元电路，其功能是用来完成某种最基本的逻辑运算，基本逻辑门电路有 3 种：与门、或门和非门。

(1) 与门

在表达逻辑问题的时候，用"0""1"两个代码来表示两种对立的逻辑状态。例如对于某一因果关系，可以用"1"表示具备某个条件，"0"则表示不具备条件；对于结果，同样可以用"1"表示发生了结果，"0"则表示不发生结果。

"与"逻辑的含义为：当一件事情的全部条件都具备时，这件事情才能发生。这一逻辑关系可以用与门来进行运算，例如对于输入为 A、B、C 三变量的与门，其函数式为

$$Y = ABC \tag{4—17}$$

与门的真值表见表 4—5。

表 4—5　　　　　　　　输入为 A、B、C 三变量的与门真值表

A	B	C	Y
0	0	0	0
0	0	1	0
0	1	0	0
0	1	1	0
1	0	0	0
1	0	1	0
1	1	0	0
1	1	1	1

与门的电气图形符号如图 4—28 所示。

与门的输入、输出关系可以用一句话来表示："全 1 出 1，有 0 出 0"。

(2) 或门

"或"逻辑的含义为：当 1 件事情只要具备 1 个有关的条件时，这件事情就能发生。这一逻辑关系可以用或门来进行运算，例如对于输入为 A、B、C 三变量的或门，其函数式为

$$Y = A + B + C \tag{4—18}$$

或门的真值表见表 4—6。

表 4—6　　　　　　　　输入为 A、B、C 三变量的或门真值表

A	B	C	Y
0	0	0	0
0	0	1	1
0	1	0	1
0	1	1	1
1	0	0	1
1	0	1	1
1	1	0	1
1	1	1	1

或门的电气图形符号如图 4—29 所示。

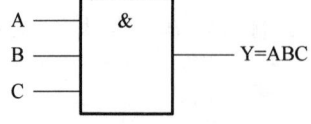
图 4—28　与门的电气图形符号

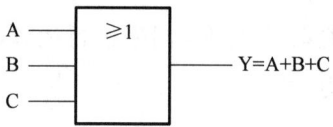
图 4—29　或门的电气图形符号

或门的输入、输出关系可以用一句话来表示:"有 1 出 1,全 0 出 0"。

(3) 非门

非逻辑运算只有 1 个输入量,起到把输入量反相的作用,即把输入的 1 反相输出变为 0;或者把输入的 0 反相输出变为 1。非逻辑运算用非门来实现,其函数式为

$$Y = \overline{A} \tag{4—19}$$

非门的真值表见表 4—7。

非门电气图形符号如图 4—30 所示。

表 4—7　　　　　　非门的真值表

A	Y
0	1
1	0

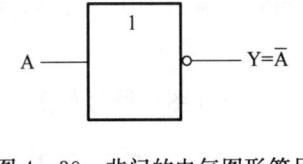

图 4—30　非门的电气图形符号

非门的输入、输出逻辑功能是:"有 0 出 1,有 1 出 0"。

2. 复合门电路

数字电路中的基本门电路虽然有与门、或门和非门 3 种,但在实际应用中,经常把这 3 种基本门电路复合起来,做成各种复合门电路,有所谓的与非门、或非门、与或非门、异或门等。

(1) 与非门

与门和非门结合组成与非门,例如对于输入为三变量 A、B、C 的与非门来讲,其函数式为

$$Y = \overline{ABC} \tag{4—20}$$

与非门的电气图形符号如图 4—31 所示。

(2) 或非门

或门和非门结合组成或非门,例如对于输入为三变量 A、B、C 的或非门来讲,其函数式为

$$Y = \overline{A + B + C} \tag{4—21}$$

或非门的电气图形符号如图 4—32 所示。

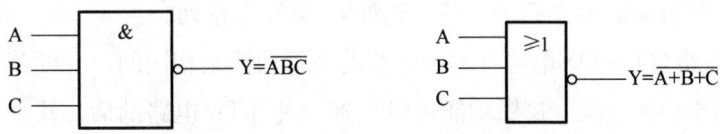

图 4—31　与非门的电气图形符号　　图 4—32　或非门的电气图形符号

(3) 与或非门

与门、或门和非门结合组成与或非门,例如对于输入为 A、B、C、D 的与或非门来讲,其函数式为

$$Y = \overline{AB + CD} \tag{4—22}$$

与或非门的电气图形符号如图 4—33 所示。

(4) 异或门

对于输入为两变量 A、B 的逻辑函数来讲,异或门表示当 A、B 两个变量取值不同时,输出为 1;当 A、B 两个变量取值相同时,输出为 0。函数式为

$$Y = A \oplus B = \overline{A}B + A\overline{B} \tag{4—23}$$

其电气图形符号如图 4—34 所示。

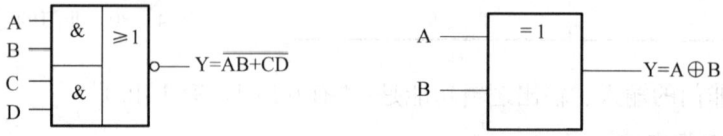

图 4—33　与或非门的电气图形符号　　图 4—34　异或门的电气图形符号

3. 常用集成数字电路

在工业生产中,数字电路已经极少使用二极管、三极管等分立元件来组成,几乎都使用集成电路,其中最常用的集成数字电路的种类是 TTL 电路及 CMOS 电路。

(1) TTL 电路

TTL 电路是用双极型硅工艺制成的一种集成电路,TTL 即晶体管—晶体管逻辑电路。常用的有 54 系列和 74 系列两种,其中 54 系列为军品,一般工业和民用多为 74 系列。

(2) CMOS 电路

CMOS 电路即互补型金属氧化物半导体电路。其内部由 NMOS 和 PMOS 场效应管互补组成,输入端一般还带有二极管限幅电路,使得输入信号的幅度限制在电源电压的范围内,以起到保护作用。CMOS 电路的类型繁多,常用的 CMOS 通用集成电路类型有 4000B 系列、74HC 系列和 74HCT 系列。

TTL 电路与 CMOS 电路有不少电路的逻辑功能是相同的,有的甚至序号也是相同的,如果要实现某一逻辑功能可以找到一种 TTL 电路的话,几乎总可以找到逻辑功能相似的 CMOS 电路与之对应,但是这两种电路的主要参数有很大区别,表 4—8 所列为这两种电路的主要参数,使用时应加以注意。

表 4—8　74LS 系列 TTL 电路和 4000 系列 CMOS 电路的主要参数 U_{DD}

参数名称	74LS 系列 TTL 电路	4000 系列 CMOS 电路
电源电压（V）	5 V	3~18 V
输出高、低电平	3.4 V/0.25 V	U_{DD}/U_{SS}
高电平输入电流（μA）	20 μA	0.3 μA
低电平输入电流	−0.36 mA	−0.3 μA
门坎电平	1.4 V	$U_{DD}/2$
拉电流（mA）	−0.4 mA	−1.5 mA
灌电流（mA）	8 mA	1.5 mA
传输时间（ns）	10 ns	45 ns
功耗（每门）	2 mW	10~50 nW

由于 CMOS 电路功耗低、发热小，工艺简单，故集成度高，其制造成本比其他集成电路低。由于输入阻抗高、故扇出系数大，CMOS 电路中、低频时的扇出系数可达 50~100。电源电压范围宽、噪声容限大，也是 CMOS 电路的一个主要的优点，但是 CMOS 电路的功耗、传输时间都与电源电压的高低有关，电源电压高则传输时间短，但功耗大，在低频情况下，应采用较低的电源电压工作，尽管 4000 系列的电源电压规定是 3~18 V，但其电气参数是按 5~15 V 提供的，最好在 15 V 范围内工作。

4. CC4011 集成门电路

常用的集成门电路按照输入端的多少不同，在一个芯片中往往有几个门电路，例如 CC4011 集成门电路是 14 个引脚的双列直插元件，内部有 4 个二输入端的与非门，引脚排列如图 4—35 所示。

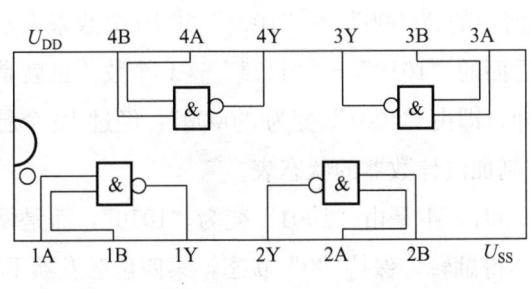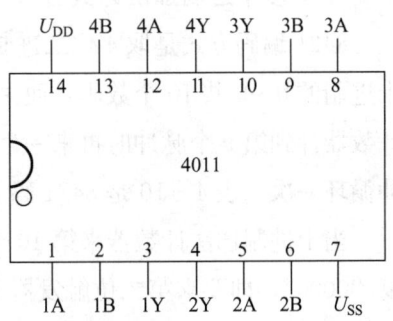

图 4—35　4011 集成门电路结构图及引出端功能图

(1) CC4011 参数

电源电压 U_{DD}：A 系列 $-0.5 \sim +15$ V，B 系列 $-0.5 \sim +18$ V

焊接温度（10 s）：300℃

输入电压：$-0.5 \sim U_{DD}+0.5$ V

储存温度范围：$-65 \sim +150$℃

(2) CC4011 功能（表 4—9）

表 4—9　　　　　　　　　　CC4011 功能

A 输入	B 输入	Y 输出	A 输入	B 输入	Y 输出
0	0	1	1	0	1
0	1	1	0	0	0

三、计数器

计数器是数字系统中应用最广泛的一种时序逻辑电路。其基本功能是对时钟脉冲进行累加计数或累减计数。利用这一功能，计数器可主要用于数字运算、控制、测量及分频和产生节拍脉冲等电路中。

计数器种类繁多，就数制而言，有二进制、十进制和任意进制计数器；就计数功能（计数方向）而言，有加法、减法和可逆计数器；而就进位方式而言，又有串行（异步）、并行（同步）和串并行计数器。现以十进制计数器为例进行介绍。

十进制计数器是在二进制计数器的基础上得出的，用 4 位二进制数来代表十进制的每一位数，所以也称为二—十进制计数器。

1. 同步十进制加法计数器

8421 编码方式是取 4 位二进制数前面的 "0000" ～ "1001" 共 10 个数来表示十进制的 0～9 共 10 个数码，而去掉后面的 "1010" ～ "1111" 这 6 个数。也就是计数器计到第 9 个脉冲时再来一个脉冲，即由 "1001" 变为 "0000"，经过 10 个脉冲循环一次。表 4—10 是 8421 码十进制加法计数器的状态表。

当十进制加法计数器来第 10 个脉冲时，不是由 "1001" 变为 "1010"，而是恢复 "0000"，即要求第二位触发器 F1 不得翻转，保持 "0" 状态，第四位触发器 F3 应翻转为 "0"。如果十进制加法计数器仍由 4 个主、从型 JK 触发器组成，J、K 端的逻辑关系式应改为：

(1) 第一位触发器 F0 每来一个计数脉冲就翻转一次，故 J0=1，K0=1。

表 4—10　　　　　　　　8421 码十进制加法计数器的状态表

计数脉冲数	二进制数				十进制数
	Q3	Q2	Q1	Q0	
0	0	0	0	0	0
1	0	0	0	1	1
2	0	0	1	0	2
3	0	0	1	1	3
4	0	1	0	0	4
5	0	1	0	1	5
6	0	1	1	0	6
7	0	1	1	1	7
8	1	0	0	0	8
9	1	0	0	1	9
10	0	0	0	0	进位

(2) 第二位触发器 F1 在 $Q_0=1$ 时，再来一个脉冲翻转，而在 $Q_3=1$ 时不得翻转，故 $J1=Q_0 Q_3$，$K1=Q_0$。

(3) 第三位触发器 F2 在 $Q_1=Q_0=1$ 时，再来一个脉冲翻转，故 $J2=Q_1 Q_0$，$K2=Q_1 Q_0$。

(4) 第四位触发器 F3 在 $Q_2=Q_1=Q_0=1$ 时，再来一个脉冲翻转，并来第十个脉冲时应由"1"翻转为"0"，故 $J3=Q_2 Q_1 Q_0$，$K3=Q_0$。

由上述逻辑关系式可得出图 4—36 所示的 4 位同步十进制加法计数器的逻辑图。

图 4—37 所示是 4 位同步十进制加法计数器逻辑图对应的工作波形图。

2. 同步十进制可逆计数器

在同步十进制加法计数器的基础上，通过加设一根加、减控制信号线，来构成同步十进制可逆计数器。如 CC40192 同步十进制可逆计数器。CC40192 同步十进制可逆计数器引脚功能如图 4—38 所示。

(1) CC40192 同步十进制可逆计数器性能与应用特点

1) 当 U_{DD} 为 10 V 时，典型时钟频率可达 8 MHz。

2) 在时钟信号上跳变时进行计数。

3) 有分开的加计数时钟输入端和减计数时钟输入端。

4) CC40192 和国外产品 CD40192 可以互换使用。

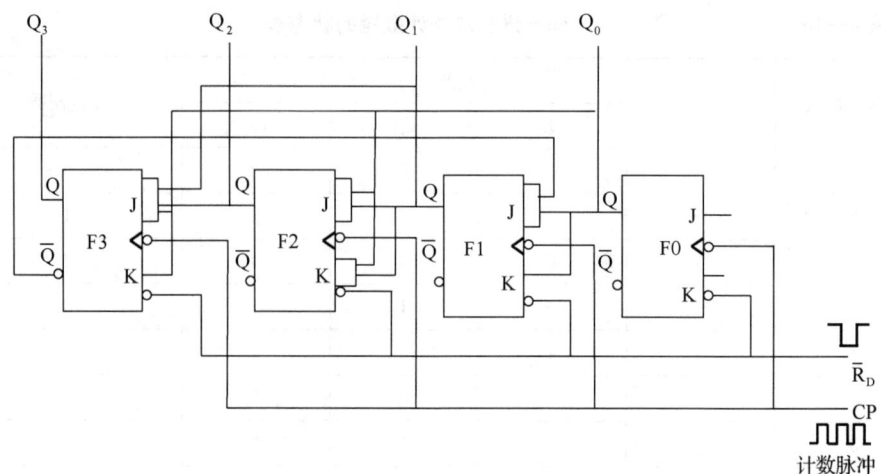

图 4—36 十进制加法计数器逻辑图

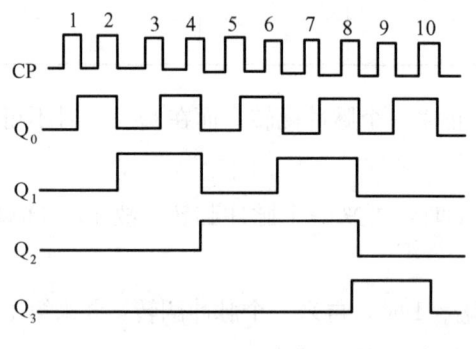

图 4—37 十进制加法计数器工作波形图

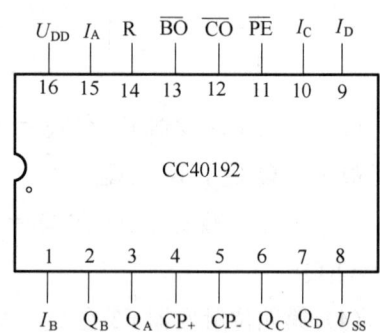

图 4—38 CC40192 同步十进制可逆计数器引脚功能

5) 主要用作加、减计数,多级串行计数,同步分频器和可编程序计数器。

6) 本电路采用 16 条外引线封装。

(2) CC40192 同步十进制可逆计数器逻辑图、真值表、波形图

图 4—39 所示是 CC40192 芯片的逻辑图,它由 4 个 RS 触发器组成,既可以用作加法计数,也可以用作减法计数。$Q_1 \sim Q_4$ 是 4 个二进制码输出端,CP_+ 和 CP_- 分别是加法计数端和减法计数端,CO 和 BO 分别是加法计数进位端和减法计数进位端。CC40192 同步十进制可逆计数器真值表见表 4—11。

由 CC40192 同步十进制可逆计数器真值表可以看出,R 是复位端,R 为 "1" 时计数器清零。PE 是预置数使能端,当 PE 为 "1" 时,CC40192 处于计数状态;PE 为 "0" 时,CC40192 处于预置数状态。CC40192 同步十进制可逆计数器波形

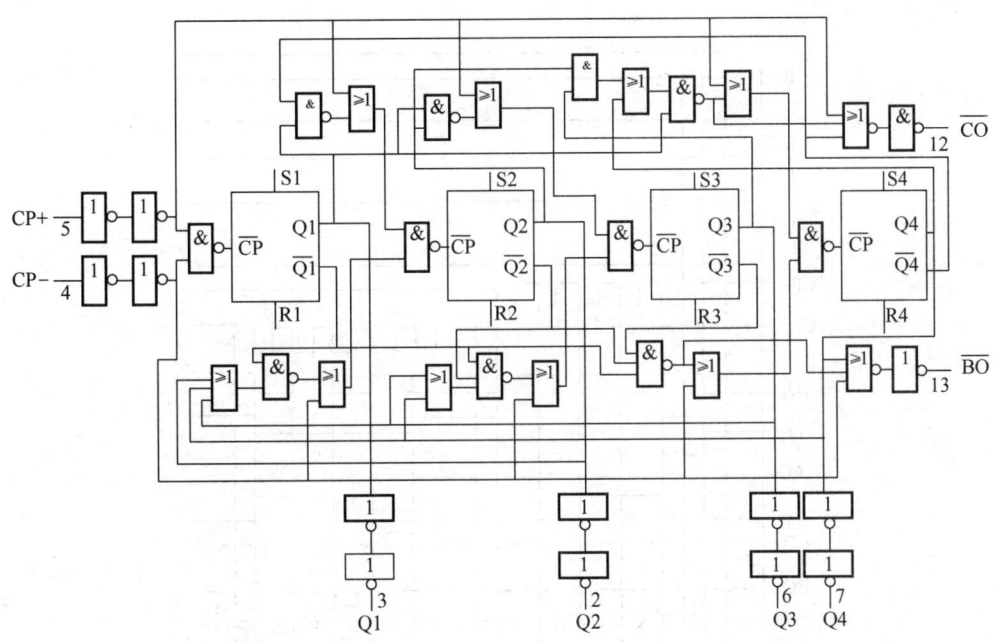

图 4—39　CC40192 同步十进制可逆计数器逻辑图

表 4—11　　　　CC40192 同步十进制可逆计数器真值表

CP+	CP−	PE	R	功能
↑	1	1	0	加计数
↓	1	1	0	不计数
1	↑	1	0	减计数
1	↓	1	0	不计数
×	×	0	0	预置数
×	×	×	1	复位

图如图 4—40 所示。

输入计数脉冲只作用于计数器中最低位触发器的 CP 端，各位触发器采用串行进位方式，故其工作速度较低。

四、译码器

译码器是一个多输入、多输出的逻辑电路。它的作用是把给定的代码进行"翻译"，变成相应的状态，使输出通道中相应的一路有信号输出。译码器在数字系统中有广泛的用途，不仅用于代码的转换，终端的数字显示，还用于数据分配，存储

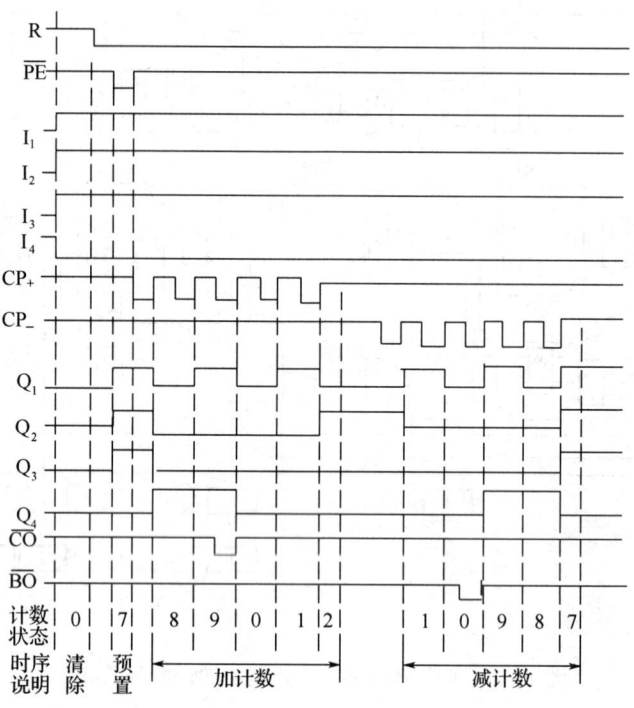

图 4—40　CC40192 同步十进制可逆计数器波形图

器寻址和组合控制信号等。不同的功能可选用不同种类的译码器。现以二—十进制译码器 CC4028 为例进行介绍。图 4—41 所示为二—十进制译码器 CC4028 引脚功能。

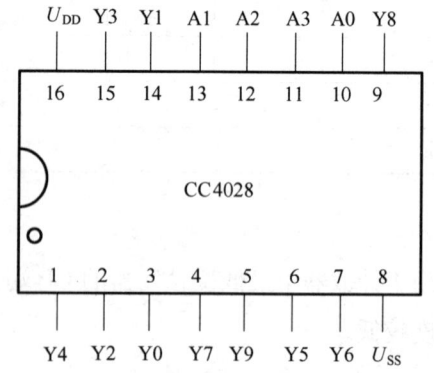

图 4—41　二—十进制译码器 CC4028 引脚功能

二—十进制译码器 CC4028 能将输入的 4 位二进制数表示的二—十进制数译成十进制数，其中 A0A1A2A3 是地址的输入端，$\overline{Y0} \sim \overline{Y9}$ 是译码器的输出端，它能拒绝伪码，当输入 1010～1111 时，所有的输出全为 1。此外 CC4028 没有使能端，因此不能作多路分配器使用，但若用 A2A1A0 作地址的输入端，$\overline{Y8}$、$\overline{Y9}$闲置不用，A3 可以作为使能端使用，此时 CC4028 变成 3/8 译码器，A3 的选通功能为低电平使能。所以 CC4028 不仅可作一般译码器使用，也可以作多路分配器使用，实现逻辑函数多种功能。

学习单元 2　脉冲顺序控制器电路安装调试及维修

学习目标

1. 掌握脉冲顺序控制器电路的工作原理。

2. 熟悉振荡电路、逻辑控制电路、计数电路的工作原理，能对电路参数进行选择。

3. 掌握各种仪器、仪表使用方法，能对脉冲顺序控制器电路中的关键点进行测试，并对测试数据进行分析、判断。

知识要求

一、脉冲顺序控制器电路组成

脉冲顺序控制器集中了数字电路的主要部分，如集成 555 定时器、集成 CC4011 门电路、CC40192 十进制可预置可逆计数器、CC4028 4/10 译码器等，在集成数字电路中具有一定的代表性。图 4—42 所示为脉冲顺序控制器电路图。

二、脉冲顺序控制器的工作原理

由图 4—42 可见，此电路受顺序控制端控制。由一个集成 555 定时器组成一个多谐振荡器用于产生脉冲信号，通过集成 CC4011 门电路的控制将其信号送至 CC40192 十进制可预置可逆计数器的加法计数或减法计数端，由 CC40192 计数器 $Q_D \sim Q_A$ 输出二进制计数值，然后通过 CC4028 4/10 译码器进行译码，将译码输出端接显示电路，通过发光二极管显示。当集成 CC4011 门电路顺序控制端 Q 为高电平时，经过集成 CC4011 门电路组成的控制电路将多谐振荡器产生的脉冲信号加至

CP_-,CP_+置1,由CC40192计数器进行减法计数;反之,当集成CC4011门电路顺序控制端Q为低电平时,经过集成CC4011门电路组成的控制电路将多谐振荡器产生的脉冲信号加至CP_+,CP_-置1,由CC40192计数器进行加法计数。此电路的启动和停止可以通过CC40192的R端来控制。

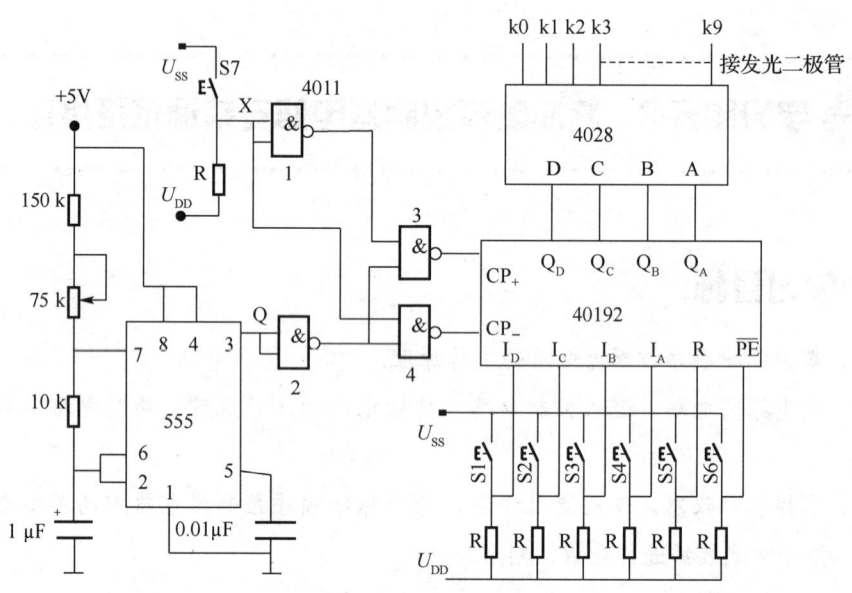

图4—42 脉冲顺序控制器电路图

技能要求

脉冲顺序控制器电路的安装调试及故障排除

一、操作要求

(1) 能进行振荡电路、逻辑控制电路、计数电路的接线安装。

(2) 能对脉冲顺序控制器电路进行参数选择。

(3) 会使用双踪示波器对脉冲顺序控制器电路中的关键点进行测试。

(4) 能对脉冲顺序控制器电路的故障进行诊断和故障排除。

二、操作准备(表4—12)

三、操作步骤

步骤1 脉冲顺序控制器电路的安装、接线。

表4—12　　　　　　　　　　　准备内容

序号	名称	规格型号	数量	备注
1	单相交流电源	~220 V	1台	
2	电子元件（电阻器、电容器、组合开关、集成芯片等）	自选	1套	
3	连接导线（连接元器件用）	自选	100根	
4	万用表	自选	1台	
5	双踪示波器	自选	1台	

脉冲顺序控制器电路的安装可采用分段安装方式。脉冲顺序控制器电路接线设备如图4—43所示。

图4—43　脉冲顺序控制器电路接线设备

步骤2　接通电源并进行必要的检查并调试。

脉冲顺序控制器电路的调试采用分段调试方式。

（1）对集成555定时器组成的多谐振荡器进行调试

集成555定时器电路如图4—44所示。

集成555定时器电路中的电阻由电阻器150 kΩ、电位器75 kΩ和电阻器10 kΩ组成，多谐振荡器电路输出的矩形波频率能在一定范围内调节。该多谐振荡器的频率调节范围为

$$f_1 = \frac{1}{0.7 \times (75 + 150 + 2 \times 10) \times 1 \times 10^{-3}} \approx 6 \text{ Hz}$$

$$f_2 = \frac{1}{0.7 \times (150 + 2 \times 10) \times 1 \times 10^{-3}} \approx 8 \text{ Hz}$$

得出振荡器电路的频率可调范围为 6～8 Hz。

(2) 对 CC4011 门电路进行调试

CC4011 组成的顺序控制电路 1 如图 4—45 所示。

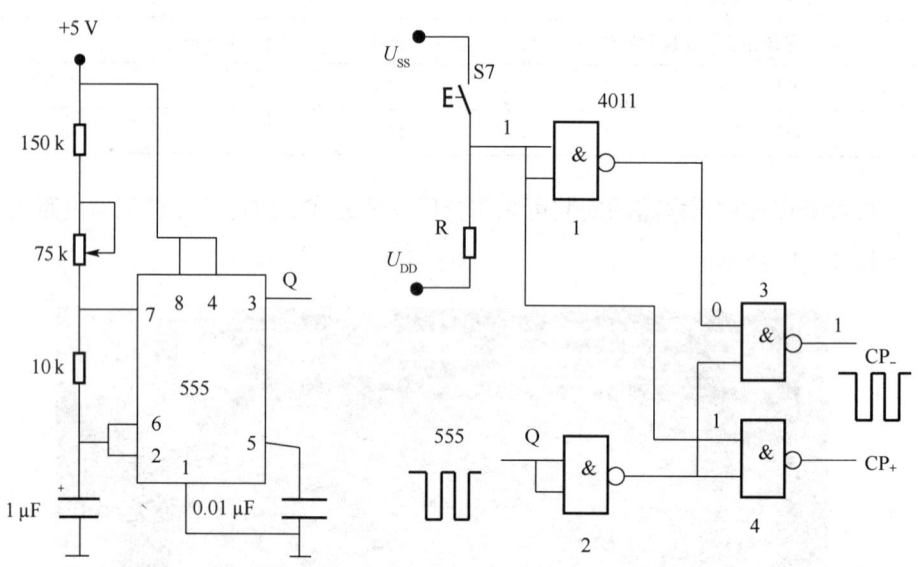

图 4—44 集成 555 定时器电路　　图 4—45 顺序控制电路 1

开关 S7 可改变 1 号非门输入端的逻辑电平，假设某一时刻为"1"，即高电平，按与非门口诀"有 0 出 1""全 1 出 0"，可得到图 4—45 所示的控制电路 1 标注的电子和脉冲波形图，这时 CP_+ 为脉冲，CP_- 为"1"高电平。

CC4011 组成的顺序控制电路 2 如图 4—46 所示。

当 S7 开关使 1 号非门输入端为低电平时，可得到图 4—46 所示的顺序控制电路 2 标注的电子和脉冲波形图，这时 CP_+ 为"1"，CP_- 为脉冲。

(3) 对 CC40192 计数器进行调试

CC40192 计数器电路如图 4—47 所示。

计数器是采用 CC40192 双向 BCD 码计数器，计数器中的预制数和功能端均用拨盘开关，通过它来控制计数器的工作状态。例如，计数器 CC40192 控制端 R 的状态为"0"、PE 的状态为"0"时，则计数器处于预置数状态，这时将 BCD 码从 I_A、I_B、I_C、I_D 预置数输入端输入，在计数器的输出端就得到一组相应的 BCD 码。又如：计数器 CC40192 控制端 R 的状态为"0"、PE 的状态为"1"时，则计数器就进入加、减计数状态。计数器的输出 Q_A、Q_B、Q_C、Q_D 与 CC4028 译码器的输

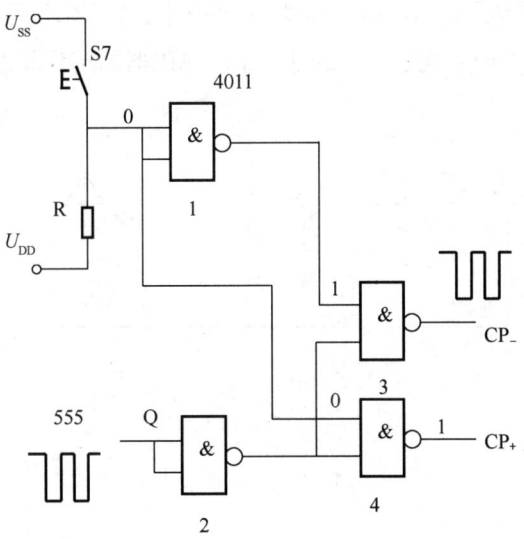

图 4—46 顺序控制电路 2

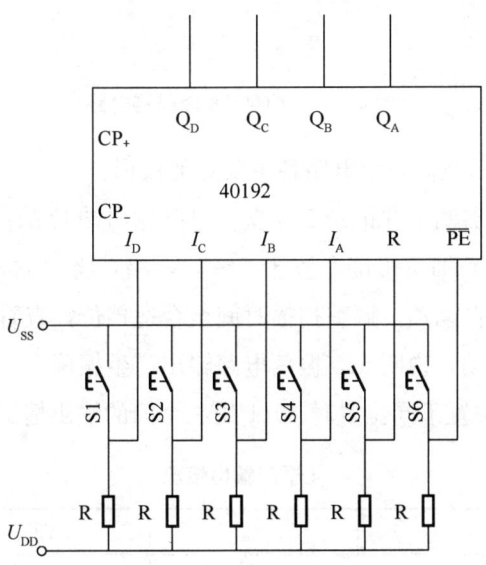

图 4—47 CC40192 计数器电路

入端 A、B、C、D 相连。

(4) 对 CC4028 译码器进行调试

CC4028 译码器电路如图 4—48 所示。

CC4028 译码器输入端的 A、B、C、D 为 0000 时，则输出端 W_0 为高电平，其他输出端均为低电平；又如，CC4028 译码器输入端的 A、B、C、D 为 1001 时，

则输出端的 W_0 为高电平,其他输出端均为低电平。CC4028 译码器 4/10 译码器的输出端通常与发光二极管相连,主要用来显示译码器的工作状态。

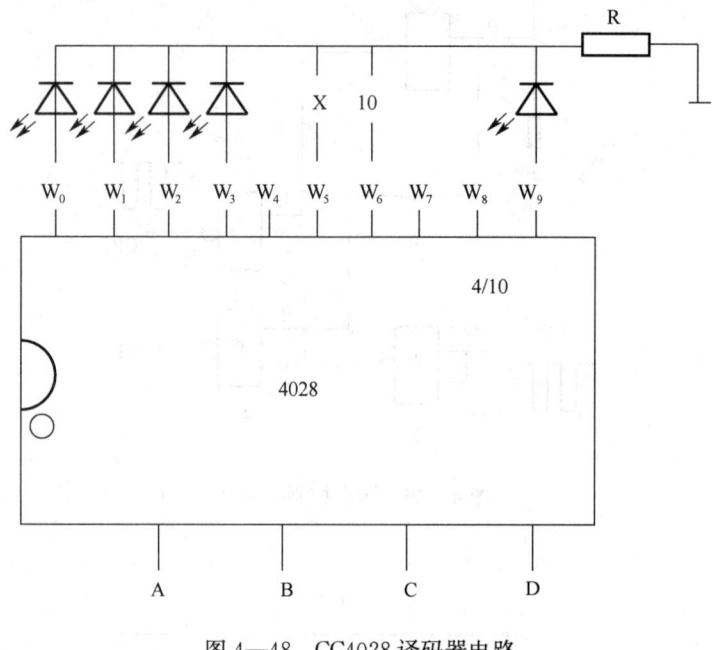

图 4—48　CC4028 译码器电路

步骤 3　用双踪示波器观察电路各主要点的波形。

(1) 用双踪示波器测量并记录 555 振荡电路输出端 Q 的波形

将双踪示波器"Y 轴灵敏度"置于 2～5 V/格,将"输入耦合"置于 DC 挡,将"扫描方式"置于自动挡。调整扫描时间至合适挡位,查看双踪示波器波形显示扫描线或光点上下跳动,说明 555 振荡电路输出产生振荡。

(2) 记录 S7 开关置不同位置时 4011 的 4 个门的输出情况(表 4—13)

表 4—13　　　　　　　　　　4 个门输出情况

X	Y1	Y2	Y3	Y4
0	1	$\overline{Q}$	Q	1
1	0	$\overline{Q}$	1	Q

四、常见故障诊断和故障排除(表 4—14)

五、注意事项

(1) 装接前须检查器件的好坏,核对元件参数和规格。

表 4—14　　　　　　　　　常见故障诊断和故障排除

序号	故障现象	故障分析	排除步骤	注意事项
1	555 定时器电路不起振	(1) 555 芯片电源问题 (2) 元器件引脚接错	(1) 检查电源线是否断路或检查电源极性接反 (2) 检查电容器极性是否接反	
2	S7 控制失灵	(1) 4011 芯片电源问题 (2) 集成门电路组合接错	(1) 检查集成电路电源是否接入 (2) 检查集成电路引脚是否接错	
3	置数控制不工作	(1) 拨盘开关 (2) 集成电路引脚坏损	(1) 检查拨盘开关电源是否接入 (2) 检查集成电路是否坏损	
4	无显示	4028 芯片电源问题	(1) 检查集成电路电源是否接入 (2) 检查输入信号是否正常	

(2) 正确连接测量仪器，进行调试。

第5章
电力电子电路装调维修

第1节 电力电子线路读图、测绘、分析

 学习单元1 晶体管触发电路读图分析

 学习目标

1. 了解晶闸管对触发电路的要求及晶体管触发电路的分类。
2. 掌握正弦波同步晶体管触发电路的工作原理,弄清各主要点的波形及与电路有关元件参数的关系。
3. 掌握锯齿波同步晶体管触发电路的工作原理,弄清各主要点的波形及与电路有关元件参数的关系。
4. 掌握晶体管触发电路的调试方法。

知识要求

一、晶闸管对触发电路的要求

晶闸管的导通条件除了其阳极须承受正向电压之外，还必须同时满足门极上加正向电压的要求。为门极提供触发电压与电流的电路称为触发电路，它决定每个晶闸管的触发导通时刻。为使晶闸管变流装置能准确无误地工作，对触发电路提出如下要求：

1. 触发电路送出的触发信号应有足够大的电压和功率

晶闸管门极的伏安特性如图 5—1 所示，其中可靠触发区为 $A-B-C-D-E-F-G-A$，参数 U_{GT} 与 I_{GT} 即为元件出厂时给出的触发电压和触发电流，由图中可见，U_{GT} 与 I_{GT} 不是元件触发允许值，而是指该型号的所有合格元件都能被触发的最小门极电压、电流值。为此，所设置触发电路的触发电压和触发功率都必须大于晶闸管的给定参数，才能可靠触发导通。此外，元件给出的参数指的是直流值，而实际触发电流送出的触发信号通常是脉冲式。因此，触发电压和触发电流的幅值，允许比给定参数 U_{GT} 和 I_{GT} 大得多，脉冲越窄，允许的幅值就越大，但只要触发功率不超过规定值即可。

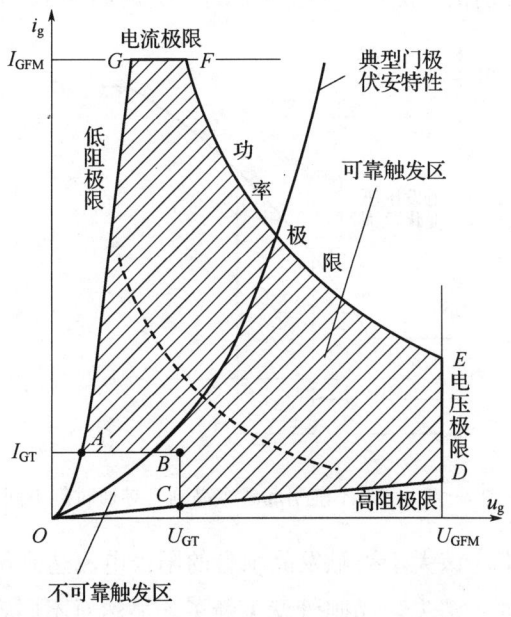

图 5—1 晶闸管门极伏安特性与可靠触发区

2. 门极正向偏压越小越好

有些触发电路在发出触发脉冲之前，会有正的门极偏压存在，如图 5—2 所示。为了避免晶闸管误触发，要求这正向偏压越小越好，最大不得超过晶闸管的不触发电压值。

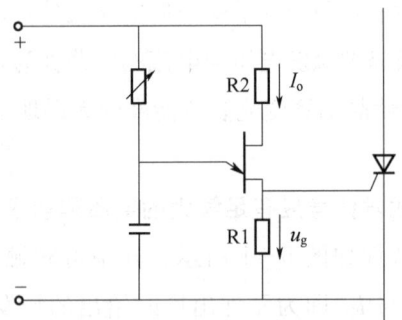

图 5—2　触发前门极所加的正向偏压

3. 触发脉冲的前沿要陡，脉冲宽度应满足要求

触发脉冲的前沿陡，就能更精确地控制晶闸管的导通。由于晶闸管门极特性的不同，同系列的晶闸管其触发电压、电流不尽相同。如果触发脉冲不陡，就会造成各个晶闸管导通的时刻有先后，使整流输出电压 u_d 波形不均匀，如图 5—3 所示。所以，要求触发脉冲前沿要陡，一般要求脉冲上升时间小于 10 μs。

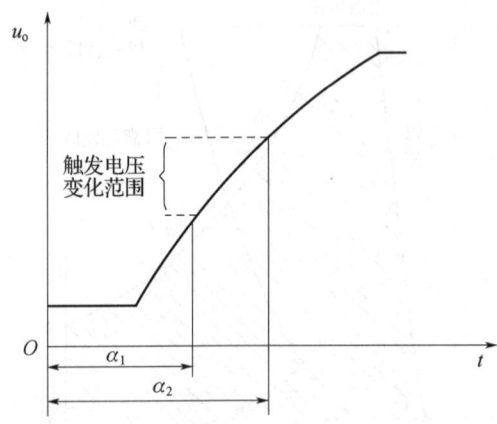

图 5—3　前沿不陡引起各个晶闸管导通时刻不同

触发脉冲的宽度应该大于被触发晶闸管的阳极电流达到擎住电流所需要的时间，否则当触发脉冲一消失，晶闸管就关断了。显然对不同容量的晶闸管和不同的负载，所需要的这段时间也不同，为了保证对各种情况下均能可靠地触发晶闸

管,一般在使用单窄脉冲触发时,脉宽应达到1 ms左右(即50 Hz时对应18°电角度)。

4. 满足主电路移相范围的要求

不同形式与不同负载的可控整流电路要求有不同的移相范围。触发电路发出的触发脉冲能移相的范围应超过所要求的移相范围。

5. 触发脉冲必须与晶闸管的阳极电压取得同步

所谓同步,即要求触发脉冲的整个移相范围均处于晶闸管承受正向电压的范围内,这样才能使触发脉冲加到晶闸管门极上时,能可靠触发晶闸管;且要求在移相控制电压不变时,触发电路都能在每周期相同的控制角 α 时刻送出触发脉冲,以保证负载两端得到稳定不变的输出整流电压。

此外,要求触发电路还应具有较强的抗干扰能力、工作可靠、电路投资省、调试简便等特点。常见的触发脉冲电压波形如图5—4所示。

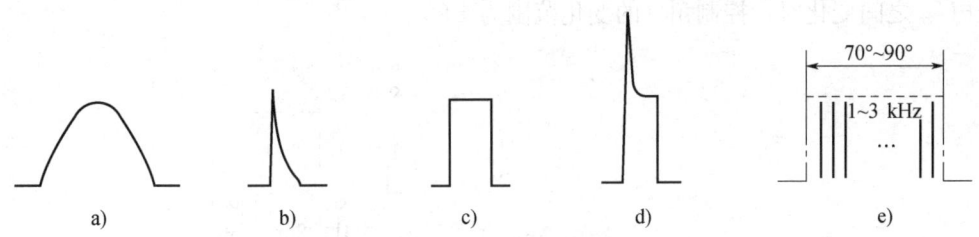

图5—4 常见触发脉冲电压波形
a) 正弦波 b) 尖脉冲 c) 方脉冲 d) 强触发脉冲 e) 脉冲列

二、晶体管移相触发电路

由于大、中容量三相晶闸管装置要求触发脉冲宽度宽、移相范围和触发功率大等特点,需要采用晶体管触发电路。晶体管触发电路的形式很多,其中最常用的有同步信号波形为正弦波和锯齿波两种。由晶体管组成的触发电路通常由同步移相、脉冲形成及脉冲放大输出等部分组成。同步移相环节用于实现触发电路与主电路的同步及控制发出触发脉冲的时刻;脉冲形成环节在同步移相环节的控制下,利用开关电路与电容的充放电产生触发脉冲;而脉冲放大输出环节则将所形成的脉冲进行功率放大后,通过脉冲变压器等元器件将脉冲送到晶闸管的门极上进行触发控制。

晶体管移相触发电路的同步移相,一般都是采用同步信号与一个控制电压或几个电压的叠加,通过改变控制电压的大小,从而改变晶体管翻转时刻,这种方式称为垂直控制。在实际应用中，经常需要几个信号加以综合，最简单的是一个同步信号 u_s 与一个控制电压 U_c 的叠加。根据信号叠加的方式，垂直控制又可分为串联垂直控制和并联垂直控制两种。

1. 串联垂直控制

若同步信号 u_s 为正弦波电压，由同步变压器 TS 的二次绕组供给，与直流控制电压 U_c 串联连接，因此串联垂直控制又称电压叠加控制，其原理如图 5—5 所示。采用 u_s 与 U_c 合成后的信号电压由负变正时，去控制三极管 V 翻转导通。当控制电压 U_c 改变其大小时，u_s 与 U_c 合成后的正弦波上下浮动，使其由负变正的过零点左右移动，即三极管由截止变为导通的时刻前后变化。控制电压 U_c 增大时，三极管导通时刻提前；控制电压 U_c 减少时，三极管导通时刻移后。若以三极管 V 从截止变导通的时刻去控制产生触发脉冲，则只要改变控制电压 U_c 的大小就可改变脉冲发出的先后，亦即改变控制角 α 的大小。由图中可看出，当 U_c 从 $-U_{sm}$ 到 $+U_{sm}$ 之间变化时，控制角 α 的变化范围为 $\pm 90°$。

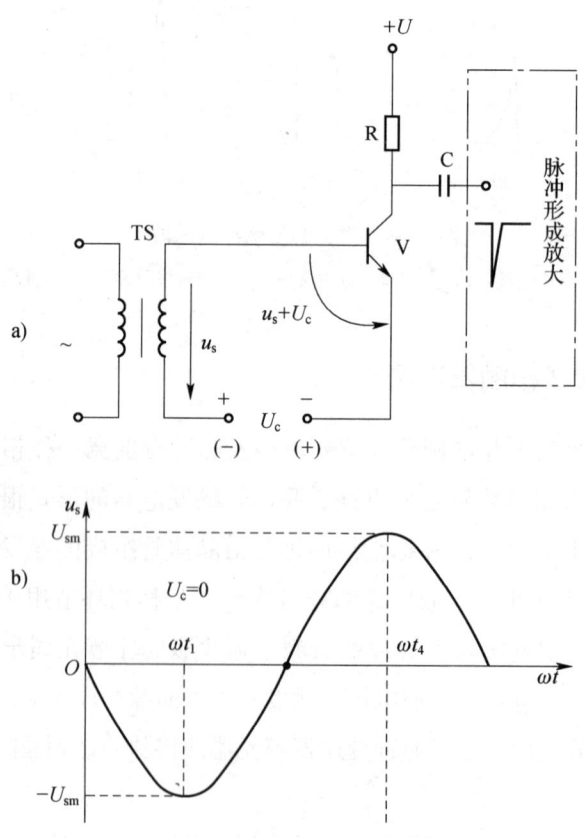

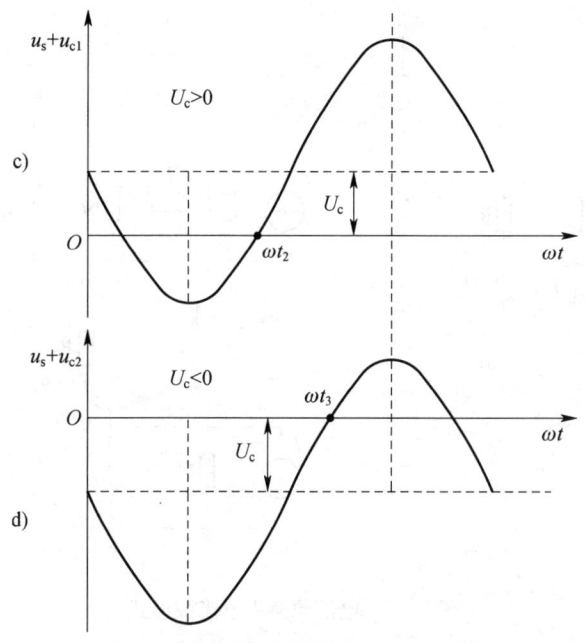

图 5—5　串联垂直控制原理

a）电路图　b）$U_c=0$ 时合成波形　c）$U_c>0$ 时合成波形　d）$U_c<0$ 时合成波形

2. 并联垂直控制

并联垂直控制方式实际上是将电压信号经过较大电阻后，变换为电流再进行叠加，故称电流叠加，如图 5—6 所示。图中 R_s、R_c 均为阻值较大的电阻（一般为 10~20 kΩ），应用电工基础中的知识，可以把电压源变换为电流源形式，如图 5—7 所示。

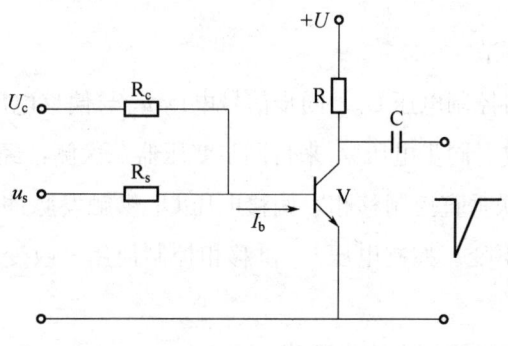

图 5—6　并联垂直控制原理

对于 NPN 型三极管 V 来说，当 $i_b>0$ 翻转导通，$i_b\leqslant 0$ 则截止。因此，V 的导通与否仍取决于 u_s 与 U_c 二个电压信号的叠加，与串联叠加形式相同。并联垂直控

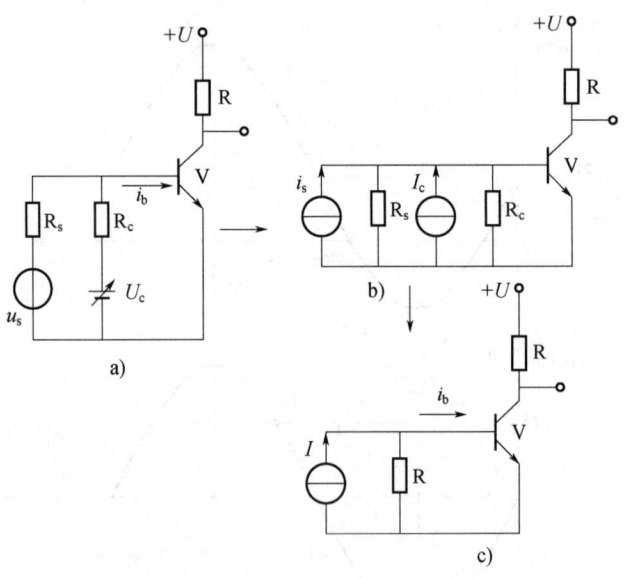

图 5—7 电压源换为电流源形式

制实现比较简单而且有公共接点，同时由于各信号串联了较大电阻，调整时互不影响，因此实际中使用较多。

三、正弦波同步晶体管触发电路

1. 电路图

正弦波同步晶体管触发电路，如图 5—8 所示，它可用于触发 200 A 以下的晶闸管。

2. 原理分析

（1）同步移相环节

同步移相环节由控制电压 U_c、同步信号电压 u_{s1} 与偏移电压 U_b（极性与 U_c 相反的直流电压）组成。同步电压 u_{s1} 来自同步变压器二次侧，经 RC 滤波后即为 u_s，与 U_c 和 U_b 进行并联垂直控制移相。偏移电压 U_b 供触发脉冲初始相位的调整用，调整完毕后即固定不变。控制电压 U_c 供移相控制使用，改变 U_c 的大小即可改变控制角 α 的大小。

（2）脉冲形成整形及放大输出环节

脉冲形成及整形环节实际上是一个分立元件的三极管集－基耦合单稳态脉冲电路。V2 的集电极通过 VD4 耦合到 V3、V4 基极，V3、V4 的集电极又通过 RP、C3 回耦到 V2 的基极。在同步移相环节送出负脉冲时（即 V1 由截止变为导通，

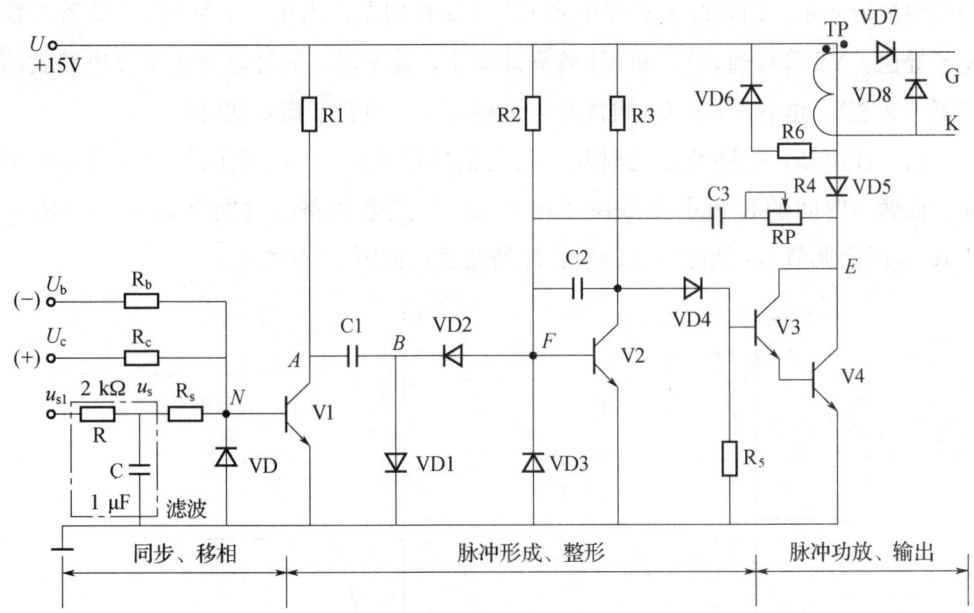

图 5—8 正弦波同步晶体管触发电路

U_A 由高电平变为低电平),单稳态电路翻转,输出脉宽可调的、前沿很陡的、幅值足够的触发脉冲。其工作过程如下:

1) 稳态。当 V1 管截止时,由 R2、VD2 与 VD1 组成的分压电路使 V2 管可靠饱和导通,V3 与 V4 组成的复合管可靠截止,电路无脉冲输出。与此同时,稳压电源 +15 V 通过 R1、C1 和 VD1 对 C1 充电,充电结果为 C1 上电压呈右负左正,电压可达 14.3 V。这期间稳压电源 +15 V 还通过脉冲变压器的一次绕组、VD5、R4、C3 和 V2 管的基极到地对 C3 充电,充电结果使 C3 呈右正左负,电压可达 14.3 V。电路的这种状态可以保持稳定,是为"稳态"。

2) 暂态。当同步移相环节中并联叠加的各电压使 V1 管由截止变为导通时,通过 C1 向 V2 基极输出负脉冲,使 V2 管导通变为截止,接着 V3 和 V4 管由截止变为导通,于是通过脉冲变压器二次绕组输出触发脉冲。与此同时,电路还通过 R4、C3 将 V4 管集电极电位下降的变化传递给 V2 的基极,迫使 V2 更迅速地截止,V3 与 V4 管也随之迅速向导通翻转,从而形成正反馈的过程,使输出触发脉冲前沿很陡。

但 V2 管的截止和 V3、V4 管的导通,这种状态只能是暂时的(亦称"暂态")。因为 V4 管的导通,稳压电源通过 R2、C3、R4、V4 管到地形成了一条对 C3 反向充电的通路,要使 C3 上电压反充到左正右负最后达到 14.7 V,如图 5—10

中虚线波形所示。但实际上只要电容 C3 被反充到左正右负 0.7 V 时，V2 管又恢复了导通。V2 管导通，V3 和 V4 管立即截止，输出触发脉冲就终止了。电路就结束了"暂态"，电容 C1 和 C3 再次充电到稳定值，电路又恢复到稳态。

由上述可知，电路暂态的时间，就是输出脉冲的时间，也就是触发脉冲的宽度。而暂态时间的长短主要取决于电容 C3 反充电回路的时间常数 $\tau_3 = (R_2 + R_4)C_3$，因而调节 R4 就能调节触发脉冲的宽度，如图 5—9 所示。

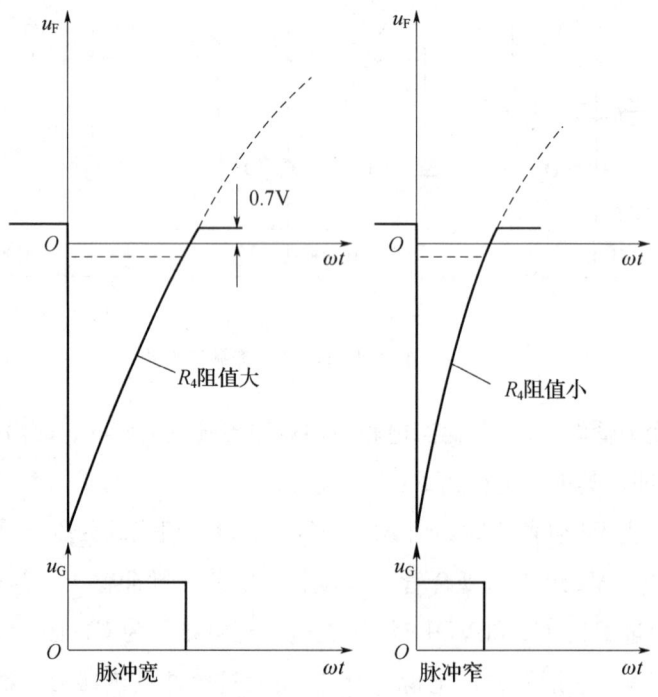

图 5—9　R4 对脉冲宽度的影响

在暂态过程中，虽然电压+15 V 也会通过 R2、VD2 和 V1 管对 C1 反充电，但由于 $\tau_1 = C_1R_2 \ll \tau_3$，使 B 点电路比 F 点电位上升得快，如图 5—8 所示，VD2 承受反压而截止。所以 V2 管基极电路的变化，主要取决于 C3 反充电时间常数的变化。电路中电容 C2 是起本级微分负反馈作用，用于提高抗干扰能力。设置 VD5 是为了防止由于稳压电源电压不稳发生下跌时，原来已充电的电容 C3 经过 R4、TP、电源、VD3 产生放电，而引起 V2 管的截止，造成误输出触发脉冲。VD 与 VD3 是对 V1 和 V2 管的基极反压限幅保护，以免 V1 和 V2 损坏。

3. 相关波形

正弦波同步晶体管触发电路各主要点的电压波形，如图 5—10 所示。

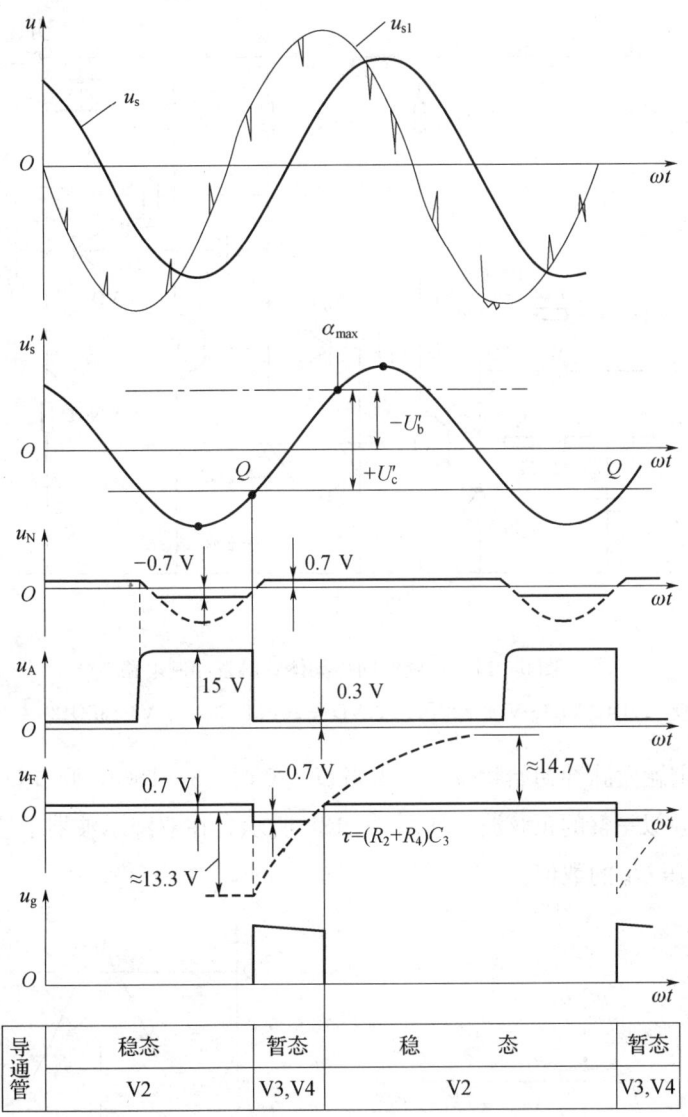

图 5—10 正弦波同步晶体管触发电路主要点的波形

4. 调试方法

(1) 按图 5—11 检查触发器印制电路中元件焊接是否正确,熟悉各测试点位置,并将 U_b、U_c 电压调节旋钮调到零位。

(2) 接通 +15 V、U_b、U_c 及同步变压器 TS 的电源,用双踪示波器观察①点波形,它应比②点波形超前 30°,而③点波形应如图 5—12a 所示。

(3) 用双踪示波器观察①~⑦点及输出触发脉冲 U_g 的波形,检查是否正常。

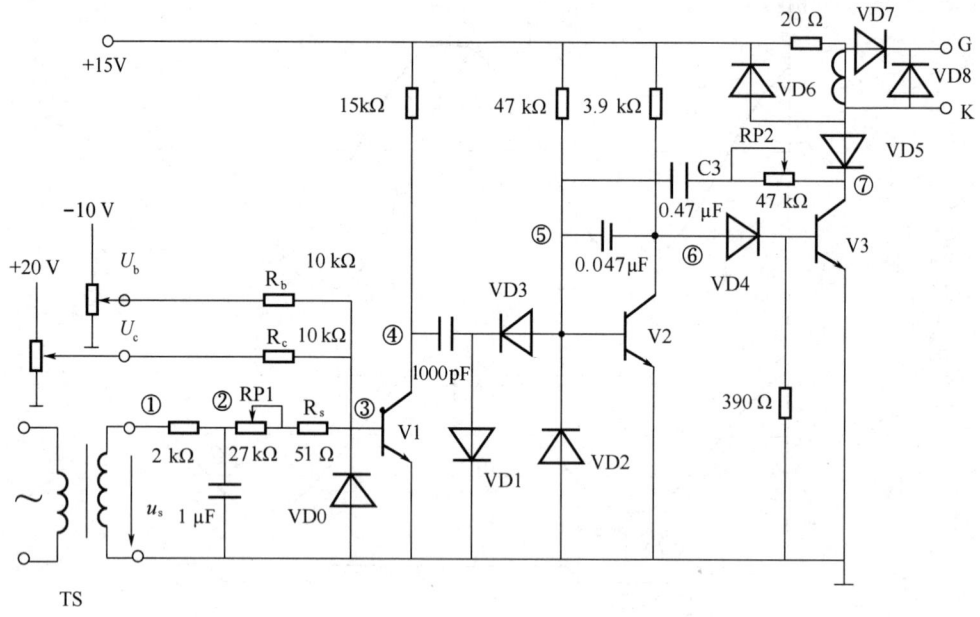

图 5—11 正弦波同步晶体管触发印制电路

注：1. VD0～VD4、VD6～VD8—2CP12 2. VD5—2CP14 3. V1、V2—3DG12 4. V3—3DD2

（4）确定触发脉冲初始相位。要求当 $U_c=0$ 时，$\alpha=180°$。调节 U_b 旋钮，使③点波形出现近似完整的正弦波，如图 5—12b 所示。在双踪示波器上读取同步电压 U_s 与偏移电压 U_b 的数值。

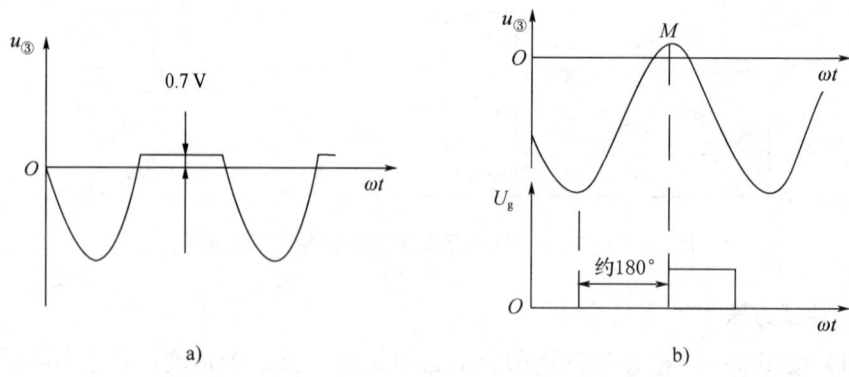

图 5—12 $u_③$ 波形及触发脉冲的初始相位

（5）保持 U_b 不变，逐渐增加 U_c，用双踪示波器观察①～⑦以及输出脉冲 U_g 的波形变化，注意 U_c 增加时，触发脉冲的移动情况，估计 α 的变化范围，观察 $U_③$ 波形中 M 点位置是否刚好与输出触发脉冲相对应，记录控制角 α 最小时 U_c 的数值。

(6) 调节 U_c，使 $\alpha=60°$，观察并记录①～⑦以及 U_g 的波形。

(7) 调节 RP2 电位器，观察其对输出脉冲宽度的影响。

四、锯齿波同步晶体管触发电路

1. 电路图

锯齿波同步晶体管触发电路如图 5—13 所示。其基本组成与正弦波同步晶体管触发电路类似，同样包含同步移相、脉冲形成与脉冲输出三大基本部分。不同之处仅在于以锯齿波同步信号电压代替正弦波同步信号电压，并增设了双脉冲环节、脉冲封锁环节及强触发环节等辅助环节。

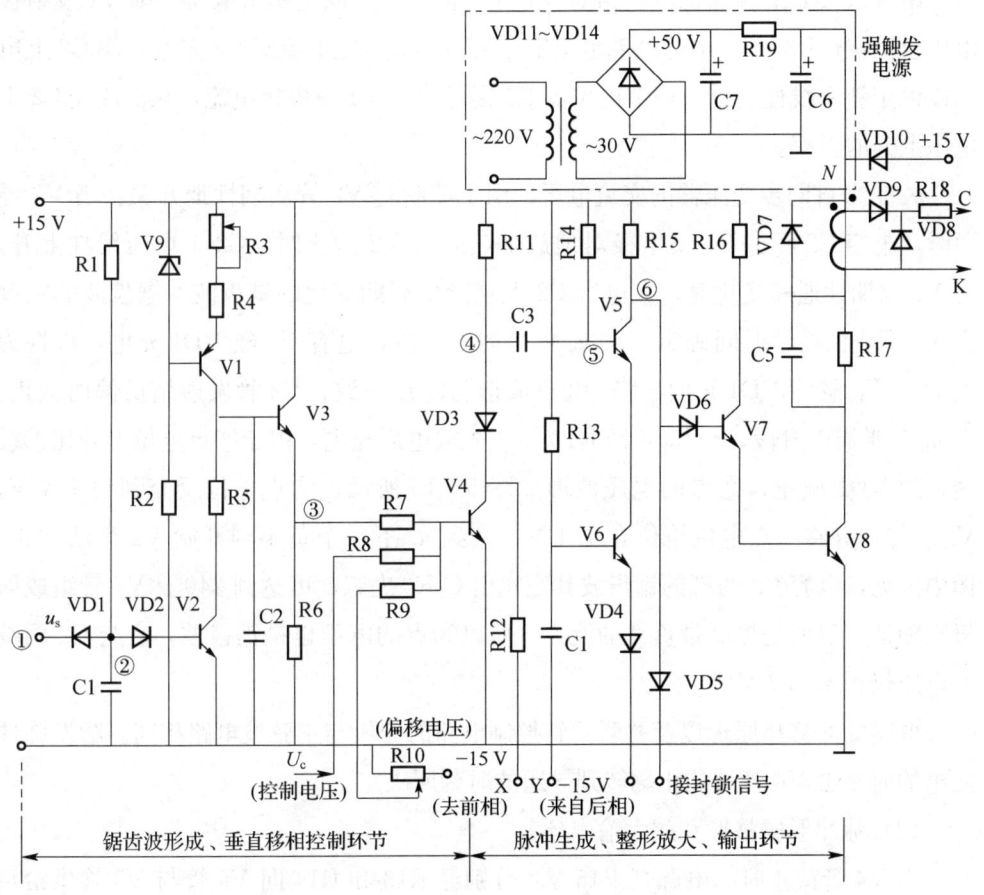

图 5—13　锯齿波同步晶体管触发电路

2. 原理分析

(1) 锯齿波形成、同步移相环节

锯齿波同步晶体管触发电路移相原理与正弦波触发电路相似，即以锯齿波电压为基础，再叠加上直流偏置电压 U_b 和控制移相电压 U_c，通过改变 U_c 的大小改变触发脉冲发出的时刻，即改变控制角 α。

与正弦波触发电路不同的是，在正弦波触发电路中是直接以同步变压器的二次侧绕组所输出的同步电压与 U_c、U_b 叠加来进行移相控制，而锯齿波触发电路则是通过锯齿波形成电路将正弦波同步电压变成锯齿波同步信号电压，再以锯齿波同步信号电压与 U_c、U_b 叠加来进行移相控制。

锯齿波形成电路由图 5—13 中的恒流源（V9、R2、R3、R4、V1）及电容 C2 和开关管 V2 所组成。

由 V9、R2 组成的稳压电路对 V1 管设置了一个固定基极电压，则 V1 发射极电压也恒定，R3、R4 中的电流也恒定。从而形成恒定电流对 C2 充电，使 C2 上电压以恒定斜率线性上升。调节电位器 R3 则可改变 V1 集电极电流，从而改变 C2 上电压上升的斜率。

u_s 是来自同步变压器的交流电压，用于控制对 V2 管周期性地开关。当 V2 导通时，电容 C2 经过 V2 集电极对地放电，而当 V2 截止时，C2 上电压线性上升。当 V2 周期性通断变化时，在电容 C2 上就产生周期变化的锯齿波。锯齿波的宽度由 V2 截止的持续时间确定。在 u_s 负半周下降段，电容 C1 经 VD1 充电，极性为上负下正，忽略 VD1 正向压降，②点波形与①点一致，V2 管发射结反偏而截止。在 u_s 负半周上升段，+15 V 经 R1 对 C1 先放电后充电，由于②点电位上升比①缓慢，故 VD1 截止，②点的电压波形如图 5—15 所示，②点电位反充到约 1.4 V，V2 管导通并将②点电位箝位在 1.4 V，直到 u_s 下一个负半周开始 V2 重新截止。图中可见，电容 C2 两端的锯齿波其底宽由 C_1R_1 决定，可达到 240°。V3 管组成射极跟随器，目的是提高带负载的能力，所以③点的电压也是锯齿波，它与 C2 两端的电压仅相差 0.7 V。

电路脉冲移相原理以及并联垂直控制电路的分析与正弦波电路相同。触发脉冲发出的时刻由 V4 管从截止翻转到导通的时刻所决定。

(2) 脉冲形成整形和放大输出环节

当 V4 管截止时，电源（+15 V）分别经 R13 和 R14 向 V6 管与 V5 管供给足够大的基极电流，使 V5、V6 管饱和导通。⑥点电位对地为 −13.7 V，使 V7、V8 管处于截止状态，电路无输出脉冲。与此同时，电源（+15 V）经 R11、V5 管基极、发射极、V6 管及电源（−15 V）对 C3 充电，充电结果使 C3 上电压呈左正右负，电压为 28.3 V 这期间电路处于"稳态"。

当V4管由截止翻转为导通时,其集电极电位迅速下跌,④点电位从+15 V下跳到1 V,由于C3上电压不能突变,使⑤点电位也下跳了14 V,从原来的-13.3 V突降到-27.3 V,使V5管基极处于反偏而立即截止,V5集电极(即⑥点电位)迅速上升,到+2.1 V时被箝位。V7、V8管饱和导通,电路通过脉冲变压器的二次侧绕组输出触发脉冲。但是这种状态只是暂时的(称为"暂态"),因为与此同时,C3经+15 V电源、R14、VD3和V4管反向充电,⑤点电位随着C3的反充电而不断升高,并力图要达到+15 V。但当⑤点电位从-27.3 V上升到-13.3 V时,V5管与V6管又被导通,⑥点电位又突降到-13.7 V。于是V7,V8管子又被截止,输出触发脉冲被终止,电路又恢复到"稳态"。电路的暂态时间亦即输出触发脉冲的宽度是由C3的反充电回路时间常数 $\tau_3 = R_{14}C_3$ 所确定,调节R14或C3的参数即可调整输出脉宽。按图中所示参数可获得输出脉宽约为1 ms(相当于18°)的窄脉冲。

(3) 其他环节

1) 强触发环节。采用强触发脉冲可以缩短晶闸管开通的时间,以用来提高晶闸管承受电流变化率的能力。另一方面,强触发脉冲也有利于改善晶闸管串联或并联使用时动态均压或动态均流,以提高系统的可靠性。一些大、中容量系统的触发电路往往带有强触发环节。强触发环节实际就是一个电压较高的触发电源。如图5—13中所示,触发电源由单相桥式整流供电,使C7两端获得电压为50 V的强触发电源,在V8导通前,50 V电源经R19对C6充电,使 N 点电位为50 V。当V8管导通时,C6经过脉冲变压器、R17和V8迅速放电,由于C6容量很小,仅1 μF,放电回路电阻又很小,因此 N 电位迅速下降,一旦 N 点电位下降到14.3 V,VD10导通,脉冲变压器就改由+15 V稳定电源供电。加上强触发环节后脉冲变压器一次侧电压 u_{TP} 波形如图5—15所示。

2) 脉冲封锁环节。在事故情况下或在逻辑无环流可逆系统中,系统要求当一组整流桥工作时,另一组整流桥要封锁。这时可将脉冲封锁信号置于零电位或负电位,于是⑥点电位通过VD5被箝位于零电位或负电位,使V7、V8管无法导通,触发电路无脉冲输出,整流桥就被封锁而停止工作,达到了保护或逻辑控制的要求。串联VD5是为了当封锁信号用接零电位来封锁电路时,可用VD5来切断零电位经V5、V6、VD4到-15 V的通路以防止短路。

3) 双脉冲环节。双窄脉冲是三相全控桥式或三相双反星形可控整流电路的特殊要求。实现双窄脉冲控制可有两种方法:一种是"外双窄脉冲电路",每一触发单元在一个周期内仅产生一个脉冲,通过脉冲变压器的两个二次绕组,同时去触发本相和前相的晶闸管,这种电路脉冲变压器的二次绕组数要增多,每单元触发电路输出功率也要增大;另一种是"内双窄脉冲电路",每一触发单元经过脉冲变压器输出的触发脉冲只触发本相的晶闸管,而双脉冲的形成是通过对触发单元电路作一些改动,并通过各触发单元的适当连接,就可在一周期内发出间隔60°的两个窄脉冲,这种电路所需触发功率较小,故目前常被采用。在图5—13所示的电路中就是在V5管的发射极通路上串联了一个V6管,并从V4管集电极和V6管基极分别引出X和Y接头,供各触发单元进行连接而构成"内双脉冲电路"的。

在图5—13中,V5与V6管是相串联的,任何一只管子处于截止状态都能使⑥点电位被升高而使V7、V8管导通,输出触发脉冲。因此只要用适当的信号控制V5及V6管能在一周期内间隔60°分别被截止一次就可以获得双窄触发脉冲。第一个主脉冲是由本相触发电路的控制电压 U_c 控制同步移相环节使V1从截止向导通翻转,使V5截止一次而产生的。而相隔60°的第二个辅脉冲则是当后相的触发电路在发出自相的触发脉冲时,通过后相触发电路的X端将一个下跳的电位输入到本相触发电路的Y端,控制本相触发电路的V6管截止一次而产生的。触发单元之间的连接(以三相全控桥为例)及双窄脉冲的波形如图5—14所示。图中1CF~6CF分别为三相全控桥VT1~VT6所对应的触发单元。每个触发单元的同步电压均为依次滞后60°,因此当所有触发单元的控制电压 U_c 都相等时,各个触发单元所发出的触发脉冲依次滞后60°,且控制角 α 都相同。每个触发单元由本相的同步电压及控制电压下发出一个主脉冲,同时给其前相的触发单元一个控制信号,使其发出一个与本相主脉冲相隔60°的辅助脉冲。

3. 相关波形

锯齿波同步晶体管触发电路各主要点的电压波形,如图5—15所示。

4. 调试方法

(1) 按图5—16检查触发器印制电路中元件焊接是否正确,熟悉各测试点位置,接通各直流电源及同步电压,检查RP1~RP3电位器当顺时针旋转时,相应的锯齿波斜率应上升,直流偏移电压 U_b 的绝对值应增加,控制电压 U_c 也应增加。

(2) 用双踪示波器检查各主要点的波形

1) 同时观察①与②点的波形,进一步加深对C1和R1作用的理解。

2) 同时观察②与③点的波形,说明锯齿波的底宽决定于线路中什么元件的参数。

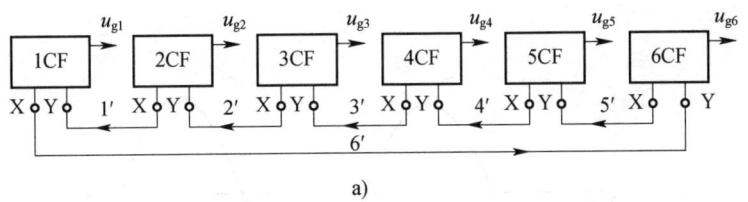

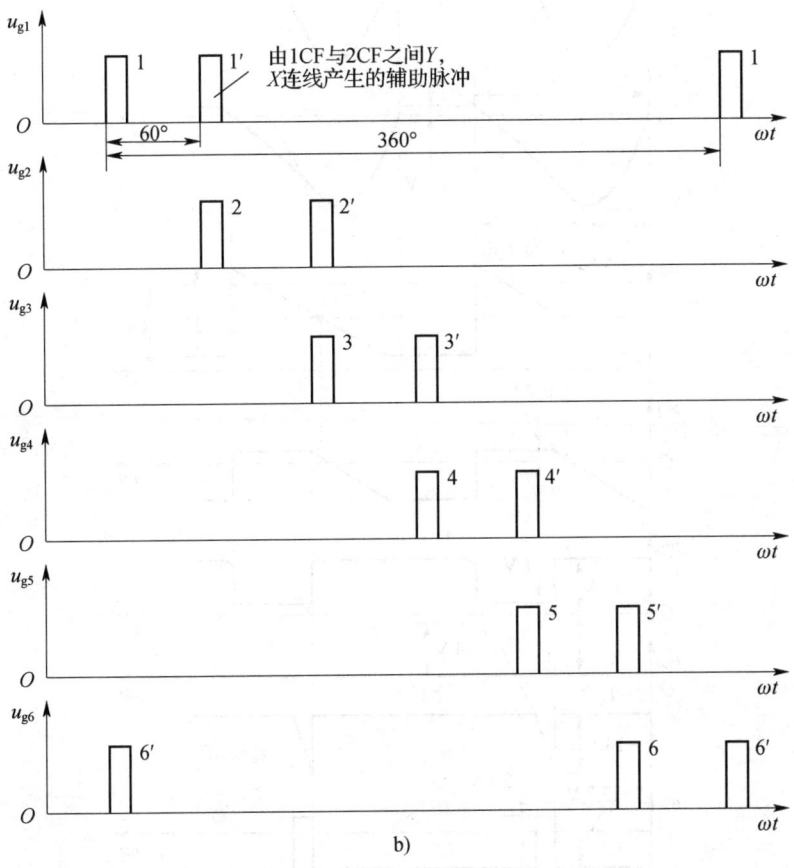

图 5—14 双窄脉冲的产生图
a) X、Y 间连接 b) 脉冲排列

3) 观察④~⑧点及脉冲变压器输出电压 u_g 的波形，记录各波形并标注幅度与宽度，说明 u_g 的幅度、宽度与线路中什么元件的参数有关。

（3）在触发电路正常后，将 RP1 电位器调节到 $U_c=0$ 时，调节 RP2 电位器，使触发脉冲初始相位在 $\alpha=120°$ 处。

（4）保持 U_b 不变，逐渐增加 U_c（调节 RP1 电位器），用双踪示波器观察输出脉冲 u_g 的波形 120°~0°变化。

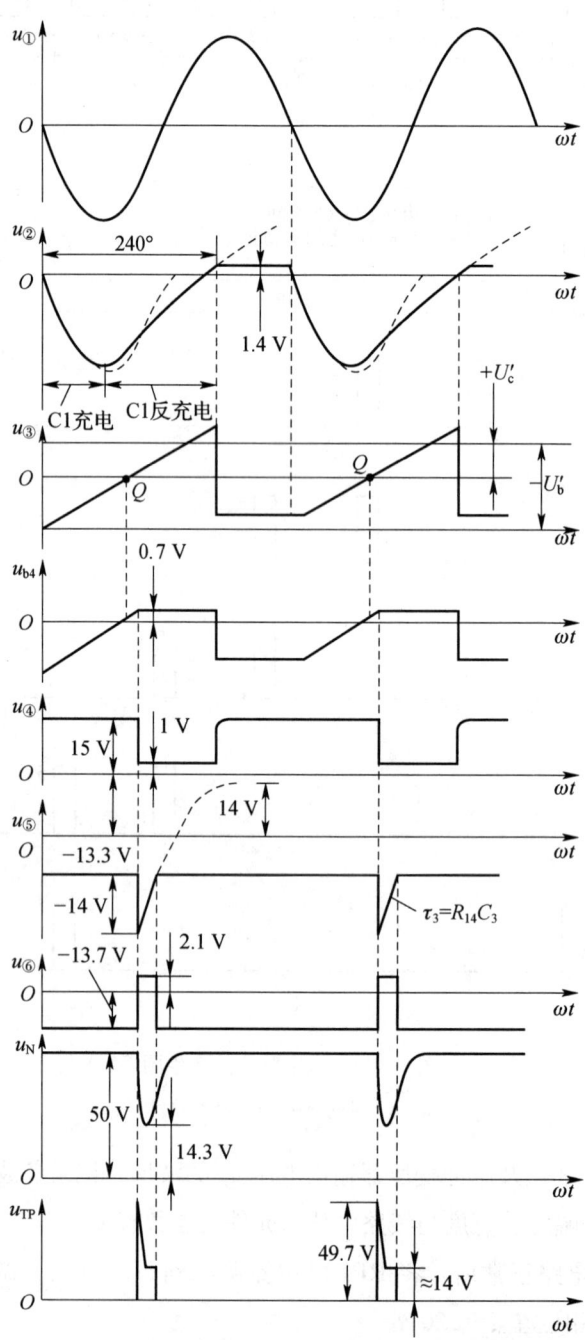

图 5—15 锯齿波同步晶体管触发电路主要点的波形

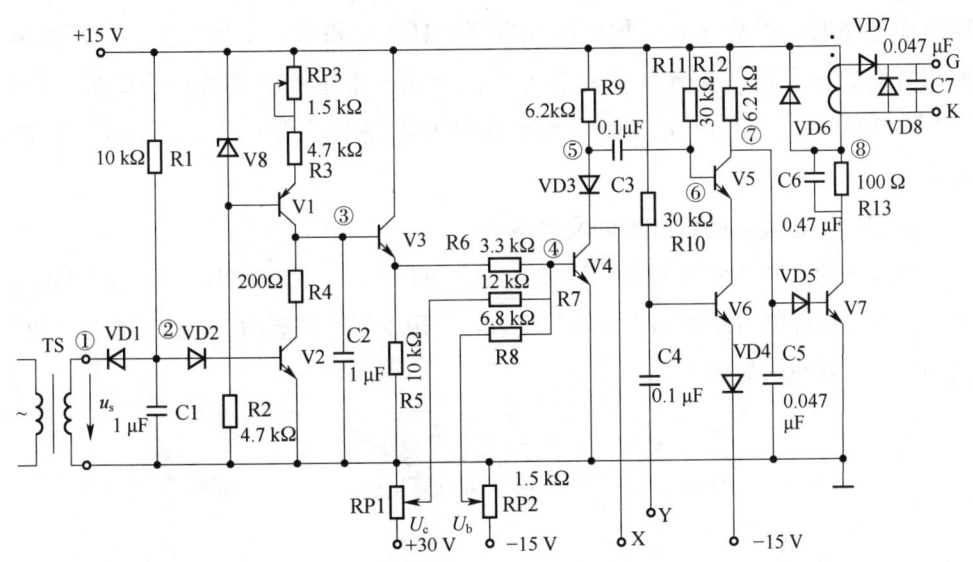

图 5—16 锯齿波同步晶体管触发印制电路

注：1. VD1～VD8—2CP12 2 kΩ 2. V1—3CG1D 3. V2～V6—3DG12B
    4. V7—3DA1B 5. V8—2CW12

学习单元 2　三相可控整流电路读图测绘分析

 学习目标

1. 掌握三相可控整流电路的基本原理、波形分析及参数计算方法。
2. 熟悉不同性质负载对整流电路工作的影响、变压器漏抗对整流电路的影响。
3. 掌握对集成触发电路的原理分析，弄清各主要点的波形及与电路有关元件参数的关系。
4. 掌握三相半波可控整流电路的主电路和触发电路的工作波形绘制。

 知识要求

一、集成触发电路的分析和波形绘制

随着电力电子技术的不断发展，对变流装置的可靠性提出了更高的要求。采

用集成电路取代以分立元件构成的触发器,具有体积小,工作可靠,电路简单,使用方便的特点,已被各种变流装置广泛使用。本单元简要介绍 KC 系列中的 KC04、KC41C、KC42 组成的三相集成触发电路和功能更强的 TC787 集成触发器。

1. KCZ6 集成化的六脉冲触发组件

集成化的六脉冲触发组件 KCZ6 由三片 KC04、一片 KC41C 与一片 KC42 组成,其输出脉冲能可靠驱动大功率晶闸管,它用于要求较高的三相桥式全控整流器的触发。组件线路如图 5—17 所示。

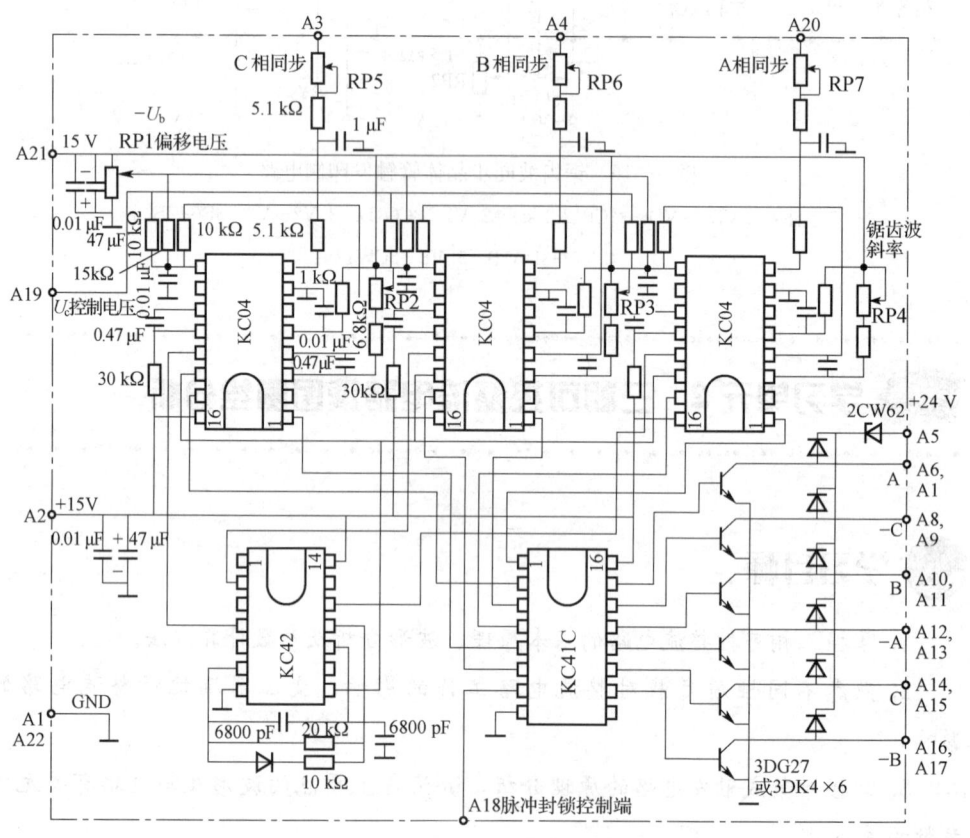

图 5—17 KCZ6 集成化的六脉冲触发组件原理接线图

本组件有如下功能与特点:

(1) 同步电压经 RC 滤波电路,不受电网电压波形畸变和换流瞬间的干扰,且电位器 RP5、RP6、RP7 可微调各相同步电压的相位,保证六相脉冲间隔均匀。

(2) 同步电压值范围较宽且只需三相同步电压。

（3）输出是脉冲列式的双脉冲，脉冲变压器体积小。

（4）能方便地与调节系统匹配，只需调节输入信号的上下限，即可调整最小控制角与最小逆变角。

（5）具有脉冲输出控制端（A18），用以控制脉冲的输出并可用于逻辑控制可逆系统中作逻辑切换控制。

（6）体积小，调整维修方便，一块组件板就可对三相全控桥式或三相双反星形可控整流电路进行触发控制。线路稍加修改，即可用于双向晶闸管或反并联晶闸管的三相交流调压电路。

2. KC04 移相集成触发电路

KC04 移相集成触发电路的内部原理图和外形图，如图 5—18 所示。引出管脚顺序由缺口起，按逆时针方向排列。它的内部线路与分立元件组成的锯齿波触发电路相似，由锯齿波形成、垂直移相控制、脉冲形成及整形放大输出等基本环节组成。但它在电源的一周期内，在集成电路的①脚和⑮脚分别输出相位差为 180°的两个窄脉冲，可以作为三相全控桥主电路同一相上、下晶闸管的主触发脉冲。⑯脚接+15 V 电源，⑤脚接－15 V 电源，⑦脚接地，⑧脚输入同步电压，但在同步电压输入之前，一般都经外接的微调电位器 RP、电阻 5.1 kΩ 和电容 1 μF 组成的滤波电路滤波移相，以减小电网电压畸变和换流瞬间的干扰。本图中按所配的参数使同步电压产生 30°~50°的相位滞后，可以通过微调电位器的调整，确保各相输出脉冲间隔均匀。③脚与④脚之间外接的电容 C1 上形成锯齿波，可以通过调节③脚外接的 6.8 kΩ 电位器使三相全控桥所需三片 KC04 的锯齿波斜率一致。锯齿波电压通过电阻 R3 送到⑨脚，与直流偏移电压 U_b 和直流移相控制电压 U_c 进行并联叠加。⑪脚与⑫脚上所接 R8、C2 决定输出脉冲的宽度，⑬脚与⑭脚提供脉冲列调制和脉冲封锁控制端。KC04 主要用于单相或三相全控桥，其脉冲输出幅值可达 13 V 以上，最大输出能力达 100 mA，脉冲宽度可在 0.4~2 ms 之间调节，移相范围不小于 170°。KC04 移相触发电路各脚的波形如图 5—19 所示。

3. KC41C 六路双窄脉冲形成器

KC41C 与 KC04 配合可以组成三相全控桥等所要求具有双窄脉冲输出的触发电路。KC41C 的外形和内部原理电路，如图 5—20 所示。

把三片 KC04 移相触发器的①脚、⑮脚产生的 6 个主脉冲分别接到 KC41C 集成电路的①~⑥脚，经内部集成二极管完成"或"运算的功能形成双脉冲，再由内部 6 个集成三极管放大，从⑩~⑮脚输出，分别引到外接的 V1~V6 三极管的基极作为功率放大，可得到 800 mA 的触发脉冲电流，供触发大电流的晶闸管。KC41C 不仅具有双窄脉冲形成功能，而且还具有电子开关控制封锁功能。当⑦脚接地或处于低电位时，内部集成开关管 V7 截止，各路正常输出脉冲；当⑦脚接高电位或悬空时，V7 饱和导通，各路无脉冲输出。各管脚的脉冲波形如图 5—21 所示。

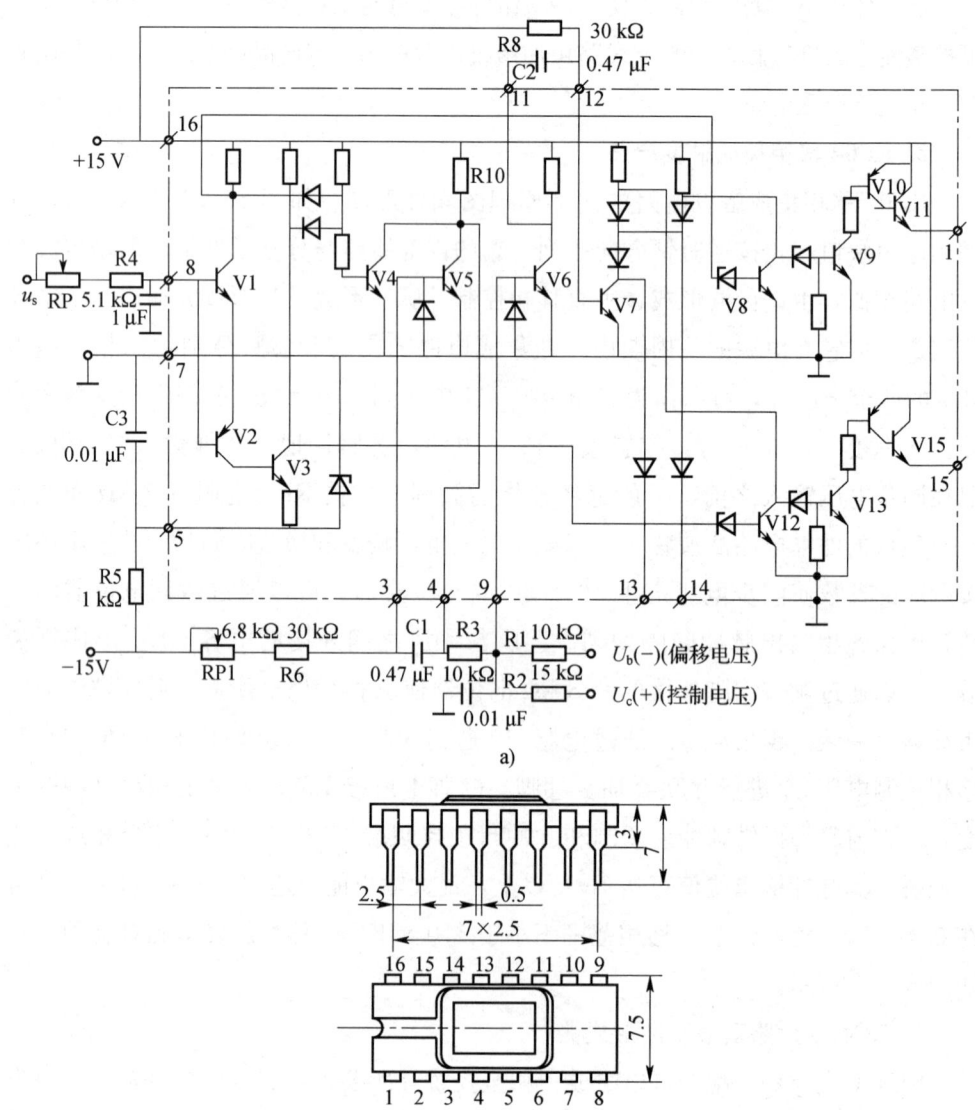

图 5—18　KC04 移相集成触发器
a) 电路图　b) 外形与管脚

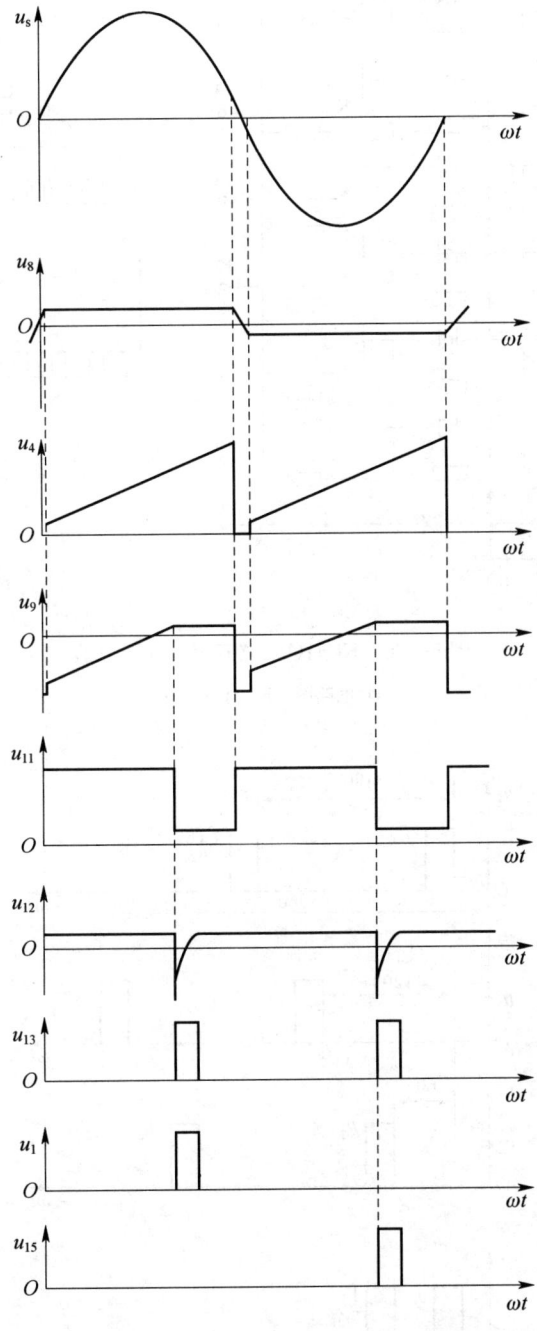

图 5—19 KC04 电路各点电压波形

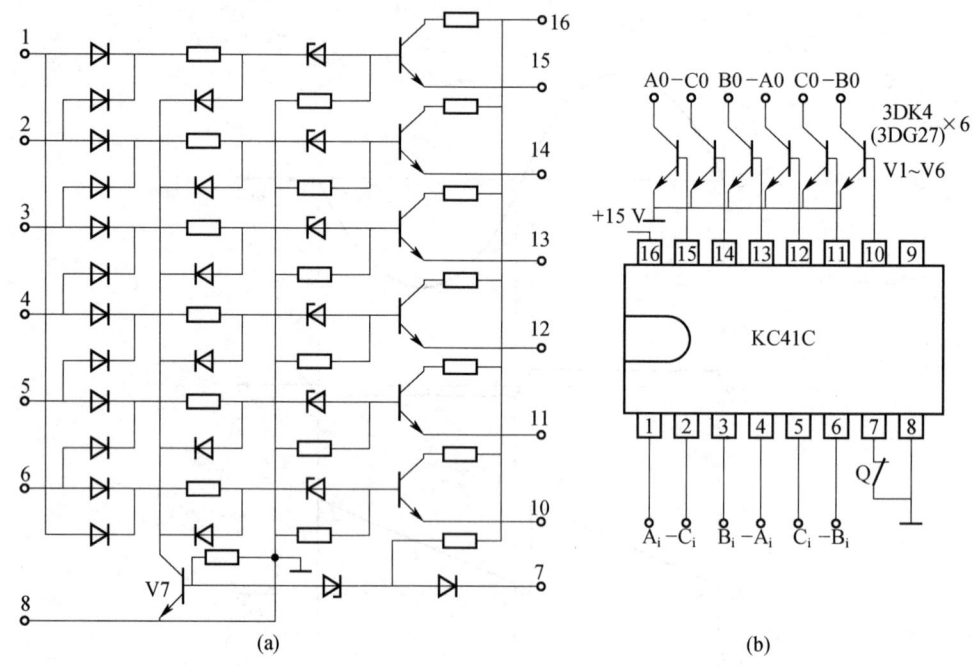

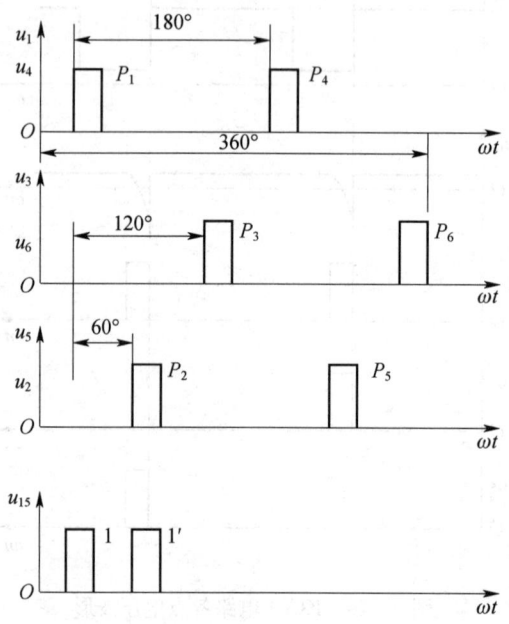

图 5—20 KC41C 六路双窄脉冲形成器
a)电路图 b)外部接线

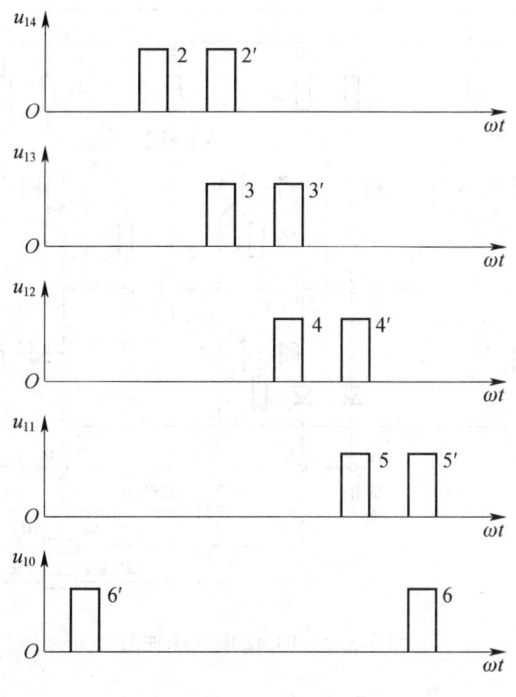

图 5—21　KC41C 各脚波形

4. KC42 脉冲列调制电路

在大功率晶闸管触发电路中，为了减少触发电源功率和脉冲变压器体积，提高脉冲前沿陡度，常采用脉冲列式触发器。KC42 为脉冲列调制电路，具有脉冲占空比可调性好，频率调节范围宽，触发脉冲上升沿可与调制信号同步等优点。其电气原理图如图 5—22 所示。

KC42 是一种脉冲列调制电路，它可以利用 KC04 的⑬脚输出的控制信号来启动片内的振荡电路，产生一系列窄脉冲，回送到 KC04 的⑭脚，对 KC04 输出的触发脉冲进行调制。

以三相全控桥式电路为例，来自 3 块 KC04 触发器⑬脚的脉冲信号分别送入 KC42 的②脚、④脚与⑫脚。电路中 V1、V2、V3 管构成了一个"或非"门电路，只要 3 个 KC04 触发器中任意一个有输出，则 M 点为低电平，V4 管截止，使 V5、V6、V8 与外接的电阻，电容构成的环形振荡器起振，振荡频率由外接的 R1、R2、C2 等确定。当按图示参数接入时，振荡频率约为 8 kHz。当三个输入全为低电平时，M 点为高电平，V4 管导通，环形振荡器停振。环形振荡器的输出经 V7 整形后由⑧脚输出，可送回 3 片 KC04 的⑭脚对触发脉冲进行调制。KC42 各点波形如图 5—23 所示。

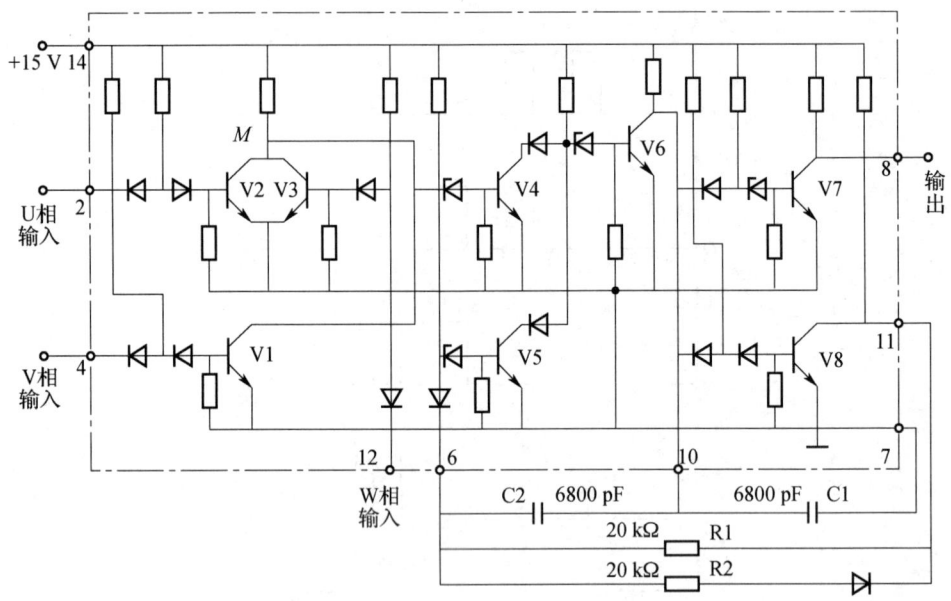

图 5—22 KC42 电气原理图

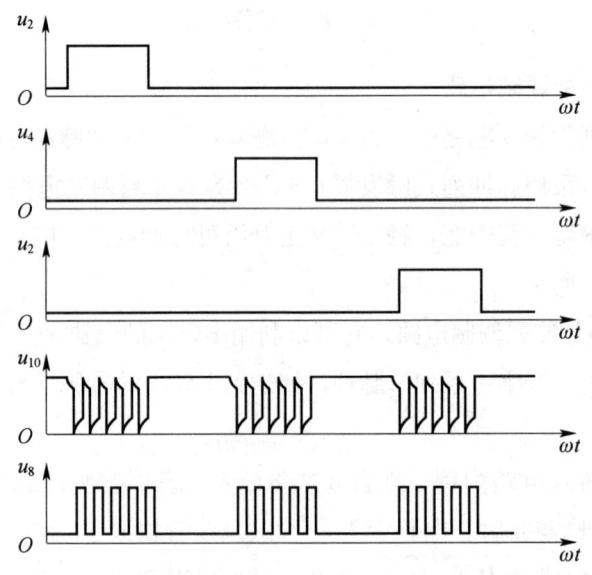

图 5—23 KC42 各点波形图

5. TC787 组成的三相触发电路

TC787 是采用先进 IC 工艺设计、制作的单片集成电路,与 KC 系列电路相比,具有功耗小、功能强、输入阻抗高、抗干扰性能好、移相范围宽,外接元件少等优点;而且装调简便,使用可靠。其主要适用于三相晶闸管移相触发电路和三相晶体管脉宽调制电路,以构成多种调压调速和变流装置。TC787 组成的三相六脉冲触发电路原理图如图 5—24 所示。380 V 三相交流电经过同步变压器 TS 降压为 30 V 的同步信号 u_{sU}、u_{sV}、u_{sW} 后,经过电位器 RP1、RP2、RP3 及 T 型网络滤波后,接入到 TC787 的同步电压输入端 V_U、V_V、V_W,通过调节 RP1、RP2、RP3 可微调各相电压的相位,以保证同步信号与主电路的匹配。C_U、C_V、C_W 为积分电容,TC787 芯片的锯齿波的线性、幅度由 C_U、C_V、C_W 电容值决定,因此为了保证锯齿波有良好的线性及三相锯齿波斜率的一致性,选择 C_U、C_V、C_W 时,要求其 3 个电容值的相对误差要非常小,以产生的锯齿波线性好、幅度大且不平顶为宜。C_U、C_V、C_W 电容量的参考值为 0.1 μF。连接在⑬脚的电容 Cx 决定输出脉冲的宽度,Cx 越大,脉冲越宽,可得到 0°~80°范围的方波,不过脉冲太宽会增大驱动级的损耗。Cx 参考值为 3 300~0.1 μF。调节 RP 可以使输入④脚的电压在 0~12 V 之间连续变化,从而使输出脉冲在 0°~180°之间变化,⑦~⑫脚的输出端有大于 25 mA 的输出能力,采用 6 只驱动管扩展电流,经脉冲变压器 TP 隔离后,将脉冲接到晶闸管的控制极(G)和阴极(K)之间,以触发晶闸管。⑤脚(Pi)为输出脉冲禁止端,该端用来进行故障状态下封锁 TC787 的输出,高电平有效,应用中接保护电路的输出,⑥脚(Pc)为 TC787 工作方式设置端,当该端接高电平时,TC787 输出双脉冲;而当该端接低电平时,输出单脉冲。

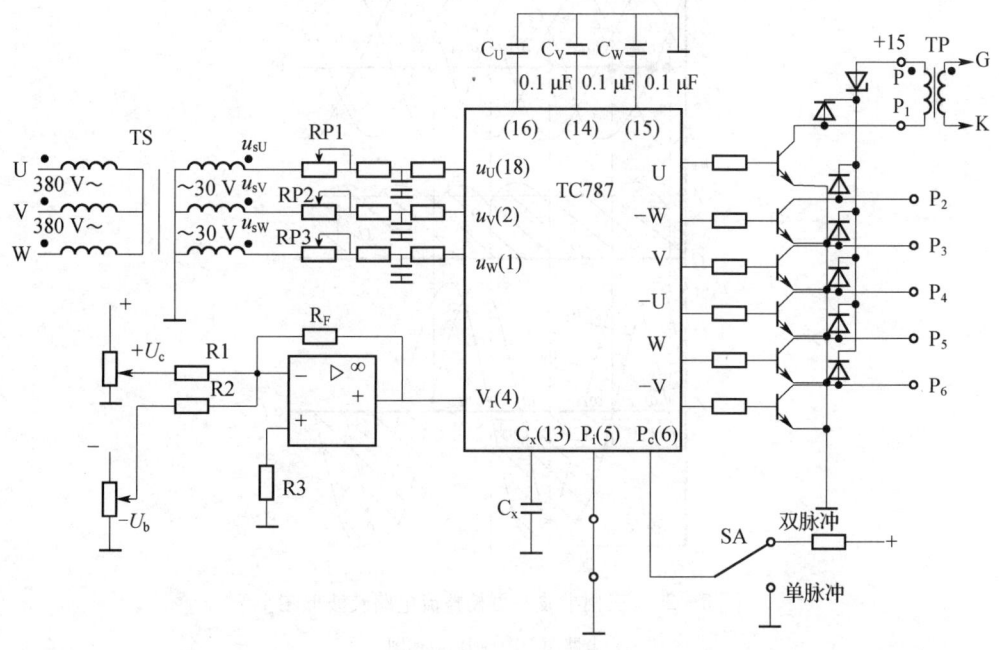

图 5—24 TC787 组成的三相触发电路原理图

TC787 应用时应注意以下几个问题：

(1) 同步信号的峰值不应超过电源电压数值。

(2) 电容的相对误差应小于 5‰，当频率为 50 Hz 时，电容可取 0.15 μF 左右，当频率较高时，为保证电容积分幅值，电容应减小。

(3) 电路的⑥脚（Pc）控制端，使用时不要悬空。

二、三相半波可控整流电路

1. 三相半波不可控整流电路

三相半波不可控整流电路如图 5—25a 所示。

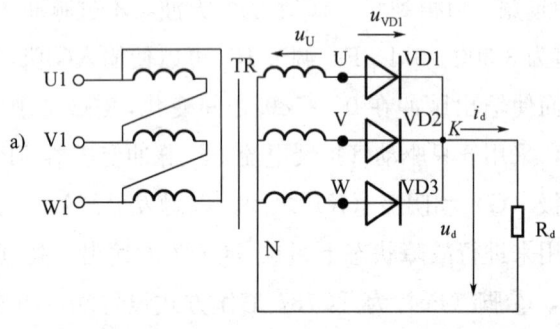

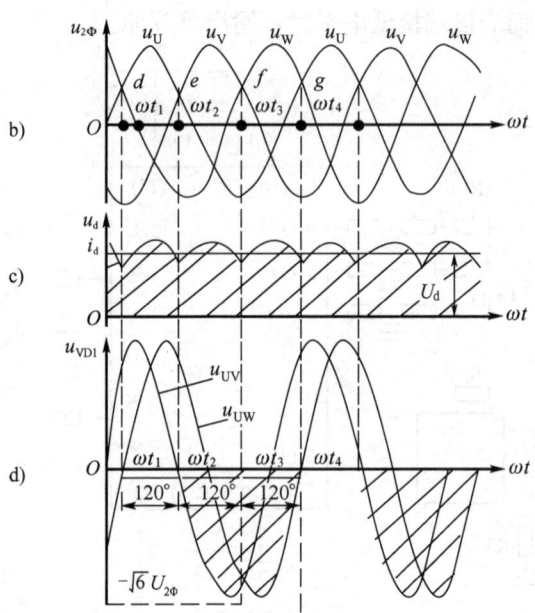

图 5—25　三相半波不可控整流电路及波形图
a) 电路图　b)~d) 波形图

电路由整流变压器 TR 供电，也可直接接到三相四线制交流电网上。在电路中，3 个整流二极管的阴极连在一起接到负载端，称为共阴极接法，而 3 个阳极分别接到整流变压器二次侧。从《电工基础》的学习中已知：三相交流电的 3 个相电压其幅值是相等的，而各相的相位角依次滞后 120°。三相交流电压波形如图 5—25b 所示，在任一时刻，总有一相相电压高于另外二相相电压，经过 120°后，换成另一相相电压高于其他二相相电压，这种情况按三相交流电的相序依次循环进行。而对二极管来说，只有当阳极电位高于阴极电位时就导通，当 3 个二极管的阴极连在一起时，只有其中阳极电位最高的一个二极管能够导通，其他两个管子都因受反压而被强迫关断。因此，在共阴极接法的三相半波不可控整流电路中，3 个二极管按电源相序轮流导通，每个管子导通 120°后换相到下一相的管子导通，负载 R_d 上的电压即输出电压 u_d 由二极管导通的那一相电源供给，输出电压 u_d 的波形如图 5—25c 所示，是三相相电压的正向包络线。二极管的换相总是发生在两个相电压正半周相邻波形的交点处，这些交点即图 5—25b 中的 d、e、f、g 等点称为自然换相点。整流电压 u_d、电流 i_d 波形如图 5—25c 所示，输出直流平均电压 U_d 可由 u_d 经积分运算后求出

$$U_d = 1.17 U_{2\Phi} \tag{5—1}$$

式中，$U_{2\Phi}$ 为整流变压器二次侧相电压的有效值。

整流二极管两端电压 u_{VD1} 波形如图 5—25d 所示。以 VD1 管为例，一个周期内分成三等分：$\omega t_1 \sim \omega t_2$ 为 VD1 管导通区，u_{VD1} 即二极管的管压降，可认为近似为零，波形是一条直线；$\omega t_2 \sim \omega t_3$ 期间为 VD2 导通，V 点与 K 点同电位，所以 VD1 承受的电压为 u_{UV}（线电压 u_{UV} 超前对应的相电压 $u_U 30°$）；$\omega t_3 \sim \omega t_4$ 期间为 VD3 导通，VD1 承受的电压为 u_{UW}。由此可见，整流二极管承受最大反向电压为电源线电压峰值。如变压器二次侧相电压的有效值是 $U_{2\Phi}$，则整流二极管应能承受的最大反向电压至少应大于 $\sqrt{6} U_{2\Phi}$，即

$$U_{TM} = 2.45 U_{2\Phi} \tag{5—2}$$

2. 三相半波可控整流电路

将三相半波不可控整流电路中的二极管换成晶闸管即为三相半波可控整流电路。晶闸管整流电路的特点是实际换相点不一定在自然换相点上，而决定于触发脉冲的相位即控制角 α。三相半波可控整流的控制角 α 以对应的自然换相点为起算点。由于自然换相点距相电压波形原点的相位角为 30°，所以触发脉冲距对应的相电压波形原点的相位角为 (30°+α)。

(1) 电阻性负载

当 $\alpha=0°$（即 $\omega t=30°$）时，触发脉冲在自然换相点加入，电路工作情况与二极管整流时一样。但注意这种电路对触发脉冲是有一定要求的，它要求 u_{g1}、u_{g2}、u_{g3} 这 3 个触发脉冲各自相隔 120°，而且按照 1—2—3—1—2—3…这样的次序分别加到 VT1、VT2、VT3 这三个晶闸管上。

当 $\alpha\leqslant30°$ 时，输出电压 u_d 的波形如图 5—26a 所示（图示为 $\alpha=18°$ 时的情况）。触发脉冲 u_{g1} 在自然换相点 ωt_0 后延迟 α 角在 ωt_1 时刻触发 VT1 管，这时 U 相电压最高。VT1 管导通后，VT2、VT3 管承受反压，因此即使 VT2、VT3 管同时被触发也不可能导通。VT1 管导通到 VT2 管的自然换相点 ωt_2 时，由于触发脉冲 u_{g1}、u_{g2}、u_{g3} 间隔为 120°，此时触发脉冲 u_{g2} 还未出现，VT2 管无法导通，故 VT1 管也无法关断。继续导通到 ωt_3 时刻，直至触发脉冲 u_{g2} 到来，触发 VT2 管导通后，才迫使 VT1 管关断，负载上电压波形由 u_U 转换为 u_V，输出电压 u_d 波形如图 5—26a 所示，晶闸管 VT1 的电流 i_{VT1} 与两端电压 u_{VT1} 波形分别如图 5—26c、d 所示。由上述分析可以看出，在 $\alpha\leqslant30°$ 时，每个晶闸管始终轮流导通 120°，输出直流平均电压 U_d 可由 u_d 经积分运算后求出，即

$$U_d = 1.17U_{2\Phi}\cos\alpha \quad (0°\leqslant\alpha\leqslant30°)$$

当 $30°<\alpha\leqslant150°$ 时，VT1 同样在触发脉冲 u_{g1} 来到时被触发导通，但当 VT1 导通到 $\omega t=180°$ 即 U 相电压正半周结束 $u_U=0$ 时，VT1 管因阳极电压为零不再满足导通条件被自行关断，而在此时 u_{g2} 尚未到来，VT2 还未被触发导通，从而造成 3 个管子均不导通的情况，负载上没有电流流过，输出电压等于零。这种情况下，电流波形出现了断续，每个晶闸管导通的电角度小于 120°，此时的输出电压波形如图 5—26e 所示。在这个区间中，输出电压平均值 U_d 为

$$U_d=0.675U_{2\Phi}[1+\cos(30°+\alpha)] \quad (30°<\alpha\leqslant150°)$$

随着控制角 α 的增大，触发脉冲不断后移，输出电压 U_d 不断减小。到 $\alpha=150°$ 即 $\omega t=180°$ 触发脉冲出现时，晶闸管阳极电压已为零而不能触发导通，输出电压 u_d 波形变为一条直线，$U_d=0$。因此，三相半波可控整流电路在带电阻负载时 α 的移相范围为 0°~150°。当 $\alpha>150°$ 时，晶闸管总是不能触发导通，输出电压始终为零。输出电压的波形始终是一条直线（但在用示波器观察波形时，在 $\alpha>150°$ 的情况下，可能会看到一些尖脉冲状的毛刺而不是一条理想的直线。这是因电路中存在的杂散电感、电容或其他一些因素所造成的，可不必细究）。

从上述分析中可以看出，整流电路带电阻性负载时，当 α 在 0°~150°内变化

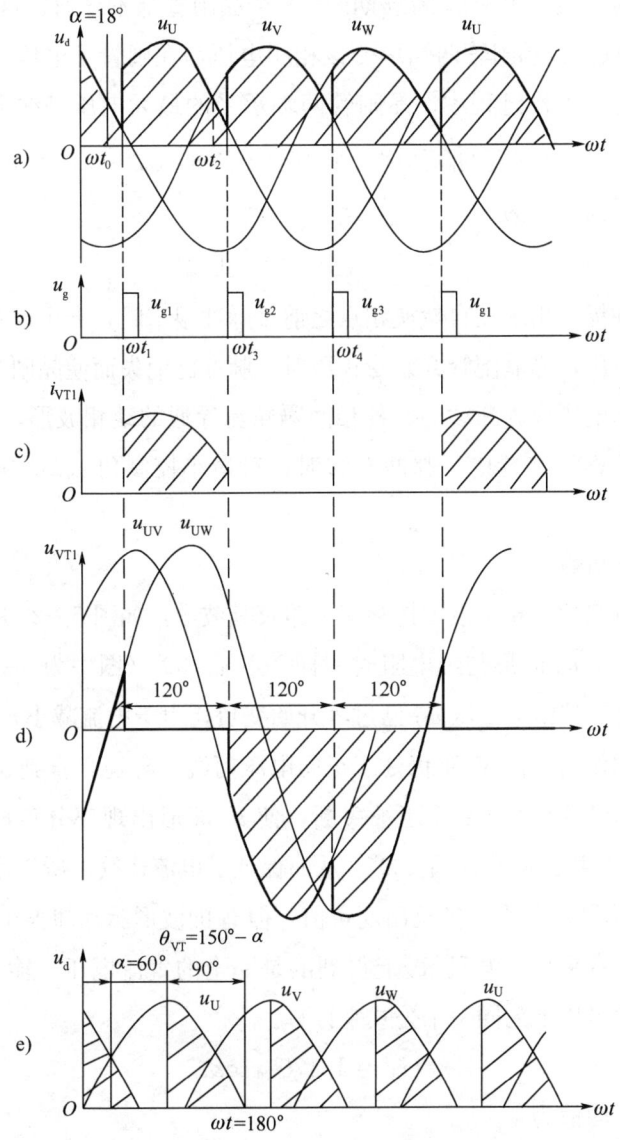

图 5—26 三相半波可控整流电路波形图

时，输出直流电压 U_d 从 $1.17U_{2\Phi}$ 下降到零。当 $\alpha=0°$ 时 U_d 最高，在 $0°\leqslant\alpha\leqslant30°$ 时，输出电压、电流波形是连续的（由于是电阻性负载，输出电压、电流波形的相位是相同的），晶闸管的导通角总是 $120°$，$U_d=1.17U_{2\Phi}\cos\alpha$；在 $30°\leqslant\alpha\leqslant150°$ 时，波形是断续的，每只晶闸管的导通角 $\theta=150°-\alpha$，输出电压 $U_d=0.675U_{2\Phi}[1+\cos(30°+\alpha)]$。输出电流平均值为 $I_d=U_d/R_d$，流过每只晶闸管的平均电流为 $I_{dT}=\frac{1}{3}I_d$。

当 $\alpha>30°$ 时,负载电流 i_d 断续期间,3 个晶闸管都不导通,这时图 5—25a 中 K 点与 N 点同电位,晶闸管两端承受该相相电压,在画管子电压波形时要特别注意。在电路的整个工作过程中,晶闸管两端承受的最大电压是线电压,其幅值为 $\sqrt{6}U_{2\Phi}$,因此在计算晶闸管的耐压时,要按线电压再放 2~3 倍安全裕量加以考虑,晶闸管承受的最大电压为

$$U_m = (2 \sim 3)\sqrt{6}U_{2\Phi} \tag{5—3}$$

当触发脉冲提早出现在自然换相点之前且脉冲很窄时,会出现触发脉冲到来时晶闸管还未受正压,当晶闸管开始受正压时,脉冲已消失而使晶闸管不能导通的情况,从而使输出电压成为断续的、各相间隔轮流导通的缺相波形,这是不允许的。为此在实际可控整流装置中,脉冲左移时,对最小控制角 α_{min} 必须有相应的限制措施。

(2) 大电感负载

带大电感负载的三相半波可控整流电路及其波形,如图 5—27 所示。

当 $\alpha \leqslant 30°$ 时,u_d 波形与纯电阻时一样。当 $\alpha>30°$(图中为 $\alpha=60°$)时,VT1 管导通到 ωt_1 时,其阳极电压 u_U 已过零开始变负,由于电流减小,在电感 L_d 上产生感应电动势的作用,使 VT1 仍处于正向电压而继续导通,直到 ωt_2 时刻,u_{g2} 触发 VT2 管导通,VT1 才承受反压被关断,使 u_d 波形出现部分负压。因此,尽管 $\alpha>30°$,仍然使各相晶闸管导通 120°,从而保证了电流连续。所以串接了大电感之后,虽然 u_d 波形脉动很大,甚至出现负值,但 i_d 的波形脉动却很小。当 L_d 足够大时,i_d 的波形基本平直,电阻 R_d 上得到的是完全的直流电压。输出电压 U_d 在整个移相范围内都可用下列同一个公式来计算。

$$U_d = 1.17U_{2\Phi}\cos\alpha \tag{5—4}$$

输出电流平均值为

$$I_d = \frac{U_d}{R_d} = 1.17\frac{U_{2\Phi}}{R_d}\cos\alpha \tag{5—5}$$

流过晶闸管的平均电流与有效电流分别为

$$I_{dT} = \frac{1}{3}I_d \tag{5—6}$$

$$I_T = \sqrt{\frac{1}{3}}I_d = 0.577I_d \tag{5—7}$$

从 U_d 的计算公式中可见,当 $\alpha=90°$ 时,$U_d=0$,此时输出电压 u_d 波形正负面积相等,所以在大电感负载时,触发脉冲的移相范围为 0°~90°。在 $\alpha>90°$ 时,由

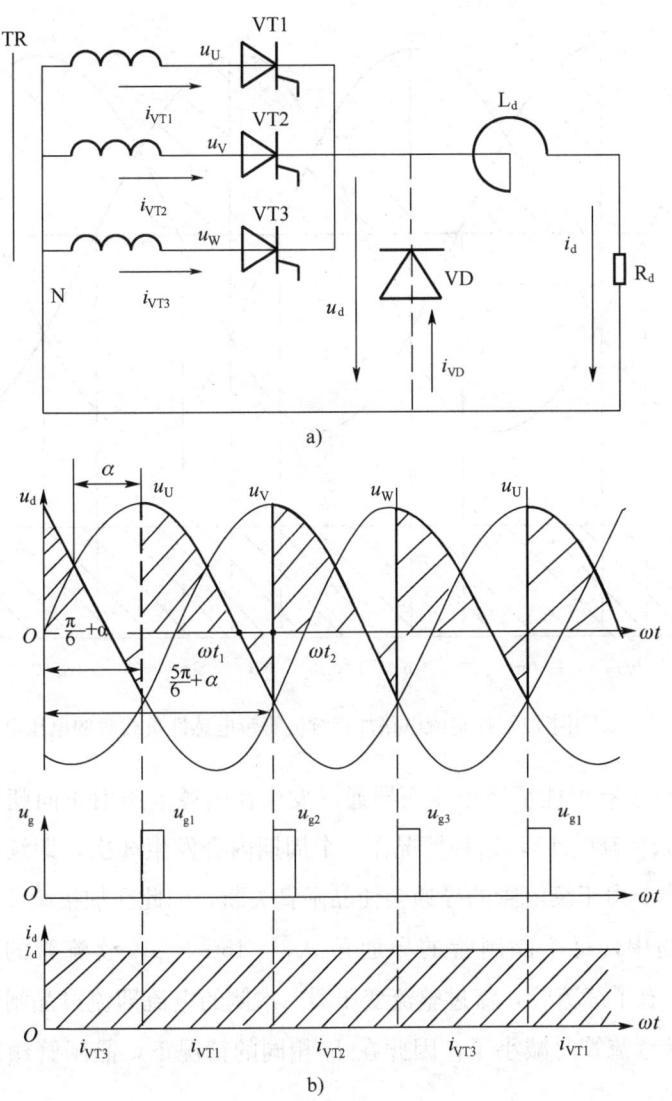

图 5—27 带大电感负载的三相半波可控整流电路及其波形
a) 电路图 b) 波形图

于电感中所释放出的能量不可能大于所吸收的能量，亦即电压波形中负面积不可能大于正面积，故输出电压 U_d 仍然为零。

三相半波可控整流电路带电感性负载时，也可加接续流管，图 5—28 所示即加接续流管且 $\alpha=60°$ 时的输出电压电流波形。

从图 5—28 可知，接了续流管后，u_d 波形和 U_d 的计算公式与带纯电阻负载时完全一样，而负载电流 i_d 波形与带大电感负载时一样，可认为是一条直线。在 $\alpha \leqslant 30°$ 时，因为 u_d 电压始终大于零，续流管也始终承受反压而不会导通；而在 $\alpha >$

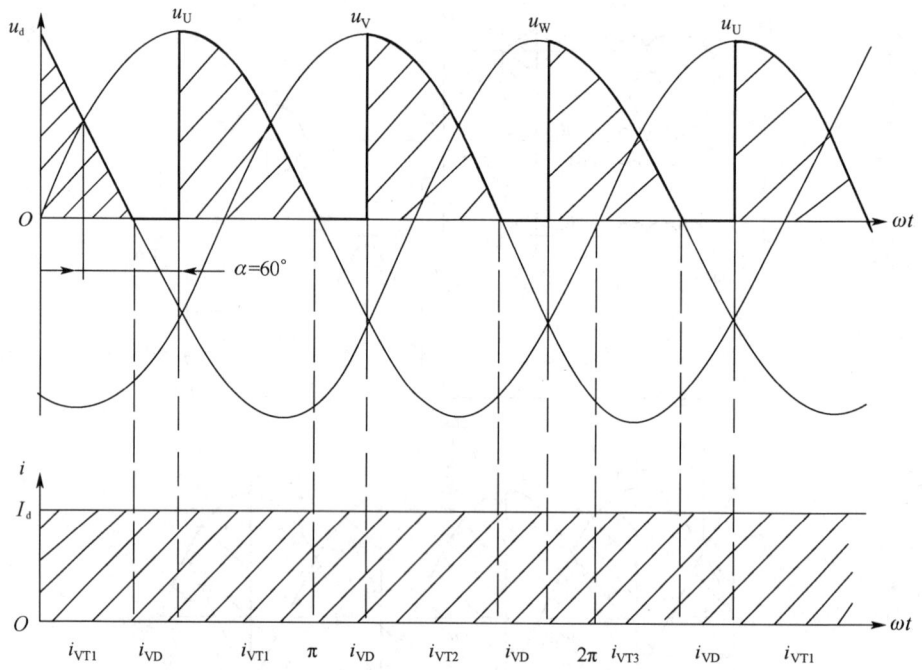

图 5—28　三相半波可控整流电路加接续流管带电感性负载时的电压电流波形

30°时,续流管就有可能承受正压而导通(发生在电源电压由正向朝负向变化的过零点后,即 $\omega t=180°$ 处),这种情况在一个周期内会发生 3 次,即续流管在一个周期内导通 3 次。由于续流管的导通会使晶闸管关断,因此在加接续流管的三相半波可控整流电路中,每个晶闸管的导通角 $\theta_{VT}=150°-\alpha$,续流管的导通角 $\theta_{VD}=3(\alpha-30°)$。有了续流管,流过整流变压器二次侧的电流即流过晶闸管的电流的导通角 θ 比不接续流管时减小了,因此在 I_d 相同的情况下,晶闸管额定电流与变压器容量相应减小。

(3) 反电势负载

在直流电气传动中,绝大多数是串联电感的电动机负载。当电感足够大时,输出电流的波形可近似看成一条直线,u_d 波形与电流计算与大电感负载时一样。当 L_d 不够大或电枢电流太小时,L_d 中储存的磁场能量较小,不足以维持电流连续,使负载电压 u_d 波形出现由于反电动势 E 所形成的阶梯。图 5—29 所示为 $\alpha=60°$ 时电流连续与断续两种情况的波形。由图可见,由于电流断续时负载两端的电压就是反电动势 E,且只有在电源电压大于反电动势 E 的情况下晶闸管才能导通,故输出电压平均值 U_d 大于反电动势 E。

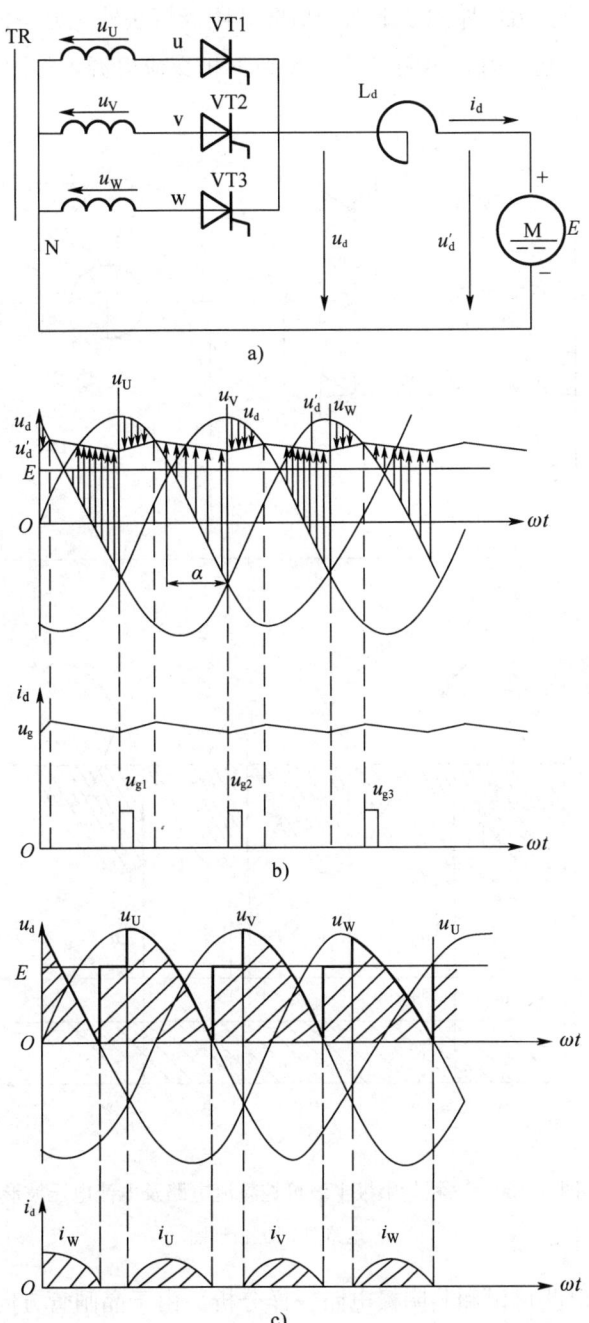

图 5—29 串联电感的反电势负载的电路及其波形
a）电路图 b）、c）波形图

3. 共阳极接法的三相半波可控整流电路

三相半波可控整流电路除了上面分析的共阴极接法外，另一种方法是把 3 个晶闸管的阳极连在一起，而 3 个阴极分别接到三相交流电源，如图 5—30a 所示，这种接法称为共阳极接法。

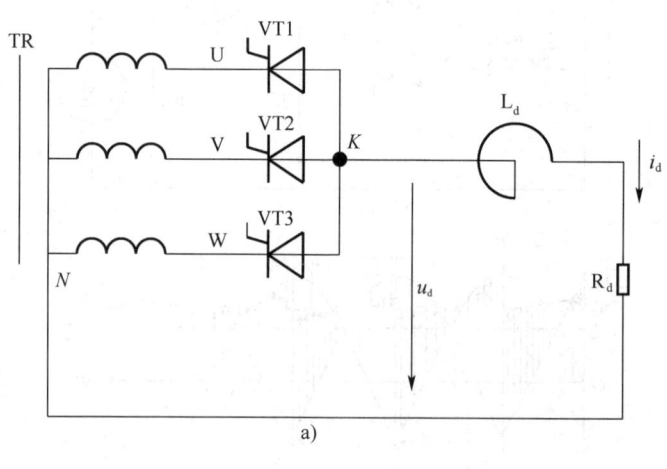

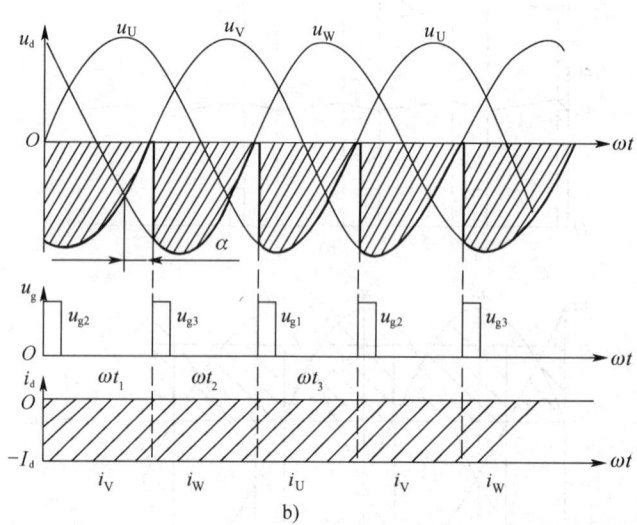

图 5—30 三相共阳极半波可控整流电路及电流电压波形
a）电路图 b）波形图

共阳极接法电路可以和共阴极电路一样分析。由于晶闸管方向反了，因此只能在电源相电压的负半周导通，电流方向改变。因 3 个晶闸管的阳极连接在一起是等电位，所以电路换相总是换到阴极电位更负的那一相，自然换流点是相电压负半周相邻二相的交点。图 5—30 b 所示为共阳接法 α＝30°时的波形。在 ωt_1 时刻触发 VT3 管导通，直到 ωt_2 时刻触发 VT1 管，由于 U 相电压更负，所以当 VT1 触发

导通后，VT3 承受反压关断，使电路能正常换流。大电感负载时 U_d 值为

$$U_d = -1.17U_{2\Phi}\cos\alpha \qquad (5—8)$$

式中，负号表示整流电压极性与共阴极接法相反，即变压器零点 N 为"＋"，共阳极点 K 为"－"，i_d 方向与图上标明的电流正方向相反。

共阳极接法的电路与共阴极接法的电路相比，具有以下几个特点：

(1) 在 3 个晶闸管中，总是其中阴极电位最低的那一相所对应的晶闸管导通。

(2) 自然换相点在 $\omega t=210°$ 处，与共阴极接法的自然换相点相差 180°。

(3) 电流只能从晶闸管的阳极流进，从电源的中性线 N 点流出，电流的实际方向与共阴极接法时相反。

(4) 负载上整流电压平均值是负值，即 u_d 极性为上负下正，也与共阴极接法时相反。

在某些整流装置中，考虑散热效果与安装方便，晶闸管采用共阳极接法。由于在共阳极接法时，3 个晶闸管阳极同电位，故所有晶闸管可固定在同一块大散热板上，但此种接法的缺点是要求 3 个触发电路的输出绕组彼此绝缘。

三相半波可控整流电路只用三只晶闸管，与单相电路比较，输出电压脉动小，输出功率大，三相负载平衡，对于 220 V 的直流电动机负载，可省去整流变压器直接由 380 V 三相四线电源供电。三相半波电路的不足之处是晶闸管电流即变压器二次侧电流在一个周期内只有 1/3 时间有电流流过，变压器利用率很低。此外由于变压器二次侧电流为单向脉动电流，其直流分量在磁路中形成直流不平衡磁势，在三相变压器中产生较大的漏磁通，引起附加损耗；如用 3 只单相变压器组成时，每相直流磁势都会严重地使铁心饱和，这在实际应用上是不允许的。

为了克服上述缺点，可利用共阴极接法与共阳极接法对于变压器的二次侧电流方向是相反的特点，用一个整流变压器，同时对共阴极与共阳极两整流电路供电，如图 5—31a 所示。如变压器二次侧 U 相绕组正向流过共阴极组的 i_{VT1} 电流，反向流过共阳极组的 i'_{VT1} 电流，这样就可使变压器流过二次侧电流的时间增加一倍，同时又消除了直流分量。图 5—31b 所示即两组电路的 α 均为 30°时，u_d 与变压器二次侧 U 相中电流 i_U 的波形。电路中二组整流电路并联，使用同一只变压器，各自独立工作，中性线上电流 $I_N = I_{d1} - I_{d2}$。

三、三相桥式全控整流电路

在 5—31 所示的电路中，共阴极组与共阳极组如负载完全相同且控制角 α 一致，则此时负载电流 I_{d1}、I_{d2} 在数值上相同，中性线中电流的平均值 $I_N = I_{d1} - I_{d2} = 0$。

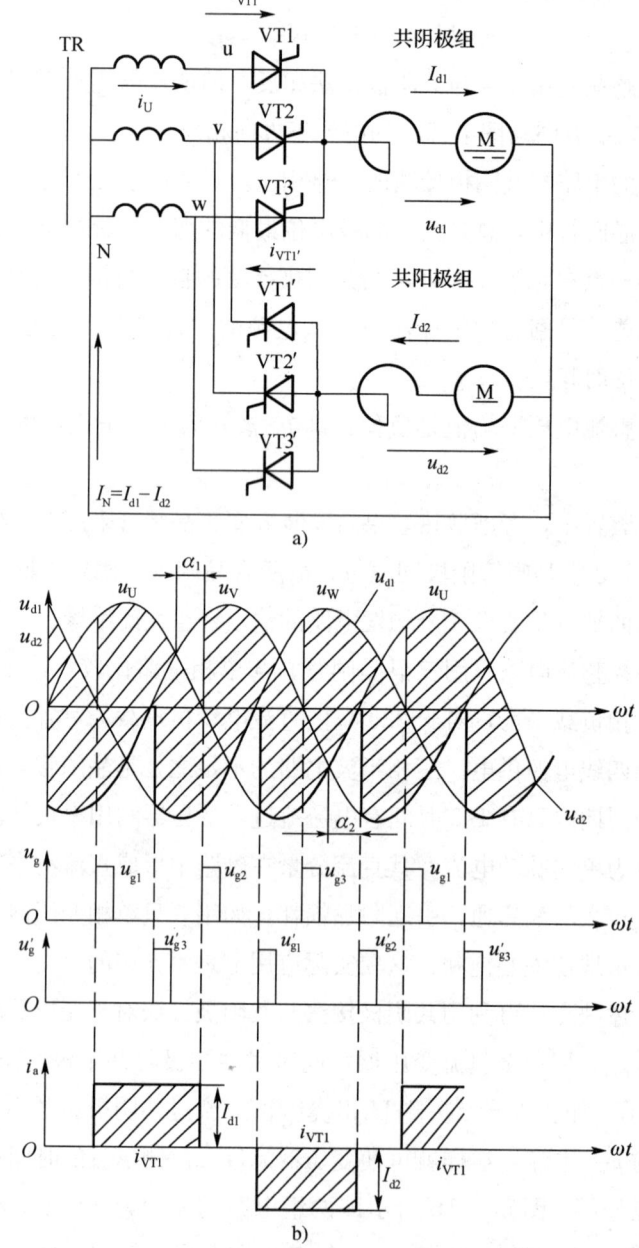

图 5—31 共用变压器共阴极、共阳极
可控整流电路及电压电流波形

a) 电路图　b) 波形图

因此，将中性线断开不影响工作，再将两个负载合并为一，就成为工业上广泛应用的三相桥式全控整流电路，如图 5—32 所示。三相桥式全控整流电路实质上是一组共阴极组与一组共阳极组的三相半波可控整流电路的串联,可用三相半波电路的基本原理来分析。

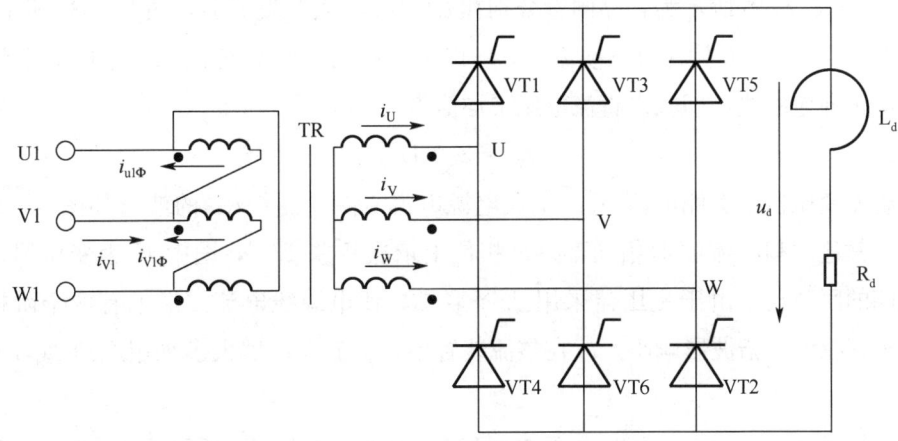

图 5—32 三相桥式全控整流电路

1. 工作原理

(1) 晶闸管的导通顺序

从图 5—31 中可以看出,6 个晶闸管导通的顺序 VT1→VT3′→VT2→VT1′→VT3→VT2′→VT1,每个管子轮流导通 120°。为了分析的方便,在三相桥式全控整流电路中,将 6 个晶闸管重新进行编号如图 5—32 所示,共阴极组的 3 个管子为 VT1、VT3、VT5,共阳极组的 3 个管子为 VT4、VT6、VT2。另外,由于中性线已断开,要使电流流通,负载上有输出电压,故必须在共阴极组和共阳极组中各有一个不在同一相的晶闸管同时导通。这样,三相桥式全控整流电路中晶闸管的导通顺序即为 VT6、VT1→VT1、VT2→VT2、VT3→VT3、VT4→VT4、VT5→VT5、VT6→VT6、VT1……从中可以得到一些规律:每次都有两个晶闸管同时导通;每隔 60°换相一次;每个晶闸管轮流导通 120°;同一组(共阴极组或共阳极组)中相邻两个晶闸管相隔 120°被触发导通;同一相中所接的两个晶闸管相隔 180°被触发导通等。

(2) 波形分析

根据上述晶闸管的导通顺序和规律,即可很方便地分析三相桥式全控整流电路的工作原理。由于必须有两个晶闸管同时导通才能向负载输出电压,而这两个晶闸管是分别连接到整流变压器二次侧不同的两相绕组上的,所以负载上的输出电压是由不同相位的线电压所组成的。VT6、VT1 导通时负载上的输出电压是 u_{UV},VT1、VT2 导通时负载上的输出电压是 u_{UW},依此类推,负载上的输出电压 u_d 在一个周期（360°）中有6个相同的波头，依次为 u_{UV}、u_{UW}、u_{VW}、u_{VU}、u_{WU}、u_{WV}。如图5—33所示即三相桥式全控整流电路在 $\alpha=0°$、带大电感负载时的电压电流波形。图5—33a、b所示为各晶闸管分别在 $\omega t_1 \sim \omega t_6$ 被触发导通，图5—33c所示为 u_d 波形。因 $\alpha=0°$ 处就在自然换流点，所以三相桥式全控整流电路的输出电压是三相线电正向包络线，即输出直流电压平均值为

$$U_d = 2.34 U_{2\Phi} \tag{5—9}$$

整流变压器二次侧电流 i_U、i_V 及电源电流 $i_{V1}=i_{U1\phi}-i_{V1\phi}$ 的波形如图5—33d所示，其他两相电流波形相同，只是相位上依次相差120°，图中 K 为变压器一、二次侧的匝数比。由于变压器采用△/Y联结，使电源线电流波形上有两个阶梯，更接近正弦波，谐波影响小。故在整流装置中，整流变压器大多采用△/Y或Y/△联结。

当控制角 $\alpha>0°$ 时，输出电压波形发生变化，图5—34所示为 $\alpha=30°$、60°、90°以及120°时的波形。从图中可见，当 $\alpha\leqslant 60°$ 时，u_d 波形均为正值；当 $60°<\alpha<90°$ 时，由于 L_d 自感电动势的作用，u_d 波形瞬时出现负值，但正面积大于负面积，输出直流电压平均值 U_d 仍为正值；当 $\alpha=90°$ 时，u_d 波形正负面积相等，即 $U_d=0$，故移相范围 α 为0°~90°；当 $\alpha>90°$ 时，u_d 波形断续，由于 U_d 接近于零，i_d 太小，晶闸管无法导通，因此在 $\alpha=120°$ 的波形图中，如图5—34d所示，是一些不规则的杂乱波形。当 $0°<\alpha<90°$ 时，输出直流电压平均值为 $U_d=2.34U_{2\Phi}\cos\alpha$。

通过上述分析得知，输出电压 u_d 在每一个周期中有6个相同的波头，它们分别属于线电压 u_{UV}、u_{UW}、u_{VW}、u_{VU}、u_{WU}、u_{WV} 的组合。

2. 对触发脉冲的要求

三相桥式全控整流电路六个晶闸管触发导通的顺序为 VT1→VT2→VT3→VT4→VT5→VT6→VT1……在三相电源正相序下，编号为VT1、VT4的两个管子接U相（U相可任意指定，但相序不能反），VT3、VT6管接V相，VT2、VT5管接W相。根据这样的排列，触发脉冲顺序为 $u_{g1}\to u_{g2}\to u_{g3}\to u_{g4}\to u_{g5}\to u_{g6}$，间隔为60°，如图5—33b所示。

为了保证整流装置能启动工作，或在电流断续后晶闸管能再次导通，必须对两组中应导通的一对晶闸管同时加有触发脉冲，为此可采取两种方法：一种是单宽脉冲触发，使每一个触发脉冲的宽度大于60°（必须小于120°，通常取90°）。这样在换相时，相隔60°的后一个脉冲出现时，前一个脉冲还未消失，使电路在任何换相点均有相邻两个晶闸管被触发。另一种方法是在触发某一号晶闸管时，触发电路设法同时给前一号晶闸管补发一个脉冲（称辅助脉冲），例如触发VT3管的同时，对

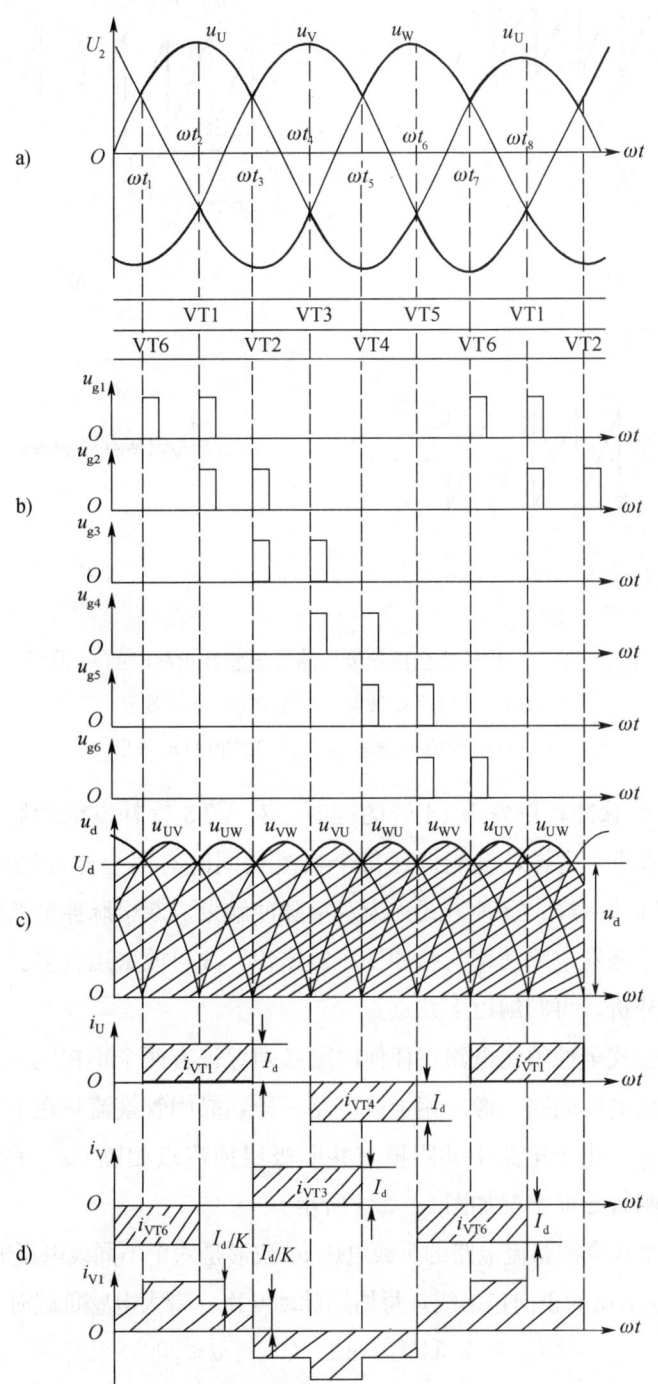

图 5—33 三相桥式全控整流电路的电压、电流波形

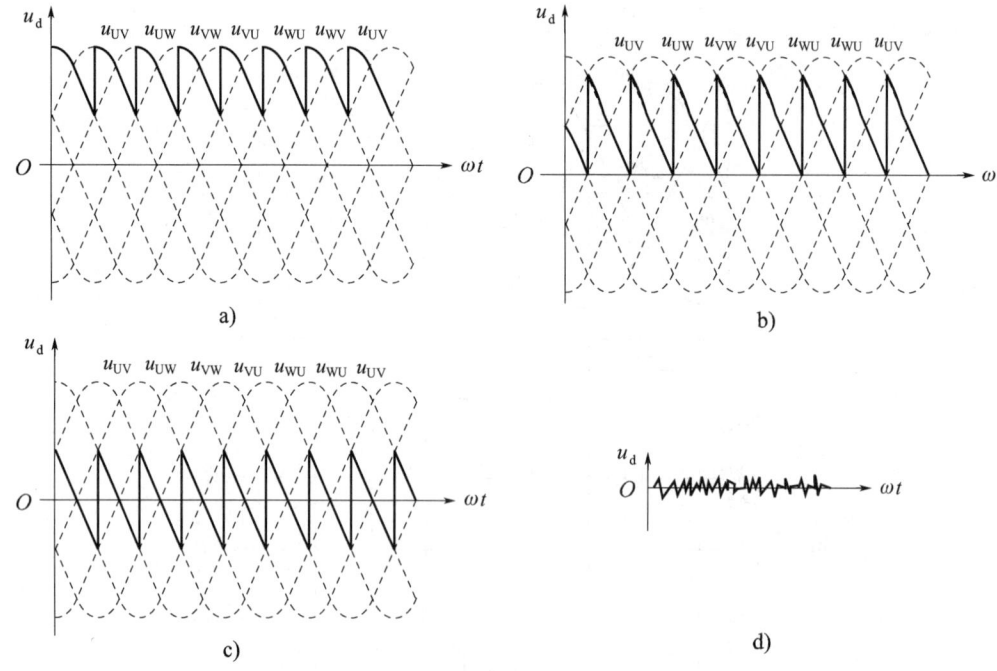

图 5—34 三相桥式全控整流电路带电感性负载时的 u_d 波形

a) $\alpha=30°$ 时的 u_d 波形　b) $\alpha=60°$ 时的 u_d 波形

c) $\alpha=90°$ 时的 u_d 波形　d) $\alpha=120°$ 时的 u_d 波形

VT2 管补发辅助脉冲；触发 VT4 管的同时，对 VT3 管补发辅助脉冲，如图 5—33b 中的虚线脉冲。这样，就能保证每个换流点同时有两个脉冲触发相邻的晶闸管，作用与宽脉冲一样，这种方式称为双窄脉冲触发。双窄脉冲虽然触发电路比较复杂，但可减小触发电路功率与脉冲变压器体积，故目前采用较多。

通过上述分析，可归纳以下几点：

(1) 三相桥式全控整流电路在任何时刻必须保证有两个不在同一相的晶闸管同时导通才能构成电流回路。像三相半波电路一样，晶闸管换流只在本组内进行，每隔 120°换流一次。由于电路中共阴极与共阳极组换流点相隔 60°，所以每隔 60°有一次换流，晶闸管导通情况如图 5—33a 所示。

(2) 三相桥式全控整流电路的负载电压 u_d 波形是六个不同线电压的组合，当 $\alpha=0°$ 时，为三相线电压的正向包络线，每周期脉动 6 次。带大电感负载时，其平均值为

$$U_d = 2.34 U_{2\Phi} \cos\alpha \quad (0° \leqslant \alpha \leqslant 90°) \tag{5—10}$$

(3) 三相桥式全控整流电路控制角 α 的起算点（自然换流点）与三相半波时相同，为相邻相电压的交点（包括正向与负向），距波形原点 30°，但是在线电压波形上，是相邻正向线电压的交点。由于线电压超前对应的相电压 30°，因此在对应线

电压波形上，$\alpha=0°$的点距波形原点为 60°。如 $\alpha=30°$，在相电压波形上脉冲距波形原点 60°，在对应的线电压上，脉冲距波形原点 90°。

（4）晶闸管两端电压波形与三相半波时完全一样，即管子所承受的最大电压为 $\sqrt{6}U_{2\Phi}$。由于桥式电路输出电压比三相半波增大一倍，所以在同样的 U_d 值时，三相桥式全控整流电路对晶闸管电压要求降低一半。流过晶闸管的电流 i_{VT} 与三相半波时完全相同，为 $I_{dT}=\frac{1}{3}I_d$，$I_T=\sqrt{\frac{1}{3}}I_d=0.577I_d$。变压器利用率提高，其二次侧每周期内有 240°流过电流，且电流波形正、负面积相等，无直流分量。

（5）三相桥式全控整流电路必须用双窄脉冲或单宽脉冲触发，脉冲的移相范围在带大电感负载时为 0°～90°；带电阻负载时为 0°～120°，但在 $\alpha>60°$时，u_d 波形断续，因为晶闸管的导通要维持到线电压过零反向后才关断。

四、三相桥式半控整流电路

在中等容量的整流装置或不要求可逆的电气传动中，可采用比三相桥式全控整流电路更简单、经济的三相桥式半控整流电路，如图 5—35a 所示，它由共阴极接法的三相半波可控整流电路与共阳极接法的三相半波不可控整流电路串联而成，因此这种电路兼有可控与不可控两者的特性。共阳极组 3 个整流二极管总是在自然换流点换流，使电流换到比阴极电位更低的一相中去；而共阴极组 3 个晶闸管则要在触发后才能换到阳极电位高的一相中去。输出电压 u_d 的波形是二组三相半波整流电压波形之和，改变共阴极组晶闸管的控制角 α，可获得 0～$2.34U_{2\Phi}$ 的直流可调电压。

1. 电阻性负载

当 $\alpha=0°$即触发脉冲在自然换流点出现时，整流电路输出电压最大，其数值为 $2.34U_{2\Phi}$，u_d 波形与三相桥式全控整流电路在 $\alpha=0°$时输出的电压波形一样。$\alpha<60°$时，如图 5—35b 所示为 $\alpha=30°$时的波形。ωt_1 时 u_{g1} 触发 VT1 管导通，电源电压 u_{UV} 通过 VT1、VD6 加于负载。ωt_2 时，共阳极组二极管自然换流，所以 ωt_2 之后，VD2 导通，VD6 关断，电源电压 u_{UW} 通过 VT1、VD2 加于负载。ωt_3 时刻，由于 u_{g3} 还未出现，VT3 不能导通，VT1 维持导通，到 ωt_4 时刻，触发 VT3 管导通后使 VT1 管承受反向电压而关断，电路转为 VT3 与 VD2 导通，依次类推，负载 R_d 在一个周期内得到的是三个缺角波头连接三个完整波头的脉动波形。当 $\alpha=60°$时，u_d 波形只剩下三个波头，波形刚好维持连续。$60°<\alpha<180°$时，如图 5—35c 所示为 $\alpha=120°$时的波形，VT1 管在 u_{UW} 电压的作用下，ωt_1 时刻开始导通，到 ωt_2 时刻 U 相相电压为零时，VT1 管仍不会关断，因为使 VT1 管正向导通的不是相电压而是

线电压，到 ωt_3 时刻，$u_{UW}=0$，VT1 才关断。在 $\omega t_3 \sim \omega t_4$ 期间，VT3 虽受 u_{VU} 正向电压，但门极无触发脉冲，故 VT3 不导通，波形出现断续。到 ωt_4 时刻，VT3 才触发导通，一直到 u_{VU} 线电压为零时关断。在 $0°\leqslant\alpha\leqslant180°$ 中，输出电压平均值均为

$$U_d = 1.17U_{2\Phi}(1+\cos\alpha) \tag{5—11}$$

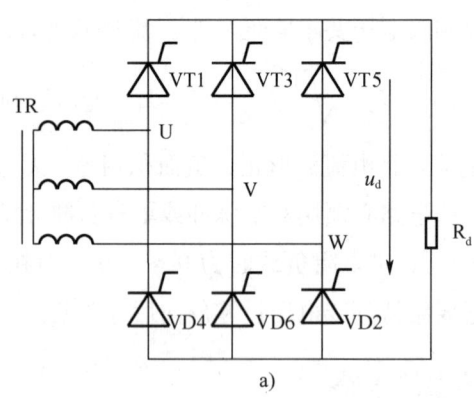

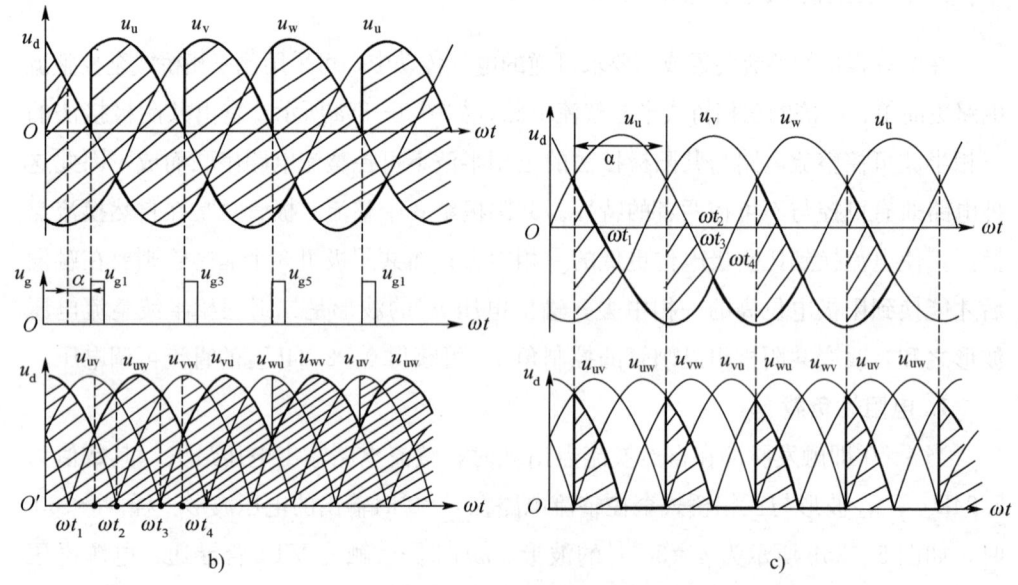

图 5—35 三相桥式半控整流电路及其电流电压波形
a) 电路图 b) $\alpha=30°$ 时的 u_d 波形 c) $\alpha=120°$ 时的 u_d 波形

2. 电感性负载

三相桥式半控整流电路在带大电感负载时，由于桥路内部的二极管有续流作用，与带电阻负载时一样，u_d 波形不会出现负电压，故其移相范围也为 $0°\sim180°$，$U_d=1.17U_{2\Phi}(1+\cos\alpha)$。但带大电感负载时，若负载端不加接续流二极管，在触发电路电路正常工作后，若突然切断触发信号或把控制角移到 180°以外时，会发生

某个导通着的晶闸管关不断,而共阳极组的 3 个二极管轮流导通的现象,负载上仍有 $U_d=1.17U_{2\Phi}$ 的电压,即失控现象。为了避免失控,应并接续流二极管。在并接续流二极管后,只有当 $\alpha>60°$ 时才有续流电流。

五、整流电路的换相压降

现以三相半波可控整流电路带大电感负载为例,分析漏抗对整流电压的影响,图 5—36a 为考虑漏感的电路图,变压器每相绕组折合到二次侧的漏感为 L_t。变压器存在漏抗,使电路换相时电流不能突变,图 5—36b 中当 ωt_1 时刻触发 VT2 管时,V 相电流 i_V 不能瞬时上升到 I_d 值,U 相电流 i_U 不能瞬时下降为零,使电流换相需要一段时间。在换相过程 $\omega t_1 \sim \omega t_2$ 期间,两个相邻相的晶闸管同时导通,对应的电角度称为换相重叠角,用 γ 表示。在重叠角 γ 期间,U、V 两相同时导通,相当于 U、V 两相线间短路,$u_V - u_U$ 为短路电压,产生一个假想的短路电流 i_k,如图 5—36a 虚线所示(实际上晶闸管都是单向导电的,相当于在原有电流上叠加一个 i_k)。U 相电流 $i_U = I_d - i_k$,随着 i_k 的增大而逐渐减小;而 $i_V = i_k$ 将逐渐增大。当 i_V 增大到 I_d,也就是 i_U 下降为零时,VT1 关断,VT2 管电流达到稳定值 I_d,完成了 U 到 V 相之间的换流。换流期间,短路电压由两个漏抗电动势所平衡即

$$u_V - u_U = 2L_t \frac{di_k}{dt} \tag{5—12}$$

而输出电压为

$$u_d = u_V - L_t \frac{di_k}{dt} = u_U + L_t \frac{di_k}{dt} = u_V - \frac{1}{2}(u_V - u_U)$$

$$u_d = \frac{1}{2}(u_U + u_V) \tag{5—13}$$

式(5—13)说明,在换流期间,直流输出电压 u_d 的波形既不是 u_U 也不是 u_V,而是换流的两相电压的平均值,如图 5—36b 所示。与不考虑漏抗,即 $\gamma=0°$ 相比,输出电压波形减少了一块阴影面积,使输出平均电压 U_d 值减小。这块减少的面积是由负载电流 I_d 换相引起的,相当于 I_d 在某电阻上产生一个压降,称换相压降,其大小为图中三块阴影面积在一周期内的平均值。对此阴影面积进行积分运算后可得出换相压降为

$$U_\gamma = \frac{m}{2\pi} X_t I_d \tag{5—14}$$

式中,m 为一周期内的换相次数,三相半波整流时为 $m=3$,三相桥式整流时为 $m=6$;X_t 为从二次侧计算变压器的漏抗。

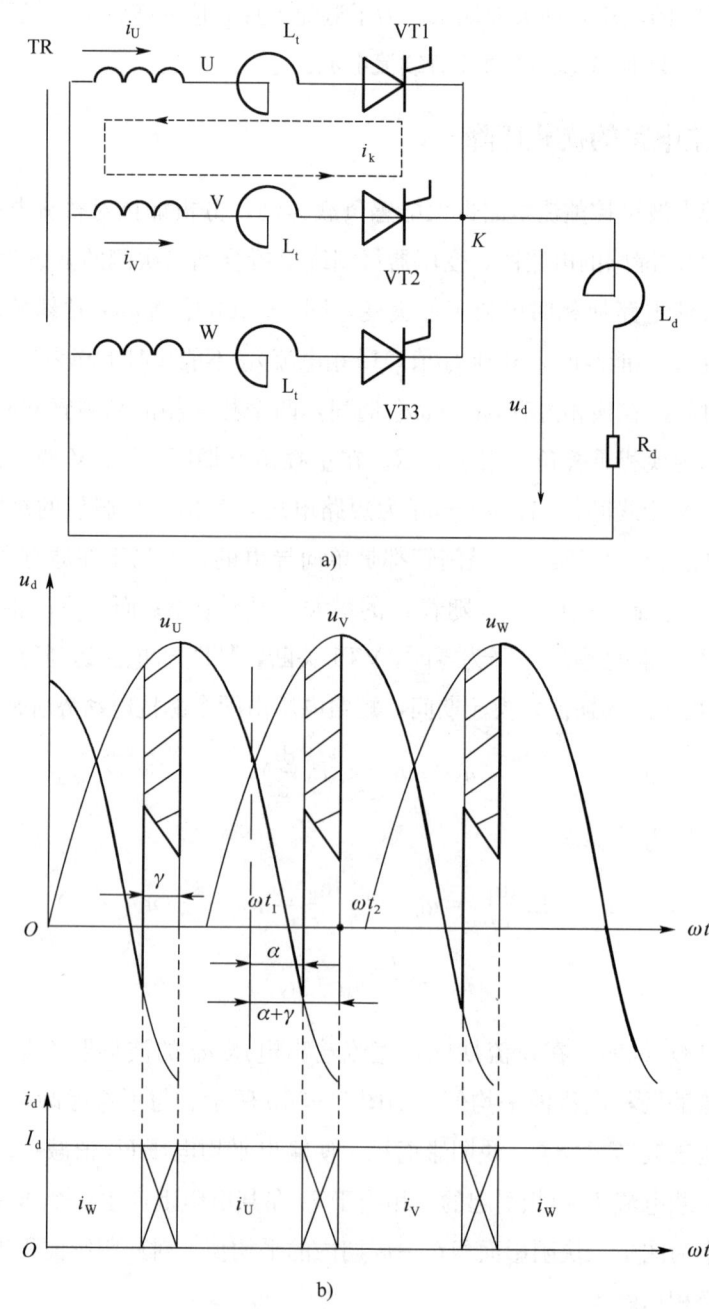

图 5—36 考虑变压器漏抗的可控整流电路及其电压电流波形
a) 电路图 b) 波形图

换相压降可看成在整流电路直流侧增加一只等效内电阻,其值为$\frac{m}{2\pi}X_t$,负载电流I_d在它上面产生的压降,但等效内阻并不消耗有功功率。

换相电抗的存在,相当于增加电源内阻抗,所以使换流期间的输出电压降低,使交流电源的电压相间短路,波形出现缺口,造成波形畸变,形成干扰源。用示波器观察电压波形时,在换流点上出现"毛刺"。但是,对于限制短路电流,使换流过程的$\frac{di}{dt}$与$\frac{du}{dt}$不超过晶闸管的允许值,有时单靠变压器的漏抗电感还不够大,而特意在交流侧串入进线电抗。因此在工程实践中,要考虑全面权衡利弊。

六、晶闸管的保护

1. 晶闸管的过电压保护

晶闸管对过电压很敏感,当正向电压超过其断态重复峰值电压U_{DRM}一定值时,晶闸管就会误导通,引发电路故障;当外加反向电压超过其反向重复峰值电压U_{RRM}一定值时,晶闸管就会立即损坏。因此,必须研究过电压的产生原因及抑制过电压的方法。

(1) 过电压产生原因

过电压产生原因分为外因过电压和内因过电压两类。

1) 外因。过电压主要来自雷击和系统中的操作过程等外部原因,包括:

①雷击过电压。由雷击引起的过电压。

②操作过电压。由分闸、合闸等开关操作引起的过电压,电网侧的操作过电压会由供电变压器电磁感应耦合,或由变压器绕组之间存在的分布电容静电感应耦合过来。

2) 内因。过电压主要来自电力电子装置内部器件的开关过程,包括:

①换相过电压。由于晶闸管在换相结束后不能立刻恢复阻断能力,因而有较大的反向电流通过,使残存的载流子恢复,而当其恢复了阻断能力时,反向电流急剧减小,这样的电流突变会因线路电感而在晶闸管阴、阳极之间产生的过电压。

②关断过电压。当晶闸管关断时,因正向电流的迅速降低而由线路电感在晶闸管两端感应出的过电压。

晶闸管的过电压保护如图5—37所示,图5—37所示为晶闸管装置可能采用的几种过电压保护措施及其配置位置,实用时根据具体情况选择几种即可。

(2) 阻容吸收回路

通常过电压均具有较高的频率,因此常用电容作为吸收元件,为防止振荡,

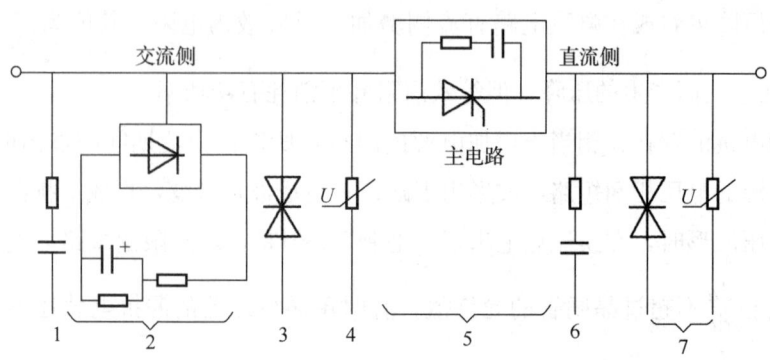

图 5—37　过电压保护措施及其配置位置
1—阻容保护　2—整流式阻容　3—硒堆　4—压敏电阻器
5—晶闸管元件两端阻容　6—直流侧阻容
7—直流侧压敏电阻器或硒堆

常加阻尼电阻,构成阻容吸收回路。阻容吸收回路可接在电路的交流侧、直流侧,或并接在晶闸管的阳极与阴极之间。吸收电路最好选用无感电容,接线应尽量短。

(3) 由硒堆及压敏电阻等非线性元件组成吸收回路

上述阻容吸收回路的时间常数 RC 是固定的,有时对时间短、峰值高、能量大的过电压来不及放电,抑制过电压的效果较差。因此,一般在变流装置的进出线端还并联有硒堆或压敏电阻器等非线性元件。硒堆的特点是其动作电压与温度有关,温度越低耐压越高;另外硒堆具有自恢复特性,能多次使用,当过电压动作后,硒基片上的灼伤孔被溶化的硒重新覆盖,有重新恢复其工作特性。压敏电阻器是以氧化锌为基体的金属氧化物非线性电阻器,其结构为两个电极,电极之间填充的粒径为 $10\sim 50~\mu m$ 的不规则的 ZNO 微结晶,结晶粒间是厚约 $1~\mu m$ 的氧化铋粒界层,这个粒界层在正常电压下呈高阻状态,只有很小的漏电流,其值小于 $100~\mu A$。当加上电压时,引起了电子雪崩,粒界层迅速变成低阻抗,电流迅速增加,泄露了能量,抑制了过电压,从而使晶闸管得到保护。浪涌过后,粒界层又恢复为高阻态。

压敏电阻器过电压保护装置具有以下特点:

压敏电阻器的通流容量大,残压低,抑制过电压能力强;平时漏电流少,放电后不会有续流,元件的标称电压等级多,便于用户选择;伏安特性是对称的,可用于交、直流或正负浪涌;用途较广。

2. 晶闸管的过电流保护

由于半导体器件体积小、热容量小，特别像晶闸管之类高电压大电流的功率器件，故结温必须受到严格的控制，否则将遭致彻底毁坏。当晶闸管中电流流过大于额定值的电流时，热量来不及散发，使得结温迅速升高，最终将导致结层被烧坏。

产生过电流的原因是多种多样的，过电流分过载和短路两种情况。图 5—38 给出了各种过电流保护措施及其配置位置，其中采用快速熔断器、直流快速断路器、电子保护电路和过电流继电器是较为常用的措施。一般电力电子装置均同时采用几种过电流保护措施，以提高保护的可靠性和合理性。在选择各种保护措施时应注意互相协调。通常电子电路作为第一保护措施，快速熔断器仅作为短路时的部分区段的保护，直流快速断路器整定在电子电路动作之后实现保护，过电流继电器整定在过载时动作。

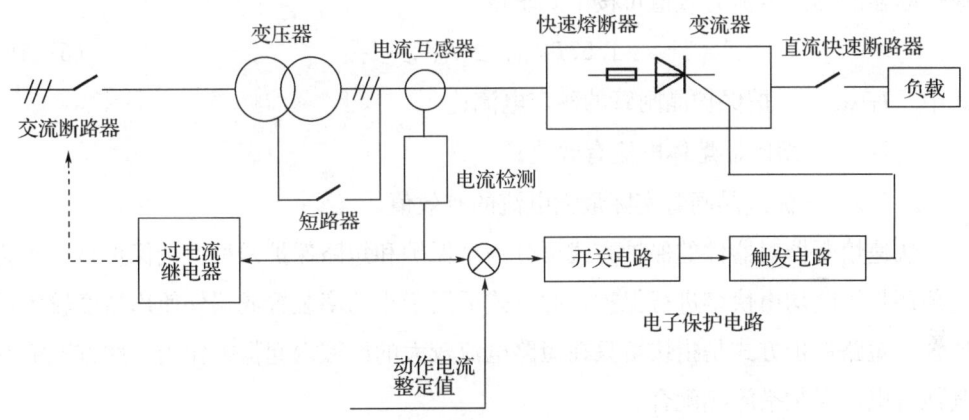

图 5—38　过电流保护措施及配置位置

采用快速熔断器（简称快熔）是电力电子装置中最有效、应用最广的一种过电流保护措施。由于普通熔断器的熔断特性动作太慢，在熔断器尚未熔断之前晶闸管已被烧坏；所以不能用来保护晶闸管。快速熔断器由银质熔丝埋于石英砂内，熔断时间极短，可以用来保护晶闸管。使用中快速熔断器的几种不同接法，如图 5—39 所示。图 5—39a 为快速熔断器与晶闸管相串联接法；图 5—39b 表示快速熔断器接在交流侧；图 5—39c 表示快速熔断器接在直流侧，这种接法只能保护负载故障情况，当晶闸管本身短路时无法起到保护作用。

选择快速熔断器时需要注意以下几点：

（1）快速熔断器的额定电压应该大于线路正常工作电压有效值。

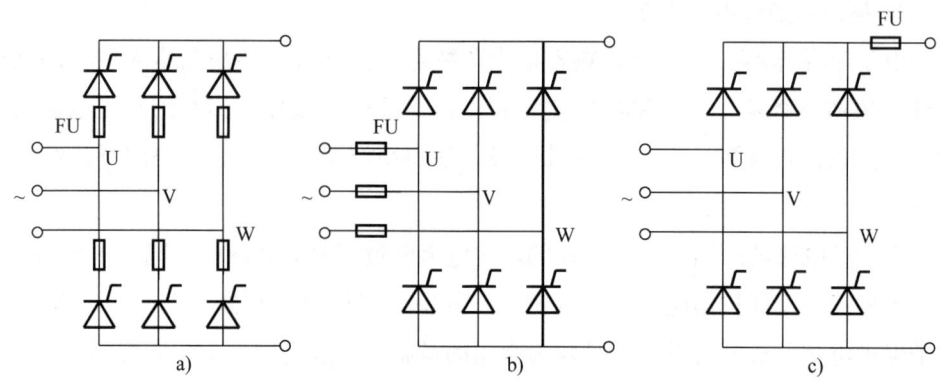

图 5—39 快速熔断器的接法
a) 串联接法　b) 接交流侧　c) 接直流侧

(2) 快速熔断器的额定电流应该大于或等于熔体的额定电流，串于桥臂中的快速熔断器的额定电流有效值可按下式求取

$$1.57 I_{T(AV)} \geqslant I_{FU} \geqslant I_{TM} \tag{5—15}$$

式中　$I_{T(AV)}$——被保护晶闸管的额定电流；

I_{FU}——熔断器熔体电流有效值；

I_{TM}——流过晶闸管实际最大电流的有效值。

快速熔断器对器件的保护方式可分为全保护和短路保护两种。全保护是指不论过载还是短路均由快熔进行保护，此方式适用于小功率装置或器件使用裕度较大的场合。短路保护方式是指快熔只在短路电流较大的区域内起保护作用，此方式需与其他过电流保护措施相配合。

3. 晶闸管的电压、电流上升率的限制

(1) 晶闸管的正向电压上升率及抑制

加到晶闸管上的正向电压上升率（du/dt）应有一定限制。因元件在阻断状态时其阳极和阴极之间相当于一个电容，若晶闸管突然加上正向电压，便会有一充电电流流过结面，当充电电流流进靠近阴极的 PN 结时，相当于控制极有触发电流的作用。因此，如加到晶闸管上的正向电压上升率（du/dt）太大，引起充电电流过大时，就会使晶闸管发生误导通。为了防止误导通，在使用普通晶闸管时，要规定最大允许正向电压上升率。

在有整流变压器的整流电路中，由于变压器的漏感和阻容吸收的作用，在电源合闸时，加到晶闸管两端的正向电压上升率不会太大，不会引起误导通。在无整流变压器的整流电路中，应在电源输入端串联进线电感，它对 du/dt 有一定的抑制作用，但串入进线电感后又易产生过电压，故必须设置阻容吸收电路。

抑制电压上升率的实用方法是在整流桥臂串接空芯电抗器或在桥臂上套磁环。抑制后的电压上升率 du/dt 与桥臂交流电压峰值成正比，与桥臂电抗的电感值成反比，此电感值通常取 $20 \sim 30~\mu H$。

（2）晶闸管的电流上升率及抑制

晶闸管在触发导通的瞬时，如阳极电流增大的速度（电流上升率 di/dt）太大，虽然电流值未超过元件的额定值，但由于晶闸管内部电流还来不及扩大到 PN 结的全部面积，故导致在控制极附近的 PN 结面因电流密度过大而烧毁。因此对晶闸管必须规定最大允许的电流上升率（di/dt）。

限制电流上升率的措施有两种：

1）在桥臂上串联电感，这样除了直接与元件并联的阻容外，凡流过元件的电流都经过桥臂电感，利用电感对电流变化的阻碍作用可限制电流变化率。桥臂电感值通常选 $20 \sim 30~\mu H$。

在功率较大或频率较高的逆变电路中，加接桥臂电感后，使换流时间增大，影响工作。为了减小这种影响，可采用几只铁氧磁环套在桥臂导线上，使桥臂电感在小电流时，磁环不饱和，电感量大，满足限制 di/dt 值的要求；而在大电流时，电流在晶闸管结面已扩散，允许电流上升率大，磁环饱和，桥臂电感量减小，使阳极电流快速上升，不延长换流时间。这种方法还可缩短晶闸管的关断时间。

2）为减小阻容吸收电路中，电容所储藏能量在晶闸管导通瞬间释放所产生的电流，使电流上升率增大的影响，可将阻容吸收电路改为整流式接法，使电容放电电流不经过晶闸管，对限制电流上升率（di/dt）也有一定好处。

技能要求

三相半波可控整流电路测绘分析

一、操作要求

（1）识别晶闸管及检测它的性能。

（2）用双踪示波器测量电源相序。

（3）用示波器测量三相半波可控整流电路的主电路和触发电路的工作波形，绘制并分析。

二、操作准备（表 5—1）

表 5—1　　　　　　　　　准　备　内　容

序号	名称	规格型号	数量	备注
1	三相半波可控整流电路装置		1 套	三相半波可控整流电路装置包含： (1) 集成化六脉冲触发电路板 1 套（包括辅助电源） (2) 三相同步变压器 1 台 (3) 三相整流变压器 1 台 (4) 晶闸管主电路板 1 块 (5) 给定板 1 块 (6) 稳压电源（0~15 V）1 台
2	双踪示波器	YB43020D	1 台	
3	万用表	指针式万用表或数字式万用表	1 台	

三、操作步骤

三相半波可控整流电路装置如图 5—40 所示。

步骤 1　测定三相交流电源的相序。

测定三相交流电源相序可以采用相序鉴别器或双踪示波器。相序鉴别器有各种形式，较简单实用可采用电容器和灯泡组成的相序鉴别器。该相序鉴别器由一个电容器、两个灯泡接成星形，3 个端点分别接到三相交流电源，则一个灯泡较亮，一个灯泡较暗，如图 5—41 所示。此时，可以把接电容的一相作为 U 相，接灯泡较亮的一相作为 V 相，接灯泡较暗的一相作为 W 相。

采用双踪示波器，可任意指定一相电压为 U 相电压，测量该 U 相电压波形。测量时示波器 Y 轴探头接 U 相线，示波器 Y 轴探头公共端接三相电源中性点，调整 X 轴扫描旋钮使 U 相电压波形稳定，一个周波在 X 轴上占整数格，并计算出各格代表的角度。然后，依次测量另两相相电压的波形，滞后 U 相相电压 $120°$ 的相电压为 V 相，滞后 U 相相电压 $240°$ 的相电压为 W 相。如果电源进线没有中性线，则可测量线电压 u_{UV}、u_{VW}、u_{WU} 的相位，依次相差 $120°$，如图 5—42 所示。

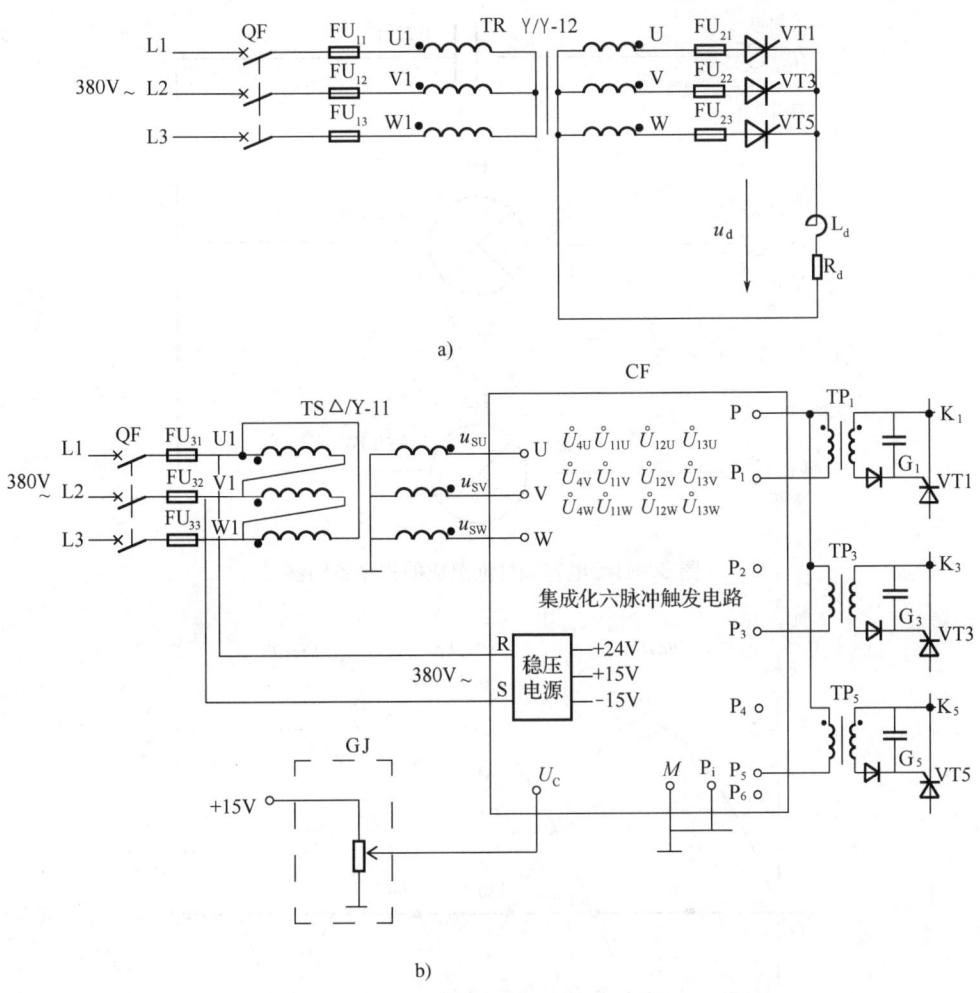

图 5—40 三相半波可控整流电路装置
a) 主电路 b) 触发电路

步骤 2 接通电源并进行必要的检查。

(1) 检查三相整流变压器与三相同步变压器的联结组别

晶闸管整流装置要求触发脉冲与主电路电压同步,也就是说该触发脉冲必须在所对应晶闸管阳极电压为正时的某一区间内出现,即必须根据被触发晶闸管的阳极电压相位,正确确定各触发电路特定相位的同步电压,才能使触发电路分别在各晶闸管需要触发脉冲的时刻输出触发脉冲。通常,晶闸管整流装置是在确定三相整流变压器的联结组别后,通过三相同步变压器不同联结组别(或配合阻容移相)来得到所要求相位的同步电压。

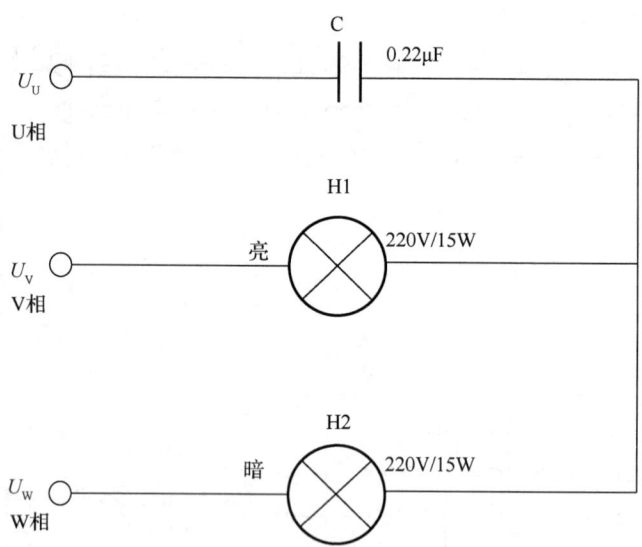

图 5—41 电容和灯泡组成的相序鉴别器

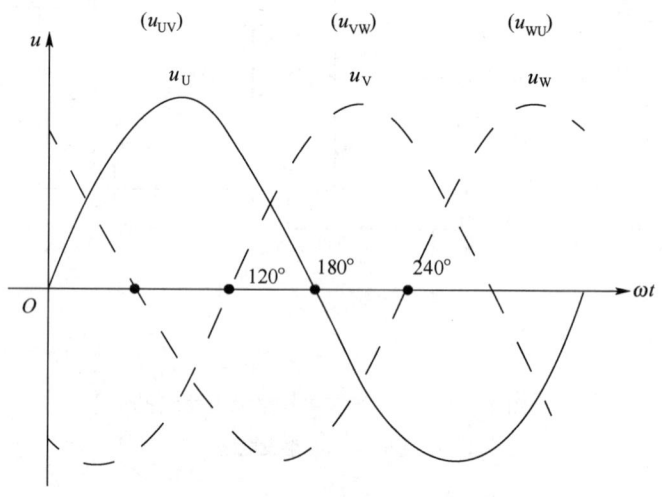

图 5—42 双踪示波器测量三相交流电源相序

根据三相变压器的实际接线，确定其联结方式是星形或三角形，再通电后，用双踪示波器分别测量 u_{U1V1} 和 u_{UV} 波形，根据其相位关系确定其联结组别号。在本例中，三相整流变压器联结组别为 Y/Y—12，变压器绕组接法如图 5—43a 所示，二次侧线电压（如 u_{UV}）与对应的一次侧线电压（u_{U1V1}）同相；三相同步变压器联结组别为△/Y—11，变压器绕组接法如图 5—43b 所示，二次侧电压（如 u_{UV}）滞后对应的一次侧线电压（u_{U1V1}）330°。

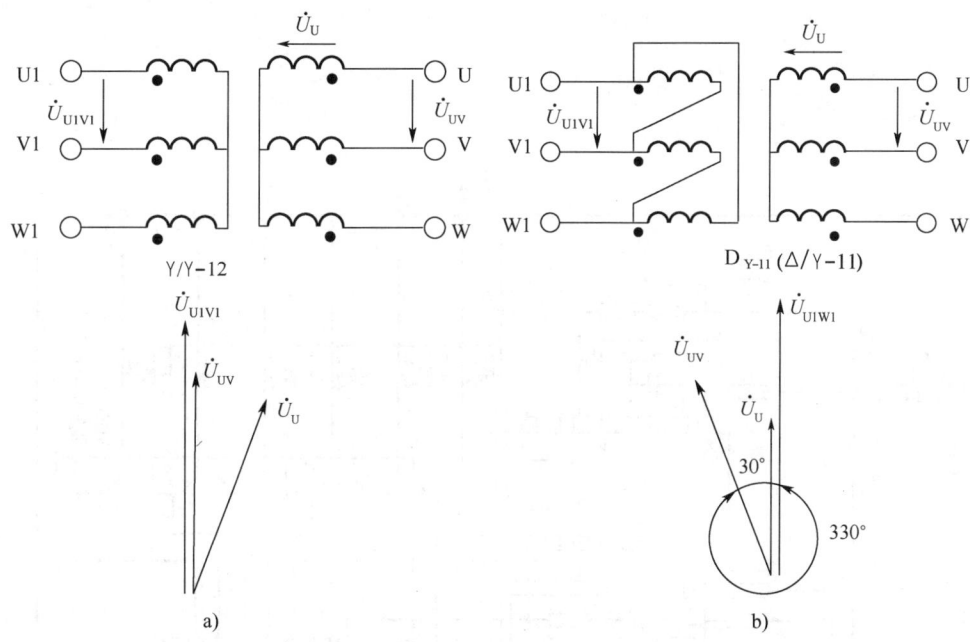

图 5—43 三相变压器绕组的接法和向量图
a) 整流变压器的接法和向量图 b) 同步变压器的接法和向量图

(2) 检查触发电路

本触发电路板主要由 3 块 KC04 集成触发器、1 块 KC41C 六路双脉冲形成器与 1 块 KC42 脉冲调制形成器组成,其电路板及端子图如图 5—44 所示。

每相同步电压(同步电压取 30 V)经阻容移相滤波后接每块 KC04 的⑧脚输入端,电位器 RP5、RP6、RP7 微调各相同步电压的相位,保证六相脉冲间隔的均匀。在 KC04 的④脚形成锯齿波电压 U_4,每相锯齿波电压的斜率由电位器 RP2、RP3、RP4 调节。锯齿波电压 U_4,移相控制电压 U_c,偏移电压 U_b 在⑨脚进行综合比较,在⑬脚输出一定宽度的触发脉冲,送到 KC42 的②、④、⑫脚输入端。输出脉冲宽度分别可调节 R1、C1,R2、C2,R3、C3 的数值。由 KC42 脉冲调制形成器将 3 块 KC04 送来的触发脉冲调整为 5~10 kHz 的高频脉冲,再从 KC42 的⑧脚输出端送至 3 块 KC04 的⑭脚输入端,3 块 KC04 的①、⑮脚输出的 6 个脉冲(+U,-W,+V,-U,+W,-V)送到 KC41C 的①~⑥脚输入端,从 KC41C 的⑩~⑮脚输出。在 KC41C 的⑩~⑮脚输出端输出是按-W→+U,+V→-W,-U→+V,+W→-U,-V→+W,+U→-V 的规律组成的六路双脉冲。通过功放管 V1~V6 放大输出 300~800 mA 的驱动电流。⑦脚为脉冲封锁控制端,当⑦脚接地或低电位时,可正常输出脉冲;当⑦脚接高电位或悬空时,无脉冲输出。

实测集成化六脉冲触发电路板的各点工作波形如图 5—45 所示。

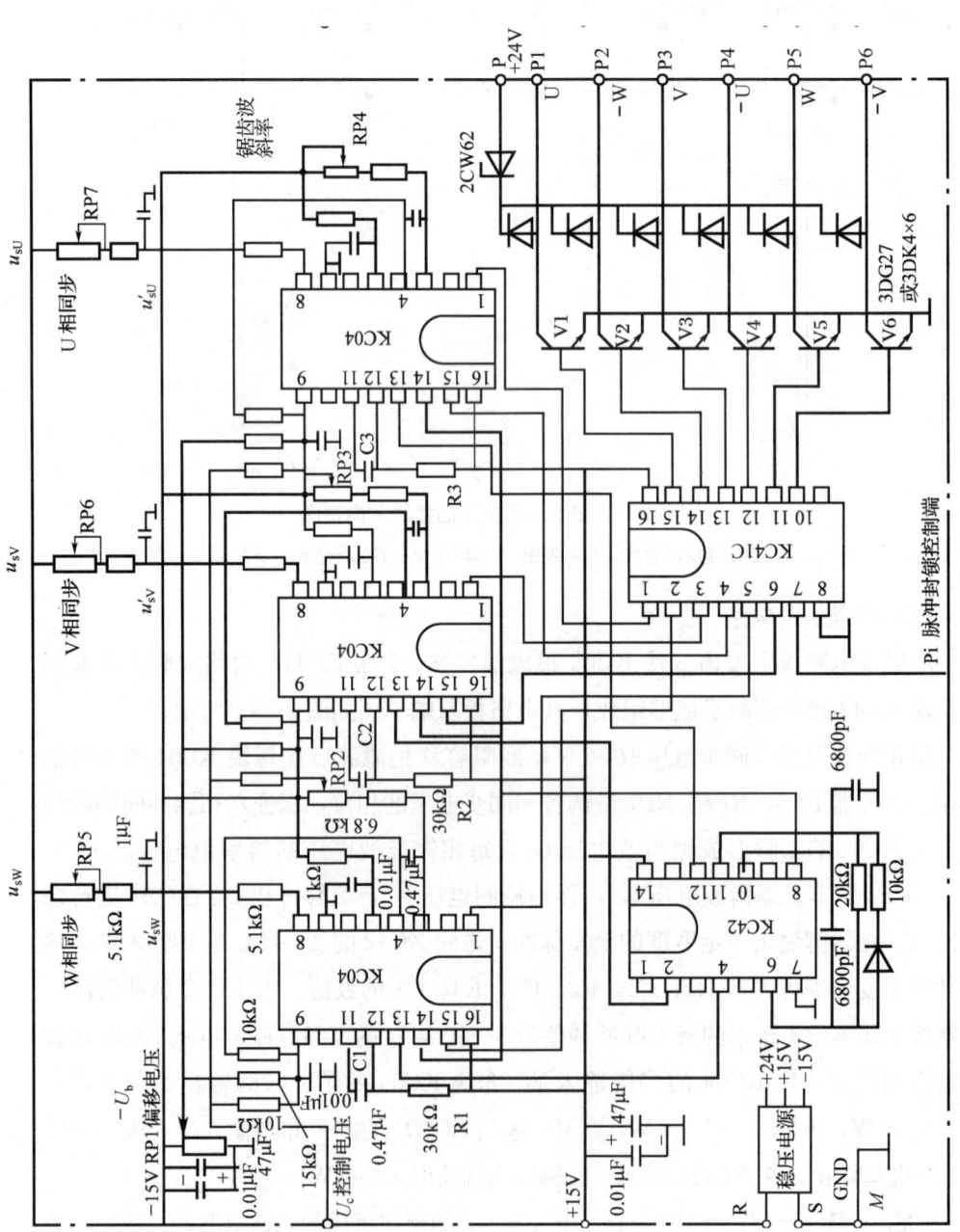

图 5—44 集成化六脉冲触发电路原理及端子图

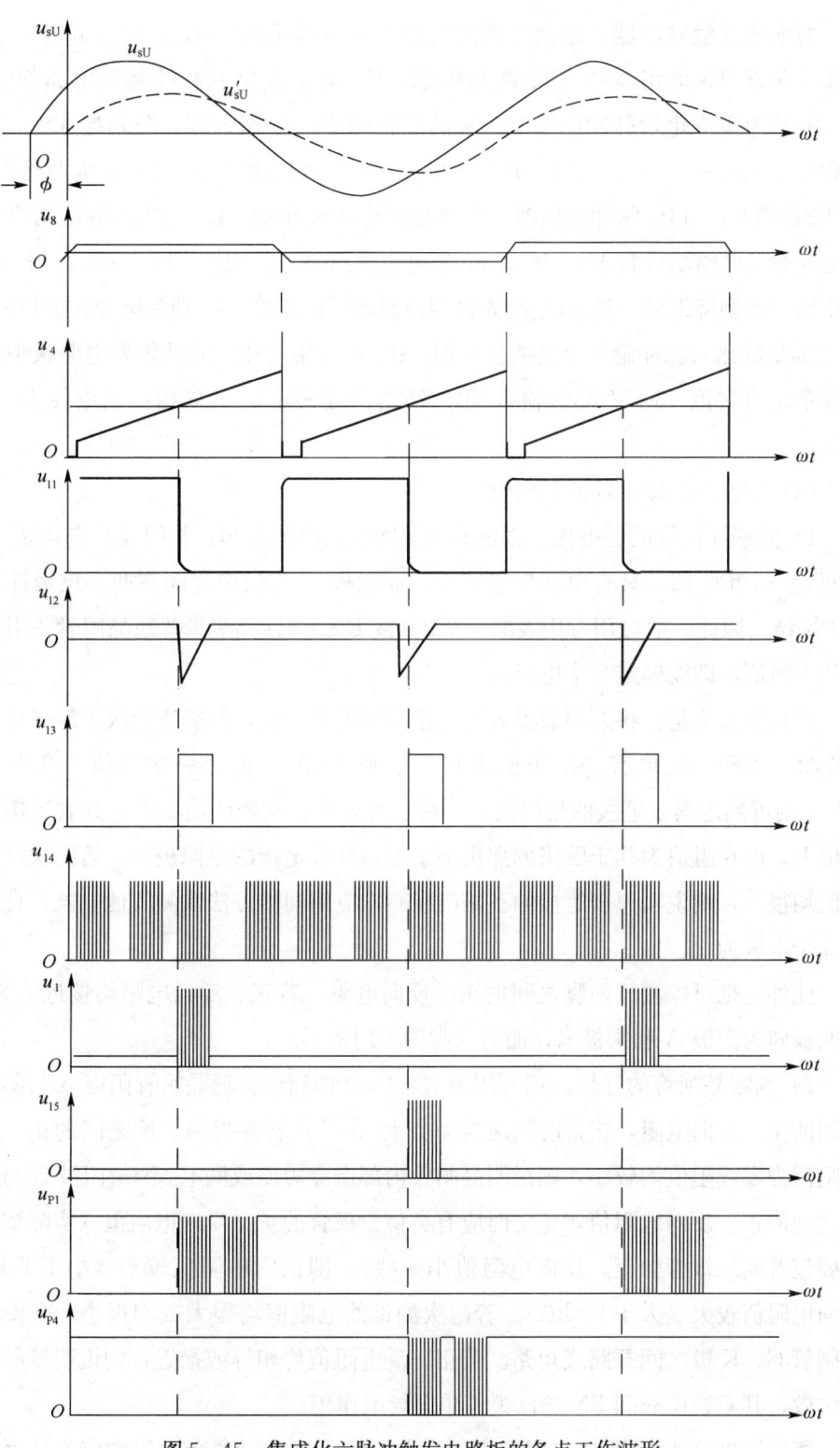

图 5—45 集成化六脉冲触发电路板的各点工作波形

根据实际触发电路，绘制其接线图如图 5—40b 所示。在图 5—40b 中，三相同步变压器 TS 采用△/Y-11 联结组别。CF 为集成化六脉冲触发电路板，U、V、W 端为集成化六脉冲触发电路板的三相同步电压输入端，分别接 TS 二次侧三相同步电压 u_{sU}、u_{sV}、U_{sW}。P 端为集成化六脉冲触发电路+24 V 电源输出端，接 TP1、TP3、TP5 脉冲变压器一次侧绕组连接公共端。P1、P3、P5 端为集成化六脉冲触发电路功放管 V1、V3、V5 集电极输出端，分别接 TP_1、TP_3、TP_5 脉冲变压器一次侧绕组另一端。U_c 端为移相控制电压输入端，Pi 端为脉冲封锁控制端，M 点为集成化六脉冲触发电路的公共端，R、S 为集成化六脉冲触发电路板中辅助电源单元的交流 380 V 电源输入端。GJ 为给定板，提供移相控制电压 U_c（正电压）。

(3) 检查主电路，检测晶闸管

1) 判别晶闸管的各电极。根据普通晶闸管的结构可知，其门极 G 与阴极 K 之间为一个 PN 结，具有单向导电特性，而阳极 A 与门极之间有两个反极性串联的 PN 结。因此，通过用万用表的 R×100 或 R×1 kΩ 挡测量普通晶闸管各引脚之间的电阻值，即能确定 3 个电极。

其具体方法是：将万用表黑表笔任接晶闸管某一极，红表笔依次去触碰另外两个电极。若测量结果有一次阻值为几千欧姆（kΩ），而另一次阻值为几百欧姆（Ω），则可判定黑表笔接的是门极 G。在阻值为几百欧姆的测量中，红表笔接的是阴极 K，而在阻值为几千欧姆的那次测量中，红表笔接的是阳极 A，若两次测出的阻值均很大，则说明黑表笔接的不是门极 G，应用同样方法改测其他电极，直到找出 3 个电极为止。

此外，也可以测任两脚之间的正、反向电阻，若正、反向电阻均接近无穷大，则两极即为阳极 A 和阴极 K，而另一脚即为门极 G。

2) 判断晶闸管的好坏。用万用表 R×1 kΩ 挡测量普通晶闸管阳极 A 与阴极 K 之间的正、反向电阻，正常时均应为无穷大（∞）；若测得 A、K 之间的正、反向电阻值为零或阻值均较小，则说明晶闸管内部击穿短路或漏电。测量门极 G 与阴极 K 之间的正、反向电阻值，正常时应有类似二极管的正、反向电阻值（实际测量结果要较普通二极管的正、反向电阻值小一些），即正向电阻值较小（小于 2 kΩ），反向电阻值较大（大于 80 kΩ）。若两次测量的电阻值均很大或均很小，则说明该晶闸管 G、K 极之间开路或短路。若正、反电阻值均相等或接近，则说明该晶闸管已失效，其 G、K 极间 PN 结已失去单向导电作用。

测量阳极 A 与门极 G 之间的正、反向电阻，正常时两个阻值均应为几百千欧姆（kΩ）或无穷大，若出现正、反向电阻值不一样（有类似二极管的单向导电）。则是 G、A 极之间反向串联的两个 PN 结中的一个已击穿短路。

根据实际主电路，绘制其接线图如图 5—40a 所示。

步骤 3　集成化六脉冲触发电路调试及分析。

（1）用双踪示波器依次测量（U、V、W）三相 KC04 的锯齿波电压 U_4 波形，相互间隔是否为 120°，并调整各相电位器 RP，使各相锯齿波电压斜率基本一致，如图 5—46 所示。

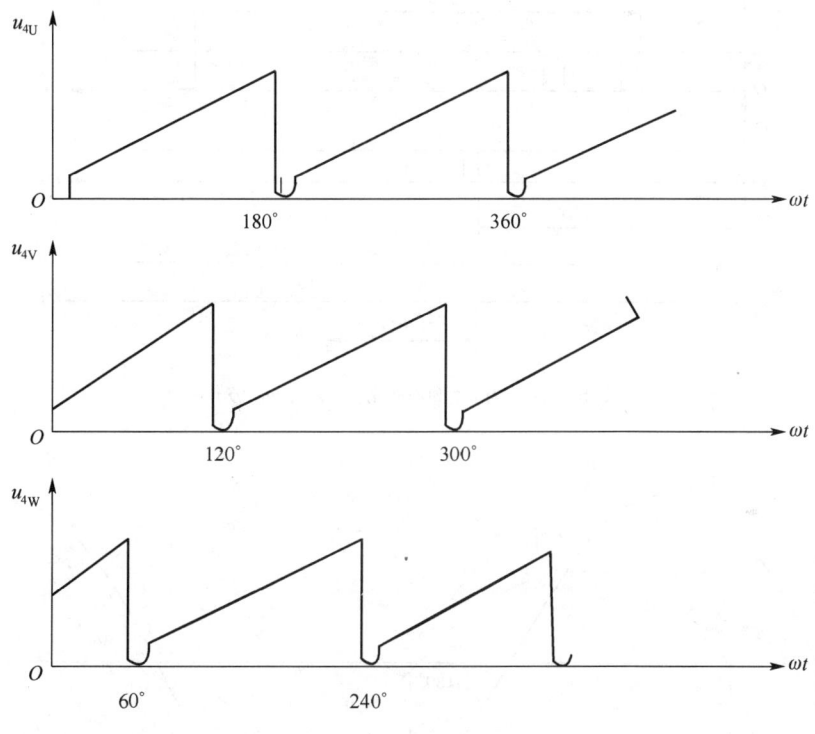

图 5—46　三相锯齿波电压波形

（2）用双踪示波器依次测量各相触发电路功放管 V1、V3、V5 集电极电压 u_{P1}、u_{P3}、u_{P5} 波形，相互间隔是否为 120°，如图 5—47 所示。调节移相控制电压 U_c 或偏移电压 U_b，观看 u_{P1}、u_{P3}、u_{P5} 波形的移动变化情况。

（3）用双踪示波器依次测量各相同步信号电压和锯齿波电压 U_4 波形，如 U 相同步信号电压 u_{sU} 和 U 相锯齿波电压 U_4 波形如图 5—48 所示。图中 φ 的角度取决于集成化六脉冲触发电路板中同步电压回路阻容移相角度（具体可调节电位器 RP 的值）。其他各相如 u_{sV} 和 V 相锯齿波电压，u_{sW} 和 W 相锯齿波电压等相位可类似进行检查。

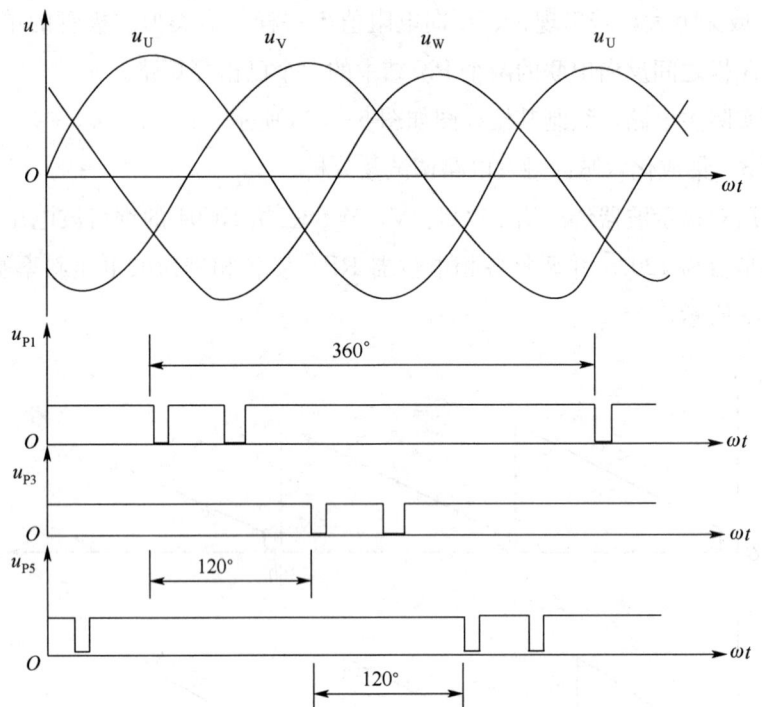

图 5—47　当 $\alpha=60°$ 时 u_{P1}、u_{P3}、u_{P5} 波形

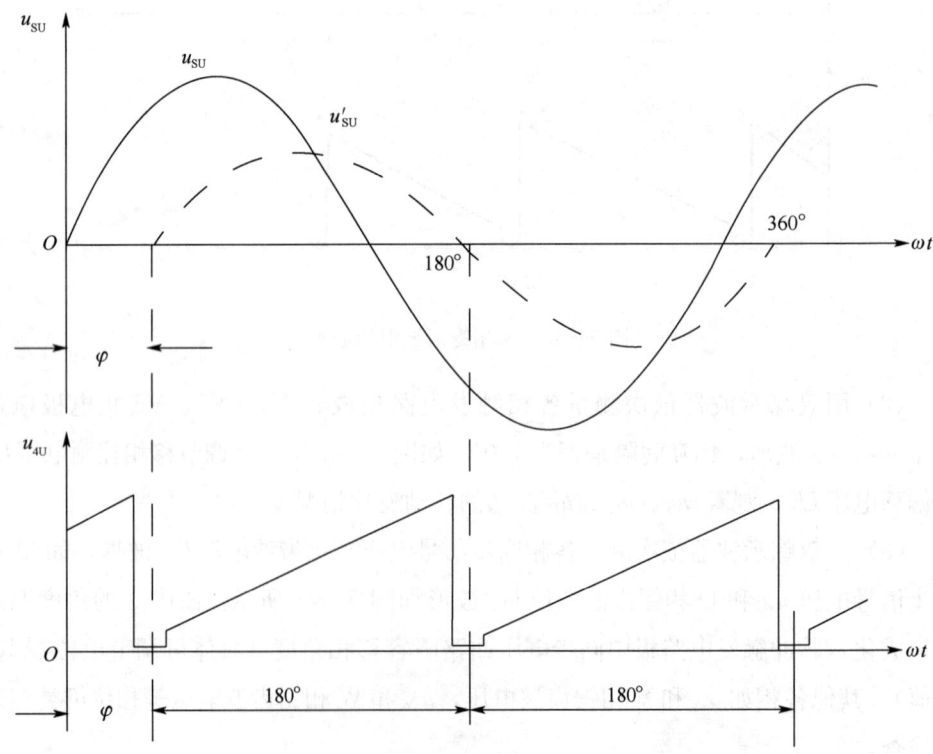

图 5—48　同步信号电压和锯齿波电压相位关系

(4) 调节移相控制电压 U_c 或偏移电压 U_b,用双踪示波器观察测量各相 KC04 集成触发器,如 U 相 KC04 中,u_{sU}、u_4、u_{11}、u_{12}、u_{13}、u_P 等各点波形并分析相互之间关系。

(5) 确定初相并观察移相。当移相控制电压 $U_c=0$ 时,调节偏移电压 U_b 使触发脉冲 $\alpha=150°$(带电阻性负载)或 $90°$(带电感性负载)后,保持偏移电压 U_b 不变。调节移相控制电压 U_c,用示波器观察触发脉冲 α 从 $150°\sim0°$(或 $90°\sim0°$)的变化。

步骤 4 三相半波可控整流电路主电路调试及分析。

先将控制电压 U_c 调到 0 V,再合上主电路电源开关,调节移相控制电压 U_c,使 α 从 $150°\sim0°$(或 $90°\sim0°$)变化,用示波器观察输出直流电压 u_d 波形,要求不缺相并且波形整齐。

(1) 带电阻负载的三相半波可控整流电路在不同控制角 α 时波形图,如图 5—49 所示。

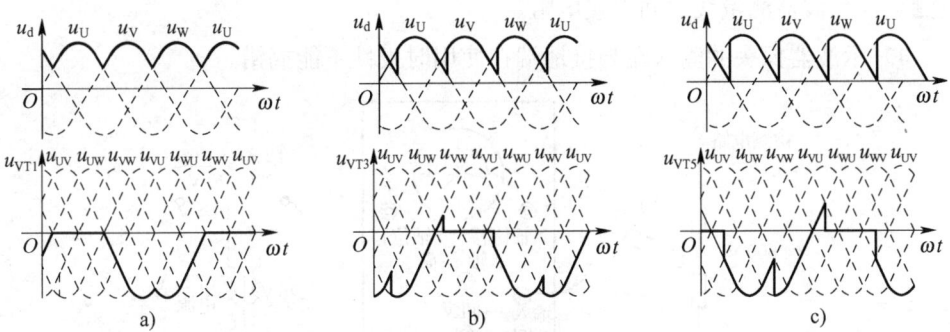

图 5—49 带电阻负载的三相半波可控整流电路在不同控制角 α 时波形图
a) $\alpha=0°$ b) $\alpha=15°$ c) $\alpha=30°$

(2) 带电感负载的三相半波可控整流电路在不同控制角 α 时波形图,如图 5—50 所示。

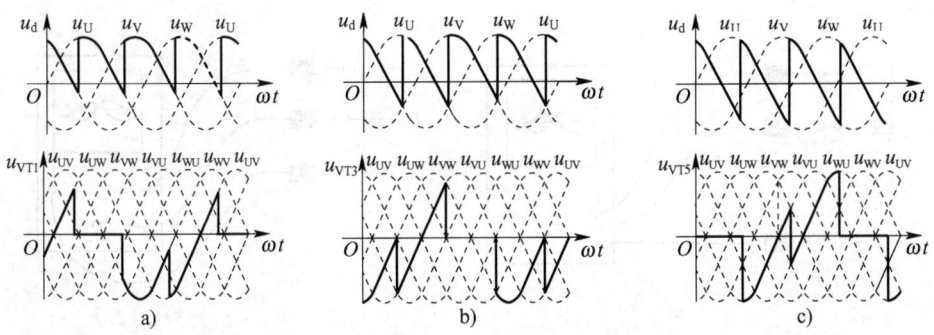

图 5—50 带电感负载的三相半波可控整流电路在不同控制角 α 时波形图
a) $\alpha=45°$ b) $\alpha=60°$ c) $\alpha=90°$

四、注意事项

(1) 技能实训时，必须注意人身安全，杜绝触电事故发生。在接线和拆线过程中必须在断电情况下进行。

(2) 技能实训时，必须注意实训设备安全，接线完成后必须进行检查，防止出现三相交流电源、直流电源等短路，损坏实训设备。

(3) 用示波器测量电源电压时应采取的安全措施。

1) 示波器的电源进线插头，一般都是三芯的，有接地连接。在测试相序时，必须将插头的接地端断开，但此时示波器外壳将带电，须注意操作安全。

2) 当被测电压大于 440 V 时，示波器的交流电源要经过隔离变压器再接入，如图 5—51b 所示。

3) 当被测点电压过高时，应采用分压电路测量，如图 5—51a 所示，而不能在被测点与示波器测量线之间串接电阻。

4) 示波器探头的输入端与接地端在使用时极性不能搞错。

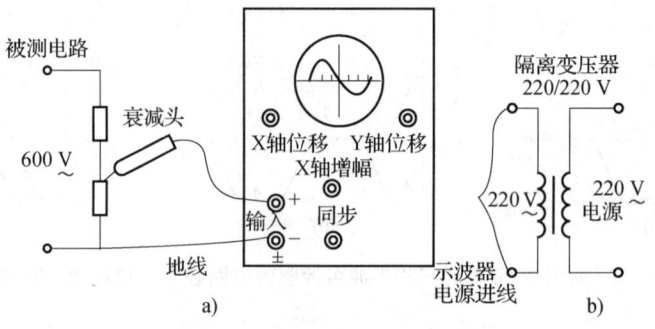

图 5—51 测量高压电路时示波器的连接

(4) 使用双踪示波器测试相序比较方便，但要特别注意安全保护，如图 5—52 所示。

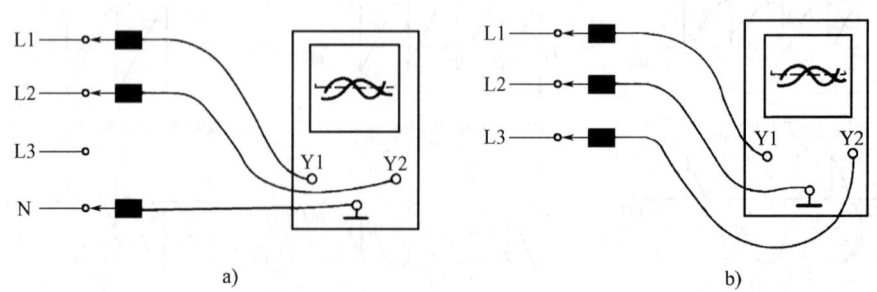

图 5—52 用双踪示波器测试相序
a) 电源有中线 b) 电源无中线

(5) 使用双踪示波器时,应注意正确设置电路上的公共点,否则会引起电源短路。

1) 当电源有中线时,将示波器的公共端点置于中线上,然后用 Y1、Y2 分别测 L1、L2、L3 三相,从屏幕上看到三相互差 120°。

2) 当电源无中线时,可将示波器的公共端点任意设定在 L1、L2、L3 三相中的一相上,然后分别用 Y1、Y2 测另外两相,判定该两相的相序,再变换公共点,仿效上述方法,按照三相互差 120°的关系,定出全部相序。

第 2 节　电力电子线路装调维修

学习单元 1　三相桥式全控整流电路装调维修

学习目标

1. 掌握三相桥式全控整流电路的接线、器件和保护情况;理解对触发脉冲的要求。观察并理解在电阻负载,电阻、电感负载情况下,电路的输出电压、电流的波形和晶闸管两端的电压波形。

2. 掌握触发电路定相的原理和同步定相的方法。

3. 掌握调试晶闸管装置的步骤及常见故障分析。

**知识要求**

一、触发电路与主电路电压的同步

1. 整流变压器和同步变压器的连接图

三相变压器的联结组别共有 24 种,即 △/△、Y/Y、△/Y、Y/△ 各 6 种联结组,以 30°为一个单位均匀地分布在一个周期中,通常形象地以钟点数来表示。因同步变压器二次侧电压要分别接到各触发单元,而各触发单元的印制电路板又均有

公共"接地"端点,所以同步变压器二次侧只能是星形联结,故一般只考虑△/Y和Y/Y共12种接法。现介绍用简单的方法来帮助学员对这12种联结组别的记忆,如图5—53所示。

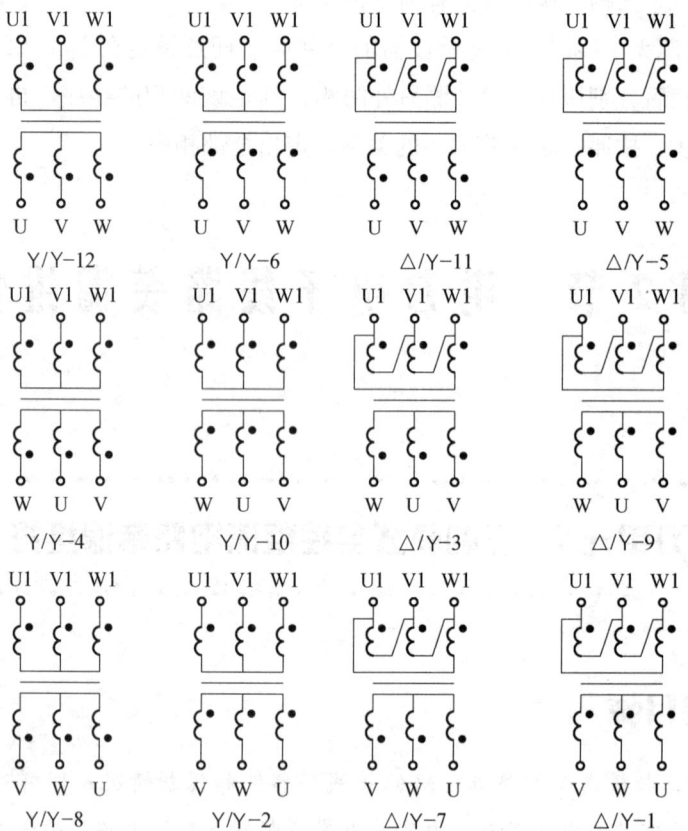

图5—53 三相变压器的12种联结组

首先记住Y/Y—12和△/Y—11(△为顺相序联结时)的两种联结组,在此基础上,将一次绕组的接法固定不动,二次侧绕组的相序向右移动一个位置,其联结组就滞后4个小时;再移动一个位置,就再滞后4个小时,这样就得到Y/Y—4、Y/Y—8和△/Y—3、△/Y—7共6个联结组。然后将二次绕组的同名端全部反接,就又可得到与前述6个联结组各自相差6个小时(即反相)的另6个联结组:Y/Y—6、Y/Y—10、Y/Y—2和△/Y—5、△/Y—9、△/Y—1。

2. 触发脉冲与主电路电压的同步

(1) 同步的意义

所谓同步是指把一个与主电路晶闸管所受电源电压保持合适相位关系的电压提

供给触发电路,使得触发脉冲的相位出现在被触发晶闸管承受正向电压的区间,确保主电路各晶闸管在每一个周期中按相同的顺序和移相控制角被触发导通。人们将提供给触发电路合适相位的电压称为同步信号电压,正确选择同步信号电压与晶闸管主电压的相位关系称为同步或定相。

在安装、调试晶闸管装置时,应特别注意同步问题。有时分别检查晶闸管主电路和触发电路都正常,但连接起来工作不正常,输出电压的波形不规则。这种故障往往是由不同步造成的。

(2) 实现同步的方法

触发电路要与主电路电压取得同步,首先两者应由同一电网供电,保证电源频率一致;其次要根据主电路的型式选择合适的触发电路;最后根据整流变压器的联结组别、主电路线路型式、负载性质确定触发电路的同步电压,并通过同步变压器的正确连接加以实现。

由于整流变压器、同步变压器两者的一次绕组总是接在同一三相电源上,对于同步变压器联结组别的确定,可采用简化的电压矢量图,确定出变压器的钟点数(其表示法是以三相变压器一次侧任一线电压为参考矢量,箭头向上,作为时钟长针,指向 12 点位置,然后画出对应二次侧线电压矢量,作为短针,短针指向几点就是几点钟接法)。其同步(定相)示例如图 5—54 所示。

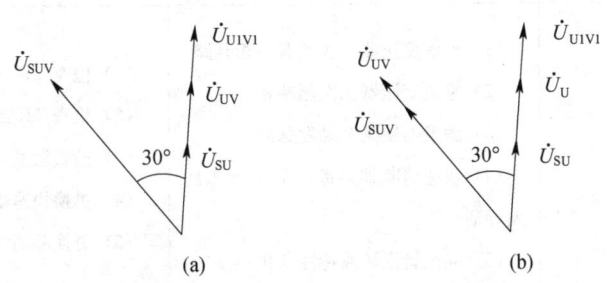

图 5—54 同步(定相)示例

a) 整流变压器 Y/Y—12 和同步变压器 △/Y—11
b) 整流变压器 △/Y—11 和同步变压器 △/Y—11

根据整流变压器 Y/Y—12 和同步变压器 △/Y—11,可画出其电压矢量图,由图 5—54a 可知 u_{sU} 与 u_{UV} 同相。

根据整流变压器 △/Y—11 和同步变压器 △/Y—11,可画出其电压矢量图,由图 5—54b 可知 u_{sU} 与 u_U 同相。

二、三相桥式全控整流电路常见故障分析（表5—2）

表5—2　　　　　　　　三相桥式全控整流电路常见故障分析

序号	故障现象	可能原因	处理方法
1	晶闸管正反向直通	击穿性直通。受过电压、过电流、电压上升率过大、电流上升率过大等冲击所致	更换器件。针对可能原因，对器件参数提出要求或采取有关措施，抑制线路中的冲击因素
2	触发电路无脉冲输出	(1) 无工作电源 (2) 无同步电源 (3) 无控制信号 (4) 触发器故障 (5) 脉冲封锁端有效	(1) 检查工作电源 (2) 检查同步电源 (3) 检查控制信号 (4) 检查触发器各点电压波形 (5) 脉冲封锁端无效
3	触发电路无锯齿波	(1) 无工作电源 (2) 无同步电源	逐条检查
4	触发电路双脉冲间隔调不到60°	(1) 触发器同步相位有问题 (2) 晶闸管性能不好	(1) 检查触发器同步相位 (2) 更换晶闸管
5	u_d 缺波头	(1) 整流变压器一次侧有一相开路 (2) 整流变压器二次侧断相 (3) 触发器缺某个触发脉冲 (4) 快速熔断器熔断，晶闸管未触发导通 (5) 晶闸管损坏或特性老化	(1) 检查TR一次侧线路 (2) 检查TR二次侧线路 (3) 检查触发器各触发脉冲 (4) 更换快速熔断器 (5) 更换晶闸管
6	u_d 波形杂乱无规则，调 U_c 时，u_d 波形变化不大	整流装置直流侧开路	检查整流装置直流侧，查出断开点后，接通电路
7	调 U_c 时，u_d 波形不连续变化或 U_d 输出电压值不变或者 $U_d=0$	相序不对，使整流装置同步关系破坏	用示波器或相序指示器核对整流变压器和同步变压器的相序或检测变压器二次侧接线并修改

续表

序号	故障现象	可能原因	处理方法
8	u_d波形波头不整齐即波头高低不一	(1) 整流变压器一次侧断相，引起二次侧电压不对称 (2) 整流变压器二次侧相电压不对称 (3) 触发电路未调正确	(1) 查出断相回路，使之接通 (2) 线圈内部断裂，更换整流变压器 (3) 检查触发电路
9	u_d波形波头不整齐即各晶闸管导通明显不一致	(1) 同步变压器二次侧相电压不对称 (2) 触发器中锯齿波电压斜率不一致 (3) 同步信号中有干扰毛刺	(1) 更换同步变压器 (2) 调整影响锯齿波电压斜率的有关参数 (3) 查干扰源并排除
10	晶闸管元件易损坏	(1) 晶闸管质量差 (2) 晶闸管电压、电流值选择偏小 (3) RC吸收装置接线位置错误或保护效果不佳 (4) 快速熔断器熔体额定电流选择不当	(1) 更换好的晶闸管 (2) 采用压敏电阻保护 (3) 正确选择快熔的熔体额定电流
11	快速熔断器熔断	(1) 直流侧短路 (2) 晶闸管反向击穿 (3) 晶闸管误导通 (4) 快熔体额定电流选择不当	(1) 对主电路做直观检查或用万用表作粗测 (2) 更换晶闸管 (3) 排除晶闸管误导通的原因及在线路中采取些措施 (4) 正确选择快熔熔体额定电流

 技能要求

三相桥式全控整流电路装调维修

一、操作要求

(1) 根据电路图在实训装置上完成正确接线。

(2) 对三相桥式全控整流电路进行调试。

(3) 用示波器测量三相桥式全控整流电路的主电路和触发电路的工作波形、绘制并分析。

(4) 根据故障现象，分析原因并排除故障。

二、操作准备（表 5—3）

表 5—3　　　　　　　　　　　准备内容

序号	名称	规格型号	数量	备注
1	电力电子技术实训装置		1 套	该装置中包含以下挂箱： (1) 三相低压断路器挂箱 1 只 (2) 三相整流变压器挂箱 1 只 (3) 三相同步变压器挂箱 1 只 (4) 晶闸管模块挂箱 2 只 (5) 双脉冲控制器挂箱（含 TC787 集成化六脉冲触发电路）1 套 (6) 灯泡负载挂箱 1 只 (7) R/L/C 挂箱 1 只 (8) 直流电源挂箱 1 只 (9) 二极管挂箱 1 只
2	双踪示波器	YB43020D	1 台	
3	万用表	指针式万用表或数字式万用表	1 台	
4	导线		若干	

三、操作步骤

步骤 1　三相桥式全控整流电路的接线。

（1）电力电子技术实训装置如图 5—55 所示。

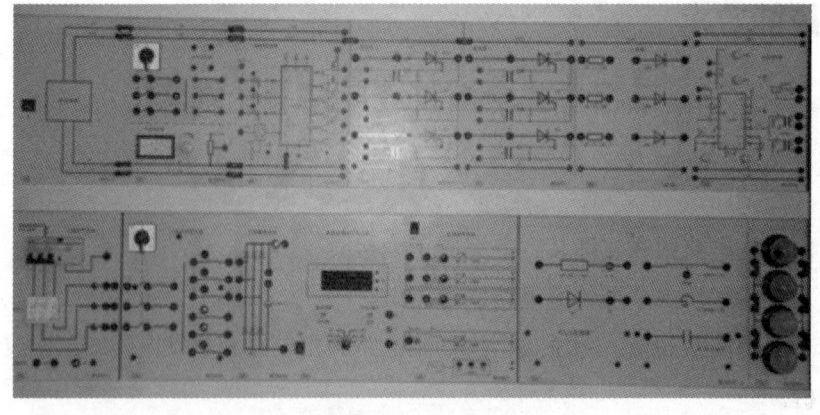

图 5—55　电力电子技术实训装置

1) 三相低压断路器挂箱：装有三相低压断路器和熔断器，如图 5—56 所示，输出 L1、L2、L3 三相电源。在实训台左侧，有一个换向开关，它的作用是三相电源相序的顺、逆转换。

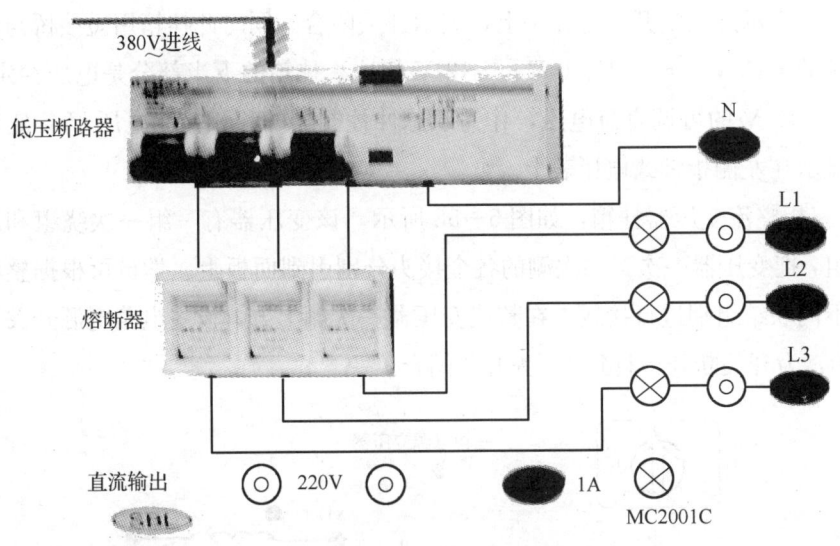

图 5—56　三相低压断路器挂箱

2) 直流电源和同步变压器挂箱，如图 5—57 所示，在挂箱左方设直流电源开关，打在 0 上，表示开关断开，打在 1 上，表示开关闭合。它提供一路 +15 V，一

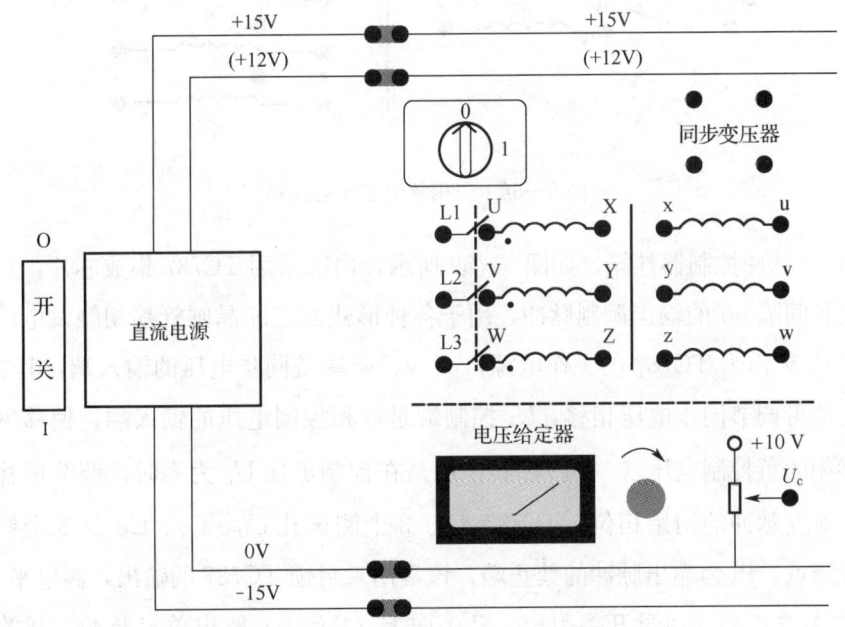

图 5—57　直流电源和同步变压器挂箱

路—15 V 和一路+12 V 电源，其中±15 V 为工作电源，+12 V 为故障设置电源。三相同步变压器的一次侧和二次侧各个接头分别引到面板上。学员可根据同步变压器不同联结组别，进行接线。同步变压器进线端子上方有一个触发电路电源开关，打在 0 上，表示开关断开，打在 1 上，表示开关闭合。同时此挂箱用短接桥与前面直流电源的+15 V、—15 V、0 V、+12 V 相连。挂箱的下半部分是电压给定器，它输出 0～10 V 的可调直流电压，作为双脉冲控制器的移相控制电压 U_c，它输出的电压显示在左侧指针式电压表上。

3) 三相整流变压器挂箱，如图 5—58 所示，该变压器有一组一次绕组和两组二次绕组，把变压器一次、二次侧的各个接头分别引到面板上。学员可根据整流变压器的不同联结组别进行接线。在整流变压器一次侧上方，设主电路电源开关，开关打到 0，为开关断开，打到 1，为开关闭合。

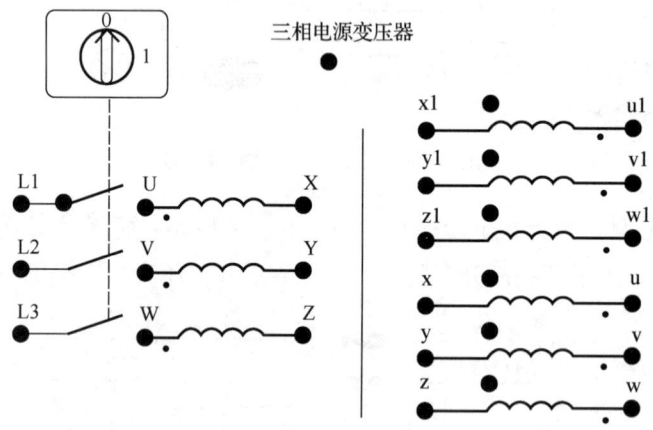

图 5—58 三相整流变压器挂箱

4) 双脉冲控制器挂箱，如图 5—59 所示，内部采用 TC787 集成芯片，产生六路相位各间隔 60°的输出调制脉冲，用于各种形式的三相晶闸管移相触发电路。面板上±15 V 作为 TC787 的工作电源，u、v、w 端是同步电压的输入端，其右边 3 个电位器可调节同步电压相移；U_c 控制端是移相控制电压的输入端；偏移电位器提供移相的负控制电压（$-U_b$），其作用是在控制电压 U_c 为零时，调节偏移电位器确定触发脉冲的初始相位。TC787 上方 3 个测试孔 C_U、C_V、C_W 是 3 个锯齿波电压观测点。Pi 为输出脉冲的禁止端，该端用来封锁 TC787 的输出，高电平有效。Pc 为控制方式端，通过开关引出，开关向上（Pc=0）输出单窄脉冲，开关向下（Pc=1）输出双窄脉冲。

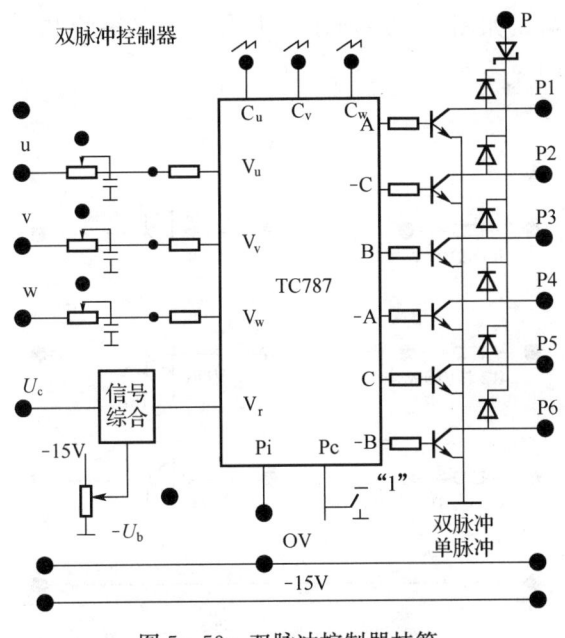

图 5—59 双脉冲控制器挂箱

5)晶闸管挂箱,如图 5—60 所示,晶闸管 Ⅱ 模块由 3 个晶闸管组成,晶闸管编号为 VT4、VT6、VT2,它们的触发端带有脉冲变压器,晶闸管阳极串了快熔。晶闸管 Ⅱ 模块挂箱和晶闸管 Ⅱ 模块相同,也是由 3 个晶闸管组成,其晶闸管编号为 VT1、VT3、VT5,它们的触发端也带有脉冲变压器,晶闸管阳极串了快熔。

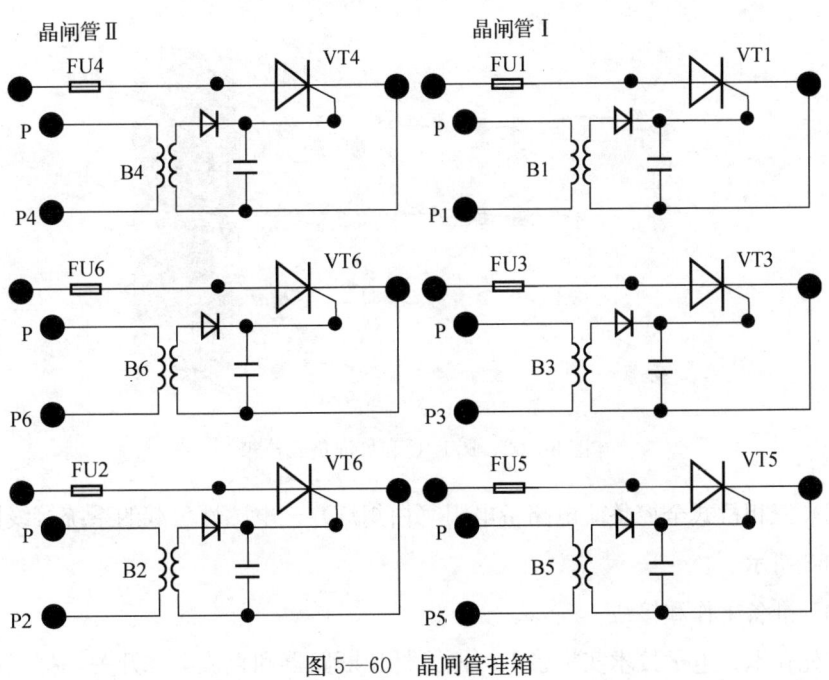

图 5—60 晶闸管挂箱

6）二极管挂箱，如图 5—61 所示，上有 3 个二极管和 3 个 1Ω/10 W 的电阻器。

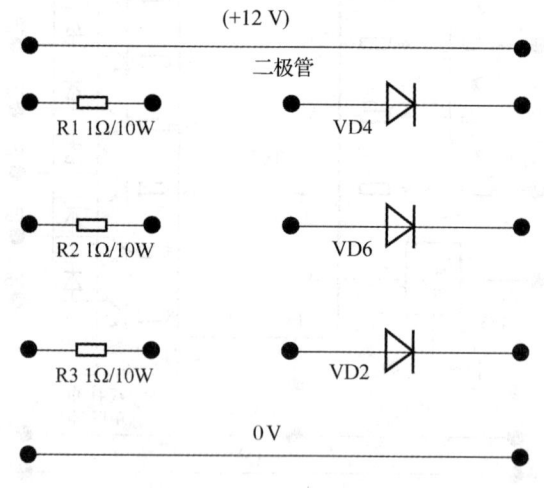

图 5—61 二极管挂箱

7）R/L/C 和灯泡负载挂箱，如图 5—62 所示，配有一个电阻（300 Ω/100 W）、一个续流二极管、一个带有中间抽头的 820 MH 电感、一个 820 MH 电抗器和一个 16 μF/400 V 电容器。四只灯泡，作为电阻性负载，可通过短接桥把四只灯泡并联。

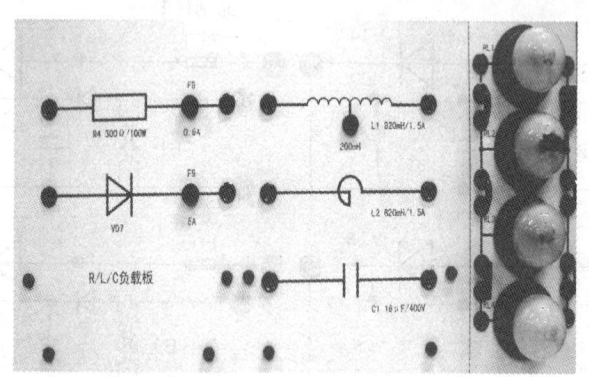

图 5—62 R/L/C 和灯泡负载挂箱

（2）三相桥式全控整流电路带电阻（白炽灯）—电感性负载的系统接线图，如图 5—63 所示。

（3）准备工作和接线

首先在电力电子技术实训台上，断开低压断路器和直流电源开关，把三相整流

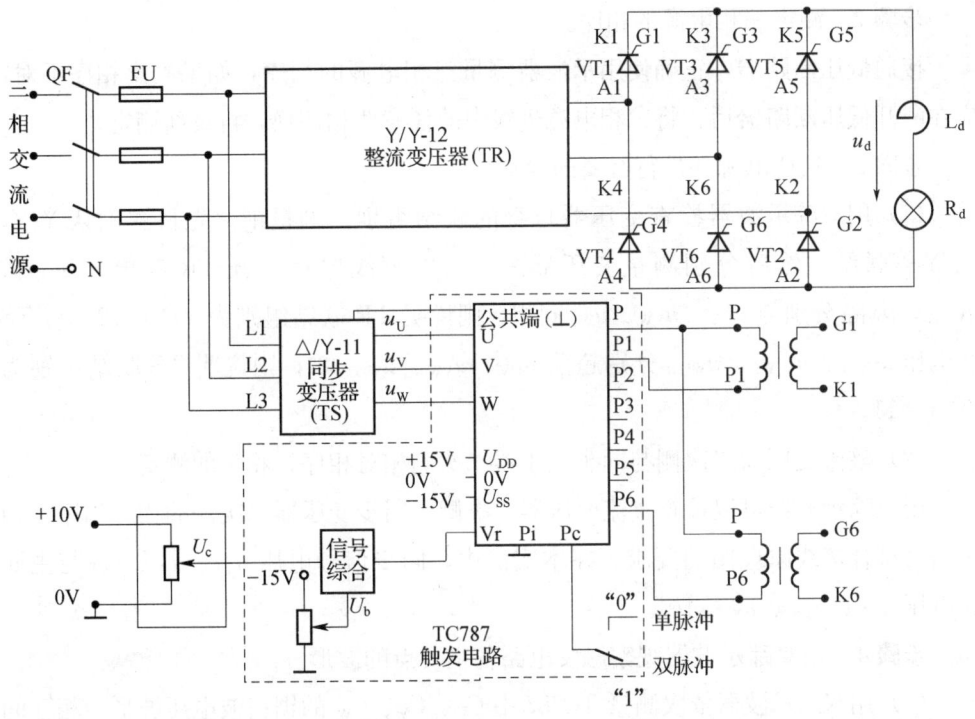

图 5—63　三相桥式全控整流电路带电阻-电感性负载接线图

变压器和同步变压器的开关置于 0 位置。直流电源的 ±15 V、0 V 输出用短接桥与后级模块的相应插孔连接，准备若干导线，然后按图接线。

1) 主回路接线。三相电源从三相低压断路器板的 L1、L2、L3 上引出，连接到三相整流变压器的三相输入 L1、L2、L3 上。三相整流变压器的一次、二次侧根据题目要求连接成 Y/Y-12 联结，二次侧输出分别连接到晶闸管 I 模块的 3 个晶闸管阳极，3 个阴极连起来后再接到 R/L/C 负载板上的 L1，再接灯泡负载，之后从灯泡返回晶闸管 II 模块的三个晶闸管阳极，晶闸管 I 模块的三个晶闸管和晶闸管 II 模块的三个晶闸管串联构成三相全控桥式整流电路。

2) 控制回路接线。从三相断路器板上引出三相电源 L1、L2、L3 连接到同步变压器的 3 个输入端 L1、L2、L3 上。同步变压器根据题目要求接成 △/Y-11 联结，二次侧 3 个输出端（U、V、W）和（x、y、z）连接处分别接到双脉冲控制器的 U、V、W 端和公共端。另外电压给定器的输出 U_c 端连接到双脉冲控制器的 U_c 端，作为移相控制电压。双脉冲控制器的 Pi 端用短接桥接地，控制 Pc 的开关打到双窄脉冲端。双脉冲控制器的 P 端连到六个晶闸管触发端的脉冲变压器的 P 端，P1、P3、P5 连到晶闸管 I 模块相应的 P1、P3、P5 端，P2、P4、P6 连到晶闸管 II 模块相应的 P2、P4、P6 端。

步骤 2 测定三相电源的相序。

接通低压断路器,正确使用示波器测量三相电源的相序,如果测出相序不对,应在断开低压断路器后,将三相电源进线中的任意两相调换,再重新测定。

步骤 3 接通电源并进行必要的检查。

(1) 用双踪示波器检查变压器自身的联结组别。测量前,先目测确认 Y/Y、△/Y 等联结,然后分别测量变压器一、二次侧线电压,若 TR 线电压 u_{U1V1}、u_{V1W1}、u_{W1U1} 分别与 u_{UV}、u_{VW}、u_{WU} 同相,则说明 TR 联结组别为 Y/Y—12,若 TS 线电压 u_{U1V1}、u_{V1W1}、u_{W1U1} 分别超前 u_{UV}、u_{VW}、u_{WU} 30°,则说明 TS 联结组别为 △/Y—11。

(2) 整流变压器二次侧与同步变压器二次侧相对相序、相位的测定

用双踪示波器可以检查整流变压器二次侧与同步变压器二次侧的相对相序、相位是否符合接线原理图的要求。在本实例中,同步信号电压 u_{sU}、u_{sV}、u_{sW} 与主回路电压 u_{UV}、u_{VW}、u_{WU} 同相。

步骤 4 用双踪示波器观察触发电路各主要点的波形。

(1) 用双踪示波器依次测量 TC787 中 C_U、C_V、C_W 的锯齿波电压波形,相互间隔是否为 120°,并调整同步电压移相电位器 RP,使各相锯齿波电压斜率基本一致。

(2) 用双踪示波器依次测量各相触发电路功放管 V1～V6 集电极电压 u_{P1}～u_{P6} 波形,相互间隔是否为 60°。调节移相控制电压 U_c 或偏移电压 U_b,观看 u_{P1}～u_{P6} 波形移动的变化情况。

(3) 用双踪示波器依次测量各相输出触发脉冲 u_{g1}～u_{g6} 波形是否为双脉冲,相互间隔是否为 60°,如图 5—64 所示。调节移相控制电压 U_c 或偏移电压 U_b 用示波器观察测量各输出触发脉冲 u_g 波形移动的变化情况。

(4) 用双踪示波器依次测量各相同步电压和锯齿波电压波形,如 u 相同步电压 u_{sU} 滞后 u 相锯齿波电压波形一个 φ 的角度。其中 φ 的角度取决于触发电路板中同步电压回路阻容移相角度(具体可调节电位器 RP 的值)。其他各相如 u_{sV} 和 V 相锯齿波电压,u_{sW} 和 W 相锯齿波电压等相位可类似进行检查。

步骤 5 用双踪示波器观察主电路在电阻负载、电阻电感负载情况下,电路的输出电压、电流的波形。

(1) 三相桥式全控整流电路带电阻性负载(如灯泡)

1) 在交流电源相序正确后,控制回路先通电,接通直流电源开关,接通同步变压器电源开关。在触发电路工作正常后,用双踪示波器同时观察同步电压 u_{sU} 和触发脉冲 u_{P1}。适当调整同步电压相位调整电位器和总偏移电位器,使输入控制电

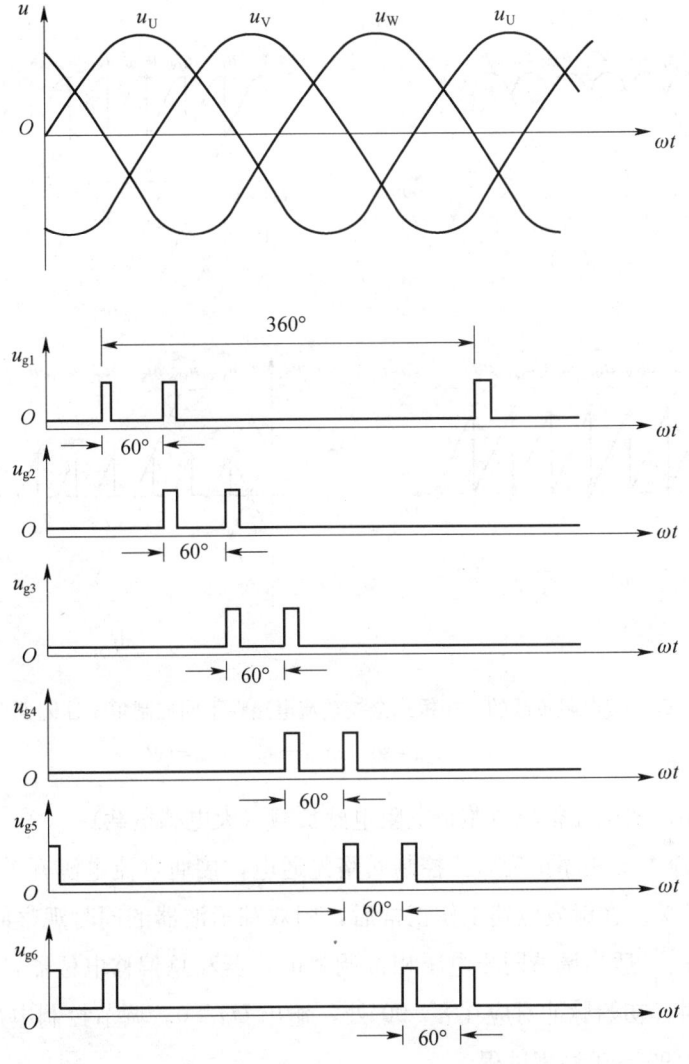

图 5—64　触发电路各主要点的波形

压 $U_c=0$ V 时，初始脉冲对应在 $\alpha=120°$ 处，输出 $U_d=0$。偏移电压 U_b 调整后不可随意变动。调节控制电压 U_c，用示波器观察 α 从 120° 到 0° 的移相过程。

2) 在 $U_c=0$ V 时，接通三相整流变压器的电源开关，使主回路通电。调节 U_c 电位器，用示波器观察 α 从 120°～0° 变化时 u_d 的波形，可以看到 u_d 波形从近似为一条直线，一直变到线电压正向包络线的整个变化过程。要求输出电压 6 个波头均匀平整，不缺相。

3) 带电阻性负载的三相桥式全控整流电路在不同控制角 α 时波形图如图 5—65 所示。

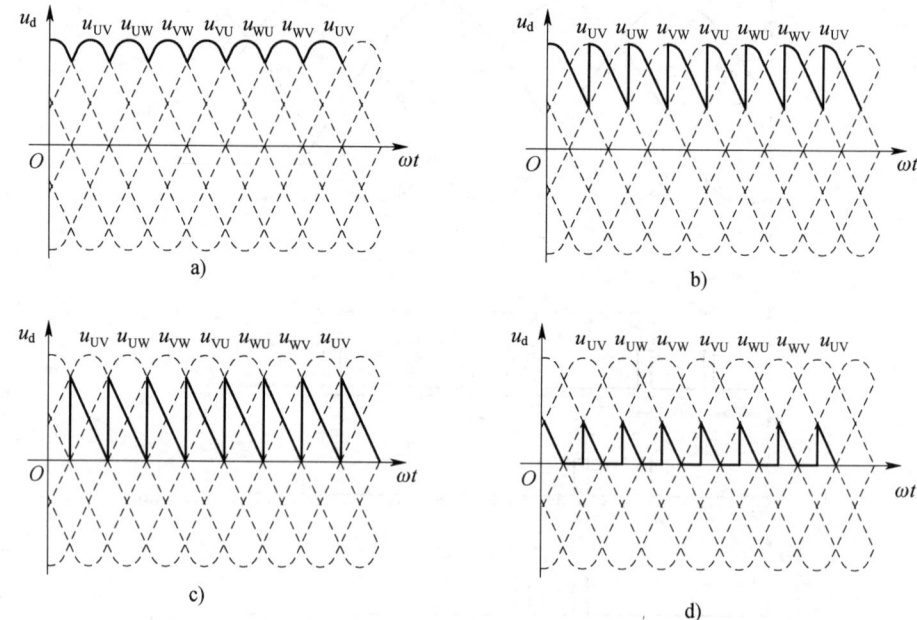

图 5—65 带电阻负载的三相桥式全控整流电路在不同控制角 α 时 u_d 波形图

a) $\alpha=0°$ b) $\alpha=30°$ c) $\alpha=60°$ d) $\alpha=90°$

(2) 三相桥式全控整流电路带电阻电感负载（大电感负载）

1) 在交流电源相序正确后，控制回路先通电，接通直流电源开关，接通同步变压器电源开关。在触发电路工作正常后，用双踪示波器的同时观察同步电压 u_{sU} 和触发脉冲 u_{P1}。适当调整同步电压相位调整电位器和总偏移电位器，使输入控制电压 $U_c=0$ 时，初始脉冲对应在 $\alpha=90°$ 处，输出 $U_d=0$。调节控制电压 U_c，用示波器观察 α 从 $90°\sim0°$ 移相过程。

2) 在 $U_c=0$ V 时，接通三相电源变压器的电源开关，使主回路通电。调节 U_c 电位器，用示波器观察 α 从 $90°\sim0°$ 变化时 u_d 的波形，可以看到 u_d 波形从正、负面积对称波形，一直变到线电压正向包络线的整个变化过程。要求输出电压 6 个波头均匀平整，不缺相。

3) 带大电感负载的三相桥式全控整流电路在不同控制角 α 时波形图如图 5—66 所示。

步骤 6 绘制三相桥式全控整流电路的主电路和触发电路的工作波形。

带电阻负载的三相桥式全控整流电路：当 $\alpha=45°$ 时，u_d、u_{VT3}、u_{sV}、u_{P1} 波形如图 5—67a 所示。

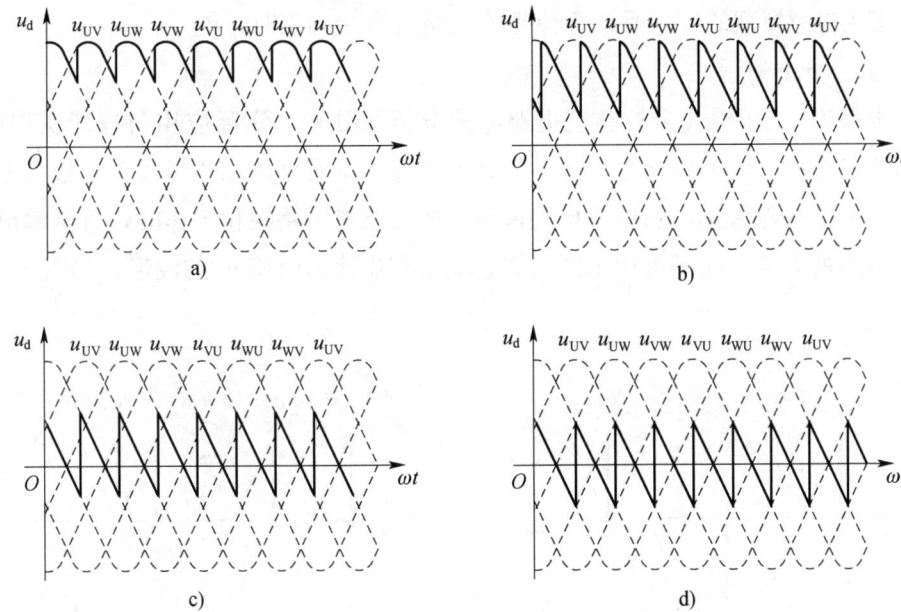

图 5—66 带电阻、电感负载的三相桥式全控整流电路在不同控制角 α 时 u_d 波形图

a) α=15°　b) α=45°　c) α=75°　d) α=90°

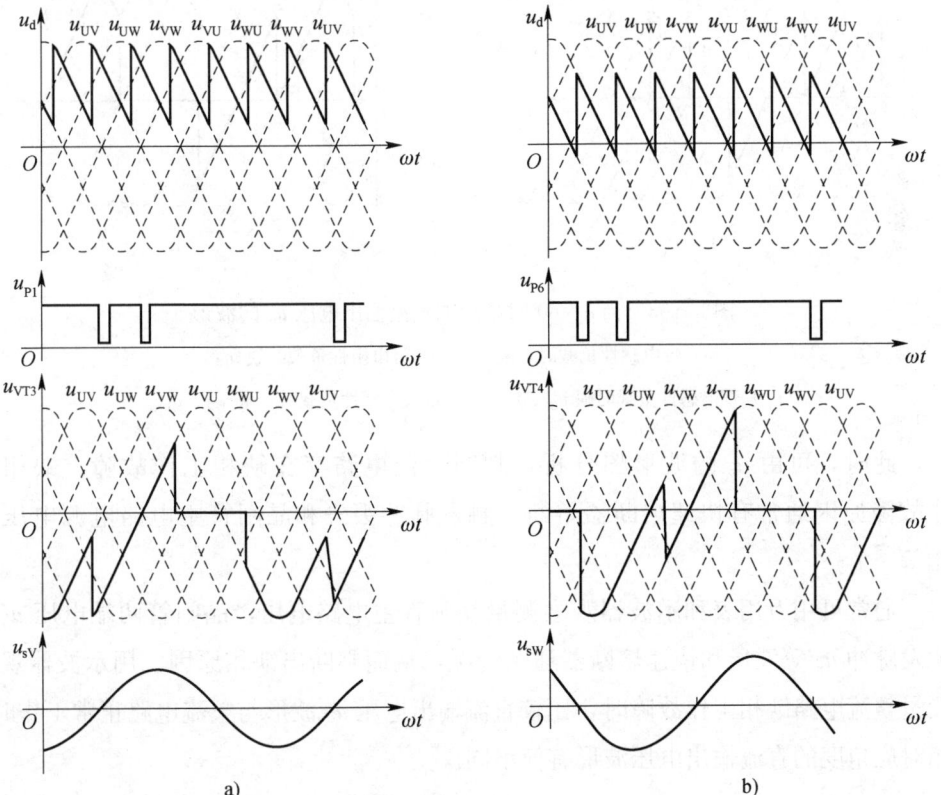

图 5—67 三相桥式全控整流电路在不同控制角 α 时主电路和触发电路的工作波形

带大电感负载的三相桥式全控整流电路：当 $\alpha=75°$ 时，u_d、u_{VT4}、u_{sW}、u_{P6} 波形如图 5—67b 所示。

步骤 7 三相桥式全控整流电路故障分析与处理。实际应用与技能实训中，三相桥式全控整流电路会遇到各种各样的故障。本实例以三相桥式全控整流电路的缺相工作故障为例，加以分析与说明。通常整流电路缺相工作时，直流输出电压调不到最大值，此时可用示波器观察测量直流输出电压 u_d 的波形，如图 5—68 所示。

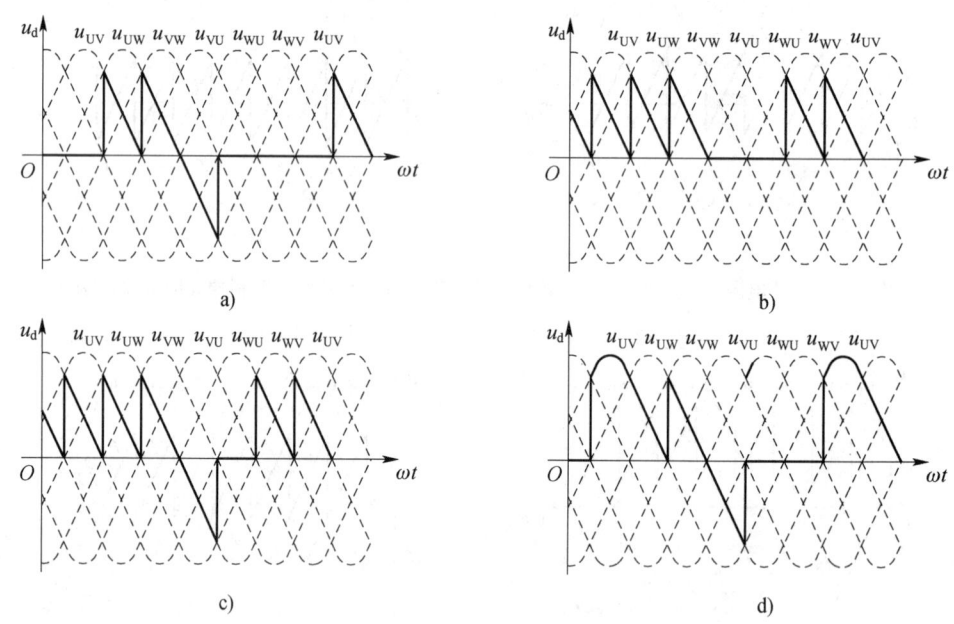

图 5—68　当 $\alpha=60°$ 时缺相的直流输出电压 u_d 的波形

a) 带电感性负载时，缺 u_{g3}　b) 带电阻性负载时缺 u_{g3}
c) 带电感性负载时缺 u_{g3}、u_{g5}　d) 带大电感性负载时，缺 u_{g3}、u_{g5}

此时，可由 u_d 的波形图分析，判断整流电路存在缺相工作故障。缺相工作故障原因通常有快速熔断器熔断，触发脉冲丢失和晶闸管主电路电源电压缺相等。

通常可用万用表和示波器观察测量晶闸管主电路电压，晶闸管两端电压 u_{VT}，触发脉冲 u_g 等波形和快速熔断器通断情况，从而判断出缺相原因。用示波器观察测量整流电路缺相工作故障时，比较直流输出电压 u_d 波形与整流电路正常工作时 α 相对应角度的直流输出电压波形有何不同。

四、注意事项

（1）在带电阻性负载和电阻、电感性负载调试时，接通三相整流变压器的电源开关前，应先将 U_c 调节到 0，使整流电路直流输出电压 U_d 从零开始。

（2）在按要求连接三相整流变压器、三相同步变压器时应注意

1) 三相变压器一、二次侧出线端标记要正确，一、二次绕组同名端不要搞错。当三相变压器一、二次绕组出线端标记不清楚时，要进行变压器极性检测，重新对三相变压器一、二次侧出线端进行标记。只有标记正确，才能进行三相变压器组别连接。

2) 三相变压器一、二次侧出线端 U、V、W 编号和相序不能搞错，否则变压器联结组别将会改变。

学习单元 2　三相半控桥式整流电路装调维修

1. 掌握三相半控桥式整流电路的接线、器件和保护情况。观察并理解在电阻负载、电阻电感负载情况下，电路的输出电压、电流的波形和晶闸管两端的电压波形。
2. 了解失控现象。
3. 熟悉续流二极管的作用。

三相半控桥式整流电路与单相半控桥式整流电路一样，桥路内部二极管有续流作用，因此在带电感性负载时，输出电压 u_d 波形不会出现负的部分，即输出电压平均值 U_d 的计算与带电阻性负载时一样。在带大电感负载时，若运行中突然切断触发信号或把控制角 α 增大到 180°以外时，就会出现某个导通着的晶闸管关不断而连续导通，而三个二极管轮流导通的现象，即电路处于失控状态。例如，在晶闸管 VT3 导通时，突然撤销全部触发脉冲，此时负载上的电压波形 u_d 如图 5—69 所

示,即必须及时切断交流电源,否则导通的那个晶闸管很容易过载烧坏。为了避免发生失控现象,在三相桥式半控整流电路带大电感性负载时,必须并联续流二极管。为了使电路能真正起到续流效果,要选用正向压降小的续流管,整流桥输出端与续流管之间的连线应越短越好,并且要选择维持电流较大的晶闸管。只有当$\alpha > 60°$时,并联的续流二极管才流过电流。

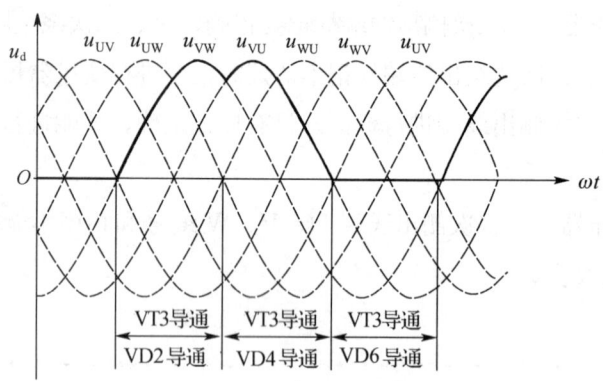

图 5—69　三相半控桥式整流电路带大电感
负载失控状态时负载上的电压波形

技能要求

三相半控桥式整流电路装调维修

一、操作要求

(1) 根据电路图在电力电子技术实训装置上完成正确接线。

(2) 对三相桥式半控桥整流电路进行通电调试。

(3) 用示波器测量三相桥式半控整流电路的主电路和触发电路的工作波形,绘制并分析。

(4) 根据故障现象,分析原因并排除故障。

二、操作准备(表 5—4)

三、操作步骤

步骤 1　三相桥式半控整流电路的接线。

表 5—4　　　　　　　　　　准备内容

序号	名称	规格型号	数量	备注
1	电力电子技术实训装置		1套	该装置中包含以下挂箱： (1) 三相低压断路器挂箱1只 (2) 三相整流变压器挂箱1只 (3) 直流电源挂箱1只 (4) 同步变压器挂箱1只 (5) 双脉冲控制器挂箱1只 (6) 晶闸管Ⅰ模块挂箱1只 (7) 二极管挂箱1只 (8) R/L/C挂箱1只 (9) 灯泡负载挂箱1只
2	双踪示波器	YB43020D	1台	
3	万用表	指针式万用表或数字式万用表	1台	
4	导线		若干	

(1) 三相桥式半控整流电路带电阻（白炽灯）—电感性负载的系统接线图，如图 5—70 所示。

(2) 准备工作和接线

首先在电力电子技术实训台上，断开低压断路器和直流电源开关，把三相整流变压器和同步变压器的开关置于 0 位置。直流电源的 ±15 V、0 V 输出用短接桥与后级模块的相应插孔连接，准备若干导线，然后按图接线。

1) 主回路接线。三相电源从三相低压断路器板的 L1、L2、L3 上引出，连接到三相电源变压器的三相输入 L1、L2、L3 上。三相电源变压器的一次、二次侧根据题目要求连接成 △/Y－11 联结组别，二次侧输出分别连接到晶闸管Ⅰ模块的 3 个晶闸管阳极，3 个阴极连起来后再接到 R/L/C 负载板上的 L2，再接灯泡负载，之后从灯泡返回到 3 个二极管的阳极，晶闸管Ⅰ模块的 3 个晶闸管和 3 个二极管串联构成三相桥式半控整流电路。

2) 控制回路接线。从三相断路器板上引出三相电源 L1、L2、L3 连接到同步变压器的 3 个输入端 L1、L2、L3 上。同步变压器根据题目要求接成 △/Y－11 联结组别，二次侧 3 个输出端（U、V、W）和（x、y、z）连接处分别接到双脉冲控制器的 U、V、W 端和公共端。另外，电压给定器的输出 U_c 端连接到双脉冲控制器的 U_c 端，作为移相控制电压。双脉冲控制器的 Pi 端用短接桥接地，控制端 Pc 的开关打到单脉冲状态。双脉冲控制器的 P 端连到 3 个晶闸管触发端的脉冲变压器的 P 端，P1、P3、P5 连到晶闸管 I 模块相应的 P1、P3、P5 端。

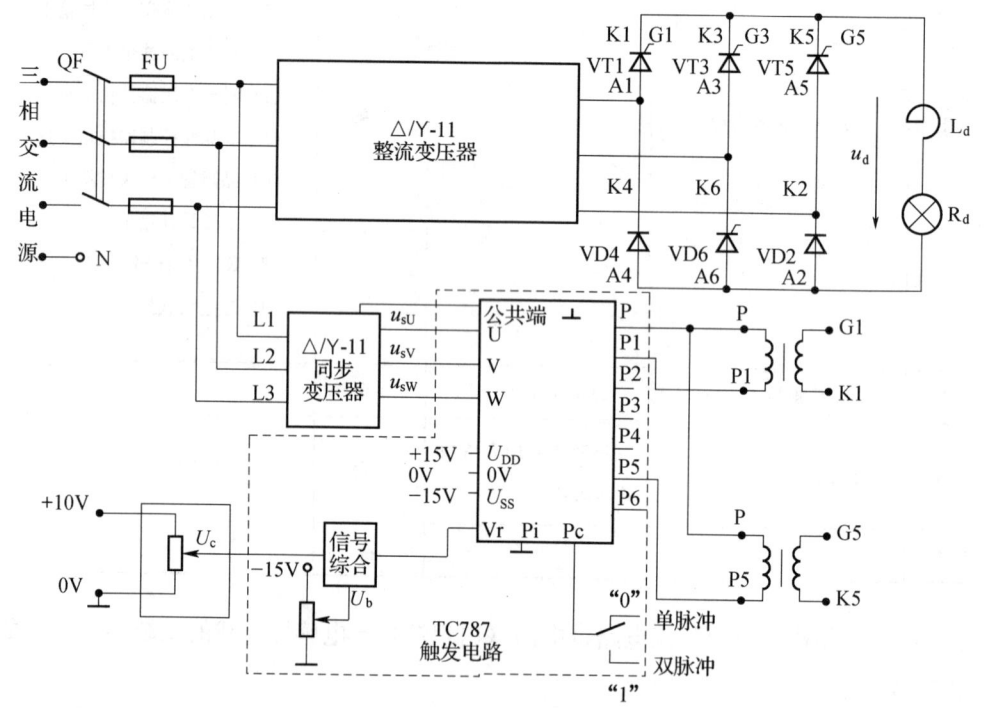

图 5—70　三相桥式半控整流电路带电阻—电感性负载的接线图

步骤 2　测定三相电源的相序。

接通低压断路器，正确使用示波器测量三相电源的相序，如果测出相序不对，应在断开低压断路器后，将三相电源进线中的任意两相调换，再重新测定。

步骤 3　接通电源并进行必要的检查。

（1）用双踪示波器检查变压器自身的联结组别。测量前，先目测确认△/Y 联结，然后分别测量变压器一、二次侧线电压，若线电压 u_{u1v1}、u_{v1w1}、u_{w1u1} 分别超前 u_{uv}、u_{vw}、u_{wu} 30°，则说明变压器联结为△/Y—11。

（2）整流变压器二次侧与同步变压器二次侧相对相序、相位的测定。

用双踪示波器可以检查整流变压器二次侧与同步变压器二次侧的相对相序、相位是否符合接线原理图的要求。在本实例中，同步信号电压 u_{sU}、u_{sV}、u_{sW} 分别滞后主回路电压 u_{uv}、u_{vw}、u_{wu} 30°。

步骤 4 触发电路调试。

(1) 在交流电源相序正确后,控制回路先通电,即接通直流电源开关,接通同步变压器电源开关。用双踪示波器依次测量 TC787(U、V、W)三相锯齿波电压波形,相互间隔是否为 120°,并调整各相电位器 RP,使各相锯齿波电压斜率基本一致。

(2) 将 TC787 控制方式 Pc 置于单窄脉冲。

(3) 用双踪示波器同时观察同步电压 u_{sU} 和触发脉冲 u_{P1}。在输入控制电压 $U_c=0$ 时,调整偏移电压 U_b,使初始脉冲对应在 $\alpha=180°$ 处,输出 $U_d=0$。偏移电压 U_b 调整后不可随意变动。调节控制电压 U_c,用示波器观察 α 从 180°~30°移相过程。

步骤 5 主电路调试。

(1) 在触发电路工作正常后,当 $U_c=0$ V 时,接通三相整流变压器的电源开关,使主回路通电。调节 U_c 电位器,α 从 180°~30°变化,输出直流电压 U_d 从 0 V~最大值变化。用示波器观察当控制角 α 变化时,输出直流电压 u_d 的波形。要求输出直流电压 u_d 不缺相,波形整齐。

(2) 带电阻负载的三相桥式半控整流电路在不同控制角 α 时波形图,如图 5—71 所示。

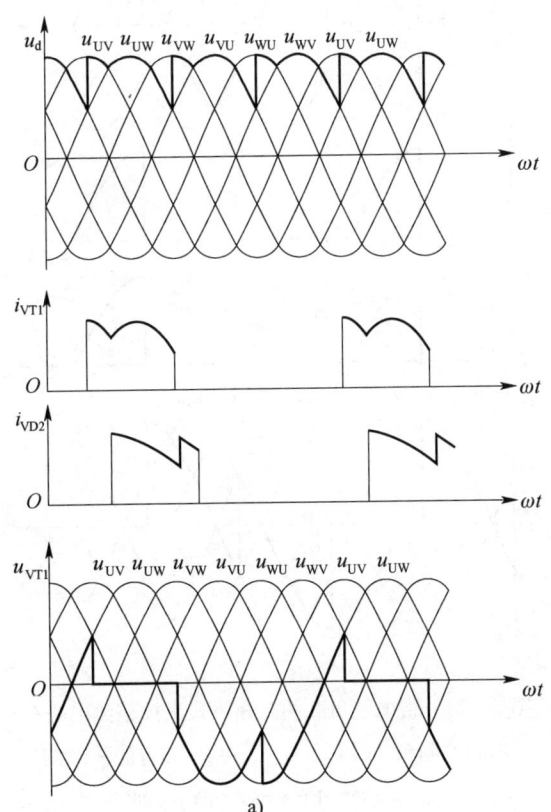

a)

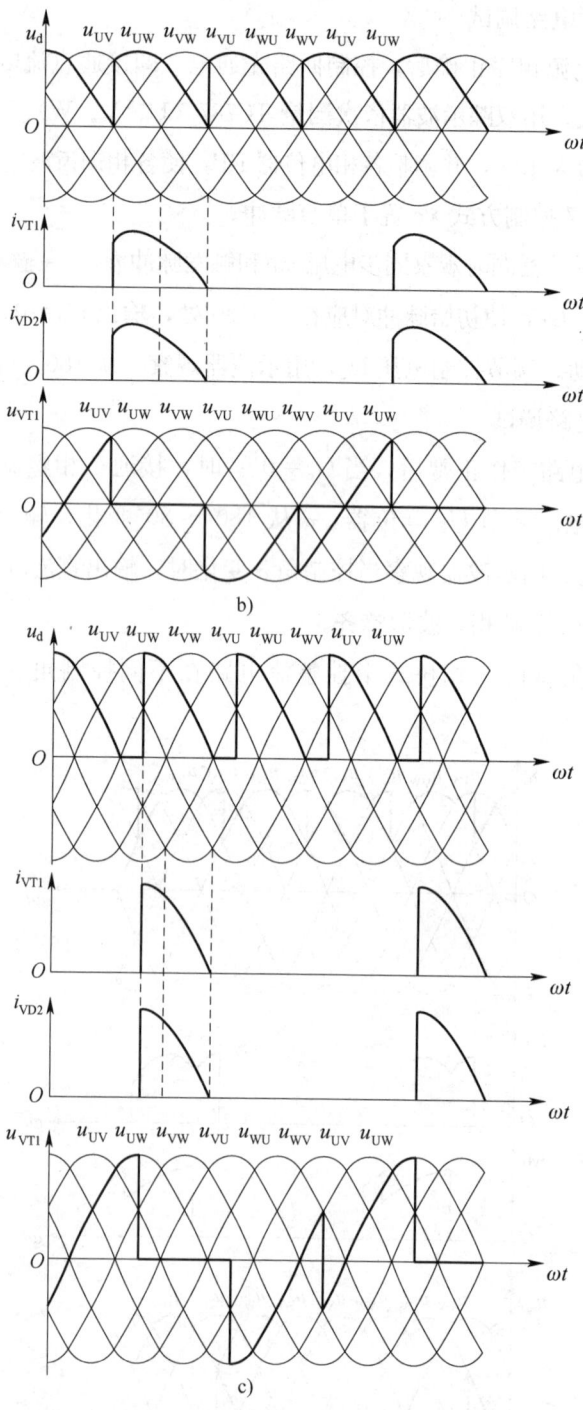

图 5—71 带电阻负载的三相桥式半控整流电路在不同控制角 α 时 u_d、i_{VT1}、i_{VD2}、u_{VT1} 的波形图

a) $\alpha=30°$ b) $\alpha=60°$ d) $\alpha=90°$

(3) 三相桥式半控整流电路带电阻、电感负载（大电感负载）

1) 当 $\alpha \leqslant 60°$ 时，u_d 的波形与带电阻性负载时波形相同。

2) 在 $\alpha > 60°$ 后，因 L_d 足够大，若正逢 u_{UW} 过零，由于自感电势 e_L 的作用，造成 VT1 不能截止，VD4 又是正常换相导通，负载电流经 VT1、VD4 流通，此时整流电压为零。这个过程称为电感的自然续流（亦称内续流）。直至下一只晶闸管 VT3 被触发导通时续流结束，如图 5—72 所示。在图 5—72 中，1、2、3 段为自然续流作用所致。

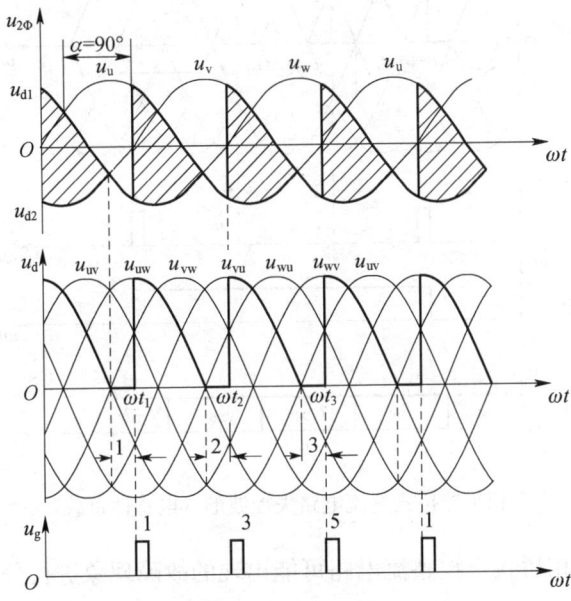

图 5—72　三相桥式半控整流电路自然续流波形

3) 失控现象。如果突然撤出触发信号或将移相角 α 突然拉回 180°时，电路就会出现失控现象，即某个导通着的晶闸管关不断，而共阳极组的 3 个整流管轮流与该晶闸管配合导通，如图 5—73 所示。失控时导通的晶闸管处于长期导通状态，导致过载而损坏（唯有切断整流变压器的电源才能让导通状态的晶闸管截止）。

4) 续流二极管的作用。避免上述失控现象的方法是在负载上并接续流二极管 VD。在有续流二极管 VD 的情况下，当 $\alpha \leqslant 60°$ 时，电路输出电压波形连续，续流二极管不起作用。当 $\alpha > 60°$ 后，电路输出电压波形不连续，由于电感电势造成的连续电流不再通过晶闸管与整流管组成的通路，改由续流二极管提供的通道流通。续流二极管在一周内导通 3 次。电感足够大时，负载电流近似于直线。

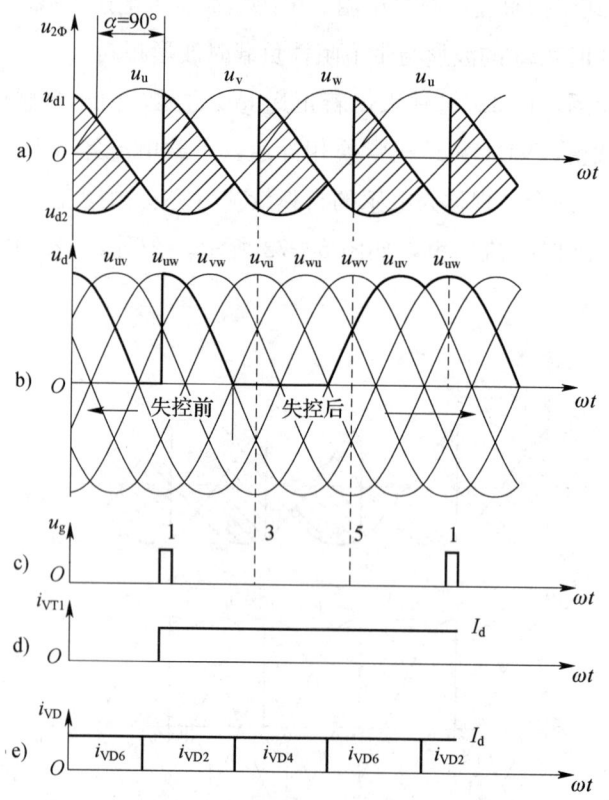

图 5—73 三相半控桥式整流电路失控波形（电感性负载，$\alpha=90°$时）

步骤6 对三相桥式半控整流电路可能出现的故障现象进行分析。

三相桥式半控整流电路故障情况下的 u_d 波形如图 5—74 所示。

(1) 当 $\alpha=90°$时，u_{g3} 和 u_{g5} 对调时的 u_d 波形，如图 5—74a 所示。

(2) 当 $\alpha=90°$时，VD2 开路时的 u_d 波形，如图 5—74b 所示。

(3) 当 $\alpha=30°$时，u_{g3} 掉失时的 u_d 波形，如图 5—74c 所示。

(4) 当 $\alpha=30°$时，u_{g3} 和 u_{g5} 同时掉失时的 u_d 波形，如图 5—74d 所示。

四、注意事项

(1) 在做大电感负载失控实训时，由于一只晶闸管一直导通，应注意通过它的电流不得超过允许值。

(2) 用灯泡作电阻负载时，由于冷态灯丝电阻小，调 U_c 应从零逐渐增大，以免熔断器熔断。

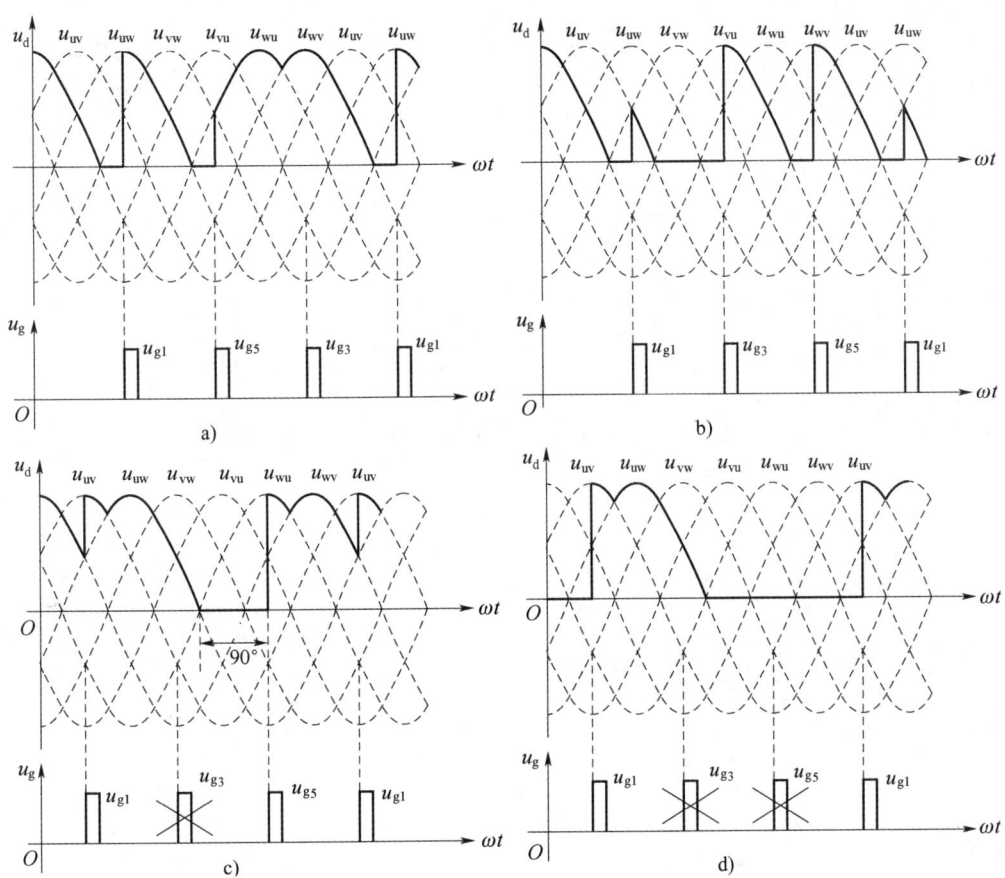

图 5—74 三相桥式半控整流电路故障情况下的 u_d 波形

a) 当 $\alpha=90°$时，u_{g3} 和 u_{g5} 对调时的 u_d 波形　　b) 当 $\alpha=90°$时，VD2 开路时的 u_d 波形

c) 当 $\alpha=30°$时，u_{g3} 掉失时的 u_d 波形　　d) 当 $\alpha=30°$时，u_{g3} 和 u_{g5} 同时掉失时的 u_d 波形